アンドリュー・ライト＋エリック・カッツ
岡本裕一朗＋田中朋弘 監訳

哲学は環境問題に使えるのか
環境プラグマティズムの挑戦

Environmental Pragmatism
edited by Andrew Light and Eric Katz

慶應義塾大学出版会

ENVIRONMENTAL PRAGMATISM
Edited by Andrew Light and Eric Katz

Authorised translation from the English language edition published by Routledge,
a member of the Taylor & Francis Group
Japanese translation published by arrangement with Taylor & Francis Group
Through The English Agency(Japan)Ltd.

謝辞

本書は、1993年の春にスペインのペニスコラで開かれた哲学技術学会の会合で編者たちが集まったときに構想されました。私たちは多くの議論の後で、環境プラグマティズムと呼ばれる立場を包括的に評価する必要があると感じました。この論集は、そうした初期の議論の成果です。

そこで私たちはまず、**テクノロジーとエコロジー**をテーマにした討議を開催してくれた哲学技術学会に感謝したいと思います。この討議のおかげで私たちは一堂に会し、このプロジェクトを計画する時間を持つことができました。またそのおかげで、本論集の寄稿者でありこの学会の副会長でもあるラリー・ヒックマンと、このプロジェクトについて話し合うことができました。アンドリュー・ライトは、カリフォルニア大学リバーサイド校の大学院生協議会からの旅費助成金という形で、討議のための資金の一部を援助してもらうことができました。さらに、この年に環境プラグマティズムというテーマに取り組むために、当時ベルント・マグナスの指揮の下にあったカリフォルニア大学リバーサイド校の「思想と社会センター」から、管理や秘書業務に関する申し分のない支援を受けました。エリック・カッツは、ニュージャージー工科大学の個別予算による研究助成金から提供された資金のおかげで、この討議に出席することができました。

この論集の構想は、1993年12月にアトランタで開催された国際環境倫理学会（ISEE）の大会で実際に吟味され、そこでケリー・パーカーとアンドリュー・ライトが発表を行ないました。その他の掲載論文は、1994年5月にカンザス市で開催された国際環境倫理学会の大会からのものです。

このプロジェクトの計画段階で、ブライアン・ノートンは非常に大きな助けになりました。彼の熱心な助力がなければ、本書は進展しなかったでしょう。また、スコット・クリステンセン、ヴェス・ディーン、メルディス・ガーモン、エリック・ヒッグス、ベルント・マグナス、ジョン・マクダーモット、ドリット・ナアマン、ハーマン・サートカンプ、ポール・トンプソン、ゲーリー・ヴァーナー、アンソニー・ウエストンに対して、いくつかの原稿について彼らが与えてくれた助言やインスピレーション、有益なコメントに感謝します。さらに、この「環境哲学」というシリーズの編集者であるアンドリュー・ブレナンの諸提案は欠かせないものでした。そして、ラウトリッジ社のシニア編集者であるリチャード・ストーンマン、非常に有能な編集アシスタントのビッキー・ピーターズとデスク編集者であるジョアンヌ・スヌークスに感謝します。私たちはまた、コンスタンス・マッキントッシュが索引をうまく作成してくれたことにも感謝しています。

最後に、アンドリュー・ライトは、資金、研究の方向性、仕事の場を提供してくれたアルバータ大学における環境リスク管理分野のエコリサーチ・チェアであるスティーブ・ルーディに感謝しています。環境リスク管理分野のエコリサーチ・チェアは、三つのカナダ連邦研究助成協議会を代表する三協議会連合事務局と、24の公共および民間のスポンサーによって支えられています。ルーディ教授からのプロジェクトに対する全幅の支持と熱意、ならびに彼がチェアを務めることによって支えられた教員、スタッフ、および大学院生、そしてアルバータ大学の哲学部門の同僚からの刺激的な雰囲気がなければ、このプロジェクトは完成しなかったでしょう。

目次

Ⅲ　環境問題へのプラグマティストのアプローチ

Ⅳ　環境プラグマティズム――論争

凡例

・原著者の注は、本文中に「1)」のような形で番号を挿入し、章末にまとめた。また、原著者の挿入は［　］で括られている。

・訳注は、短いものは〔　〕で本文中に挿入し、長いものは、註番号を「＊1」のようにつけて本文に挿入した上で、章末にまとめた。

序論

紛争地としての環境プラグマティズムと環境倫理学

アンドリュー・ライト
エリック・カッツ

30年が経とうとしている今〔原著刊行は1996年〕、環境倫理学は奇妙な問題に直面している。一方でこの学問分野は、人間性と人間以外の自然世界との間の道徳的な関係性の分析という点で、大いに進展した。環境倫理学は、道徳的に正当化可能で適切な環境政策を導出する試みにおいて、様々な種類の立場や理論[1)]を生み出した。他方で、環境倫理学の領域が、環境政策の形成にどのような実践的な影響を与えたかを見て取ることは難しい。環境哲学者たちの内輪向けの討論は、なるほど興味深く、刺激的で複雑なものではあるが、それらは、環境科学者や実務家や政策立案者たちの審議にいかなる現実的な影響も与えてこなかったように思われる。環境倫理学内部の諸概念は、見たところ生気を欠いている。つまりそれらは、ヒュームの『人間本性論』のように、印刷機から死産しているのだ。

環境倫理学の問題含みの状況は、哲学者としても市民としても、大いに私たちを悩ませる。私たちは自然界の不安定な状況、人間を脅かす環境破壊、この地球上で長期的に持続可能な生命の維持について深い関心を抱いている。私たちを取り巻く環境危機は、経験的事実である。それ故、一つの知的分野としての環境哲学がこの危機——その意味、その原因、その可能的な解決——に取り組むことが、急務である。

哲学者は環境問題の探究に何らかの貢献ができるであろうか。哲学的思考の伝統、その歴史や技法は、環境政策の発展に何らかの関係を持つのであろうか。その答えはイエスであると思う。実践的な学問分野としての環境倫理学が、問題含みの（そしてそれ故、効果的ではない）状況にあるにもかかわらず、この領域が提供することは多い。しかしこの哲学的企ての成果は、環境問題の実践的解決に向けられなければならない。つまり環境倫理学は、哲学的な確実性を達成しようと試みて、時間のかかる理論的な討論に陥ったままでいることはできない。マーク・サゴフが次のように述べている。

私たちは、確実性なしで何とかやらなければならない。理論的問題ではなく、実践的問題を解決しなければならない。そして、私たちが目指す目的を、それを達成するために利用可能な手段に適合させなければならない。そうでなければ、方法は道徳性の障害となり、ドクマ（思い込み）が熟慮の敵となる。そして、私たちが理論において切望する理想的な社会は、実際に達成することができる善き社会の恐るべき敵となるであろう[2)]。

要するに環境倫理学は、理論的な討論が環境政策の展開にとって問題含みであるという認識によって触発されて、自ら**環境プラグマティズム**という方法論を展開せざるを得ないのである。

この論集は、環境プラグマティズムを求める声に含まれる広範な立場を一ヵ所に集める試みである。私たちにとって、環境プラグマティズムとは、人間性と環境の関係において生じる特定の現実的な生の問題へと向かう、自由な探究である。この新しい立場は、古典的なアメリカのプラグマティズム哲学の遺産によって特徴づけられる環境哲学に関する議論から、より一般的なプラグマティスト的方法論を通して、私たちの実践を再評価するための新しい基盤を定式化することに及ぶ。

環境プラグマティズムという視点から、私たちは「なぜ環境倫理学は実践的な課題を展開させ損なったのか」という問いに戻ることができる。おそらく一つの理由は、方法論的で理論的な独断論である。主流派の環境倫理学は、この領域における、ある小さな範囲のアプローチのみを価値あるものとする狭い傾向、つまり、環境哲学を展開するいくつかの方法のみが、道徳的に正当化可能な環境政策を生み出すであろうという傾向の下で展開した。確かに、文献の中では広範な立場が論じられたが、適切で使いものになる環境倫理学には、非‐人間中心主義、全体論、道徳的一元論、そしておそらく、何らかの形の内在的価値（intrinsic value）[3)] への関わりを含まねばならないということが合意されているように思われる。異なる立場を擁護するか、展開したいと願う人々は、滅多に真剣に話を聞いて取りあってもらえず、彼らには、現在主流派の理論の規範から外れる正当な理由を示す責任が課せられると、いつも考えられている。個体主義／全体論、人間中心主義／非-人間中心主義、道具的価値／内在的価値、多元論／一元論をめぐる討論において、どちらが正しい側なのかをなお問いかけようとする人は誰でも、不必要に物事を分かり難くする人と見なされるように思われる。合意されている見解に従えば、今やほかの企て、つまり、これらの分裂の正しい側において諸理論を統一することに移行する時である[4)]。

比較的若い分野である環境哲学が、それ自体一つの学問領域として認められるとすれば、学者たちのコミュニティが、この領域をさらに発展させるための正しい方向にほとんど完全に合意したというのは、確かに奇妙なことである。もしこの統一された見解が実践的な政策に影響を及ぼすことができなければ、私たちはさらに停滞することになるであろう。この問題含みの状況を見れば、環境プラグマティストたちの結論は、環境倫理学にとって、今やこの領域における新しい立場を考えるときであり、そしてもっと重要なことは、その方向を再評価するときだ、ということである。環境倫理学に対する許容可能なアプローチには、許容可能な環境政策の発展に適用できないものも若干はあるかもしれない。つまり、真に道徳的な環境保護主義のためには、ほかの可能な方策や基礎づけの探求が必要かもしれない。それゆえ、方法論的独断論は、実践的な事柄の領域における環境倫理学の失敗を説明することになるであろう。

本書は、環境哲学という領域を、この種の問題への反応として再評価しようとするネットワークの一部をなしている。こうした再評価、つまり部分的にはこの論集のきっかけとなった主張を支持する初期の議論の一つは、アンソニー・ウエストンの「原初段階にある環境倫理学」（1992年）として本書に所収されている。議論を始める前提としてウエストンが主張しているのは、この研究領域の初期の、あるいは「原初的な」段階をふまえれば、私たちは自分たちの理論の正しい方向を、より安定したものというよりも、より安定しておらず、より確実ではないものとすべきではないのか、ということである。

> 原初段階でわれわれは、広範な原実践 (proto-practice)、あるいは様々な種類の社会的実験、そして、新しい一連の可能性を文化的に生み出すこ

とに貢献するすべてのものが結びつけられた、様々な極めて両立しがたい輪郭を期待するべきである。(…) 原初段階は、われわれみんなが一つの声で語ることを要求するには、もっともそぐわない時なのである。ひとたび一連の価値が文化的に強固にされるなら、そうした価値を何らかの種類の一貫性へと還元することは可能であるだろうし、おそらくそれは必然的でもある。しかし環境の価値は、長い間そうした位置にあるものではなかった。発酵に必要な時間、文化的な実験、そして多声性は、始まったばかりなのである[5)]。

それゆえ、仮に私たちが証拠を求められるような状況にあるとしても、立証責任は環境的な価値を現在主流の理論に限定しようとする人々の側にある。ウエストンに従って私たちは、環境哲学を同質化しようとする支配的な傾向に抵抗する。

しかし、この学問領域の再評価を重要だとみなす同じ要求が、仕事に関する狭い道においては同じように安定も重視するという反論が想定されうる。私たちが危機に直面しているとして、私たちはどのようにしたら、「社会実験」についての語りにおいて見たところ暗示されている一種の遅延を受け入れられるのであろうか。ウエストンによって提唱される種類の道徳的多元論は、時に、脱構築的なポストモダニズムによるひどい相対主義に、危険なほど近いように見えるかもしれない。そしてそのような相対主義は危機の時代には避けられるべきだということに、私たちは同意するであろう[6)]。

しかしこの問いに答える前に、環境プラグマティストたちによって、環境倫理学の継続的な発展のために必要とされているタイプの多元論について明らかにしておこう。私たちの解釈に基づけば、環境プラグマティズムは、二つの異なったタイプの多元論、すなわち理論的多元論とメタ理論的多元論を認めている。理論的多元論とは、直接的な道徳的思考のための、明確に区別可能で、理論的に共約不可能な基盤に関する知である[7)]。この理論的区別の一例は、様々な個別の動物に関する道徳的な考察に関心をよせる立場であり、ピーター・シンガーによる〔快苦の〕感覚という基準、および、ポール・テイラーによる、あらゆる生命の目的論的中心に対する敬意という基準に基づく。メタ理論的多元論には、単一の道徳的企てにおいて協同する、多様な倫理的理論のもっともらしさに対する寛大さが含まれている。例えば、エコフェミニストとエコロジカルな全体論者たちは、彼らの行為を支える根本的に異なった主張に基づきながらも、共に同じ自然生息地を保護するために働くことができる。

さて問題は、メタ理論的多元論、あるいは理論的多元論が、必然的に何らかの種類のポストモダン的な相対主義を育てざるをえないか、そうではないかということにある。本書において示される環境プラグマティズムに関する様々な評価は、そうではないということを論じている。どちらのタイプの多元論も少なくとも、使いものになり、強固で、批判的な環境哲学と共約不可能なものではないが、せいぜい、現段階で環境哲学の成長のために必要とされるタイプの理論的発展の基盤やガイドラインを提供しうるものにすぎないかもしれない。ここにあるすべての論文における**プラグマティスト**の主張は、私たちはそれらが明白であることを願うが、現在の環境問題に対して使いものになる解決を見いだすことに向けられている。プラグマティストたちは、哲学が環境問題に対してなしうるであろう貢献が理論に拘泥することで遅延することに耐えられない。多元論が曖昧な形態の相対主義に陥ることを防ぐために何らかの枠組みが提供されること、そして、いずれのタイプであれ多元論が環境倫理学の健全さのために重要であると論じられうること。それができればこの論集は、多元論者の環境哲学を選択するための枠組みとなるプラグマティズムの要請として読まれうるであろう。

道徳的多元論の要請、理論的討論の重要性の減少、そして政策合意に関する実践的問題を関心の前景に置くことは、環境プラグマティズムという考え方の中心的特徴である。しかし、何年もの間、他の人たちは、プラグマティズムと環境哲学との関連性を、より限定された枠組みの中で見ようとしてきた。多くの他の論者は、プラグマティズムの先達を環境哲学の出現という観点から再読することによってなされえた、環境倫理学への貢献に焦点をあててきた[8)]。あるものは、プラグマティズムによって教えられる、しかしその豊かな遺産における特定の著者に必ずしも偏らない、環境哲学に対するより一般的なアプローチを描こうとしてきた[9)]。さらに他のものは、（リチャード・ローティ、リチャード・バーンスタイン、スタンリー・フィッシュなどの仕事において見られる）現代のネオ・プラグマティズムの文脈を環境倫理学の領域にまで拡張しようとしてきた[10)]。

これらの考えを念頭におくと、今日の環境哲学においてそれが現れてきたように、私たちは環境プラグマティズムが**少なくとも**以下の四つの形をとりうると思う。

1. 古典的なアメリカの哲学的プラグマティズムと環境問題との結びつきを精査すること、
2. 環境理論家たち、政策分析者達、活動家たち、そして公衆の間の隙間を埋めるための実践的な戦略を明確化すること、
3. 政策選択において活動家たちの意見が一致するための根拠を提供するということを目指す、特定の環境組織や運動に関する、重なり合う規範的な基盤についての理論的探究、

   そしてこれらの理論的な討論のうちで、
4. 環境に関する規範理論における、理論的およびメタ理論的な道徳的多元論のための一般的な議論。

これらの話題は多様ではあるが、それにもかかわらず関連しており、この論集における諸論文が示すように、一つの形態のプラグマティズムに対する議論は他のプラグマティズムの立場から明確に線引きすることが可能である。なるほど、その網は極めて広く投げられているが、環境プラグマティズムは、環境哲学において、そしてそれに対して、明らかに明確で同一視可能な一つの視座である。私たちは、環境プラグマティズムそれ自体が、まず、環境哲学や環境問題に接近するための新しい**戦略**であると思う。そしてより正確にいえばそれは、単一の見解というよりはむしろ、関連し重なり合う概念の集合に言及している。

先に挙げられた環境プラグマティズムの四つの形のうちどれも、環境哲学においてプラグマティズムの役割を**唯一**特徴づけるものとして、主導権を持たない。環境プラグマティズムの実践に関する様々な位相のいずれも、**必ずしも**排他的ではない。環境プラグマティズムの関連領域や文献が展開するにつれ、環境プラグマティズムのタイプの違いは必然的になるであろう[11)]。しかし、すべての環境プラグマティストが、理論的あるいはメタ理論的多元論のいずれかを評価しているとすれば、このタイプの環境哲学の一貫性を考える場合、このような違いが警告の原因とはならない。

私たちはこの論集を、環境哲学と環境問題へのプラグマティズム的なアプ

ローチの多様性を示すために、四つの主要な部に分けた。なるほどそれぞれの部は、上で述べられた環境プラグマティズムの四つの形に正確に対応しているわけではないが、様々な形で提起される問題はすべて示されている[12]。第Ⅰ部は、歴史的なアメリカのプラグマティズムと環境哲学との結びつきを探究する諸論文を含む。第Ⅱ部は、環境哲学に関する理論的討論における環境プラグマティズムの使用に焦点を当てる。そしてそれは、環境倫理学にとって別の基盤となる道徳的多元論と人間中心主義の吟味を含む。第Ⅲ部は、プラグマティズム的な思考を様々な実践的な環境問題へ適用することを検討する。そして第Ⅳ部では、環境哲学としての環境プラグマティズムの長所をめぐる理論的な論争を再掲し、更新する。それゆえ全体としてこの論集は、環境哲学と環境政策におけるプラグマティズム的な思考の意味と使用に対する、包括的な序論を提供する。さらに、論文のほとんどがこの本のために特別に書かれた原著であることにも注意を促しておきたい。

第Ⅰ部の各章は、まず古典的なアメリカのプラグマティズムに関する哲学的伝統――パース、ロイス、ジェイムズ、ミード、デューイの哲学――に焦点を当てている。ここでは、二つの主要な問いが論争中である。第一に、伝統的なプラグマティズム的な思考に関するどのような要素が適切な環境哲学――環境問題を取り扱うための倫理――の発展のために用いられうるのか。そして第二に、それがたとえ、明白に古典的なアメリカのプラグマティズム的言いまわしで表現されてはいないにしても、主流派の環境保護主義に関するどのような要素が、根本的にプラグマティズム的であるのか。いくつかの論文は、これらの問いに対する実践的な結論を明らかにしている。すなわち、プラグマティズムの基本概念およびプラグマティズム的な方法の理解が、――現実的な環境問題の解決と同様に――現代の環境哲学における多くの論争を解決しうる。プラグマティズムの基本概念と方法論が、人間と自然世界との関係の適切な理解のために必要である。

第1章「プラグマティズムと環境思想」において、ケリー・A・パーカーは、アメリカのプラグマティズムに関する基本概念と、それらが環境哲学の中心的関心とどのような関係を持つかについて、短い概略を提供している。この論文は、それが西洋的な哲学の伝統とエコ哲学における最近の諸原理の両方に対してプラグマティズム的な挑戦を強調するという点で、本質的にそれらに対して批判的である。パーカーによればプラグマティズムは他の有機体と同様に人間が個別の環境に埋め込まれていること、それゆえ、知識と価値は、世界との交換あるいは相互作用の結果であることを強調することによって、認識論、形而上学、価値論における伝統的な見解を修正している。プラグマティズム的な認識論は根本的な形の経験主義であり、知識あるいは形而上学における絶対的なものについてのどのような概念に対しても極めて批判的である。プラグマティズム的な形而上学は、複数性、不確定性、変化および関係性の優位のような、世界との能動的な経験によって把握される世界の質を強調する。そしてプラグマティズム的な価値論は、特定の有機体にとってその環境において何がよいのかに、それゆえ価値の多元性を知ることに焦点を当てる。だから、プラグマティズム的な倫理学とは、これらの価値をすべてそれらの多様性、複雑性、不確定性において体系的に理解することである。そこでパーカーは、現在の環境哲学における主要な諸問題を分析するために、これらの基本的にプラグマティズム的な概念を用いる。彼は特に、人間の活動や経験から離れた「環境」概念と、非−人間中心主義的で内在的な価値が環境倫理学の基礎であるという考えに批判的である。そして彼は、環境思想における穏健な道徳的多元論の展開と、社会問題に積極的に携わることによって哲学を実践的にするような関与について、それに賛成しながら言及している。これらのテーマのすべてが――批判的なものも肯定的なものも共に――、この本の諸論文全体を通して響きあっている。

サンドラ・B・ローゼンタールとロージーン・A・バックホルツによる第2章「プラグマティズムはどのように環境倫理学**である**のか」は、プラグマティズムを、環境哲学における問題解決に特に適切なものとして詳細な説明を続けている。ローゼンタールとバックホルツは、近代の科学的な世界観――自然を対象化し、人間性と自然的世界の明確な区別を仮定する見解――の批判としてのプラグマティズムの分析から始めている。プラグマティズムは、科学、すなわち創造的な人間活動としての科学に焦点を当てることによって「近代性の根本的な修正」を提供する。人間は、体験を意識的に組織化する能動的な実験者として世界に存在する。価値が現れるのは、この意識のある組織においてである。なぜなら、価値あるものが、現在の経験と将来の可能性を結びつけるからである。ローゼンタールとバックホルツはまた、プラグマティズム的な思考の相関的な文脈、つまり環境に埋め込まれた個々の有機体の有機的統一を強調している。この有機的統一が、プラグマティズムを一つの環境倫理にする。将来の価値を生み出すような経験の理性的な組織化、つまりプラグマティズム的な倫理学の構想は、自然界における相関的統一体としての行為者あるいは有機体について十分に考える場合にのみ意味を持つ。人間は、自然と連続する生物学的被造物である。ローゼンタールとバックホルツにとって、このプラグマティズム的な世界観は、現代の環境哲学に関する安易で問題含みの二元論——人間中心主義／生命中心主義、個体主義／全体論、内在的価値／道具的価値——を解くことに役立つ。例えば、プラグマティズム的な観点からすれば、人間中心主義をめぐる論争には、意味がない。なぜなら、人間の福祉と、人間がそこに置かれている環境の福祉の間に線を引くことは不可能だからである。

第3章と第4章は、個別のプラグマティストの思考に専ら焦点を当てている。「文化としての自然——ジョン・デューイのプラグマティズム的な自然主義」において、ラリー・A・ヒックマンは、デューイの自然主義に関して包括的な概説を加えて、デューイ思想の「導きの星」とアルド・レオポルドの土地倫理を比較する。なるほどヒックマンは、デューイの多くの鍵概念を探究しているが、自然に関するプラグマティズム的な見解を理解するためにもっとも重要なのは、彼の道具主義と構成主義である。デューイにとって自然は、ガイア仮説においてそうであるように、自己充足的機械としてであれ、あるいは自己指示的な超越的存在としてであれ、人間性から独立に存在するものではない。自然は人間の構成物、すなわち、きわめて様々な人間の探求道具から構成される文化的人工物——文化-としての-自然——である。思えば、文化としての自然は、自然-としての-自然、つまり、直接的な価値を持った生（なま）の経験としての自然と対比されうる。しかし構成された文化的人工物としての自然のみが、自然に関する経験を一貫して実証された全体へと結びつけ、それらを将来の人間の経験に対する導きとして価値あるものにする。そしてヒックマンは、デューイの自然主義と、自然環境への人間の結びつきを強調するポストモダン的あるいは「田園風の」エコロジーを展開しようとするレオポルドの試みを比較する——そして彼は、復元生態学の価値に関する実例でもって、論文を結んでいる。

第4章「G・H・ミードのコスモロジーにおける環境保護にかかわる価値」では、アリ・サンタスが、もっともよく見過ごされるプラグマティストであるジョージ・ハーバート・ミードの、自然に関する哲学における二つの中心的な考え方を吟味している。ミードは、すべての存在者、特にすべての生ある存在を結びつける存在の連鎖について論じている。ミードが強調するのは、環境から区別された個体の概念は物理的に不可能であるということ、そして、個体は環境との物理的な相互作用によって規定されているということである。サンタスにとっては、ミードの自然に関する記述的哲学におけるこれら二つの基本的な考え方が、環境倫理の発展のための基礎作業を提供する。ミードのコスモロジーは価値を、生命を持った存在が環境において有する機能的な特質として、一貫して評価している。

第Ⅰ部の最後の章〔第5章〕は、『保全生物学』から再録された、ブライアン・G・ノートンの「レオポルドの土地倫理の一貫性」(1988年) である。この論文は、アルド・レオポルドの環境哲学とプラグマティズム的な思考の基本的要素の結びつきをより詳細に展開している。ノートンが示しているのは、集中的狩猟動物管理から生態系の保存への、レオポルドの「転向」に関する伝統的な理解の修正である。ノートンによれば、このような転向は、形而上学的あるいは道徳的な見解の変化によるものではなく、レオポルドは、生態系の関係性についての人間の知識は自然的システムを管理するためには不十分であるというプラグマティズム的認識によって導かれていた。ノートンは、レオポルドの考え方の形成において、特に、観念、実在、システムの価値や妥当性はそれらが長期的に生き残るかどうかによって試され根拠づけられるという、ジェイムズから借りてこられた見解の形成において、A・T・ハードリー——イェール大学の学長であったアメリカのプラグマティスト——が与えた影響について、深く考察している。ノートンによればレオポルドは、自分の環境マネジメントのスタイルを展開したり転向したりする間も終始、正しい行為についての長期にわたるプラグマティズム的で人間中心主義的な感性を維持していた。

第Ⅱ部の三つの章は、プラグマティズム的な方法を用いるための適切な目標として、環境哲学内部の理論的な討論に焦点を当てている。その目標は、環境哲学から実践的な行為の領域への移行であり、環境倫理学を正当化可能な環境政策の発展のために有効な学問分野にすることである。これらの論文における主要な論点は、倫理学理論が政策決定のために適切か否かということである。これらの三つの論文すべてが、理論を実践的な政策決定に「適用する」伝統的な試みを問題にしている。

「統合か還元か――環境価値に対する二つのアプローチ」〔第6章〕において、ブライアン・G・ノートンは、価値と道徳的存在論を統合する理論を展開しようとする試みを批判している。彼は、その代わりに物理的規模に関する理論によって統合される多元的な倫理を擁護する。ノートンの統合された価値に関する多元的理論は、位置と空間時間的な変化の大きさの両方を考慮に入れている。行為の特定の文脈に注目することによって、実践は理論の発展よりに先行するという点で、明確にプラグマティズム的な方法論が示される。ノートンはまた応用哲学と実践哲学という観念を対比させている。応用哲学は、妥当な理論的原理を特定の状況に応用する。それは、応用するよりもまず先に理論への関与を必要とするのである。実践哲学は特定の問題状況の内部で生じ、（必要とあらば）理論を問題の文脈それ自体から引き出す。実践的な問題を解く場合の応用哲学者の役割は、それゆえ、実践的哲学者のそれとは大きく異なっている。ノートンは、主導的な環境哲学者であるJ・ベアード・キャリコットに対して詳細な批判を加えることで、その違いを描写している。ノートンはキャリコットのような種類の環境倫理学を、応用的な道徳的一元論の範例と見なしている。それゆえ彼の論文は、キャリコット、トム・リーガン、ポール・テイラーなどの一元論者とノートン、ピーター・ウェンツ、クリストファー・ストーンなどの多元論者との間で、環境哲学の領域において長く続く討論に対する重要な貢献である。

別の種類のプラグマティズム的な道徳的多元論は、『環境倫理学』(1992)から採録された、アンソニー・ウエストンの「原初段階にある環境倫理学」〔第7章〕である。前に述べたように、ウエストンは、環境倫理学の領域が「原初段階」にある、つまり、新しい価値がはじめて考察され、テストされ、統合されつつあるような歴史的な発展の時にあると主張する。環境哲学の諸価値は、人間と自然界の関係についての新しい社会的実践と共進化している。この流動と不確定の段階においては、価値の新しい進化のゴールが未確定であり、環境哲学における理論的な首尾一貫性を強制しようと試みること――キャリコットがそうしたように、環境倫理学に関して一つの基本的な定式化を要求すること――は、深刻な間違いになるであろう。ウエストンは、むしろこれは、未決の探究そして一種のデューイ的な社会の再構成のための時、あるいは環境思想の表現や言語における実験の時であると示唆している。この実践的なプロジェクトを、ウエストンは「環境的実践を可能にすること」

と呼ぶ――なぜならそれは環境的価値に関する創造と進化、そして自然界における新しい関係性を可能にするからである。

最後の理論的な章「政治的エコロジーにおける共存主義」〔第8章〕において、アンドリュー・ライトは、環境政治学理論において、相争う主張を解決するための戦略を展開している。彼は、ディープ・エコロジストのような存在論者と、マレイ・ブクチンやソーシャル・エコロジストのような唯物論者という、2種類の理論家の主張に焦点を当てる。ライトの環境プラグマティズムの主要論点によれば、環境上の危機の緊急性にとって必要なのは、正反対の理論間におけるメタ理論的共存主義である。ネオ・プラグマティストのリチャード・ローティによる公共的実践と私的実践との区別に関する議論を選択的かつ批判的に読むことで啓発されて、ライトは理論家の間の寛容の原理について論じ、そのためいくつかの問いは、〔ローティ的な意味における〕私的な論争に委ねられるであろうと論じた。環境問題を解決することへの関与は、何らかの使いものになる民主的な政治理論のための前提条件となるだけではなく、「実践から（つまり環境行動主義から）生じる」、そして政治的で規範的な理論の構築を導く、統制的理想ともなる。

このように第Ⅱ部の三つの章すべてが、実践が理論に対して優先することに関する解釈を論じている。すなわち、適切な環境実践は環境哲学と政治的理論の限界と内容を決定するであろう、と。第Ⅲ部の各章は、このアプローチの妥当性を論証している。なぜならこれら五つはすべて、特定の環境問題に関する問題解決に関してプラグマティズム的な戦略を採用しているからである。ここで私たちは、環境プラグマティズムをプラグマティズム的に正当化すること、そして、環境哲学をするための方法としての、環境プラグマティズムの現在の価値を見て取ることができる。

第Ⅲ部の最初の章〔第9章〕、ポール・B・トンプソンの「プラグマティズムと政策――水の事例」は、プラグマティズム的な思想を政治的論争の分析において用いることへの良好な移行として貢献する。トンプソンの中心的関心は、水政策における葛藤の解決であり、彼の論文は二つのケース・スタディに基づいている。一つは教室における実践であり、もう一つは、テキサスの現実生活における政治論争である。トンプソンの分析は、正しい道徳的政策を導出するために、根本的な倫理学理論――功利主義、リバタリアニズム、平等主義――の試用に焦点を当てている。倫理学理論の適用は、論争を解決することには失敗する。なぜなら、それは論争を凍結させせるのに資するからである。その主たる結果は、各々の側に、彼らの好む政策のための力強い理論的論証を提供することなのである。それゆえトンプソンは、政策の葛藤を解消するための、理論の伝統的な「応用」に反論をする。彼は、ジェイムズのプラグマティズム的必然性とデューイの共同体の再構築という考え方に基づく解決を好んでいる。

この論集の真ん中に位置するこの章は、読者の注意を多くの方向へ向ける。第一に、それが論証するのは、古典的なアメリカのプラグマティズムと環境政策の関連についてである。第二にそれは、理論的観点を実践的な状況へ単に押しつけるだけの応用倫理学に関する批判を展開する。それゆえそれは、ノートンによって導入された区別——応用倫理学と実践倫理学という区別——を使い続ける。第三にそれは、このセクションの他の論文においても見られるように、政策形成におけるプラグマティズム的な方法論に対する基礎作業をなす。最後にトンプソンの論文は、哲学における理論的な議論の有用性に関する討論を始める——このセクションの最後の論文において、ゲーリー・E・ヴァーナー、スーザン・J・ギルバーツ、そしてターラ・ライ・ピーターソンは、若干の事例における理論に関する議論が、環境的葛藤の解決を促進しうると論じるであろう。

第Ⅲ部の二番目の章〔第10章〕であるエドワード・シアッパによる「定義のためのプラグマティックなアプローチに向けて——「湿地」と意味の政治学」は、ブッシュ政権による「湿地」概念の再定義の試みをめぐる論争を探究している。シアッパは、定義の機能——定義は特定の社会的利益に資する——に関するプラグマティックで政治的な観点を擁護する。「湿地」に関して試みられた再定義は、環境に関する規制によって保護される土地の量を大幅に減らしたであろう。そして新しい定義を成文化し損ねたことによって示されたのは、環境に関する利益団体の力である。環境活動家、科学者、規制者は、湿地のプラグマティックな定義を提供できた。本質的な性質を記述するより、彼らは湿地が提供する重要な機能を特定したのである。定義は政策論議にとって中心的であるが、それは、それらが政策作成者によって記述される現実を規定する助けとなるからである。しかし、それらが利用される政策同様、定義はプラグマティックに書き換え可能である。このようにシアッパの論文は、私たちが選択する定義や概念の政治的特質に関する警告なのである。

エメリー・N・キャッスルによる第Ⅲ部の3番目〔第11章〕である「自然資源管理に対する、多元的で、プラグマティックかつ進化的なアプローチ」は、『森林生態学と管理』(1993) から再録されたものである。経済学者であるキャッスルは、環境政策に対するプラグマティックで多元論的方法論の概念を、学際的な協同と討議の必要性を強調することによって、さらに展開させている。森林資源管理を例として用いながら、彼は、費用便益分析のような、環境政策を定式化するための特定の戦略を押しつけることを批判している。彼の議論は、成功する管理戦略を展開するための二つの条件―― (1) 社会システムと自然環境の両方のダイナミズムを認識すること、そして (2) 所与の社会システム内部での人間の選好の多様さ――に基づく。これらの条件が示唆しているのは、「哲学面においては多元的で、また応用面においてはプラグマティックであるような」資源管理アプローチの必要性である。人間と自然的世界との関係が流動しやすく多様であることは、どんな一元論的な環境哲学も排除する。その代わりにキャッスルが示すのは、デューイの真理概念のように、適切な環境政策は、もっともよく「新たな情報を考慮に入れ、それによって適応と変化をもたらす」という、明確にプラグマティックなアプローチである。

第Ⅲ部の4番目〔第12章〕である「自然の法対尊敬の法――ノルウェーの実践における非暴力」において、デイビッド・ローゼンバーグは、政策論争を解決するために、環境プラグマティズムの別の使用法を論証している。立場の異なる理論を仲裁するというよりはむしろ、プラグマティズム的な原理は、特定の伝統内部における内輪の論争、例えばこの事例ではノルウェーの環境保護主義が持つディープ・エコロジー的立場における論争を評価することができる。ローゼンバーグは、ノルウェーにおける現在の捕鯨論争、およびポール・ワトソンとシー・シェパードの超法規的で対立的な抵抗戦略に焦点を当てる。なるほどシー・シェパードがディープ・エコロジーの伝統の継承者であると主張しているとしても、ローゼンバーグは、彼らの実践的な活動を、ガンジーによる非暴力の伝統の内にあるアルネ・ネスの信念と対立させている。プラグマティズムは、ディープ・エコロジーに関する正しい解釈を決定する際の困難さを解決する助けとなりうるし、そうすることで、この事例における環境行動主義のための最上の戦略を定式化する助けとなりうる。

プラグマティズム的な観点からすると、適切な戦略とは、特定の状況においてもっとも効果的なものであろう——そしてローゼンバーグは、非暴力、相互尊敬、教育に基づく行動主義が、ノルウェーの捕鯨論争においてはもっとも適切であるという、説得力のある議論を示している。

ゲーリー・E・ヴァーナー、スーザン・J・ギルバーツ、ターラ・ライ・ピーターソンによる、第Ⅲ部の最後の章〔第13章〕である「環境倫理学を紛争管理の方法として教えること」は、議論を環境政策における理論と実践の関係に向け直す。ヴァーナー、ギルバーツ、ピーターソンの議論は、環境政策論争の議論において倫理学理論を用いることに対するポール・トンプソンの批判への反論——あるいは少なくとも、経験的な修正——とみなしうる。それゆえこの論文はまた、この論集第Ⅱ部の何人かの論者に対するさらなる論争を喚起することに役立つ。それらの論者は、もし理論的な討論が背景に追いやられるならば、適切な環境政策の定式化が、よりもっともらしくなるだろうと主張している。ヴァーナー、ギルバーツ、ピーターソンは、地域的な環境問題を管理するための教示方法として、環境倫理学のワークショップを用いることを報告している。このワークショップは、論争の参加者たちの立場を変えはしなかった。しかし、環境倫理学における基本的な理論的問題を学んだ後、ワークショップの参加者たちは、論争の相手方に関する彼らの見解を修正したのである。彼らは彼らの相手方が、原理に基づいて議論している理性的な個人であり、単なる過激論者ではないと見なすようになった。このようにこの経験的な研究は、倫理学理論をプラグマティズム的に使用するための議論であり、価値や政策に関する統一的見解を提供する試みではなく、効果的な議論、相互尊敬、共同体の構築のためのツールである。

私たちは第Ⅳ部で、環境プラグマティズムの領域において、歴史的に重要な論文のやりとりとその論争を同時代的に分析したものを示すことで、この論集を結ぶことにする。アンソニー・ウエストンとエリック・カッツの間の最初のやりとりは、環境哲学の領域で先導的な学術雑誌である『環境倫理学(*Environmental Ethics*)』における、環境プラグマティズムに関する最初の詳細な議論を示している。環境プラグマティズムの長所に関するこうした議論のやりとりは、さまざまな仕方で、この論集を生み出す背景にある最も重要な要因の一つとして貢献した。

ウエストンの論文「内在的価値を超えて——環境倫理学におけるプラグマ

ティズム」(1985)〔第14章〕は、本書においてより詳細に展開された様々な問題、特に環境倫理学における理論的な討論の制約性と、環境の価値を展開するための多元論的アプローチがそれに続いて必要であることを提起した最初のものであった。ウエストンの環境倫理学への主要な批判は、自然における内在的価値という他に依存しない非-人間中心主義的概念の展開に向けられていた。彼はその代わりに、人間的な価値の多元論に関する制限のない展開――自然的世界に関する人間の経験の全体性――を、環境倫理の基盤として論じた。カッツはウエストンに、1987年の「内在的価値を求めて――プラグマティズムと環境倫理学における絶望」〔第15章〕において答えた。この論文は、プラグマティストのアプローチに対して唯一批判的貢献をなしているので、この論集の中でも特に重要である。カッツは、適切な環境倫理は内在的価値の探求には基づかない――それは、自然のシステムに関する全体論的で機能的な価値の概念に基づく――ので、ウエストンの環境倫理学に対する批判は間違っている、と論じる。加えてカッツは、人間による自然の経験に基づく規範的多元論に関して、主観的な相対主義を疑問視している。ウエストンは1988年にカッツの批判に応答したが、私たちはここで、そのウエストンの応答と、カッツの短い再反論も再掲する〔第16章〕。

最後に、「環境プラグマティズムは哲学かメタ哲学か――ウエストン・カッツ論争について」〔第17章〕で、アンドリュー・ライトは、この歴史的やりとりを、環境プラグマティズムにおける最近の研究という観点からレビューしている。ライトは、本書の前の方に収録された彼の論文〔第八章〕からとられた区別――メタ哲学的環境プラグマティズムと哲学的環境プラグマティズムという区別――をさらに展開している。彼は、環境哲学の中でプラグマティズムを競合的に使うことの意味を明らかにするためには、この区別が必要だと論じている。この主張から彼は、ウエストンもカッツも共にある種の環境プラグマティストであるが、プラグマティズムを一つのタイプの理論だけに荒っぽく同一視することは、彼らの仕事が収斂する点を彼らが見て取ることを妨げると論じている。ライトは、ウエストンもカッツも、メタ理論的なプラグマティズムの唱道者とみなしている。これは、――彼らの論争で極めて重要な役割を果たす――キャリコットの道徳的な一元論と文化的な多元論と明確に対比される。キャリコットの見解は、いずれの形態の環境プラグマティズムの代表でもない。

この序論を結ぶために、私たちは、この論集に関して起こりうる誤読に先手を打ち、よりもっともらしい代案を示唆しておきたい。読者の中には、これらの諸論文を、環境哲学の領域における一貫した規範的立場を完全に展開したものへの序説と見なす人がいるかもしれない。実際のところ彼らは、もし環境プラグマティズムが一貫した立場でありうるならば、それらの論文は、もっとしっかりした仕方ですべてが組み合わせられなければならないと論じるかもしれない。そのような観点からすれば、それらの論文は環境哲学の起源と方向性を完全に読みなおすことを意味するであろう。それゆえ、第Ｉ部の諸論文が示すところによれば、初期の環境哲学は、プラグマティズムそのものだったということになる。環境倫理学の現代の守護神であるアルド・レオポルドは、A・T・ハードリー ――レオポルドがイェール大学の学生だった時分の学長（第Ｉ部のノートン論文を参照せよ）――により解発された彼のプラグマティズムを通して、この遺産の直接的な後継者となっている。環境理論（第Ⅱ部）、環境的実践および環境政策（第Ⅲ部）に対する新しいアプローチのための強力な議論が、この豊かな遺産から展開し、時に現代のネオ・プラグマティストたちによって促されている。

この本をこのように読むことにはおそらく抵抗があるはずだ。必ずしもすべての論文が、プラグマティズム的な内容という点で、それほど直接的な血統のうちにあるわけではない。私たちは、様々な哲学の学派が持つ集合的な特質を尊重する新しい解釈を提案する。**一つのコレクションとしての**これらの論文は、環境倫理学の論争に対して新しい一面を創り出そうという試みを代表しているわけではないし、より確立された方法から採られた歴史的な根拠を完備しているわけでもない。むしろここにあるのは、そのどれもがプラグマティズムという哲学的遺産に触発されて、環境哲学において重要な問いをたてようとする点に関して類似した試みを初めてひとまとまりに集めたものなのだ。個々の論者の中には、プラグマティズムを今日の環境倫理学に対して直接、哲学的に拡張することを論じたい人もいるかもしれないが、そうではない人もいる。この本の寄稿者たちは、アメリカのプラグマティスト、ネオ・プラグマティスト、道徳的多元論者や、その同調者に対する様々な関与を支持している。

ここで、必ずしもすべての論者が、現代の環境思想の源泉たる古典的なアメリカのプラグマティズムを取り入れているわけではないことに、何か問題があるであろうか。否である。プラグマティストとして、私たちが最も望まないことは、健全なメタ理論的多元論の発展を妨げることである。メタ理論的多元論は、グラムシの言い回しを借りれば、環境哲学が紛争地[13]として扱われるべきだと論じる。この紛争地は誰にでも開かれている――そのことによって、自然における価値を説明し、促進し、正当化し、そして環境政策を説明し、妥当的にするような様々な理論が生み出される。ウエストンの示唆によれば、この進行中の紛争は、環境哲学におけるこの初期段階にとって極めて適切である。環境プラグマティズムが同様に紛争地であるべきことは、同じように適切である。様々な種類の環境プラグマティストに寛容であることは、来る何十年にも渡って、強固で現実主義的な環境倫理学を続けることが求められているメタ理論的多元論のためのモデルとして、役立つであろう。

注

1) 例えば、J・B・キャリコットは以下の三つのタイプの非-人間中心主義的理論に注目している。新しいカント主義（ポール・テイラー、ロビン・アットフィールド、ホームズ・ロルストン）、「レオポルド主義」（キャリコット、ウィリアム・ゴッドフリースミス、リチャード・シルヴァン、ヴァル・プラムウッド）、そして、自己実現（ディープ・エコロジスト）。キャリコットの “The Case against Moral Pluralism,” (*Environmental Ethics* 12:2, summer 1990, pp. 101–102.) を参照せよ。この論文において彼は、これらの領域の展開に関するすばらしい系譜学を与えている。ごく少数の代表的な理論を名指すとすれば、ブライアン・ノートンやゲーリー・ヴァーナーの生命中心主義的個体主義のような人間中心主義的全体論者と同様に、動物解放論者のピーター・シンガーやトム・リーガンのような個体主義者的で非-人間中心主義的理論を含めて考える人もいるかもしれない。

2) Mark Sagoff, *The Economy of the Earth* (Cambridge: Cambridge University Press, 1988), p. 14.

3) 例えば、キャリコットは、ロルストンは一元論者ではないという示唆に関して短い反論を加えながら、次のように述べている。「ロルストンでさえ、結局本当は多元論者でないとすれば、人は、**最善かつもっとも体系的で一貫した**環境哲学者たちが、なぜ道徳的一元論に固執するのかを不思議に思い始めるだろう」と（強調は引用者）。“The Case against Moral Pluralism,” op.cit., p. 109 を参照せよ。明らかに、本書の内外で、この領域においてとても敬意を集めている多くの理論家たちが、そのような主張にはいくつかの点で同意しそうにない。他に多くの例があり、それらのいくつかは本書の第Ⅳ部の論文や注釈において論じられている。環境哲学のほかの領域も類似のジレンマに直面している。例えば、環境政策論は、様々な仕事の成果の恩恵を被っているにしても、その理論的覇権を主張する者なしですませられない。ジョン・クラークが社会生態学に関して入門的教科書で述べているところによれば、「弁証法的自然主義の一形態としての社会生態学は、これまで現れた中で、もっとも拡張的に発展したエコ哲学である」。これは、はっきりと評価的という訳ではないので、確かにキャリコットによる道徳的一元論に関する主張ほど強いものではないかもしれないが、このような主張における潜在的な傲慢さは明らかである。クラークによる*Environmental Philosophy: From Animal Rights to Radical Ecology*, ed. Michael E. Zimmerman et al., Englewood Cliffs, NJ: Prentice Hall, 1933, p. 345の、社会生態学に関する章の「序論」を参照せよ。

4)　例えばキャリコットが主張するところでは、クリストファー・ストーンの環境倫理学における多元論に関する本（『地球ともう一つの倫理（*Earth and Other Ethics*)』）が1988年に上梓されるまでに、キャリコットは、この分野（健全な思考の非–人間中心主義者を意味する）のために、「知的な連合体の創出に向けて働き始め、そして非–人間中心主義的な道徳哲学のバルカン化を終わらせようとする」準備ができていた。言い換えればキャリコットは、一元論的な非–人間中心主義が環境倫理学にとって合意された方向であるということが決定的だと想定しており、それゆえ彼はしがらみなく前進する覚悟があった。 Op. cit., p. 102.

5)　本書に再録されているWeston, “Before Environmental Ethics,” の187頁（原書p. 151）

6)　キャリコットは、クリストファー・ストーンの多元論に対するこの種の議論を、“The Case against Moral Pluralism” op. cit., pp. 116–120で行っている。

7)　これは、“No Holism without Pluralism,” (*Environmental Ethics* 13: 2, Summer 1991, p. 177）における、ゲーリー・ヴァーナーの「健全な理論的多元論」についての定義である。彼はこのタイプの多元論を彼がプラグマティズム的な多元論と呼ぶものから区別する。後者は、メタ理論的多元論についての私たちの定義と似ている。

8)　紙幅の関係で（そして大部分を原著論文を集めたものにすることに注力したので）本書に収録できなかったが、それらのうちで優れた論文としては以下のものがある。Robert Fuller “American Pragmatism Reconsidered: William James' Ecological Ethics,” (*Environmental Ethics* 14, Summer 1992)、William Chaloupka "John Dewey's Social Aesthetics as a Precedent for Environmental Thought," (*Environmental Ethics* 9, Fall 1987)、Bob Pepperman Taylor "John Dewey and Environmental Thought," (*Environmental Ethics* 12, Summer 1990)、Susan Armstrong-Buck "Whiteheads's Metaphysical System as a Foundation for Environmental Ethics," (*Environmental Ethics* 8, Fall 1986)。

9) 例えば以下を参照せよ。Kelly Parker "The Values of a Habitat," *Environmental Ethics* 12: 4, Winter 1990; Bryan Norton *Toward Unity Among Environmentalists* (Oxford: Oxford University Press, 1991) ; Anthony Westonの *Toward Better Problems: New Perspectives on Abortion, Animal Rights, the Environment, and Justice* (Philadelphia: Temple University Press, 1992); Peter Wenz "Alternative Foundations for the Land Ethic: Biologism, Cognitivism, and Pragmatism," *Topoi* 12, March 1993; John J. McDermott "To Be Human is to Humanize: A Radically Empirical Aesthetic," in *The Culture of Experience* (New York: New York University Press, 1976) ; John E. Smith "Nature as Object and as Environment: The Pragmatic Outlook," in *Man and Nature*, ed. George F. MacLean (New York: Oxford University Press, 1979) ; そして、John C. Thomas "Values, the Environment, and the Creative Act," *Journal of Speculative Philosophy* 4, 1990.

10) ローティの仕事をそのように適用することは、例えばMax Oelschlaeger *The Idea of Wilderness* (New Haven: Yale University Press, 1991) において所々で見られるが、もっと直接的には、Oelschlaeger and Michael Runer "Rhetoric, Environmentalism, and Environmental Ethics," (*Environmental Ethics* 16: 4, Winter 1994) という論文に見られる。もし反基礎づけ主義が環境倫理学に適用されるのであれば、それはプラグマティズムとネオ・プラグマティズムによってそうするのが理にかなっている。特に、反基礎づけ主義と何らかの形の社会哲学との関連性を真剣に考えることの重要性に関して、アメリカのプラグマティズムは、今のところより普及している他の種類の反基礎づけ主義よりも良い出発点だと思われる。ローティが示唆しているように、反基礎づけ主義について真剣に考えるつもりなら、ニーチェやハイデガーよりもジェイムズやデューイを通して、特定のプロジェクトに取り組むほうが良いであろう。なぜなら、少なくとも後者は、彼らの認識論によって提供される社会的希望のビジョンを持っているからである。ローティの"Pragmatism, Relativism and Irrationalism," in *Consequences of Pragmatism* (Minneapolis: Univ. of Minnesota Press, 1982), p. 161.を参照せよ。

11)　私たちの一人は、この時が来たとすでに考えている。哲学的環境プラグマティズムとメタ哲学的環境プラグマティズムとを区別するための議論に関して、本書でアンドリュー・ライトがなした二つの貢献を参照せよ。

12)　この論集で最も不足しているのは、道徳的多元論に関する豊富な文献に充てられるべきセクションである。この論集のための元々の提案ではそのようなセクションを計画していたが、スペースの制約からそれを割愛する必要があった。なるほど二つはしばしば相伴うことがあるが、しかし、道徳的多元論を受け入れるために、必ずしも何らかのタイプのプラグマティストである必要はない、ということが認識されなければならない。とはいえ、環境倫理学における道徳的多元論者たちが、本書の寄稿者たちの多くに影響を与えたのは確かである。先に簡単に触れたように、環境プラグマティズムとは、そこにおいて、環境倫理学の中で道徳的多元論が追求されるべき枠組みであるという議論がなされうる。本書の中に、道徳的多元論に関するセクションを含めることができたならば、私たちは確実に、クリストファー・ストーン、メアリー・アン・ウォーレン、ピーター・ウェンツ、アンドリュー・ブレナン、ユージン・ハーグローヴなどの仕事から収録したであろう。

13)　プラグマティズムとアントニオ・グラムシの西洋マルクス主義の関係についての素晴らしい評価については、Cornel Westの*The American Evasion of Philosophy: A Genealogy of Pragmatism*（Madison: University of Wisconsin Press, 1989）を参照せよ。ウエストはその最後の章で、彼自身の「預言的プラグマティズム」が「アントニオ・グラムシの例に触発されている」と述べ、この形式のプラグマティズムは「グラムシの（…）メタ哲学的な視点に非常に類似しており、いくつかの点でそれに近づいている」（pp. 231, 230）と述べる。

I

環境思想と
古典的アメリカ哲学

第1章

プラグマティズムと環境思想

ケリー・A・パーカー

「プラグマティズム」とここで呼ぶものは、哲学的思想の一学派――アメリカのプラグマティズム――のことであって、現代において、環境に対して責任ある行動をとる場合に主たる障害となっている、世界に対する短絡的で「実践志向」と言われる態度のことではない[1)]。「環境プラグマティズム」と呼ばれるものの背景には、アメリカのプラグマティズムは環境の哲学であるという理解がある。プラグマティズムの創始者たちは、今日われわれが環境問題と呼ぶものについてはっきりと論じることはほとんどなかったが、彼らの著作の中には、環境哲学に関する原理的な洞察が内包されているのだ。たとえば、人間の領域は、より広範なあらゆる自然環境の中に埋め込まれているということ、その各々は、互いにしばしば予測不能な仕方で影響を及ぼし合っているということ、そして、価値は人間と環境の絶えざる相互作用において現れ出るものであるということ、これらの理解はすべて、現代の多くの環境哲学者たちと同じように、プラグマティストたちの中心概念である。

本稿の第1節では、アメリカのプラグマティズムの主要な特徴のあらましを述べる。プラグマティズムになじみのない読者が、その主な見解を他の哲学的アプローチとの関係においてより理解しやすくするため、ここでは重要な論点が、認識論、形而上学、そして価値論といったおなじみの見解についての批判的な応答として示されている。第2節では、プラグマティズムを現代の環境哲学（ecophilosophy）におけるいくつかの主要問題との関係の中に位置づける。ここでの主張もまた、その大部分において、広く行き渡った見解に対する批判的な応答となるだろう。しかし、プラグマティズムは**建設的な**哲学的アプローチであるということがここでは強調されねばならない。批判の目的は結局、新たな洞察の道を開くことにほかならないのだ。第2節では、とりわけ環境倫理、すなわち、プラグマティズムが最も多くのものを提供しうるであろう環境哲学の一領域のための、形而上学的基礎づけに関する問いに力点を置いている。

1　プラグマティズム

プラグマティズムは、20世紀の初頭に一つの学派として登場した[2)]。初期の主要なプラグマティストは、チャールズ・S・パース、ウィリアム・ジェイムズ、ジョサイヤ・ロイス、ジョン・デューイ、そしてジョージ・ハーバード・ミードである。アルフレッド・ノース・ホワイトヘッドやジョージ・サンタヤーナもまた、彼ら自身はそう呼ばれることを拒んだものの、その見解がいくつもの点においてプラグマティズムとの深い親和性を持っていることを考えれば、「名誉」プラグマティストと呼んでいいかもしれない。

個々の事柄については、それぞれのプラグマティストたちの思想はもちろん多様ではあるものの、その著作全体を通して見れば、いくつかの特徴的なテーマが見出せる。第一に、皆、基礎づけ主義的認識論を否定している。その上にわれわれの知識が構築される、またそこにおいて概念の真理や意味が分析されるとするような、生得の信念や直観、その他の疑い得ない「所与」などはない。ジェイムズは、ある信念が正しいと言明することは、その信念が世界の意味を理解することに成功し、また経験において矛盾していないと言明することであると言う[3)]。パースのプラグマティズムについての理解は、ある観念の意味は、その観念が、後続の思考や経験に原理的にもたらす効果においてこそ存在すると主張するものである[4)]。われわれは絶対に疑い得ない信念など持ち得ない。ただ、十分に疑いのないもののストックがあるだけなのだ。われわれは、絶対的に明晰で不変の観念など持っていない。経験をよく理解するための、十分に明確で安定した諸観念を持っているだけなのだ。経験は、われわれの確固たる信念の誤りをいつでも暴き出しうるし、われわれの観念における満足のいかない曖昧さや混乱もまた暴露する。つまり認識するとは、われわれの認識をより確実にするための終わりなき探究なのだ。もし、われわれの認識が可謬的であることを忘れてしまったなら、哲学的な知の探究は、絶対的な確実性をめざす病的な運動へと退化してしまうことになるだろう。

環境哲学者たちにとって、プラグマティスト的な認識論における最も興味深い側面は、二元論的な知の「観察者理論」と、その仲間である単純な真理の「対応説」を拒否することにある。ジェイムズは、真理を、認識者の意識における信念が外部世界における物質の客観的状態と一致するものとはみなさないが、それを理由に彼の定義に反対することは（多くの人がそうしてきたのだが）、意識の本性や、世界そして認識行為について、プラグマティストたちが何を主張したかったのかを見損なうことになる。

プラグマティズムは**単なる**真理の理論にすぎない、とする理解は、プラグマティズムに好意的な人々の間にさえしばしば見られるものである。しかしそれは、民主主義は**単なる**政治的主権の理論にすぎないとみなすのと同様、正しくはあるが不完全な理解でもある。どちらにおいても、その理論には重要な実践的含意があるのだ。自分自身とその世界を、われわれが新たな光のもとで眺め始めることができるのは、そのような含意を探り出すことにおいてである。

プラグマティズムの創始者たちは、進化論の哲学的含意を理解していた。すなわち、どんな有機体の性質や行動も、その有機体と環境の関係に照らして理解されなければならない。人間の思考や認識の能力も、例外ではない。意識、理性、想像力、言語、そして記号の使用（要するに精神と呼ばれるもの）は、人間という有機体が世界に適合するのを助ける、自然への順応として理解されるのだ。

われわれが住むこの世界は、**知られたものとしての**世界である。その構造は、機能的に二つの一般類型に分けられる複数の現象から成っている――もっとも、もしこの**機能的**区別が**形而上学的な**ものとして無批判に受け取られたとしたら、われわれはパラドクスや混乱に陥ってしまうのだが。経験世界は、絶対的な区別に対して、それがどのようなレベルでなされたものであったとしても、厳格に折り合いをつけようとするものだ。しかしながら、一方においてわれわれは、暗黙的にも理論的にも、生（なま）の経験を秩序づける概念構成の基盤を確認することができる。またもう一方において、生（なま）の経験におけるカオス的で未同化的な「もの」を見出している。われわれが住む世界は、われわれ自身やわれわれの確たる認識より広範囲の、未知なものの周縁、すなわち、語り得ないものではあるが、一貫して実存的なリアリティに取り囲まれているのだ[5]。まさにこの周縁部分において、そしてわれわれの知識に関して時に不安定になるそうした部分においてこそ、知識を革新する活動が起こるのだ。

精神は世界**から**切り離されたものではない。それは世界**の**一部なのだ。「世界を知る」とは、孤立した行為ではない。むしろそれは、有機体と環境の相互作用なのである。この相互作用において、不確定で疑わしい未決定の状況が、より意味をなし知的なものになるよう再構成される[6]。この再構成のプロセスは、認識主体**と**認識対象の**双方**を変容させる。T・S・エリオットは、自身の詩を「不明瞭さへの攻撃」と言い表した[7]。これはあらゆる認識の様式をうまく特徴づける言葉だが、特記すべきは、この攻撃においては、**両者ともに**予見不可能な仕方で影響を被りがちであるということだ。詩の構想を練る時や、科学理論を構築する時、あるいは倫理学説を論じる時など、われわれは**文字通り**、自分たち自身と、以前はそのようであった世界の両方を変容させる。主体と客体は絶対的な実在ではない。知るものと知られるものとは、最初から分かちがたく結ばれ合っている。主体と客体は、絶え間なく変わり続ける複雑な関係性の宇宙における、連関の結合体なのだ。このように、主体と客体という由緒ある区別は、形而上学的な吟味に耐え得ない単なる方便である。つまりそれは、重要ではあるが客観的には曖昧な、根源的に連続した経験の領野における二つの極のことなのだ[8]。認識行為における自己と世界のどんな調和も、暫定的で可謬的なものである。知識が真であると言うことは、その調和が満足のいくものであるということを意味するにすぎない。これは**絶対に正しい**と言うことは、もはや再調整を必要としないという意味である。そのようなことは、時に達成可能であるかもしれないが、しかしわれわれは、それが本当に絶対に正しいことなのかどうか、確実に判断することなど決してできない。明日になれば、経験はまたわれわれを疑いの中へと投げ込むかもしれないのだ。

明らかに、この認識論は伝統的形而上学に対する根本的批判を含んでいる。しかし、プラグマティストたちの形而上学的思考に対する姿勢はアンビバレントだ。伝えられるところによると、パースはジョンズホプキンス大学の講義において、形而上学など一顧だに値しない戯言であると大規模な非難を繰り広げたという。〔にもかかわらず〕彼はその講義を、これら重大テーマを議論する形而上学クラブを設立するよう学生たちに勧めることで締めくくった。この話は、私がプラグマティストの典型的な態度と考えるものをよく表している。実在に関する伝統的な説明は、ミスリーディングなので無視すべきものではあるが、それでもやはり、われわれはしっかりした形而上学を**必要とする**のだ。パースが考えたように、形而上学的思索にはふけるまいと決意する者は、そのことによって形而上学を回避するわけではない。彼らはただ、自身がこれまでに選んできた「粗野で吟味されていない形而上学」のフィルターを通して世界を見るよう、自分たちに強いているだけなのだ[9)]。

パースとロイスは、形而上学を主張するプロジェクトを熱心に受け入れた。ジェイムズとデューイは、軽蔑的な意味を込める時以外は、この言葉をあまり使いたがらなかった。しかし、彼らがそれを形而上学と呼ぼうが呼ぶまいが、プラグマティストたちは皆、経験の意味を理解するものであり、また経験に由来する知の正当性の限度を超えないもの**でもある**、そのような実在についての分析を展開することに関心を持っていた（パースとジェイムズは、このどちらの観点においてもその思弁的体系において壮大な失敗を犯した哲学者として、しばしばヘーゲルに言及した）。形而上学的思考の価値は、それがただ筋の通った推定を作り出すということ、そして、その言明の修正を認めるような方法論に従うという点に依存しているのだ。

プラグマティズム的な形而上学の始発点を提供したのは、イマヌエル・カントだった。叡智界、すなわち、精神の秩序だったカテゴリーから独立した世界それ自体は、定義上、知識や経験に入り込むことは不可能である。プラグマティストにとって、精神の秩序だった影響から独立して存在する世界や実在や性質といった概念は、完全に**無意味なもの**である。世界について何かを言うことは、すなわちカントが現象界と呼んだものについて語ることである。実在するとは、経験に入り込むことが可能であるということである。したがって、ある物事の結果、またそのものの他の現象との関係が、その物事について知られるべきことの**すべて**なのだ。それゆえ初期のプラグマティストたちは、形相や本質、実体について語ることをせず、経験から生じる新たな形而上学を展開することを企てた。そして彼らがたどり着いた思想は、「観念論対実在論」といった、一般的な哲学的二元論を超えて行くことになったのだ。

プラグマティストたちの間に「共通の形而上学」があると指摘するのは誤

りである一方（リチャード・ローティのような「ネオ・プラグマティスト」は、形而上学について語ること自体が完全な誤りであると主張しているが）、われわれは、世界に関するプラグマティズム的な思想における世界に関するいくつかの特徴的なテーマを見極めることができる。われわれが直面する世界には、還元不可能な**複数性**があるのだと。（現代物理学の支持を得た、）**不確定性**と**偶然性**こそが、世界の真の特徴であるという思想があるのだ。変化、成長、そして新規性が、どこにおいてもルールである。プラグマティストはまた、ある共通の――ひょっとすると普遍的でさえあるような――われわれの経験の至るところで立ち現れる**構造**と**関係性**にも関心を寄せている。こうしてプラグマティズムは、現実をプロセスや発展と捉え、また**存在**を、世界の中で単に互いに並び立っている単一の諸実在としてではなく、関係的に定義づけられた意味の中心と捉えるのである。それは実体的存在ではなく、相互連関性、結合性、相互作用、そして絡まり合いを、実在の構成要素として強調するのである。これらすべてのことは、何が実際に経験の中にあるのかについての厳格な注意に基づいているのであって、あれやこれやの哲学が教える、われわれが探究すべき何かに基づいているのではない。経験それ自体を、思弁的な事柄における最高権威とみなすこうしたコミットメントによって、ジェイムズは自分の哲学を「根本的経験論（radical empiricism）」と呼ぶに至った[10)]。

プラグマティストたちは、啓蒙思想を裏返しにしてしまうような認識論と形而上学の変革を訴えた。価値についてのプラグマティックな思想は、やはり革命的である。この思想がもっぱら重きを置くのは、経験であり、知と実践の確立のための実験的方法であるが、それは、美的領域を強調し、変化し続ける世界における対立を絶え間なく調停し続けるプロセスが倫理学であると捉え、そして、民主主義と人道主義的な関心を社会的合意の中心に置く社会哲学や政治哲学の土台を築くような、価値理論を促進するのだ。

すべての価値は経験から生起する。倫理学の問い――「善とは何か？」――は、究極的には、有機体とその環境の相互作用において、何が善として経験されるかという具体的な問いへとわれわれを連れ戻す。もちろん、探究は個人の情動的経験において終わるわけではなく、この情動的経験こそが、価値の唯一の可能な源泉だと認めるのだ。経験の美的意味を決定するにあたって、プラグマティストたちはジェイムズの次のような根本的経験論を堅持する。経験**されない**ものからは何も生まれないが、経験**される**ものには十分な検討が払われなければならない[11]。価値に関する最初の問いは、したがって、「われわれは何を欲すべきか？」ではなく、「人々は実際に何を欲し、またそれはなぜなのか？」というものである。その答えは多数あり、複雑で、たとえば功利主義の快–苦計算のようなものに、完全には還元できない。

美学においては、形而上学においてと同じように、体験〔47頁を参照のこと〕に現れる全き多元論がわれわれを戸惑わせる。価値ある要素は、私的な意識だけでなく、まさにその多元性の中にあるのだ。諸々の満足は、環境–内–有機体（organism-in-environment）という、半ば私的で半ば公的な領域において生じるものである。そしてそれゆえに、満足は、それを感知する存在にとってだけでなく、環境それ自体、およびその中に住むすべての他の存在にとって意味を持つのである。しかしながら、美的価値の多様性と触知可能性は、評価する有機体が環境の中に一個体より多く住み始めるや否や、対立を引き起こさずにはいられない[12]。

ここに、諸価値の間に見出されるべき関係性の体系的理解としての倫理学、すなわち、何が正しいことであるかについての理論が求められることになる。諸価値は、環境–内–有機体の、ダイナミックで無限に複雑なシステムにおいて生起するとする思想に基づいて、行為の正しさもまた、大部分はシステムに依存的であるとするのがプラグマティズムにおける倫理学の信条である。普遍的に妥当する倫理学理論という啓蒙主義の夢は、道徳的な問題状況がどれも互いにとてもよく似ていることから、一見もっともらしいものであるように思えるかもしれない。しかしプラグマティストは、類似性や不変性と同じく、差異や変化にも注意を向ける。世界が発展し、それに伴って人間の思考や行為も変わっていけば、新たなタイプの倫理的問題もまた、不可避的に起こることになる。それにうまく対処するためには、何が正しいことであるかについての、新たな理解の方法を開発する必要がある。諸徳のリスト、権利と義務のリスト、法律についての目録、善についての〔固定的な〕説明などないということが、われわれが直面する、すべてのありうる状況において求められるものなのだ。何が正しいかについての「最後の言葉」を定めようとする試みは、それが不完全で、曖昧な、あるいは極めて古臭いものとして新しい世代に暴露されるような、憂慮すべき事柄である。プラグマティズムは、倫理の定まった考えなどないということをこそ、われわれの行為の正しさを測る絶対的な土台とするのだ。われわれは過去の経験から、特定の状況においては、ある倫理的概念が他のそれに比べて有効であるということを知っている。しかしまさにその過去の経験だけが、われわれの倫理的「土台」なのである。アンソニー・ウエストンが言うように、倫理学とは、岩盤の土台の上にピラミッドを建てるというより、むしろ沼地の中に創造的に道を作り出していくような冒険なのだ[13)]。多くの沼地を探索した後になって、われわれはそこで最も役立つ手段にたどり着く。しかし、沼地と価値の世界の双方は、われわれの下で不断に移りゆくという本性を持ったものであるがゆえに、われわれは明日になれば、またその調整をし直さなければならないかもしれない。それゆえ倫理学の目的は、その適用に絶対の基準がない以上、完全な正しさに到達することではなく、この世界での生を今よりいくらかよいものにするために、対立する価値の主張を仲裁することにこそあるのだ。

社会的および政治的レベルにおいては、この視座は、個人が無限の重要性を持っているということを含意する。すべての個人が対等な敬意を払われるべき存在であることは、一見**自明である**。しかしながら、個人を関係的文脈を超えて理解することはできないがゆえに、個人は常に、多くの共同体の不可分の一部として見られることになる。社会的、政治的、そして文化的制度は、個々人のニーズを満たすためにある。このことについて、私は別のところで、生の**十分さ**、さらにはそれ以上に、生の**意義**を満たすことという観点から論じたことがある[14)]。すなわち、社会の諸編成（social arrangements）は、環境-内-有機体の最小限の要求を満たすべく、常に再評価および再構成される必要があるということである。さらには**成長**が促されるべきである。ここで「成長」というのは、「物質的な成長」に還元されるものではない。この両者の同一視は、われわれを不幸な結論に導くことになる。たとえば、一人当たりの国内総生産が幸福を測るといった、社会が受け入れたとしたら究極的には自殺的とさえ言えるような考えがそうである。成長は、経験の美的な豊かさを増すこと、また、人生において満足を見出すための、利用可能な手段を拡大することという観点からよりよく理解される[15)]。電気通信業界の主張とは反対に、それは、われわれのテレビをケーブルサービスへとアップグレードすることよりも、**リサイクル**することを意味するだろう。

あるいはそれは、われわれをまた別のプラグマティズム的な社会および政治哲学へと連れていくような、公的領域に関わることを意味するかもしれない。社会制度は常に変革を必要とする。その方向は、それに携わる人々によってのみ正当に示されるものである。プラグマティストたちにとって、「参加民主主義」は、現実とは参加と変化のこと**である**とする、形而上学的観念の政治的表現である。公衆は、人々の、また価値あるとされるものの広大な複数性からなるものであるがゆえに、また、世界は絶えず変化しているものであるがゆえに、個人と共通善のために最もよく提供される方策は、実験的に決定されなければならない。その実験者、すなわち、広大な、今まさに進行している「方策委員会」に仕える政治学者は、市民自身であるべきである。統治には常にイノベーションが必要であり、そしてそのイノベーションは、特定の問題を解決しようとし、また、自身の現実の端を再構築しようとするような、一人または数人の人々から立ち上がる。プラグマティズム（特にデューイの著作において）は、こうした大勢の多様な人々が、公的領域に活発に集い、自らの要求を表明し、その知を伝え、そして差異に合意をもたらすことの必要を訴えるのだ[16)]。これこそ、人間にふさわしい活動であり、極めて満足の得られる存在様式である。究極的には、社会は市民の多様な知性と経験を最もうまく活用する時に、最もよく機能するのである。

2　プラグマティズム的な環境哲学

初期のプラグマティストたちは、先見的な思想家であり、しばしば時代の先を行っていた。様々な点において、彼らはわれわれの同時代人である。しかしそれでもなお、当然のことながら、彼らは彼ら自身の時代に向けて著作を書いた。彼らは、20世紀の初め近くに世界が直面した問題とその解決に取り組んだのだ。1952年まで生きたジョン・デューイでさえ、21世紀の初め近くになってわれわれが直面している環境危機を十分に見通すことはできなかった。古典的なアメリカのプラグマティストたちは、われわれに、強力な哲学の基礎的観念の一式を与えてくれる。しかしながら、これらの洞察を現代の「環境」の問題に適用したり、正当な環境哲学全体を発展させようとしたりする時、われわれは新たな領域に入り込むことになる。われわれがなすべきことは、ただ始めることである。以下は、その端緒であり、近年の環境哲学の主要問題が、プラグマティズムの光の下でどのように現れるかを示すことによって、それら問題についてのわれわれの理解を説明、また再構成するための大まかな試みである。これらの問題に対する私の立場は、ここではごく簡単に言明し説明するにとどめる。これらの立場についての詳細な議論を構築し、その環境哲学における価値を判断する仕事は、この先の課題、すなわち、現在進行中の、われわれの分野における根本的な概念や問題や方法の研究の中にある課題である。本稿の残りは、「環境プラグマティズム」の探究に最も関連すると思われる事柄についての、簡単な概説である。すなわち、(1) **環境**の概念、(2) 哲学探究における環境倫理学の位置づけ、(3) 環境倫理学における社会的および政治的次元、そして、(4) 近年の (a) 道徳的多元主義、(b) 人間中心主義、(c) 自然の内在的価値をめぐる議論に対する、プラグマティズム的な貢献を提起しよう。

(1) プラグマティストにとって、環境とは、「外にあるもの」、われわれとは何がしかの仕方で分離されたもの、すなわち、われわれの必要に応じて、使い尽くしたり保護したりされるために待ち構えているようなものでは全く**ない**。フランスの現象学者、モーリス・メルロー＝ポンティが言ったように、「われわれの身体は、心臓が有機体の中にあるように世界の中に存在している」[17)]。われわれは、**経験**について語ることなしに環境について語ることはできない。これは最も基本的なプラグマティズムの思想である。最も具体的な事実（「私は寒い」）から、最も抽象的、あるいは超越論的な観念（「正義」「神」）に至るまで、われわれが、あるいはどんな存在にとっても、感じ、知り、価値づけ、そして信じることは、まずは直接的に感じられる**今、ここに**関する何らかの側面において意味を持つのである。環境とは、その最も根本的な意味においては、経験が立ち現れ、私の生と他者の生が生起する領域なのである。

繰り返すが、経験とは単なる主観的なものではない。それは「主観的」な側面を持つが、しかし経験それ自体は、**存在するもの**について表明することの別名なのだ。**存在するもの**は、有機体と環境における、進行中の一連の相互作用のことである。経験の質――人生が豊かであるか不毛であるか、混沌としているか秩序立っているか、苦しいものであるか喜びに満ちたものであるか――は、有機体が環境との出会いに何をもたらすかによって規定されるのと同様に、有機体がかかわっている環境の質によっても規定されるのである。環境とは、各人にとっての一部であると同時に、われわれが環境の一部なのであり、さらに加えて、われわれ一人ひとりは、他者が向き合わねばならない環境の一部——経験の一部——そのもの**なのである**。

有機体と環境の根本的な関係性を主張する中で、プラグマティズムはわれわれに、あらゆる環境を同等の真剣さで取り扱うよう促す。都会、田舎、荒野、公園、町、海、大草原、公営住宅、病院、山道——これらはすべて、経験が展開する場所である。この観点からすれば、世界とは様々な環境の連続体である。絶滅寸前の環境は、正当にもわれわれの注意を最も引くだろうが、環境哲学と生態学は、根本的に言って、われわれがそのうちに住まう**すべて**の環境を理解しようと試みるのだ。

環境の全連続性へと注意を向ければ、われわれは、それぞれの何が真に価値あるものであるかを大局的に把握できるようになる。われわれが住まうこの環境は、われわれが生きている種々の生に直接の影響を与えるものである。この考え方から、粗野な道具主義的結論を引き出す不幸な傾向があるが、そのような傾向に対して私は警告を発したい。もし、環境が経験に「資金を出す」ものであるならば、そのような推論が行き着く先は、喜ばしい人間的経験をもたらすことに資する、簡単に管理できて便利な環境の蓄積へと全世界を変えるためにテクノロジーを使おう、という話であるかもしれない。この**テーマパークとしての地球**とでも言うべき考え方は、世界の有限な部分としてのわれわれの生来的な限界を忘れさせ、惨事をもたらすことになるだろう。自然を支配しようという、繰り返し行われてきた試み（例えば、ナイル川の堰き止めとその失敗や、原子力を「飼い慣らそう」とする悲喜劇的な努力）は、本来、人間の知性の限界をわれわれに教えるものでなければならなかった。自然を支配しようとするそうした試みは、環境のいかなる部分も、われわれの安定した経験領域を超え出るものではないと決めてかかっている。われわれは確かに、経験される世界のいくらかの部分に対しては、並外れたコントロール力を持っており、さらにそれらを、自身の目的に合うよう作り変えることもできる。その目的が理に適ったものであるならば、このことには何の問題もない。（例えば、われわれの家を温めるために、天然ガスを分別を持って使用することについては、反対するどんな理由も見当たらない。）しかし、環境が経験に資金を出すという考えは、本来、世界には言葉では言い表せない側面があるという見解をも含むものである。われわれが自然を支配できるなどと考えるのは、もちろん傲慢極まりないことだ。さらに言えば、それは妄想であり、自己否定ですらある。われわれが、環境との継続的な出会いの中で自らを見出す存在であるとするならば、環境を、完全に変化しないもの、予測可能なもの、これ以上の新しさなど**あり得ない**、単なる道具的な資源として捉えることは、とりも直さず、われわれ自身が経験においてこれ以上の成長を望まないということでもある。自然を完全に支配しようとする試みは、われわれの成長の究極的な源を破壊することであり、したがってわれわれ自身をも絶滅させることなのだ。

　われわれがやらなければならないことは、自然界を支配することではなく、様々な環境の中で、意味豊かな生を耕すことである。われわれは、地球を変化させ破壊することにかけては極めて有能だが、その中で豊かに生きることについては、多くの場合無能である。われわれの力を賢く行使するためには、この世界とわれわれ自身の価値の源を誠実に理解しなければならないだろう。環境哲学は、様々な環境に住まうことから生起する（あるいは生起しうる）経験の質に、細心の注意を向けることから始めなければならない[18)]。われわれは、経験において一体何が重要なことなのか、それは環境のどんな特徴と結びついているのか、そして、どのような仕方で環境に住まうことが最もふさわしいのかを問う必要がある。その間、われわれは常に、この世界に関する野生的で言葉にできない側面への敬意を保ち続けなければならない。われわれは、環境の倫理学をこれ以上実行する前に、今一度、何が善であり、また善はどのように**われわれの**世界——カントやジェイムズやジョン・ミューアの世界とは異なった世界——に現れるのかという美学的問いを問う必要があるのだ。

　(2) プラグマティズムは、哲学的倫理学を、何が善であり、またどのような行動が正しいかを決定するための、継続的な試みであると考える。倫理学的探究において新たな領域が急に発生するということは、われわれの集団生活の非常に深いレベルにおいて、何かが変化したことを示すものである。近年、経験はわれわれに全く新しい問題群を投げかけ、その結果、知的産業における新たな一群を生み出している。環境倫理学は、価値についての定まった考え方をまずは**拡張し**、さらには**変容させる**ものとして登場した、いくつかの新たな学問領域の一つである。

　医療倫理学、経営倫理学、そしてフェミニスト倫理学／女性的な倫理学は、環境倫理学の出現の仕方に似たまた別の展開である。これらそれぞれの領域においては、まずは伝統的な理論が新たな問題状況において適用された。しかし新たな問題状況は、そうして適用された理論的な方向性、すなわち、功利主義、契約説、また義務論的な倫理学等の不十分さを見せつけ、利用できる概念的な資源を飛び越えてしまったのである。概念の拡張が、新たな概念の発展や新たな理論的枠組みをもたらした。思考においてエコロジカルなメタファーに頼る環境主義者たちの傾向は、人びとに、関係の中心性を認識する倫理を採用させた。この倫理は、プラグマティズムと同じように、関連するすべてのものの内在的価値を、システムの内側から、またそのシステムのために認識するものである。フェミニスト倫理学や女性的な倫理学の多くも、この関係性というものにフォーカスしている。多くの著者が、「ケアの倫理」の概念が環境倫理学の有望な道であること、また、「エコフェミニズム」に関する文献が着実に成長していることを指摘している[19)]。プラグマティックな観点から見れば、この新たな関係性の倫理は、伝統的な倫理学の諸理論よりも存在論的に健全なものである。

(3) 環境倫理学は、革新的な公共政策の策定手続きや、新たな法律制度、そして草の根運動などにも関係してきた。環境に対する意識を現実のものにしていくこれらの活動は、この数十年で大いに発展してきたが、もちろんこれから先の道のりも長い。プラグマティズム的な見地からすれば、これらすべての領域の目的は、われわれが住まう環境のあり方を決定するための真の声を公衆自身が持てるように、社会制度を再編するという仕方で実験をし続けることにある。先述したように、プラグマティズムは個人を、今世界には何が求められているのかについての真性な知の源泉とみなし、したがって、国家統治への個々人の参加を最大化しようと試みる。他と同様にこの点においてもまた、プラグマティズムは社会生態学運動の諸理想に与するものなのだ[20)]。

(4) 次に、環境倫理学において近年大きく取り上げられている三つの議論を紹介したい。これらの議論は、道徳的多元主義、人間中心主義、そして自然世界の内在的 (intrinsic) 価値をめぐるものである。これらの議論に対するプラグマティズムの提言は、論争を生むものであるかもしれない。しかし私は、その論争が、これら重要問題についてのいくつかの代替案を示すことを願っている。

(a) 道徳的多元主義は、どんな一つの道徳原理も、あるいは何が正しいかについての包括的理論も、あらゆる倫理的な問題状況に適切に適用することはできないとする見解と定義づけることができる。プラグマティズムは、この世界には様々な存在者と、またそれらの間の関係性が存在するがゆえに、それぞれの道徳的状況には明らかな差異があることを認識している。これらの状況は、著しい価値の多様性を含み、それゆえに解消されねばならない多くの対立に満ちている。J・ベアード・キャリコットは、伝統的な倫理学の枠組みの変更は、形而上学的仮定の変更をも含むとして、道徳的多元主義に反論している[21)]。われわれは、朝にカント主義者になり、午後になればレオポルド主義者になるなどということはできない。ピーター・ウェンツは、キャリコットが「形而上学的椅子取りゲーム」と呼んだこのゲームを、**極端な道徳的多元主義**と彼が言うところのものとして定義する[22)]。勝手気ままに形而上学的体系を移動することは、深刻な精神不安とまでは言わないまでも、実際のところ自身の基本的な信念への浅薄なコミットメントを意味していると言うべきだろう。

プラグマティズムが向かうのは、ウェンツが言うところの**穏健な道徳的多元主義**である。ここでは、道徳の諸原理間の移動は、この世界において還元不可能な多元主義を認める一つの形而上学的観点――すなわち、それぞれの善や存在の仕方は異なっているがゆえに、倫理的に重大な状況もまた他とは非常に異なっているのだとする観点――において基礎づけられる。したがってわれわれは、多様な状況に対処するのと同じように、多様な原理に訴えかけていることが分かる。もしもわれわれが穏健な道徳的多元主義を採用するなら、環境倫理学者は、対立する諸原理が所与の状況において適用可能な場合、どのような思考にプライオリティを与えればよいかという重大な課題を受け取ることになる。この作業のためには、二つの基準が役に立つだろう。すなわち、経験世界の質を強調することで、プラグマティズムは、一連の行動によって可能になる経験の**持続可能性**と**多様性**が、可能な限り促進されるべきであることを主張する[23)]。この二つは、アルド・レオポルドが言うような土地倫理においてだけでなく、**どのような**倫理においても重要なものである。

(b) 人間中心主義をめぐる議論は、特に偏ったものである。その問題は、価値の主要な所在地は何かに関わるものである。人間中心主義は、価値とは人間**の**、あるいは人間の**ための**ものであると主張する。生命中心主義は、あらゆる生物はそれ自体において価値があると主張する。環境中心主義は、環境における自然経過や関係性、そして非生物までも含めた、環境システム全体の価値を強調する。つまりこの議論は、価値とは個別の存在に関わるものなのか、それともより全体論的に見られねばならないものなのかという側面を持つものなのだ。

これに対して、プラグマティストはこう問うだろう。なぜわれわれは、これらのいずれかの旗にア・プリオリに忠誠を誓い、その他のものを除外しなければならないのかと。真正の価値は、これらのどの局所的レベルにおいても存在するものである。確かに、これらそれぞれの真正の価値のゆえに対立は起こるだろうが、しかしこうした道徳的対立が生じるのは、何もこのアプローチに限ったことではない。アンティゴネーは、「家族の価値」が国家の価値と悲劇的に対立しうることを知った。今日のCEOも同様に、ビジネスの価値が、絶滅が危惧されるフクロウの住処と対立することを知っている。どちらか一方の側に価値があるという考えを**否定する**ことは、潜在的な道徳的対立が生起するのを防ぐことになるようには見えるだろうが、しかしそれは同時に、深刻な道徳的無知のリスクを抱え込むことにもなる。やみくもな人間中心主義は、人間以外の世界において嘆かわしい結果を生み出すだろうが、やみくもな人間嫌いの**エコ**中心主義者もまた、同様に嘆かわしいものなのだ。

繰り返すが、多元主義は経験において遭遇する事実である。価値は、互いに異なった経験世界の、多様な関係性の中において生起するものである。それぞれの状況は、そのそれぞれに異なった言葉によって評価されなければならない。持続可能性と多様性という、先述した二つの価値がここでも参照点になる。ある時は、われわれは全体的なシステムの持続可能性に正しく目を向ける。そしてまたある時は、個人に固有の価値に目を向けるのだ。この個人やシステムというのは、ある時は人間のことであり、またある時はそうではない。この観点からすれば、環境倫理学は、他の倫理学領域との連続性において、つまり、異なってはいるが、しかし価値に関する探究一般の不可欠な部分として捉えられうる。

これまで私は、環境–内–有機体の経験こそが最も中心的なものであることを論じてきた。プラグマティズムは、ある面においては「人間中心主義的」（より正確には「人間による測定中心的（anthropometric）」）[24] である。**人間の**有機体こそが、必然的に、価値について語るものなのである。なぜなら、人間の経験、すなわち価値についての人間の見方は、われわれが人間として**知る**唯一のものであるからだ。もちろん、他の存在も経験を持ち、確かに物事を価値づけている。繰り返すが、私は人間の気まぐれがすべての物事の尺度であると言っているわけではなく、人間が実際に計量者であると言っているにすぎない。このことは、あらゆる環境問題について議論する際の一要因でなければならない。すなわち、われわれは、それが望ましい時は他の生物のために語ることもできるし、そうすべきであるが、しかしわれわれは、彼らの経験の内側から語ることはできない。彼らの声をある意味で**聞く**ことはできるが、しかし彼らの声**で**語ることはできないのだ。私は、われわれに特有の人間的身体から抜け出すどんな方法も持っていない。その意味において、人間の経験における物差しは、最初からあらゆるものの尺度なのである。環境問題に関する議論は、こうして人間たちだけに限られるものではあるが、しかしそれは不適切なことというわけではない――結局、そうした議論はもっぱら独占的に、世界に対する人間の脅威に向けられるのだ。狼、ニシアメリカフクロウ、老齢樹林は、彼らの代弁者たる人間を通して以外には倫理的な議論に参加することができず、それはおそらく残念なことである。彼らが自ら声を上げられたらはるかにいいのに！　しかしそれができないために、彼らは少なくとも代弁者を**持つ**――そしてその代弁者や擁護者は、また他の人間にのみ、彼らの懸案事項について語る必要があるのだ。人間的価値のカテゴリーにおいてそうすることは、恥ずべきことではない。結局のところ、われわれが行く道はこれしかないのだ。

（c）最後に私が取り上げたいのは、多くの人が、環境倫理学において**これこそ**最も重要な問題であると考えているものである。環境倫理学の実行可能性は、人間以外の世界の内在的価値を打ち立てることができるかどうかにかかっていると、しばしば繰り返し主張されている。（「固有の価値」と呼ぶべきかもしれないが、さしあたりこう言っておく。）ここでの主要な関心は、人間以外の世界が単なる道具的価値だけを持った資源の蓄積としてみなされる限り、真正な「環境倫理学」など存在し得ないということである。人間以外の世界は、強い意味で道徳的に考慮されるべきだとするならば、ただ役に立つ以上のものでなければならない。それはそれ自身の権利において価値がなければならないのだ。

プラグマティズムは、道具的価値と内在的価値は常に相互に排他的なものではないとして、このゴルディオスの結び目を一刀両断にする。人間であれ人間でないものであれ、あらゆる存在者の存在は、意味に満ちた連関性のコンテクストにおいて、他の存在との関係から構成されている。したがって、よいものとは、道具的に価値あるものであると**同時に**（それは自らを超えて他のよいものに影響する）内在的に価値あるものである（他の存在との関係性を構成するのに不可欠の存在として、それはそれ自身において価値がある）。われわれは確かに、これら二つの価値を区別することができる。しかしどのようなものも、内在的な価値を同時に持つことなく、道具的に価値あるものであることなどできないのだ。それゆえ、リチャード・ラウトリーの古典的なシナリオにあるように、たとえ地球上の「最後の人間」であったとしても、自然の一部を気ままに破壊するとしたならば、それは道徳的に不正な行為となりうるのである[25)]。彼は、経験の領域の内在的によい部分を絶滅させることになるだろう。彼は、それら自然の個々のものだけでなく、彼自身と他のあらゆる存在の内在的によい部分を、経験の網の目において潜在的にも顕在的にも破壊してしまうのだ。

もっとも、人は「内在的価値」という言葉を、また別の意味で用いるかもしれない。キャリコットは、「内在的価値」という言葉を、**価値づける意識とは無関係な**あるよいものとする[26)]。これは時に、自然物の「固有の価値」とか「固有の意義」とか呼ばれるものである。しかしここでプラグマティズムは、原理的に言って、価値づける者が存在しない、あるいは存在し得ない場合、経験というものもまた考えられず、したがって美的あるいは道徳的価値などというものもあり得ないのだと主張する。価値づける意識のない、単なる物質からなる世界においては、事物は**存在**はするだろうが**価値**は持たないであろう。おそらく、内在的／固有の価値は、中世における「存在論的な善」の現代版である。すなわち、存在する限り、一切は神の目には善である。あるいは、一切のものは、神以外の人間でないものの意識にとっては善である（この後者の二つのケースは、キャリコットが**固有の価値**と呼んだものと一致する）。これらの可能性を私は尊重するが、しかし人間である哲学者としての私は、それらの価値をその内側から理解することはできないし、またそうする必要もない。もし主体としての人間が存在しなければ、われわれが探究しているような環境倫理学はあり得ないだろうし、またそのようなものがある必要もない。私には、神であることがどういうことかも、コウモリであることがどういうことかも分からない。したがって、内在的／固有の価値という概念は、無意味なものであるか、あるいは、人間という主体には**直接的に**影響を与えることのない、エコロジカルな連関の一部になるような、何かについての価値に縮減されるべきものである。とはいえ、それらのものはすべて、いずれは人間という主体に**調停的に**影響を与えることになるもの**である**。その価値は、人間によってこそ認知され、その道徳的重要性を認められ尊重されることになるのだ。われわれは、どこまでも環境とつながっているのであり、また環境はわれわれとつながっているのだというこの教えは、環境に関するプラグマティズム的な思想のアルファでありオメガなのである。

謝辞

本稿の元になった論文は、ジョージア州アトランタにおいて1993年12月に開催された、国際環境倫理学会の年次大会において発表したものである。エリック・カッツ、アンドリュー・ライト、スティーブン・ロウ、そしてベス・シンガーに特にその手助けを感謝したい。本論文に欠陥があったとしたなら、それは当然のことながら、彼らの支援が不十分であったがためではない。

注

1)　この態度は、また別のアメリカ育ちの考え方の派生であって、ジョン・デューイが1929年に「ビジネスマインド」と名付けたものである。John Dewey, *Individualism, Old and New*, *The Later Works, 1925–1953*, vol. 5, ed. Jo Ann Boydston (Carbondale, Il: Southern Illinois University Press, 1988), pp. 61, 69.

2)　ジェイムズは1898年の講演においてこの運動を「プラグマティズム」と名付け、その中心的洞察を提示した人物として、1878年の論文におけるC・S・パースを評価している。ジェイムズの刊行された講演は、"The Pragmatic Method," *Essays in Philosophy, The Works of William James*, gen ed. Frederick H. Burkhardt (Cambridge, MA: Harvard University Press, 1978), pp. 123-139.（ハーバード版のジェイムズの著作からの引用は、巻タイトル、全集（刊行年）の順に記載されている。）ジェイムズが言及したパースの“How to Make Our Ideas Clear”は、*Collected Papers of Charles Sanders Peirce*, vol. 5, ed. Charles Hartshorne, Paul Weiss and Arthur Burks (Cambridge: Harvard University Press, 1931-1958), 5.388にある。（パースの*Collected Papers*からの引用は、巻番号とパラグラフ番号を引く。CP 5.388は第5巻、第388パラグラフの意味である。）

3)　特に“Lecture VI” in *Pragmatism*, *Works* (1975)〔『プラグマティズム』枡田啓三郎訳、岩波書店、1953年〕及び*Pragmatism*の続編である*The Meaning of Truth*, *Works* (1975) を見よ。

4)　プラグマティズムの方法に関するパースとジェイムズの相違については、CP 5.1-13及びCP 5.438を見よ。

5)　William James, “A World of Pure Experience,” *Essays in Radical Empiricism, Works* (1976), pp. 21-44.〔『根本的経験論』枡田啓三郎、加藤茂訳、白水社、1998年〕この画期的な論文のポイントは、経験の「主観的」および「客観的」な側面という一般的な区別は、所与の形而上学的事実であることよりは単に機能的なものであるということを主張することにある。

6)　これらの語の中で「探究」に関するデューイの説明を見よ。John Dewey, *Logic: The Theory of Inquiry*, *The Later Works*, *1925-1953*, vol. 12, ed. Jo Ann Boydston (Carbondale, Il: Southern Illinois University, 1986), p. 108.〔『行動の論理学——探求の理論』河村望訳、人間の科学新社、2017年〕

7)　T. S. Elliot, “East Coker,” *Collected Poems 1909-1962* (New York: Harcourt Brace Jovanovich, 1970), p. 189.

8)　世界の客観的性質としての曖昧さの概念については、パースにおける曖昧性と一般性の議論を見よ。CP 5.505.

9)　CP 1.129

10)　ジェイムズの根本的経験論の説明は、“A World of Pure Experience,” *Essays in Radical Empiricism*, *Works* (1976), pp. 21-44を見よ。

11)　この方法がヨーロッパの現象学と類似していることは、これまで気づかれなかったわけではない。たとえば、James Edieの研究 *William James and Phenomenology* (Bloomington, IN: Indiana University Press, 1987) を見よ。パースが、エトムント・フッサールとは関係なく、この方法の彼の見解を1902年に「現象学」と名づけたことも注目に値する。

12)　ジェイムズは、価値の起源と倫理的対立についての似たような説明を、

"The Moral Philosopher and the Moral Life," *The Will to Believe and Other Essays in Popular Philosophy*, *Works* (1979), pp. 141–162.〔『信ずる意志』(W・ジェイムズ著作集2) 福鎌達夫訳、日本教文社、2015年〕の第二セクションで行っている。

13) Anthony Weston, "Beyond Intrinsic Value: Pragmatism in Environmental Ethics," *Environmental Ethics* 7 (Winter 1985): 321–339 and "Unfair to Swamps: A Reply to Katz," *Environmental Ethics* 10 (Fall 1988): 285–288 (エリック・カッツの論文と彼への反論は本書に収録されている).

14) 十分さ (adequacy) と意義 (significance) の意味については、"The Values of a Habitat," *Environmental Ethics* 12 (Winter 1990): 353–368で論じた。

15) "Economics, Sustainable Growth, and Community," *Environmental Values* 2 (Autumn 1993): 233–245において、私は成長に関するこれらの二つの概念についてより詳細に論じている。

16) デューイの参加民主主義の理想は、*The Public and Its Problems, The Later Works, 1925–1953*, vol. 2, ed. Jo Ann Boydston (Carbondale, Il: Southern Illinois University Press, 1988)〔『公衆とその諸問題』阿部齊訳、筑摩書房、2015年〕に最も詳しい。

17) Maurice Merleau-Ponty, *The Phenomenology of Perception*, trans. Colin Smith (New Jersy: Humanities Press, 1962), p. 203.〔『知覚の現象学』改装版、中島盛夫訳、法政大学出版局、2015年〕

18) アンソニー・ウエストンは、このことを達成するための一つのアプローチを"Before Environmental Ethics," *Environmental Ethics* 14 (Winter 1992): 321–338の中で提唱している。

19) エコフェミニズムについては、Karen J. Warren, "The Power and the Promise of Ecological Feminism," *Environmental Ethics* 12 (Summer 1990): 125–146, Christine J. Cuomo, "Unravelling the Problems in Ecofeminism," *Environmental Ethics* 14 (Winter 1992): 351–363 を見よ。

20) この関係性を研究したい者は、Murray Bookchin, *The Philosophy of Social Ecology: Essays on Dialectical Materialism* (Toronto: Black Rose Books, 1990) を読むことから始めるといいだろう。

21) J. Baird Callicott, "The Case against Moral Pluralism," *Environmental Ethics* 12 (Summer 1990): 99–124.

22) Peter Wentz, "Minimal, Moderate, and Extreme Moral Pluralism," *Environmental Ethics* 15 (Spring 1993): 61–74.

23)　この論点は、Parker, "Economics, Sustainable Growth, and Community", op. cit. においてより展開されている。

24)　「人間による測定中心的」という言葉（字義的には「身体測定」）は、Alan E. Wittbecker, "Deep Anthropology: Ecology and Human Order," *Environmental Ethics* 8 (Fall 1986): 261–270 において論じられている。

25)　Richard Routley, "Is There a Need for a New, an Environmental Ethic?" *Proceedings of the Fifteenth World Congress of Philosophy* (Sophia, 1973), 1: 205–210.

26)　J. Baird Callicott, "Intrinsic Value, Quantum Theory, and Environmental Ethics," *Environmental Ethics* 7 (Fall 1985): 262.

第2章

プラグマティズムはどのように環境倫理学であるのか

サンドラ・B・ローゼンタール
ロージーン・A・バックホルツ

最近いくつかの論文が、プラグマティズムは環境倫理の発展にとって役に立たないと批判していた。エリック・カッツは、プラグマティズム的な価値の理論と倫理学はそれ自体においては正当化されるかもしれないが、適切な環境倫理学を提供することはできないと論じた[1]。ボブ・ペッパーマン・テイラーによれば、デューイの立場は環境を犠牲にしており、社会–政治的である[2]。そしてデイビッド・E・シェイナーとR・シャノン・デュヴァルは、環境倫理学に対するジェイムズの有用性が、彼の自我の観念のせいで妨げられていると主張した[3]。この論文は、環境倫理学の展開におけるプラグマティズムの役割を擁護する。またこの論文は、以下の重要なプラグマティズムの特徴について、鳥瞰的な素描を提供するであろう。それが示すのは、適切に理解されるなら、プラグマティズム的な倫理学はその本性上環境倫理学であり、そしてそれは、文献の中で繰り返しあらわれてくる二分法、例えば人間中心主義／生命中心主義、個体主義／全体論、内在的価値／外在的価値といったような二分法と関わりをもっている、ということである。プラグマティズムは、これらの伝統的な二分法のいくつかに対して別の見方を提供する。プラグマティズム的なものの見方は問題の性質を変化させ、伝統的な二分法によって引き起こされている現在の行き詰まりのいくつかを超えて、議論を展開するための勢いをつけることができる[4]。

プラグマティズムは部分的には、近代に対する反発、あるいは科学や科学が対象とする事柄の本性を理解するための、デカルト的世界観に対する反発から生じた。こうした理解が生み出されたのは、次のような一般的な事実からである。すなわち、近代科学の出現の根幹となっている知識を獲得するための方法が、最初の「持続的な」近代の科学的見方の内容、つまりニュートン的な機械論的世界と混同されていたという事実である。主として知の観察者理論*1という前提にもとづいているこうした混同は、科学的内容については素朴実在論的な哲学的解釈〔科学が対象とする事柄は客観的に実在すると考える解釈〕に至った。科学的知識は客観的事実のありのままの記述を提供する一方で、自然的世界へのアクセスを提供するものとしてのわれわれの質的体験を閉め出した*2。このことは結果的に、量的に特徴づけられた世界、物心二元論、人間と自然の疎外、そして徹底的な自然の非人間化〔自然と人間の経験は織りあわされて相互関係的に存在していると見なすのではなく、自然は人間による経験とは無関係に存在し、人間はそれを観察者のように観察するだけであると見なす傾向、すなわち自然の客体化〕を引き起こした。客体化された自然は、価値自由な人間の操作の対象としての自然を正当化した。近代性を根本的に修正するための鍵を提供してくれるのはまさに、内容よりもむしろ方法という観点において、科学をプラグマティズム的に再焦点化することなのである。

科学的方法への関心を通してプラグマティズム的なものの見方に焦点を合わせることは、人によっては奇異なことのように思われるかもしれない。というのも、この科学的な焦点は確かに、人間と自然の分離を性格づける、人間による自然の技術的支配の残響を思い出させるからである。しかしながら、このような科学的方法を通したプラグマティズム的な焦点化が究極的には、プラグマティズムがそうした分離を徹底的に拒否することを理解するための鍵なのである。プラグマティズムは科学の知見や具体的な人間の実在に対する科学の重要性に関わるが、科学に対する**体系的**な焦点が合わせられているのは、科学の内容についてではなく、むしろ**方法**としての科学について、あるいは人間の活動によって活かされたものとしての科学について、すなわち、科学者が**実際のところ**何を知識として得ているのか、ということについてなのである[5)]。プラグマティズムによって理解されているように、この方法に関する諸段階は、簡単な解明が必要である。

科学的探求の第一段階では、人間の創造性が求められる。われわれは既成のデータを集めるたんなる受動的な観察者ではない。むしろわれわれは、理解されているデータの性格や編成そのものへと分け入っていくような創造的な理論をもたらすのである。第二に、理論によって指示される、方向づけられた、あるいはゴールに向けられた活動が存在する。理論は、予測された結果が生じるかどうかを見てとるために、ある種の活動が実行され、データにおいてある種の変化が生じていることを要求する。最終的に真理に対するテストは結果の観点から行われる。理論は、自らの主張によって予期されるように、将来の経験に至るまでわれわれをうまく導くであろうか。真理とは、絶対的なものについての思惟によってであれ、データの受動的な蓄積によってであれ、受動的に達成されたものではなく、むしろ、データを導く理論で貫かれた活動によって真理なのである。プラグマティズムの鍵となる信条は、思想における目的にかなった活動のこうした役割〔の重要さ〕であり、その結果として何かを重要であると見なしたり選択的に強調したりする場合に、それらが使いものになるかどうかということによって究極的には正当化されなければならない、ということである。

さらに、科学的方法に含まれている創造性は、知識に関する「受動的観察者」という見方の徹底的拒絶と、活動的で創造的な作用因の導入を含意している。そうした作用因は、意味を通して、知識の対象を構成するのに役立ち、そのような対象があらわれてくる世界から分離されることができない[6)]。科学者が扱っている対象の世界は、われわれの質的体験と取り替えられず、それよりもリアルであるというわけでもない。科学者の対象世界はむしろ、自然の操作を理解するための方法を概念的に分節化することであり、世界を理解しようとする試みにおける創造的な知性の産物である。そしてそれら〔方法の概念的分節化や創造的知性の産物〕は、質的な日常経験の豊かさにおいて検証される。

このようにして、科学的方法の教訓を適切に理解することで明らかになるのは、人間という有機体が位置づけられる自然が、体験において明らかにされる質的な豊かさを保持しているということであり、また、科学的反省のレベルにおいても、常識的な経験のレベルにおいても、人間という有機体とその世界を相互作用的に結びつけている行為志向的な意味構造によって、世界における自然の把握が満たされているということである。日常的な人間の経験の本性は、本来的に実験的であり、上で展開してきた科学的方法の主要な特徴を反映しているのである。

人間の生物学的有機体および有機体–環境の適応についてプラグマティズムが注目していると理解されうるのは、この文脈においてのみなのである。人間存在は自然の内にある。人間の活動一般も、人間の知識も、この存在が自然環境に依存する自然な有機体であるという事実から分離されることはできない。しかし人間という有機体と人間がその中に位置づけられている自然はともに、われわれの日常経験の質や価値という点において豊かである[7)]。心や思考や自我といったきわめて人間的な特徴は、自然の創発的特徴〔創発とは、部分の単純な総和を超える全体的な性質が生まれること〕であり、その豊かさの最も重要な部分である。そうした特徴は、生きられた身体〔観察の対象ではなく、その人自身のものとして経験される身体〕がどのように振る舞うかを指示している。自我を自ら閉じた存在として理解するプラグマティストはいない。もし位置づけということについて語るならば、むしろ自我は、反省的能力を持った生物学的有機体の至るところに「位置づけられた」身体的自我とみなされる。それはこれが、自我が機能する関係的文脈から生じ、そこから始まるのと同様である[8)]。

人間の経験を観察者的ではない仕方で理解するという背景からすれば、有機的なものであれ無機的なものであれ、人間とその環境は本来的に関係的な様相をもつ。有機体と環境についてそれぞれ分離して語ることは、その事態の本当の姿を決して言い当ててはいない。というのも、どんな有機体も環境から離れては存在できないのであり、環境も有機体との関係のうちにあるものだからである。環境に帰せられる特性は、そのような相互作用の文脈において、有機体に属しているのである。われわれが有しているのは、〔それぞれが独立に存在することを観察でき、分割可能な実在としての人間とその環境ではなく〕分割できない全体としての相互作用である。そして、そうした相互作用の文脈においてのみ、経験とその質が機能するのである。

そうした有機体–環境の関係的見解は同時に、多元的な次元をもつ。というのも、環境は文脈に応じて位置づけられており、そして問題の状況に対する重要な解決は、そうした文脈に状況づけられている環境の内部にあらわれるからである[9)]。しかしながら、多元主義は相対主義ではない。というのも知の観察者理論の拒否が、真理の対応説〔命題の真偽は、実在との合致（対応）によって決まるとみなす理論〕の拒否になるからである。そうではなくて有機体–環境の関係的見解は、実在を概念による境界規定よりも豊かであり、あるいはそれを超えるものとみなす見解である。多様なパースペクティブは様々な仕方で実在の豊かさを把握するが、しかしそれは使いものになるかどうかという観点から判定されなければならない。そして使いものになるためには成長が必要であり、対立する観点に基づく主張を調整したり裁定したりすることができるような、文脈の拡大によって対立を解消することが必要である。成長とは、物質的成長に還元できるものではない。それはむしろ、経験の道徳的–美的豊かさの増加として理解されるのがもっともよい。そうした裁定は、進行中でなければならない。というのも、存在がその本性上満たされているのは、安定したものだけではなく不安定なものであり、永続的なものだけではなく新奇なものであり、調和的なものだけではなく、多様なものだからである。そして継続する成長に対して素材を提供するのは、まさにこの力動なのである。

プラグマティズムのいくつかの重要な特徴について上で述べた手短な素描の背景から、議論は一般的な倫理的関心へとより直接的に展開できる。プラグマティストにとっての価値とは、主観的で、心の内容あるいは有機体内部の何か他の感覚として収蔵されて〔外部との相互関係を持たないで〕いるのでもなく、独立して秩序づけられた宇宙の中の〔客観的に観察可能なだけの特定の部分に限定される〕「そこ」にある何かでもない。人間の経験において現れるとき、対象や状況は、それらが現れてくるプロセスと同じくらい存在論的に〔確かに〕実在しているような、質をもっている。価値と価値づけること、すなわち価値づける経験は、自然の特徴である。つまりそれは、有機体–環境という相互作用の文脈における新奇な創発である[10]。そうした創発的な価値は、与えられたままでは肯定的であったり、否定的であったりしうる。そして人は、価値のみならず「非価値」をも経験することができる。

価値づけることと価値あるものを経験すること、つまり価値づけと評価の違いは、探求における段階の違いであり、未来に関する主張をなさないような経験〔価値づけ〕と、未来に関する主張をなす判断〔評価〕の区別である。後者は、潜在的なものや因果連関を相互に関係させるという仕方で現在の経験を他の経験に結びつけることによってなされる。端的に言えば、価値づけが価値あるものの経験になるのは、進行している経験の過程における心の活動を実験的なものとして組織化することによるのである。価値あるものに関する主張は価値づけが対立する文脈から生じており、そうした主張の妥当性は、調和的に価値づける経験のための文脈を生みだす能力に依存している。

ここで、価値の理解において、知に関する観察者理論の名残のようなものに陥ってはならないということが重要になる。もっとも因果的な価値づけはもちろん、もっとも基本的な価値づけでさえ、ただ予測的な活動を遂行しようとするだけに止まらない。もっとも原初的な選択においてさえ少なくとも暗黙のうちに作用している、過去の評価に基礎づけられた性格を持っているのである。端的に言えば、直接的な経験の価値の質は、多くの部分でそれが現れてきた道徳的信念の文脈によって形成されているのである[11)]。価値づけと評価の間のこの機能的関係を人が自覚する範囲、別の言葉で言えば、経験を豊かにする道徳的意味の自覚の範囲が、経験のうちで道徳的に方向づけられた行為の範囲を規定する。道徳的行為とは計画された合理的行為のことであり、それは、価値づける経験を生みだす潜在性を具現化することとしての、意味を自覚することに根づいている。そして、対立する価値づけを含んでいるような問題状況の解決において、行動を組織化する習慣的な方法がうまく働かない場合、新たな道徳的規準や何が価値あるものなのかに関する新たな理解を具体化するような、新たな道徳的信念が登場する。そして今度はそれが、別の基礎づけられた質を価値づけの直接性に対して与えるのである[12)]。

価値づけるという経験と客観的な価値に関する主張との間の機能的な関係は、経験の価値負荷性（value ladenness）*3を増加させる場合、進行中の経験の経過の中で有機的な統一体として作動しなければならない。そうした使いものになる関係性は、そうあり続けるためには、沈滞ではなく、恒常的な開放性を要求している。そうした開放性は、実験的な探求の力動を統合する知的な再構成によって変化するためのものである。実験的な方法は、道徳的な文脈において適用される場合、実際には、現に対立している価値や潜在的に対立する可能性がある価値を統合したり調和させたりすることのできるパースペクティブの創造的な成長を通して、状況の価値負荷性を増加させるという試みなのである。道徳的なパースペクティブの拡張は、知的な探求から独立しているわけではないが、たんに知的なパースペクティブにおける変化であるだけでなく、その全体的な具体性において有機体を触発したり、有機体によって触発されたりするような変化である。

この点で、自然との関係を一切持たずに完全に人工的な環境において、価値づけが評価を反映しているような調和的な生活を個人が送ることができる、ということには反論があるかもしれない。しかしながらそうした反論は、次の点を見落としている。すなわち、人間は環境に巻き込まれた具体的な有機体であり、その環境の中で連続的だということがそれである。人間の発展は、その文化的世界と同様に、その生物学的世界ともエコロジカルに関係づけられている[13]。プラグマティストにとって成長は、本来的に道徳的である。そして成長が含んでいるのは、パースペクティブのこうした深化と拡張に他ならないが、それは、われわれが不可分に結びつけられている、文化的世界と自然的世界を絶え間なく拡げることを含んでいる。そのもっとも極端な形態は、世界を宗教的に経験することを、自己が関係づけられている条件の全体性としての世界と自己を関係させる一つの方法と見なすデューイの理解のうちにある[14]。この〔文化的世界と自然的世界の〕統一は、知識において理解されるものでもなく、反省において気づかれるものでもない。というのもそうした統一は、〔自己が関係づけられている条件の〕全体性〔としての世界〕を、知性の言語的内容としてではなく自己の想像的な拡張として含むのであり、知的な把握ではなく、深められた調和を含むからである。これが、詩人が非常によく自然を知る理由である[15]。

そのような経験は知性における変化のみならず、道徳的意識における変化を生みだす。それは、自己とそれが関係する諸条件の全体性とを深層において調和させることの可能性の意味に至るまで「深く掘り下げる」ことによって、内集団／外集団という任意かつ架空の区別を通してわれわれが課す分裂を「乗り越える」ことを可能にする。そしてすべてのプラグマティストにとって、このことは、全世界を含んでいる。なぜなら、連続性についての彼らの強調は、次のことを明らかにしているからである。それは、われわれはひと時も、宇宙のいかなる部分からもわれわれの発達する自己を切り離すことはできないということであり、そして、そうしたことは無意味であるということである。確かに、環境保護主義者は相互作用する個体のあいだ、つまり人間や人間でないもの、生命圏を構成している有機物や無機物のあいだの、「客観的」な関係を記述しようとしているかもしれないが、個体に帰せられる特質は、それら自身を提示する相互作用から独立して、それらの個体に所有されているのではない。自然は、脱人間化されることはできないし、人間もまた、脱自然化されることができない。人間は自然の中にあり、その一部である。そして自然のいかなる部分も、価値の出現のために考えることができる関係的文脈を提供しているのである。「人間の関心」の理解、すなわち人間を豊かにすることにとって何が価値**あるもの**なのかということについての理解は、長期対短期という点や、考えることができるもの対実在するものという点で拡張されるべきではなく、人間の関心や、人間の福祉についての非常に拡張された観念という点で拡張されるべきである。さらに、価値に関する経験を増加させることは、主観的な何かを増加させることやわれわれの内にある何かを増加させることではなく、自然のうちの関係的な文脈に関する価値負荷性を増加させることである。世界を宗教的に経験することについてのデューイによる理解は、プラグマティズム的な倫理学が位置づけられねばならない究極的な文脈を提供する。あらゆる状況や文脈が何らかの意味で独特である一方で、いかなる状況や文脈も道徳的関心の範囲の外側にあるのではない。適切に理解されるなら、プラグマティズム的な倫理学は環境倫理学なのである。

そうした倫理学を人間中心主義と呼ぶことはできない。事実、人間のみが評価することができるのであり、そして、何が価値づけの多様性に役立つのかということに関する判断としての評価なしには、価値あるものは生じることができないのである。さらに言えば人間は、自分自身の経験を参照するという仕方で、類比的にのみ非人間的タイプの経験について語ることができる。しかし、価値あるものという概念の登場は、人間の知性を含んだ判断を通してのみ生じるのであるが、価値は、肯定的であれ、否定的であれ、感覚を持つ有機体を含む環境的な相互作用のいかなるレベルにおいても生じてくるのである。有機体–環境という文脈において創発する価値レベルは、感覚を持ち経験する有機体が存在する限り、意識的しかも自己意識的な仕方で経験に対する有機体の能力が増大することによって大きくなるが、他方で価値は、状況の創発的な文脈に応じた特性である。ジェイムズが強調しているように、道徳的行為者としてわれわれは、「われわれ自身以外の存在形態の有意味性について述べることへと向かうことは」禁じられている。われわれが命じられているのは、「それがわれわれにとってどれほど理解できないかもしれないものであっても、それ自身においては害なく利害関心を持って幸せに見えるものについて、われわれは寛容であり、尊敬をもち、思いのままにさせるように」ということであり、「干渉しないということ。すなわち、真理の全体も善の全体もどんな単独の観察者にも明らかにされない」ということである[16)]。価値の創発の諸々のレベルにおいては区別がなされるという主張に疑問を持つものもいるかもしれないが、いざというときに、すべての抽象的な議論がなされれば、価値あるものについての主張は、顕在的であれ潜在的であれ、人間の福祉の増進という観点、あるいは人間の福祉に対する抑制できない害悪という観点で見らねばならないというわけではないのだろうか？ニシアメリカフクロウの保護とエイズウイルスの保護が同等の道徳的主張であると、実際誰が考えるだろうか[17)]？

人間の福祉を増進したり害したりするという点でエイズウイルスやニシアメリカフクロウが持つ相対的なメリットに関して、上述の評価は上で拒否された人間中心主義の再登場であると反論されるかもしれない。しかしながらこの反論は、人間中心主義／生命中心主義の「あれか–これか」を適切に切り落とすことに失敗していることからやってくるものである。実際には「あれも–これも」が述べられた立場に近いものであるが、これですら不適切である。というのも、「あれも–これも」も、連結をなすことにおいて、ともにもたらされる立場の元々の極端さを変化させる根本的な概念上の転換を捉え損なっているからである。「すべてか無しか」はないのである。すべての価値がそのように人間との関係のうちにのみあるというわけではない。しかしながらすべての価値が、人間の福祉への関係とは関わりなく等しい請求権を持つわけでもない。感覚を持ち経験する有機体が存在する限り、そしてそのときはいつでも、価値は状況に関する創発的で文脈に応じた特性なのである。しかし、有機体–環境の文脈において創発する価値レベルは、意識的しかも自己意識的な仕方において有機体が経験する能力が向上することで、増大する。生命中心主義という生物学的平等主義はおそらく首尾一貫していると考えられるが、しかし実践においては維持されえない。たしかに人は、人間とエイズウイルスの理論的平等性から、実践においてそうした理論を実行することへと移ろうとしたくはないだろう。しかしこのことは、自然のなかの感覚を持つ有機体における価値の文脈を、人間が無視しうるということを意味しているわけではない。そうすることは、相争う主張という点において評価することではなく、他の有機体の価値づけを自己中心的に無視することで、それを利用することである。われわれは人間の福祉に対する保護を提供するような判断をなさなければならない。しかしそうした判断は、この目標と最大限両立するような、他の感覚を持った有感的有機体を含んでいる価値負荷的文脈を考慮しなければならない。

もしも評価が何かについての評価であるなら、それは、顕在的なものであれ、潜在的なものであれ、価値の経験が組織されるべき方法についてのものでなければならないと思われてきた。そして、感覚を持つ有機体を含む文脈のみが、価値の創発を引き起こすのである。この立場は、感覚を持たない文脈における価値の創発を認めないし、感覚を持たない文脈の利用も認めない。というのも、自然の何らかの側面、自然における関係的文脈や自然における何らかのものでありながら、感覚を持った有機体の経験の対象としては考えられないようなものを思い描くことが可能であろうか。

環境が創発的な価値の顕在的、あるいは潜在的な関係の文脈において究極的に価値あるものであるということが問題なのではなく、むしろ、価値づけと彼らにそれを許す価値ある環境があまりにも狭く理解されているということが問題なのである。プラグマティズム的な倫理学はどんな点でも、人間の福祉と人間がその一部である環境の福祉の間に線を引くことはできない。ここで、次のような反論があるかもしれない。それは、価値づける経験を引き起こすことに対する潜在的な力という観点で感覚を持たない自然を価値づけることは、そうした自然が道具的価値しか持たないといっていることであり、そしてもし自然がたんなる道具にすぎないのであれば、そのときいかなる現実的な環境倫理学も可能ではなくなるのではないかという反論である。しかしながら上の枠組みにおいては、道具的価値と内在的価値に関するすべての討論が、その出発点から間違った方向に向いていたのである。経験の構成要素となると考えられうるすべてのものは、価値が生じる文脈の関係的側面であることに対する潜在性を有している。そしていかなる価値も、それが生じてくる文脈に関するいかなる側面とも同様に、結果を含んでおり、それゆえにさらなる何かを生み出すという点では道具的なのである。だからデューイはいかなる手段–目的の区別もなされえないと考えており、むしろ、手段の性格が目的の質へと侵入してくる継続的な連続性が存在し、その目的が今度は、さらなる何かのための手段となると考えたのである[18)]。

さらに、評価は進展し、対立の解決や新奇な関心において新奇な方向性や新奇な文脈を獲得する。そして道徳性が関係づけられるのはまさに、こうした問題含みの文脈における選択と創造的な解決なのである。もしもすべてのものが内在的価値を持つなら、意思決定は幾分か恣意的なものになる。例えば、もしもすべての木が、価値づける経験に対する潜在性と無関係に、それ自身の内在的価値を持ち、存在する権利を持つなら、われわれはどのようにして、どの木を切り倒すかということを選択できるのだろうか。しかしもちろん、常識はわれわれに、すべてを「救う」ことはできないと告げている。議論がなされねばならないし、文献は議論が、究極的には価値づける経験の潜在的な力という観点でなされるということをそれ自体で示している。そして究極的にはそれは、難しい選択をなさねばならないときには、人間の価値づける経験にとっての潜在的な力という観点でなされるのである[19)]。

さらに問われるかもしれないのは次のことである。自己と宇宙の融和における「完全に達成された成長」というプラグマティズム的な理想は、価値が個体よりもシステムに対して与えられているものだという生態系中心主義へと融合していくのかどうかということである。ここでふたたび、これらの選択肢は、プラグマティズム的な文脈においては適用できない。システムがより重要なときもあれば、個体がより重要なときもある。そしてそういったことは有意味な道徳的状況があらわれ、そして対立する主張が問題となるような文脈によるのである。さらに、個体とシステムとの間に、何ら絶対的な分断もなされえない。というのも、それぞれは他方と密接に結びつけられているのであり、他方によってその意義を獲得するからである。孤立させられた個体という観念がまるごと、一つの抽象なのである。というのも、多様性と連続性は密接に相互に関係づけられていると考えられるからである。個体もシステムの全体も価値の担い手ではなく、むしろ価値は個体同士の相互作用において生じる。そして個体の価値は、その継続的な発展を構成する関係性から切り離されて理解されるものではあり得ないのに対して、全体はその価値を個体の相互作用を通して得る。問題の複雑性を重要視しない時、われわれは簡単に、定言的な道徳の事柄が問題になっているのだと思わされうる。しかし、問題の複雑性は、つねに文脈に依存しているか関係的なのである。

この見解はわれわれに対して、特定の問題においてどのような立場をとるべきかということを教えてくれないが、何が問題となっているかということを理解するための、そして知的な選択をなすための、さらに問題に関する合理的な議論に携わるための指示を与えてくれる。プラグマティズム的な倫理学（環境倫理学はその本質的な部分であるのだが）における責任にとって必要とされていることは、創造的な知性の能力を再組織化し、秩序づけること、真正な可能性を創造的に把握すること、モチベーションに関するバイタリティ、そして、その豊かさにおける具体的な人間存在の感覚への深化させられた調和、多様性とそれが埋め込まれている自然環境との相互関係の多様な類型を展開していくことである。この調和の受容性は、どれだけ強調しても強調しすぎることはありえない。デューイの言葉に次のようなものがある。「問題はそれが述べられうるより前に、**感じられ**ねばならない。状況の独特の性質が直接に**得られる**なら、選択や観察された事実とその概念的な秩序の重みづけを統制する何かが存在するのである」[20]。端的に言えば、一般に道徳的責任の発展には、全人格の教育が必要なのである[21]。まさにそういった全人格の教育こそが、われわれの価値づける経験を、他の感覚を持った有機体の価値づけへと共感的に拡張するようにわれわれを導くことができ、また人間の間でも、人間と他のレベルの感覚を持った有機体との間でも生じる多様な価値づけに関して対立する主張を裁定することにおいて、責任ある判断をなすことへとわれわれを導いていくことができるのである。要するに、価値あるものと価値づける経験の直接性を概念的に認識するために必要とされる幅と深さ、感受性と想像力を提供しうるのは、全人格の教育だけなのである。そして、環境倫理の実行に必要とされている道徳的意識において変化を生み出すことができるのは、そのように深いところで調和する働きだけなのである。

注

1)　“Searching for Intrinsic Value: Pragmatism and Despair in Environmental Ethics,” *Environmental Ethics*, Vol. 9, Fall, 1987, p. 232（本書に再録〔15章〕).

2)　“John Dewey and Environmental Thought: A Response to Chaloupka,” *Environmental Ethics*, Vol. 12, Summer 1990. In “John Dewey’s Social Aesthetics as a Precedent for Environmental Thought,” *Environmental Ethics*, Vol. 9, Fall 1987, p. 247, ウィリアム・チャルプカ（William Chaloupka）は、デューイの美学のうちに、「少し大げさに言えば」暗黙の環境保護主義とよばれうるものを見いだすことができると主張している。

3)　“Conservation Ethics and the Japanese Intellectual Tradition,” *Environmental Ethics*, Vol. 11, Fall 1989.

4)　この論文ではプラグマティズムという用語で、古典的なアメリカのプラグマティズムが意図されている。それはチャールズ・パース、ウイリアム・ジェイムズ、ジョン・デューイ、G・H・ミード、C・I・ルイスといった5人の主要な貢献者達の著作を組み合わせた運動のことである。これらの哲学者達が統一されたパースペクティブを提供しているということがこの論文では想定されている。こうした主張はローゼンタールの著作『思弁的プラグマティズム（*Speculative Pragmatism*）』(Amherst, Massachusetts: The University of Massachusetts Press, 1986). Paperback edition (Peru, Illinois: Open Court Publishing Co., 1990) において詳細に擁護されている。

5)　純粋な方法に関するこの強調は、プラグマティズムがその哲学的主張において、様々な科学の成果によって影響されていることを否定しようとするのではない。たしかに、プラグマティズムはそうした成果に対して、細心の注意を払っている。しかしながら、純粋な方法としての科学的方法のモデルに対するプラグマティズム的な哲学の密接な関わりもまた一つの特徴である。一般的な方法によって成し遂げられる様々な科学の様々な成果に対するプラグマティズムの注意は、それとはまたまったく別のものである。これら二つの論争点は混ぜ合わせられるべきではなく、そしてプラグマティズムに鍵を提供するのはまさに、科学の方法である。

6)　デューイは、「知られていることは、ある生産物と見られていることであり、その生産物においては、観察という行為が必然的な役割を果たしているのである。知ることは、最終的に知られている事柄への参加者と見られることである」という主張の中で、科学におけるこの理性的創造性（noetic creativity）を表現している。彼が結論づけているように、知覚とそれが生じる有意味な背景の両方が知るものと知られるものとの間の相互関係的統合で満たされている。Dewey, *The Quest for Certainty*, Vol. 4 (1984), *The Later Works*, ed. Jo Ann Boydston (Carbondale and Edwardsville: University of Southern Illinois Press, 1981–1991), pp. 163–165.)〔『デューイ著作集4　確実性の探求：知識と行動の関連についての一研究』、田中智志、加賀裕郎、東京大学出版会、2018年〕

7)　科学的事業が引き起こす技術は、自然を破壊し、人間を断片化するような支配的な道具であるわけではまったくなく、人間と自然の十全さと豊かさに関する適切な文脈のうちに位置づけられなければならない。技術は十全で、自由で柔軟な生き方のための前提条件として必要とされているのである。技術にまつわる問題は、理念から生じる。あるいはよりよくいえば、理念の不在から生じるのである。その理念は、極めて頻繁に技術的要因との連関において作動している。技術は方法を提供することはできるが、人間のビジョンは、創造的なものとして、そして全体論的な自然の中で人間の経験の改善のための可能性を把握するものとして、技術を導くことを要求されている。技術は自然を超えるのではなく、人間の関心に対立して置かれることもできない。というのも、技術は、自然のうちにあり、かつその一部である人間が自らの関心の質的充実により役立つように環境を改変する、自然なプロセスの一部だからである。

8)　それゆえジェイムズの自己という観念は、シェイナーとデュヴァルの先に挙げた文献で主張されたような環境倫理に対する障害物ではまったくなく、その不可欠な構成要素なのである。

9)　道徳的多元主義に関する論争における様々な議論については、以下のものを見よ。Christopher Stone, "Moral Pluralism and the Course of Environmental Ethics," *Environmental Ethics*, Vol. 10, Summer 1988, pp. 139–54; Don Marietta, Jr., "Pluralism in Environmental Ethics," *Topoi*, Vol. 12, March 1993), pp. 69–80; J. Baird Callicott, "The Case Against Moral Pluralism," *Environmental Ethics*, Vol. 12, Summer 1990, pp. 99–124; Anthony Weston, "On Callicott's Case Against Moral Pluralism," *Environmental Ethics*, Vol. 13, Fall 1991, pp. 283–286. ここで注記しておくべきことは、プラグマティズムが提案しているのは、形而上学的な多元主義あるいは「絶対的」原則の多元主義ではなく、むしろ、多元主義を求める形而上学と認識論だということである。これはいかなるタイプの相対主義でもなく、むしろ存在論的に基礎づけられた遠近法主義、あるいは文脈主義である。

10)　プラグマティズムは主観主義の一形態であるというアンソニー・ウエストンによる主張は不適切である。"Beyond Intrinsic Value: Pragmatism in Environmental Ethics," *Environmental Ethics*, Vol. 7, Winter 1985, p. 321（本書第15章).

11)　「楽しみのただ中においてさえ、妥当性や権限付与の感覚というものがある。それは楽しみを強化するものである」とデューイが述べているように。

12)　例えば、潜在的に価値づける経験という観点から汚染問題を知ることで、車の窓からソフトドリンクの缶を投げ捨てることに関してなされる直接的で質的な価値づけを、変化させることができる。何年か前に戻ってみれば、このようなことは実際日常的に行われており、そして「風の中に投げ捨てる」という肯定的な価値づける経験をすら提供していたかもしれない。しかし今日では、たいていの道徳的に意識の高い人たちは、もしも彼らがそのようなことをしようと考えただけで、直接的な意味の否定的な価値づけを経験することになるだろう。

13)　先に挙げた"John Dewey and Environmental Thought: A Response to Chaloupka"における、環境保護主義者としてのデューイに対するボブ・ペッパーマン・テイラーからの反論は、具体的な人間の経験に由来するデューイの哲学における人間の、社会的、文化的生物学的次元と、人間の生の性質そのものに由来する美的感受性の両方の、進行中の不正な抽象から発しているのである。

14)　これは、一神論的な信念とはまったく異なり、そしてそうした信念はたびたび環境への無関心を育むものであるということが、ここではおそらく指摘される。

15)　道徳的コミットメントの最も広い形態は、実存の宗教的次元を正しく理解している人によって保持されると、ジェイムズは考えていた。

16)　"On a Certain Blindness in Human Beings," in *Talks to Teachers* (New York: W. W. Norton, 1958). "American Pragmatism Reconsidered: William James' Ecological Ethic," *Environmental Ethics*, Vol. 14, Summer 1992においてロバート・フラーは、非有機的なものも感覚性をもっており、それゆえに少なくともそれは何らかの基本的なやり方で価値づけに関わっているという、ジェイムズにおける潜在的な汎心論に賛成する議論を行っている。われわれは、ジェイムズについてのこうした解釈や、非有機的自然への関わりに対するこの種の正当化を受け入れようという気にはならない。

17)　それゆえに、われわれはジェイムズによる上の言明は「無害」だと思う。

18)　アンソニー・ウエストンの「内在的価値を超えて」とエリック・カッツの「内在的価値を求めて」の間の論争を見よ（本書第14章、第15章）。

19)　それゆえ、例えば、古く成長した森は、個人に対して価値づける経験を引き起こすことへの潜在的な力を持つという点で価値あるものなのである。しかしここで問題となる状況が登場する。というのも、古く成長した森は、材木のために切り倒される場合、人間がより多くの住宅を望むので、人間のために価値づける経験を引き起こすことへの潜在的な力を持っているからである。古く成長した森は、森としては、人間が戸外での喜びを経験するように、個人に対して価値づける経験を提供するための潜在的な力を持っている。さらに古く成長した森のこうした、そして様々な他の価値の次元において、価値づける経験を生み出すことへの森の潜在的な力は実際の価値づけだけでなく、あるいはさらに現実的な諸個人の価値づけにだけでもなく、価値づける経験を生み出すことは無限の未来にまで伸び広がっているのである。未来の価値づけへのこうした潜在的な力は現在の問題含みの文脈から排除されうるようなものではない。というのも、触発されることに関する潜在的な力は、未来にあるわけではないからだ。それらは現在の文脈のうちにあるのであって、われわれの現在の決定によって影響を受けるのである。

20)　*Logic: The Theory of Inquiry* (Carbondale: Southern Illinois University Press, 1990), p. 76.〔[『行動の論理学：探求の理論』河村望訳、人間の科学新社、2017年〕

21)　トム・コルウェルは、"The Ecological Perspective in John Dewey's Philosophy of Education," *Educational Theory*, Vol. 35, Summer 1985において、教育に関するデューイの哲学全体をエコロジカルな思想における開拓者的な成果と見ている。アーサー・ヴィルスの『生産的活動：産業と学校における(*Productive Work; In Industry and School*)』(Lanham, Md: University Press of America, 1983) のデューイに関する章も参照せよ。その中で彼は、教育の社会的でエコロジカルな背景を分析している。

訳注

＊1　「知ること」とは、観察者としての「知るもの」と、被観察者としての「知られるもの」との間の客観的な関係であるとみなす理論。

＊2　ここでは、観察可能な客観的「経験」に対して、例えば「痛み」のような、「主観的な経験の質」を含む経験を「体験」と表現している。

＊3　N・ハンソンの観察の理論負荷性にならって用いられており、経験はある価値を前提として、何かを価値あるものとして経験しているということ。

第3章

文化としての自然
——ジョン・デューイのプラグマティズム的な自然主義

ラリー・A・ヒックマン

「(…) 真の実験的行為は、諸状況の調整をもたらすのであって、諸状況**への**調整をもたらすのではない。それは現存する諸状況の改変であって、それらに合致するよう、自らの自己と精神をただ改変することではないのである。知的な適応とは、常に**再**調整のことであり、現存するものの再構成なのである」。

ジョン・デューイ (LW 8:98) [1]

「なんらかの手を加えて自然がよりよくなるとすれば、その手を生み出すのも自然なのだ」。

ウィリアム・シェイクスピア『冬物語』第4幕第4場〔小田島雄志訳〕

(ジョン・デューイ, LW 9:225より引用)

1 デューイのプラグマティズム的な自然主義の導きの星

ジョン・デューイが、工業社会の利己主義や、際限なき経済拡張主義の臆面もない弁明者として読まれてきたことは、不当であると同時に不幸なことである。そのために、彼の著作は、近年の人間以外の自然の地位に関する議論に、ほとんど関係がないものと見なされてきたのだ[2]。

デューイが、「道具主義」として知られるプラグマティズムのある時期におけるリーダーであったことは事実である。しかし彼のプラグマティズムは、露骨な便宜主義を標榜する粗野なものでは全くない。あるいはまた、彼の道具主義は、熟慮の過程で起こるいくつもの付随的な問題や機会を顧みることなく、あらかじめ決定されたゴールに「直線的」に向かっていくようなものでもない。

デューイが、実験科学の継続的な発展は、世界の人類の多くが生涯をそこで過ごしている様々な嘆かわしい状況（その多くは悪化の一途をたどっている）を改善するための、不可欠な条件であると主張していたこともまた事実である。しかしデューイが実験科学と呼んでいたものは、彼の同時代人の多くが考えていたよりも、より包括的で革命的なものであり、人類の経験におけるその位置についての考えは、芸術や法、政治などとの共同作業者を意味していたのであって、監督者を意味していたわけではない。彼は、自然を支配するための道具として科学を見ることは、歴史的に大きく成長してきた自然についての考え方と同様に、科学についての考え方を称えることでもあると一貫して主張した。

では具体的に、人間存在と人間以外の世界（non-human nature）の関係に関する近年の議論に、デューイは一体どのような貢献ができるのだろうか？ヘンリー・デイビッド・ソローとは違って、彼は森に住むことはなかったし、そこで息が詰まる生活に代わるものや、コンコードの上品な超越主義を提唱することもなかった。ジョン・ミューアとは違って、インディアナからメキシコ湾までの何千マイルもの旅の中で、汎神論の進化版を発展させるようなこともなかった。そしてアルド・レオポルドのように、乾燥したアメリカ南西部や、青々と茂ったウィスコンシンの農地での経験に基づいて、土地倫理や土地美学を作り上げることもなかったのだ。

要するに、デューイは自然派の人間だったわけではない。彼は幼少期をヴァーモントの田舎町で過ごしたが、大人になってからは都会に暮らした。定期的に休養に訪れた山や海、ロングアイランドの自身の農場での保養などを除けば、1894年から彼の死の1952年まで、彼はまずシカゴで、続いてニューヨークで生活した。

しかし、デューイが自然派の人ではなかったとしても、なお、彼は自然主義者であった。進化自然主義に与した者として、デューイは、人間は自然に対立しこれを支配するものではなく、自然の中にあり、またその一部であるという考えを受け入れ、また主張した。人間の生が進化論的発展の最先端を構成する（自然の目的ではないが）、というのが彼の考えである。その理由は、彼が言うところによると、人間だけが、社会的な交流を通して、自己内省が進化論的な歴史の一部をなすことを自覚することができるからである。

デューイにとって、人間とそれ以外の生物との主な違いは、そこに人間社会のようなコミュニケーションがあるかどうかではなく、人間が、その習慣形成をコントロールする能力において独自の存在であるという点、そしてそれゆえに、自身の進化、およびその環境的諸状況の進化を、意図的な仕方で変容させることができるという点にある。言い換えれば、人間存在の出現によって初めて、選択、つまりは道徳性ということが、この世界の生の一部になったということであり（EW 5:53）、そして自然がそれ自身についての精神を持つようになるのは、人間が意識を持つようになる時だけなのである。

デューイの自然主義の最も分かりやすい主張は、彼を「気乗りしない」「息の短い」自然主義を掲げる者として批判した、ジョージ・サンタヤーナへの返答に見ることができる。サンタヤーナは、デューイはただ「前景」に関心を持っているだけであり、それゆえに、「残りの自然は［彼の哲学においては］本質的に疎遠なもの、疑わしいもの、あるいは単なる理念的なものと見なされている」[3] と主張した。つまりサンタヤーナは、デューイは人間以外の自然世界を無視している、あるいは、さらに悪く捉えれば理想化していると批判したのだ。

自身の自然主義を、その哲学の根源的な部分と考えていたデューイは、サンタヤーナの批判に愕然とした。彼は次のように返答している。

> もし、私の理論の通りに、経験的事象が有機体とその環境的状況の相互作用によって生み出されるものであったなら、その事象は、自然の前景がそうであるように、われわれと自然との間の不可思議な障壁であるはずがない。さらに言えば、有機体——自己、行為の「主体」——は、経験の**中に**ある要素なのであって、自己の私的所有物として経験に取り付けられた、経験の外部の何かであるわけではないのだ。
> (LW 14:17) [4]

自身の自然主義のさらなる根拠として、デューイはウィリアム・ジェイムズの次のような根本的経験論の考えを借用する。

> 認知的経験の、他の経験の諸相との関係に関する私の理論が基づいている事実は、最も直接的な非認知的経験においても諸連関は存在しているということ、そして、経験が問題状況に遭遇した時、その**諸連関**は、常識としてであれ科学的な意味においてであれ、認識のはっきりした対象として

浮かび上がってくるということである。
(LW 14:18)[5]

最後に彼は次のように言う。

自然の**知**（自然それ自体ではなく）は直接的経験から「生ずる (emanate)」[6] という事実の証明は、まさに、それが地球上の動物や人間の経験の歴史や発展において起こったものであるということにある――この考えに代わる、信念の源流およびそのテストとしての経験という考えに何か付け加えるような考えがあるとするなら、われわれは、遠く離れた銀河や太古の累代についての、奇跡的な直観的洞察力を思い浮かべるほかないだろう。
(LW 14:19)[7]

サンタヤーナへの返答において、デューイは、彼の自然主義が打ち立てられてきた道を示しつつ、その参照点を開示する。一つ目は彼の**道具主義**で、それは、人間以外の世界に関する実在論と観念論双方の伝統的な問題を回避するものである。たとえば存在論的実在論について言えば、17世紀の科学と哲学は、人間以外の世界を時計のような機械、すなわちそれ自体において完成されたものと考えていた。存在論的観念論について言えば、何人かの現代環境哲学者は、ガイア仮説〔地球を自己調整システムを備えた一つの巨大な生命体と見なす仮説〕の汎神論的見解、すなわち、その極端な説においては、地球は自己統制的な超有機体であるだけでなく、自らの諸理想について思考することができるとする説を唱えている[8]。他方、ほとんどの新しい実証主義を含む認識論的実在論者は、別の角度から、自然の知は、それぞれの人間の意識においてその性質が「映し出されている」がゆえに保証されていると主張する。そしてバークリーのような認識論的観念論者は、自然は観念同士の相関関係であると主張する。

しかしながら、デューイの道具主義においては、知の対象の複合体としての自然は、人間との相互作用と無関係にそれ自体で成立するわけでも、人間を超えたものの思考においてあるわけでもない。それは直接的に与えられるわけでも、心的な相関関係であるわけでもない。自然は、何千年もの人類の歴史を通して、ざっと挙げただけでも、芸術、宗教、魔術、狩り、手工業、そして実験科学といった様々な道具によって、徐々に、そして入念に積み上げられてきた多面的な構成物なのだ。こうして自然は、構成物、あるいは文化的人工物ではあるのだが、しかし無から作り出されたものであるわけではない。それまでの経験や実験における原材料、予期しなかった出来事、好機への洞察力、美的エクスタシーの瞬間、習慣、伝統や制度など、すべてのものは、宗教儀式、哲学論文、小説、詩、科学的仮説、テレビドキュメンタリーなどを道具として、継続的に形を変え、改良されてきたのだ。

文化–としての–自然（nature-as-culture）というデューイの思想を支える道具主義は、17世紀の哲学者や科学者らによって推し進められた、「直線」的な道具主義とは似ても似つかぬものである。彼のポスト啓蒙主義的な道具主義は、あらゆる思考の過程において、目的–手段関係に慎重な注意を促すものである。このことは、探究の領域が人間以外の自然である場合に当てはまるが、それは、音楽家が歌のテーマを選ぶ時と同じである。道具は、もしそれが新たな課題のために相応しいものであるべきならば、継続的に改変されなければならないものである。そして課題もまた、その実現のために利用できる道具の行使の観点から、継続的に再評価されるべきものなのだ。

文化的–人工物–としての–自然（nature-as-cultural-artifact）は終わることがない。時代の流れや新規なものの衝撃は、経験の観察可能な特徴であるがゆえに、知の複合的な対象としての自然もまた、変化し、また変化しつつある諸状況をもたらすために、継続的な再評価と再構成をこうむることになる。われわれはそれを、よりよいもの、より真なるものにしていくことはできるかもしれないが、完全に正しいものにすることはできない。これがデューイの**可謬主義**である。

デューイの自然主義の最も重要な特徴の一つ——それは彼のより大きなプログラムとほぼ同義であるほどに重要なのだが——は、超越的な知を主張することへの嫌悪にある。デューイはおそらく、その**反超越主義**によって、純粋に内在的な価値や利益や権利を持ち、人間の利益からは独立である物それ自体として、自然を「神聖化」しようとする環境倫理学者たちの企てを拒絶したことだろう。「生けるエコシステムの統合的部分であるあらゆる生物には（…）権利がある」[9] という、キャロリン・マーチャントのような発言を、デューイはどう捉えただろう？ 天然痘ウィルスの残存サンプルは、生けるエコシステムの統合的部分としての内在的権利のゆえに、その保管状態から解放されるべきなのだろうか？　あるいはポール・テイラーの言う、自然は「内在的な」価値、すなわち、「内在的にも道具主義的にも、人間という評価者」[10] によって価値づけられることから独立した価値を持っているとする生命中心主義を、デューイはどう考えただろうか？　おそらくデューイは、マーチャントの「権利」の主張や、テイラーの提言——生態系の倫理は、人間の誰も経験したことのない価値、そしておそらくは誰も経験できないような価値を根拠にしか主張され得ないとする考え[11] ——を、理想の世界へと旅立つための廃れた自然主義と見なすであろう。

デューイは、経験を拡大し豊かにすることは、経験された状況を新たな必要に応じて調整していこうとする知性の機能であると考えた。この調整は、単に、経験主体の都合に合わせて環境を変容させることでも、経験主体がその環境へと適応することでもない。環境はその経験主体を部分として含み込んでいるのだから、それは適応でもあり変容でもあるのだ。

デューイの自然主義は超越的なものを忌避するが、しかしにもかかわらず、それは全体論的である。人間は自然の一部であるがゆえに、その豊かな自然の経験は、自然それ自体の経験をも豊かにする。これが、知の対象の創造は、環境のある一部とまた別の一部との相互作用を伴っているとデューイが言うところの意味である。しかし同時に、彼は、その今では有名な論文「心理学における反射弧の概念」(EW 5:96–109) において、探究を開始し取り組ませるものは関心にほかならないがゆえに、先行する関心を欠いた知識などないことを主張した。われわれの知識は、われわれが関心を持たない領域においては十全に形成されることがないのだ。人はこれを「人間中心主義」と呼ぶかもしれないが、しかしこれは、人間は、自分がいないところではなく、自分がいるところから始まる環境条件において用を足すほかないという、事実認識以外の何ものでもない。「生命中心主義」が、もし人間以外の観点を取るものであるとするなら、デューイは生命中心主義者ではない。他方、もしそれが、人間知性の特徴は自らの視野を継続的に拡大することにあり、その最も生産的なあり方は全体論的なものであるということを意味するのなら、1890年代以降のデューイの仕事は「生命中心主義的」だと言える。

デューイ自然主義のもう一つの構成要素は、**反基礎づけ主義**である。これは、認識の基礎づけを探究することは不毛であると同時に不必要なことであるとする、今日のポストモダン思想の中心テーゼと同じ考えである。その一つの帰結は、デカルト、ロック、カントら、近代哲学を構築した人たちにとってそうであったように、思考するそれぞれの自我は、もはや特権的な存在ではないということである。自我はそれ自体が構成されたものであり、そしてそれは、根源的にも直接的にも、また私的なものとしても経験されるものではなく、人間の知において組み立てられた、環境の一部として経験されるものなのだ。さらに、知の基礎づけを与えてくれるような、客観的自然なるものも存在しない。自然とは、「物」ではなく複雑で豊かな事象の基盤であり、新しい機能や制約を拡張する源として部分的に経験されるものであるが、しかしにもかかわらず、人間の探究の歴史において構成されるものなのだ。

デューイの**根本的経験論**[12]は、非認知的経験もまた関係性を把握することができると主張するものである。このことは、文化–としての–自然を理解する上で極めて重要である。というのも、これは、自然のあらゆることがら――人間であれ人間でないものであれ同様に――を、われわれはわれわれの最も直接的で根源的な美的経験の特徴として理解することができると主張するものであるからだ。この、物事を一緒にまとめて把握することについては、アルド・レオポルドの思想形成においても重要な土台になっていることを、私はすぐまた後で述べようと思う。

デューイは、美的洞察の瞬間を保持するのは極めて難しいということを理解していた。その最も強烈な喜びでさえ、われわれの手の中ですぐに塵と化してしまう。ここに、経験の認知的な部分が登場することになる。認識は、経験された諸連関を、それらを互いに関係づけたり、そこから新たなものやより安定したものを作り出したりすることを通して発展させるのだ。

しかし根本的経験論は、われわれはただ諸連関を経験しているとだけ言うのではない。それは、非認知的経験において焦点化されたものの周縁に、焦点化されていない領域、あるいはその周辺部が存在することを主張する。このことは、われわれが超越的なものへと向かおうとしたり、それ自体において独立した価値を持った人間以外の世界を仮定したりする傾向性への、強力な解毒剤になる。

実際、根本的経験論は、超越主義的思想の利点を、その欠点を差し引いてわれわれに与えてくれる。それはわれわれに、超越主義が主張するように、経験の「向こう側」があることを教えてくれるのだ。しかしそれは、ただ地平として経験されたにすぎないものについて**決定的な**ことを言おうと試みる、超越主義が陥ったような誤りは犯さない。根本的経験論によれば、経験の焦点がどこへ向けられようが、その周りには常に、われわれがぼんやりとしか認識し得ない、しかし同時に、いつでも再焦点化しうるような不明瞭な領域が存在している。そしてこの再焦点化それ自体が、しばしば新たな知の対象を生み出す機会となるのだ。

これらすべてのことが意味しているのは、われわれは、自らの存在について無意識であったり、あるいは自らの行為を支配していなかったりする動物や植物たちが、独立した内在的「権利」を持っているなどとする世界、あるいは、人間のパースペクティブを捨て去って初めてそこへ到達できるなどとする世界を仮定することなく、人間以外の世界についてのわれわれ自身の経験に、より一層親しく関わっていくことができるということである。認識の機能は、人間の興味、つまりは人間の認識作用を、今ある知識にとってはまだ周縁や地平であるにすぎない経験領域へと拡張することである。適切に育まれたなら、美的喜びは様々な興味を喚起することになり、そしてそれは、人間のより広い環境領域との強固な相互作用となる、ある種の探究を動機づけるものとなるのである。

根本的経験論は、自然の超越主義的見解を採りながらも、それをよりよいものとする。それは、人間以外の自然が人間の関心領域に入り込むことができるということ、そして、ア・プリオリな、あるいはアド・ホックな仕掛けに訴えることなく、道徳のより広い領域に入り込むことができるということを明らかにする。根本的経験論は、自然の諸事象の歴史に根ざし、さらなる進化の道を探る、純粋に進化しつつある自然主義を受け入れる。それは、ガイア仮説やほとんどの「自然の固有の権利」論のように、神秘主義や論理的飛躍に基づいた、安易な作り物の自然主義ではないのである。

根本的経験論と道具主義は、どちらも、認識できるものは認識できないものから知性を介して生じるのだと主張する。しかしその逆は真ではない。例えばバートランド・ラッセルなどとは違って、デューイは還元主義者ではない。彼は、認識は原初的で非認知的な何かへと還元することができるなどとは主張しないのだ。

系統発生学的、歴史的に言って、認知的なものは非認知的なものから生ずる。これがデューイの**発生論**である。われわれが何かについて熟考する時はいつでも、個体発生は系統発生を繰り返す。認識は、それが自らの歴史を顧慮した時に発展し強められる。あらゆる学問の規範的側面は、その学問の歴史における豊かな土壌に根を張っている。人間以外の自然に関する規範的主張を発展させようと思うなら、宗教的、美的、科学的そして技術的探究を含む、その領域における探究の歴史を考慮に入れなければならないのだ。

デューイの**構成主義**は、彼の自然主義の様々な構成要素を流れる脈であり、それゆえ注目に値する。自然は、振り返ってみた時には、自然-としての-自然として概念化されている、別言すれば、直接的で無反省的に価値づけられたものとして経験されている。しかしそのより豊かな意味においては、自然とは文化-としての-自然、つまり、価値があるということが分かり、次のよりよい行動の土台を築く、人工物やアイデアの複合体のことなのである。自然-としての-自然は、ロマンティックなあるいは神秘的な応答の源――その充足の瞬間には極めて満足のいくような――になりうるし、しばしばそうなっている。しかし自然-としての-自然は、行き当たりばったりに経験される自然なのである。そこで経験される価値は、その意味が実際に効果を持ったり互いに関係づけられたりしていないがゆえに、保証されたものではない。他方、文化-としての-自然は、何が価値あるものであり続けるかを決定するために、経験された諸価値を互いにテストすることによってその価値を保証するという仕方で、自然の意味を拡張し関連づける意識的な営みの所産なのである。

デューイの構成主義は、この二つの自然概念をつなぎ合わせるものである。言い換えれば、文化-としての-自然、あるいは価値あるもの-としての-自然（nature-as-valuable）からの、自然-としての-自然、あるいは価値づけられたもの-としての-自然（nature-as-valued）という機能的な区別は、事実と価値の二元論、さらには自然と文化の二元論への後退を意味するという非難に対して、デューイを危機に陥れることはない。というのも、価値あるものとは、価値づけられたものから生まれた秩序ある豊かさにおいて生成する発展であり、そして文化とは、そのように自然と連続したもの、あるいはその一部であるからだ。自然-としての-自然と文化-としての-自然は、存在論的に別物であるわけではなく、ただ機能的に区別されるものであるにすぎない。これらはどちらも、ある状況に置かれた人間的経験の意味を拡大拡張する、より前の局面とより後の局面なのだ。

デューイの立場は、事実と価値の伝統的な区別を次のように退ける。すなわち、(a) 価値と関係的事実は、どちらも経験されるものであること（根本的経験論）、(b) 事実はただ与えられるのではなく、ある――事例における――事実として、すなわち、常にある特定の探究の文脈においてのみ、入り組んだ複雑な環境の中から選択されること（道具主義、反–超越主義）、そして、(c) 価値あるものとは、その後の行為の信頼できる土台であることを明らかにするテストをパスした時にのみ、そう言いうること（構成主義、可謬主義）。

2　デューイのプラグマティズム的な自然主義とレオポルドの土地倫理

以上がデューイの自然主義の導きの星であるとするなら、それは環境哲学にどのような光を与えることができるだろうか？　この問いに答える一つの方法は、デューイの自然主義を、アルド・レオポルドのそれと並べ置き、共に他方を測る道具とすることだ。

マックス・エルシュレイガーの『荒野の理念（*The Idea of Wilderness*）』[13] 第7章は、レオポルドの著作の素晴らしいガイドになっている。エルシュレイガーは次のように言う。

> 人間は、自然のシステムの全体性、持続性、そして美を保存するために行為せねばならないとする土地倫理は、レオポルドのエコロジーを明白に規範的な次元のものとなす。(…) レオポルドの規範的エコロジーにおいては、人間は自然から独立したものではなく、その一部である。生命の共同体における、感覚を持った存在同士のメンバーシップは、土地を保存することへの義務を課すのだ[14]。

この一節は、レオポルドの思想における、多様な、また時に矛盾する要素を見事にまとめてくれている。専門的科学者、また森林監督官として、彼は、認識論的基礎づけの探究や、定量化への信念、直線的で不可避的な進歩というビジョン、あらゆる合理性のパラダイムとしての物理学の受容、そして、支配され開拓されるべき機械としての自然という考え方などに基づく、近代主義的、あるいは「帝国的」なエコロジーを受け入れるよう訓練を受けてきた。

しかしその一方で、その深い美的感性のゆえに、レオポルドは、ソローやミューアによって示唆されていた**ポストモダン的**、あるいは「田園風の」エコロジー、すなわち、これら近代的な主張を拒絶し、その代わりになるものを打ち立てようとするエコロジーを感じ取ってもいた。これは、自然の中に状況づけられた人間を強調し、科学は人間の経験の様々な生産的領域の一つにすぎないことを主張し、また進歩を、脆弱で、漸次的な方法においてのみ達成可能なものと考え、知識もまた遠近法的で可謬的であるがゆえに相対的なものであるとし、そして、事実と価値、あるいは文化と自然との間にある、いかなる絶対的あるいは最終的な区別をも拒絶する、そのようなエコロジーである。

今や、これらポストモダン的エコロジーのすべての構成要素は、デューイの自然主義にも見られる構成要素であることは明らかである。

エルシュレイガーによれば、レオポルドの思想はいくつかの発展段階を進んだ。初期における、イェール大学と森林局において学んだ近代的な物の見方の受容から、彼はまず、（神秘的有機体論に近い）自然事象の相互連関に関する直観的で美的な認識へと歩みを進め、さらにそこから、「文化的および自然的世界の相互接続」[15] を視野に収めた、改良された土地倫理構築の試みへと向かったのである。

しかしこの後半の局面において、レオポルドの言葉は、複雑かつ時に矛盾したものになる。エルシュレイガーによれば、彼は様々な仕方で、(1) マネジメントをキー概念とする、自然の有機的モデル、(2) コミュニティを中心概念とする、自然の社会モデル、(3)「自然種は、その内在的な存在権を有すること、そしてそれは、時に人間の権利に優先する」[16] と言われるような、強化された有機体論を採用した。

レオポルドのフィールド自然主義とデューイのプラグマティズム的な自然主義は、かなりの共通点を持っている。たとえば、デューイの根本的経験論は、近代主義的なエコロジーからポストモダン的エコロジーへのレオポルドの移行という初期段階を理解するにあたっての重要な手がかりを与えてくれる（逆に言うと、レオポルドの移行は、デューイの根本的経験論の見事な例を与えてくれている）。

森林局の教えからのレオポルドの最初の離脱は、明らかに非認知的なものだった。彼は、自身の美的経験の中で発見された諸々の関係性から、多大な影響を受けた。その経験のうちに留まりたくて、彼は超越的で有機的な生気論をもてあそんだ。彼は言う。「ことによると、われわれの直観的な知覚は、科学よりも真実で、哲学よりも言葉によって妨げられておらず、それゆえ、われわれはこの地球の、すなわち、この土、山、川、森、風土、動植物の分割不可能性を理解し、これを単に利用可能な召使いとしてだけでなく、生ける存在として、その全体において尊重することができるはずである」[17] と。

しかしレオポルドは、この彼の非認知的経験の祝祭を、いつまでも続けることは不可能であるとすぐに気づくことになる。神秘主義そのものは、公的領域ではほとんど役に立たないからだ[18]。その継続的な祝祭を超えたところでは、美的経験の充足の瞬間は、それを他の経験とつなげていくことによってのみ引き延ばすことができる。それゆえ彼は、やがて、自身の非認知的ビジョンは、公的な科学と公的な意見の領域において機能しうる道具へと再構成されねばならないと気がつくことになった。その後の彼の、マネジメントとかコミュニティとか種の権利とかいった用語は、彼の当初の経験を、より広い範囲において価値あるものたらしめ、そうすることで世界に改良をもたらすための、彼自身の経験の再構成の様々な局面を象徴するものなのだ。

しかしレオポルドは、彼の経験における美的な次元を見失うことはなかった。1932年、彼は、成功するエコロジーは、「『ロータリークラブの会員』にさえ見られるような、自然への愛の残滓、つまり、『進歩』への愛を破壊する諸価値の、少なくとも断片を再創造するような愛の残滓」[19] を、視野に収めなければならないと主張し、自身の経験における非認知的および認知的双方の要素に訴えかけた。認知的な側面においては、「マネジメント」という言葉は、この時期における彼の主著『ゲーム・マネジメント』のタイトルおよび章題におけるキーワードである[20]。

「ロータリークラブの会員」というレオポルドの言葉には、発生論的な意味もある。進化論的歴史は、人間（最も熱心な土地の投機家にさえ）に自然への非認知的な感受性を授けたが、その自然は、適切に管理されたなら、単に経済的で功利主義的なものを超えた、人間以外の自然への認識を豊かにするきっかけを与えてくれるものなのだ。

彼の考えはまた、構成主義者的であり反基礎づけ主義的でもある。公的領域において真に機能する自然の概念は、どれも文化的創造物であることを彼は認識していた。エルシュレイガーは言う。「レオポルドは、エコロジカルな事実は『そこ』にあるものであるという考えから完全に脱け出すことはなかったが、自然の客観的な秩序というものが、便利なフィクションであるということは知っていた。ホモ・サピエンスと自然は内的につながり合っているということを、彼はその研究において繰り返し主張している」[21]。

レオポルドの思想の転換には、現代の環境主義に関する文献との類似点がいくつもある。たとえば、生物学者のナサニエル・T・ウィールライトは、自然の「輝き」を理由にその尊重を訴えている。ウィールライトは、「エコロジストやエコノミストたちの議論だけに頼るのは、下手な自然保護の戦略である」と主張し、自然環境の悪化や種の減少は、「複雑」で「代替不可能」なものを殺してしまうことであり、したがってまた、われわれの美的経験を損なうことであると指摘した[22]。これは、ほとんどの人間が自然に「感じる」ことに対して訴えかける見事な例であり、彼はこのように自然の概念を再構成することで、公的領域にうまく働きかけたのである。

デューイのプラグマティズム的な自然主義は、レオポルドの環境主義とどの程度一致しているだろうか？　レオポルドの中心思想としてエルシュレイガーが示した三つのメタファーのうち、二つはデューイの著作にも見出せる。デューイのプラグマティズム的な道具主義は、レオポルドが言うところの「マネジメント」、すなわち、不満足なものをより満足のいくものにするための知的な修正を促すものである。デューイが「コントロール」という言葉を彼の道具主義と結びつけて利用したことは事実であるし、またそのことが、とりわけネオ・ハイデガー主義的な批判者たちに、彼の思想を過ちを認めない近代主義者として退けさせてきたことは事実である。しかしレオポルドは、「コントロール」についても次のように書いている。どちらの側も、「コントロール」という言葉を、状況の進歩をもたらすための、その内部における知的な相互作用という意味において用いているのだと。

レオポルドの中心的メタファーの二つ目、すなわちコミュニティもまた、デューイの著作において重要な位置を占めている。「コミュニティ」として理解される自然には、二つの重要な意味がある。一つは、人間以外の自然は、相互作用する個体群や食物連鎖といった意味での「コミュニティ」を形成しているということ。このモデルにおいては、自然内部のコミュニティにおける「コミュニケーション」は、その全体の安定性を維持するエコロジカルなシステム内部における平衡作用のことであり、またそこにおいては、人間は含まれていないか、わずかに含まれているだけである。このコミュニケーションに関する見方は、人間の興味を超え出たものとして自然を理想化する傾向を持つという意味において、欠点を抱えている。

他方、「コミュニティ」の二つ目の意味は、人間と人間以外の自然との間に裂け目はなく、人間はそれ自体において、より広い自然領域における一つの作用であると見なすものである。ここにおいて、コミュニケーションは、自己意識的な知性がそこにおいて出現するような人間的な部分をも含む、自然の相互に関係し合うあらゆる部分の相互作用と見なされる。

「マネジメント」という言葉は、これら二つの自然のコミュニティに関する見方において、根本的に異なった意味を持っている。一つ目の見方は、二つのシナリオを提供する。最初のシナリオ、すなわち存在論的な理想主義者のシナリオにおいては、自然は人間とは無関係の諸理想を持つがゆえに、マネジメントの思想は尊重の思想へと置き換えられることになる。二つ目のシナリオ、すなわち存在論的な現実主義者のシナリオもまた、理想主義者に劣らず自然に対してマネジメントを課すことになるが、しかしここにおいては、自然は維持され修理される機械と見なされるのだ。どちらの立場も、近代主義的な思想にその根を持っている。

自然のコミュニティに関する二つ目の見方は、人間のマネジメントスキルが、人間自身がその一部であるシステムの、継続的な進化のための活発な一部であるというものである。

レオポルドもデューイも、「コミュニティ」をこの二つ目の意味、すなわちポストモダン的な意味において理解していた。レオポルドは言う。文明化は、「安定した、変わることのない地球を奴隷化することではない。それは、人間や他の動物、植物、そして土壌の、**相互的で独立した協力**の状態のことであって、これらのものは、もしそのいずれかが損なわれたなら、いつでも同じく破壊されてしまうようなものなのだ」[23)]。要するに、進化はそれ自体が進化するのだ。継続的なコミュニケーション（システムの様々な部分の、継続的な相互調整）は、システム全体の継続的な成功の条件なのである。

このことは、デューイが言うところのコミュニティおよびマネジメントの意味でもある。1898年の論文「進化と倫理」において、デューイは、その5年前に開かれたロマネス講演におけるトマス・ハクスリーの立場を批判している。ハクスリーは、進化の歴史において、一つの根本的な断絶があったと主張した。これまでの「宇宙の」プロセスのルールは、今やもがき苦しんでいる。「必死に頑張っている」のは自然である。新たに登場した、しかし今や誰の目にも明らかな「倫理的」なプロセスのルールは、共感と協力である。そして、宇宙の秩序の目標が適者生存であるのに対して、倫理的行為の目標は、できる限り多くのものの生存である。ハクスリーは言う。「社会の倫理的進歩は、宇宙のプロセスを真似るのではなく、ましてやそこから逃げ出すのではなく、それと戦うことに依っているのだ」[24)]。

デューイは、ハクスリーは保証されていない危険な二元論を受け入れてしまっていると考えた。その応答において、彼は、自然と文化の分離を無効にするため、ハクスリー自身の庭のアナロジーを用いる。「倫理的手続きは、園芸家の仕事のように終わりなき格闘である。われわれは、物事をただそのままにさせておくことはできない。もしそうすれば、それは退化をもたらすことになる。管理、用心、諸状態への絶え間ない介入が、庭を手入れするのと同じく倫理的秩序を守るためには必要なのである」(EW 5:37)。

しかし、倫理的（文化的）なものと進化のプロセスとは、全体（自然的なもの）においてどのような関係を持つものなのか？　デューイは答える。

> われわれは実際には、ここにおいて、人間としての人間と、その自然環境全体とのいかなる対立も経験してはいないのだ。われわれはむしろ、環境の一部としての人間として、また環境の別の部分の改良をしているだけなのだ。人間は自然に敵対するものではない。彼はその状態の一部を、また別の一部をコントロールするために利用する。(…) 彼は技術を通して、慣れない土地での太陽光や湿度の状態を整え維持する。しかしその状態は、全体としては自然の慣習の範囲内において整えられるものなのである。(EW 5:37–38)

言い換えれば、人間の行為、つまり文化は、自然の一部なのである。自然は、そのあり方の一つとして、自分自身と取引をする。知的な園芸は、その他のあらゆる知的な行為と同じように、環境のある一部を他の部分に対して改良するものである。熟慮と知的なマネジメントは、進化の歴史の一部なのである。

デューイは行き過ぎたのだと、異議が唱えられるかもしれない。彼は、人間がなすことで、本質的に全体の進歩につながることはどんなものでも認めたのだ、と。しかしデューイは、この異議に対して、自身のプラグマティズム的な道具主義をもって真正面から向き合うだろう。進化のプロセスにおける人間の役割は、知性的な選択にあるがゆえに、それは**無条件な**行為ではなく、発展的な結果を生み出し、そしてそれゆえに進化の過程を推し進めるような知的な行為であるのだと。何もしないことと何でもすることは、環境のある一部をまた別のある一部に対してよりよく調整するということをしないがゆえに、同じくらい非知性的なことである、と。

この論文におけるデューイの議論の説得力は、彼の時間性の概念にかかっている。「明日になれば状況は変わるかもしれないのだから、誰もが、単に今日の状況を参照するだけでなく、予測される変化を含む全体から判断されるべき適合性というものを持たねばならない。もし人がただ今にのみ適合するなら、彼は生き残ることができないだろう。彼はきっと行き詰まってしまうことになる」(EW 5:41)。デューイは言う。「過去の環境は、全体の一部として現在に関係している」(EW 5:46)。さらに、「進化とは、古い状況よりも、有機体の必要により適合する新しい状況に関する、絶え間ない発展のことなのである。自然淘汰の書かれざる章は、そのような仕方での環境の進化のことなのだ」(EW 5:52) [25)]。

もしデューイが、進化と倫理の、自然と文化の二元論の土台を無効化したとして、しかしわれわれにはなお、自然環境の諸機能の「コミュニケーション」はいかにして生起可能なのかという問いが残されている。これは、デューイが1925年の『経験と自然』第5章において取り上げたテーマであり、彼はこの本の中で、コミュニケーションの理論を自身の自然主義の本質的な要素として提起した。彼は言う。「コミュニケーションが存在するところ、獲得した意味の中における事物は、そこから象徴、代理、記号や暗示を獲得する。そして出来事は、その最初の状態よりもはるかに管理しやすく、より持続的で融通のきくものになるのだ。このような仕方で、質的な直接性は無言の狂気であることをやめる」(LW 1:132) [26)]。

言い換えれば、コミュニケーションは、自然に生起する経験をまた別の自然に生起する経験と結びつけることで、その意味を増大させるものを作り出すものなのだ。コミュニケーションとは、経験の質的な契機の含蓄を理解することで、その特質が明らかにされたり表明されたりするために、それら諸契機に対する慎重な注意を伴わせるような行為なのである。

コミュニケーションは、いわば乗算器である。それは、「相手がいて、そのそれぞれの行動が互いの協力によって変更されたり制御されたりする活動における共同」(LW 1:141)[27]であって、すでにそこにあるものを表現することではない。コミュニケーションは知覚の扉を開くのだ。われわれは、「物事を単に感じたり持ったりする代わりに、知覚することができるようになる。**知覚する**とは、現在を結果へと、現出を核心へ差し向けることであり、そしてしたがって、出来事の**つながり**に敬意を持って行動することなのである」(LW 1:143)[28]。

レオポルドは晩年において、おそらくは当時の学問界を支配しつつあった新しい実証主義への反動として[29]、「**自然の様々な種は存在の内在的権利を持っており**、そして時にそれは人間の権利に優先する」[30]とする有機体論へと撤退していったようである。これがレオポルドの三つ目の自然のモデルであり、今や有名な「土地倫理」の基礎として彼が考えていたものである。しかしデューイの自然主義は、他の様々な、支柱なき、超越的な自然の見方と同じように、このような考えもまた拒絶するものである。彼は、天上においてと同様に、地上の基礎づけもまた拒絶するのだ。

他の多くの倫理学者のように、デューイは、道徳的な権利は道徳主体のコミュニティの文脈においてのみ存在すると主張する。それは権利と義務のつながりのゆえである。選択なきところ義務などあり得ないがゆえに、また、人間の生の出現によってのみ、選択が進化の歴史の一部になるがゆえに、内在的権利を人間でない種や個体に帰するのは誤りなのだ[31]。人間でない種や個体を、内在的権利の主体として論じることは、デューイからすれば、人間以外の自然の擬人化か、あるいは、道徳主体なきところに道徳的権利の領域を仮定することで、人間と人間以外の自然との間に亀裂を開き、そしてそれゆえに、この言葉によって人間が理解しているところのものからはるかに遠ざかる事態を招くことなのだ[32]。

このことは、デューイの自然主義が近代的な人間中心主義へと逆戻りすることを意味しているだろうか？　彼の自然主義は、人間でない種を、われわれが選択する何らかの仕方で取り扱うことを推奨しているのだろうか？　いや、どちらも違う。そのことを理解するためには、われわれは、彼の根本的経験論と、人間は自然を認知的に経験すると同時に非認知的に経験するのだという、彼の思想を思い起こす必要がある。

非認知的なレベルにおいては、飼いならされた自然も、野生の非人間的自然も共に、美的喜びの強力で直接的な源泉である。この直接性のゆえに、この種の美的経験は何の根拠も必要としない。それはただそれなのだ。狩り、釣り、ハイキング、ボート遊び、バードウォッチング、季節の祝い、そして、ペットとの楽しみといった様々な人間以外の自然との交流は、そうした喜びの機会を与えてくれる。新鮮な空気を吸い、綺麗な水を飲む喜びや、酸性雨に侵されていない森を楽しむことなどは、それ自体において価値のあることなのだ。

デューイの根本的経験論は、直接的に経験された喜びが、感知できる周縁を持っているという意味において、ある「彼方」の直接経験もまた考慮に入れている。ヒント、ギャップ、手がかり、鍵といったものは、焦点化された経験の周縁において経験されるのだ。この非認知的な局面においては、自然は、感じられる喜びと、より広い期待双方の源泉である。この根本的経験論への傾倒のゆえに、デューイの自然主義は、自然の超越的な見方という認識論上の問題に陥ることなく、人間以外の自然への敬虔さを促進することが可能なのである。周縁とは、適切な状況のもとにおいてはやって来るかもしれない、つまりは、そこに十分な関心があれば、可能な発展へと開かれるような、今はまだ曖昧な兆しのことである。

しかしながら、自然の理解が広げられるのは認知のレベルにおいてである。自然は、美的経験が安定し豊かになるにしたがって、芸術を手段として理解され、また同時に、実験や抽象、数量化などを通して、経験が拡大されたり互いに結び合わされたりするにしたがって、科学を手段としても理解されることになるものである。芸術も科学も、デューイにおいては経験の意味を拡大し、そして、そうでなければ無媒介で一時的だったものを安定させる機能を持つものである。とはいえ両者は、それを異なった仕方でするのである。デューイによれば、芸術は意味を「表現する」のであり、科学は意味を「言明する」のだ。

別の言い方をすれば、デューイは、レオポルドをその生涯において悩ませ続けた区分、すなわち、事実と価値の区分を無効化したのだと言うことができる[33)]。そのためにデューイは、価値づけられた（valued)、あるいは価値づけられてきたものと、価値あるもの（valuable）として証明、あるいは証明されるかもしれないものとを区別した。人間以外の自然の価値は、人間界の価値と同様、ほとんどの場合ただ経験されるものである。それ自体としては、それらは価値あるものとして安定しているわけではない、すなわち、さらなる行為のプラットフォームとして再構成されているわけではないものである。デューイは、諸価値とは、その意味が成熟し、拡張され、そして相互に関連づけられるにしたがって、価値あるものとして安定させられるものであると考えた。これは芸術によって達成されることかもしれないが、それはさらなる行為にとって、より興味を引かないもの、より創造性を欠いたもの、より刺激的でないものから区別するという仕方で、物質のある特徴や性質を表現するものである。また、それは実験や道具を使った自然のプロセスとの相互作用を通した科学によっても達成可能なものであるかもしれないが、ここにおいては、単なる結末が、さらなる熟慮の過程にとって喜ばしく示唆的なものたるに値する、結果や成果に取って代わられるようなものなのだ。

デューイの自然主義は、こうして、非認知的な自然を直接的に**価値づけられた**ものとして扱うと同時に、文化–としての–自然、すなわち、人工物あるいは**価値あるもの**としての自然の構築のための原材料として取り扱うのだ。経済、芸術、政治、宗教などを含む、多くの重なり合う、また競合する関心を持つ人間文化の複雑性を考えると、対立する関心の裁決に関する公的な議論に入り込むのは、人間–所産としての–自然である。一つの非認知的経験は、それが直接的なものであるがゆえに、潜在的に競合するまた別の非認知的経験に対して自分を守ることができないからである。その含意は仕上げられることがない。しかし文化–としての–自然においては、非認知的経験の含意は、くみ上げられるものであり、他との連関は作り出されるものであり、そして結論は、暫定的なものとして到達されるものなのだ。

3　環境プラグマティズムと環境保護

要するに、デューイの自然主義は、レオポルドの土地倫理を支えるものたりうるということだ。すなわち、超越的な権利の領域に訴えかけるという、レオポルドがしばしば犯した過ちに陥ることなく、自然のシステムの全体性や安定性、そして美しさを、人間は守るべく行為すべきであるという考えを、デューイの自然主義は支えることができるのだ。このことは、人間以外の自然の全体性、安定性、そして美は、価値づけられたものとして直接的に経験されるということ、そしてまた、これらの要素は、美的、経済的、科学的、技術的、そして宗教的なものを含む、絶えず立ち現れる諸価値の源泉として価値あるものであるということを示すことによってなされるのである。しかしながら、「統合性」「安定性」「美」というレオポルドの言葉はそれぞれ、それらの意味が永遠に決定されている絶対のものではなく、探究の道具であるという意味において、変化する状況に応じて絶えず再評価、再構築されなければならないものである。

デューイの自然主義は、ガイア仮説の、今日における少なくとも一つの見解と一致するものであり、またそれに先行するものである。フレデリック・F・ベンダーが特徴づけたように、ガイア仮説は、自然に関する伝統的な思考に対して四つの主たる異議申し立てを投げかけている。一つ目は、伝統的な個人性の概念に対する異議申し立てであり、二つ目は適応性の概念に対する異議申し立て、三つ目は、ガイア仮説は生命と非生命の伝統的な境界を意図的に不鮮明にするということであり、そして四つ目は、ガイア仮説の全体論が、グローバルな関係性への注目を重視するがゆえに、個別のエコシステムへの伝統的な焦点化を拒絶するということである[34)]。

これらすべての指摘は、デューイにも当てはまる。彼は、個人は自身を取り巻く諸要素の文脈においてのみ個人であるということ、「適応性」の概念は大きく拡大されなければならないこと（彼のハクスリーへの応答を見よ）、生命と非生命の違いは、主として有機体の水準の問題であること（LW 1:195）[35)]、そして知的な熟慮は、できるだけ広い視野を持ってなされなければならないことを論じたのである。とはいえ、先述したようにデューイは、グローバルなエコシステムは人間とは無関係な知性を持っているとする、ガイア仮説の極端な思想についてはこれを否定するだろう。

デューイの自然主義は、ウィリアム・R・ジョーダンによって展開されたような、「復元」生態学（エコロジー）（“restoration” ecology）のある形式に対してもまた、親和的かつこれに先駆けるものである[36)]。デューイと同様、ジョーダンの指導的なメタファーは庭園であって、これには「メンテナンス」や「再構成」といったメタファーが付随している。彼の復元の関心の対象には、ウィスコンシンの大草原の様々な部分があった。

デューイと同様、ジョーダンは、人間の生命は環境変化の外にある「有害な」要素なのではなく、その一部であることを理解していた。それゆえ彼の目的は、自然を人間から「守る」ことではなく、「自然と文化の間の健全な関係の土台を築く」[37] ことにあった。彼は、自然の事象において人間の参加を制限すること（自然を理想化すること）は、単に自然とのまた別の闘いの道であり（自然を機械として見ることであり）、復元生態学（エコロジー）の真の挑戦は、人間がその環境の参加者として自身を認識する道を見つけ出すことにあると考えたのである。

ボート遊びや、狩り、釣りといった伝統的な自然活動は、したがって彼のプログラムの一部なのである。「これら固有の活動がそれぞれ、その伝統的な形式においてそうであるように、すべて消費的であるよりはむしろ生産的な出来事へと統合されるのである」[38]。これらの再構築された活動によって、ジョーダンは、「そうでなければわれわれが認識しなかったであろう自然との関係性に、その注意を向けさせ」[39] ようとしたのである。

要するにジョーダンは、環境保護主義の古い見解（近代主義的な実在論や観念論として私が論じてきたもの）は、文化から自然を切り分けるというその無益な試みのゆえに、失敗したと考えるのだ。それゆえ彼は、自らの復元モデルをプラグマティズム的なものと見なす。彼の意図は、レオポルドの土地倫理の適用可能性を拡大し高めることにあるのだ。

ジョーダンの復元生態学における重要な要素は、儀礼的な祝い事にある。計画的な野焼きのような、地域の祝祭的な（非認知的な）自然事象との相互作用によって得られる直接的な喜びから始めて、彼は、人間の生の位置の豊かな認知的評価のための土台は、自然環境の中で築かれると信じ、したがって、復元は「効率的［科学的］なプロセスと表現的［芸術的］な行為の双方」として解釈されるであろうことを信じていた。「その思想は、復元を単に**装飾する**のではなく、その表現的な力を高めるためにそれを発展させることにあるのだ」と、彼は続けている[40]。

その科学的探究への関心のゆえに、デューイは、環境科学者たちの実験室として役立つようにと、荒野を放置しておくことを認めたであろう。しかしこのことは、野生のものを、われわれから切り離された、理念的な、そして「不可触の」ものとして取り扱うことを意味しない。そうではなくて、これは自然を、さもなければ失われてしまったであろう実験データの源泉として保護することを意味するのだ。レオポルドが言うように、「土地の健康科学は、第一に、正常性の基準データ、健全な土地は自らを有機体としてどのように維持しているかについての見取り図を必要とする。(…) 荒野は、したがって、土地健康科学のための実験室としての、予期せぬ重要な役割を引き受けるのである」[41]。

環境保護主義者と環境復元主義者の目的を統合するものとしての、ネイチャー・コンサーヴァンシー (Nature Conservancy) の仕事もまた、デューイの自然主義と一致するものである。開発された地域において、苦境に立たされている野生生物の生息地を買い上げ保護する仕事が続けられるにつれて、人間経験における科学的および美的次元は、どちらも役に立ち、またさらに拡大している。これらいずれの自然主義のモデル――復元モデル、保護モデル、そして自然保護委員会の統合――も、その全体の改善を図るために、環境の一部を他の部分に適応させるというより広い計画の一翼を担うことができるのだ。

もし私のデューイ解釈が正しければ、彼の自然主義は、レオポルドの土地倫理の中心思想を、その作品の表面に時折浮上する、理想化された人間以外の自然に訴えかけることなしに、受け入れ擁護することだろう。自身の倫理学の基礎を、このような〔理想化の〕手段によって、築こうとしたレオポルドの試みは、私がこれまで論じてきたように、最も実効性が低く、最も擁護できない特徴を持っている。ただし、それを除けば、彼のプロジェクトはすばらしいものである。私の言うことが理解されるなら、デューイの著作は、人間と人間以外の自然の間の関係に関する近年の議論のただ中に自らを置き、この経験というアリーナの中で、終わりなき洞察を与え続けることを約束するだろう。

注

1)　ジョン・デューイの著作の標準的なレファレンスは、重要な版である *The Collected Works of John Dewey*, edited by Jo Ann Boydston (Carbondale and Edwardsville: Southern Illinois University Press, 1969–1991) と、*The Early Works* (EW), *The Middle Works* (MW), *The Later Works* (LW) として出されているものである。これらの表記に、巻とページを続けて書く。

2)　ラッセルなど、イギリスにおけるデューイの批判者や、アドルノやホルクハイマーといったドイツの批判者らは、デューイをそのような仕方で読んだ。

あるいはより正確に言えば、誤読した。ジョージ・サンタヤーナでさえ、デューイを、「近代工業社会における、企業精神や実験精神の献身的なスポークスマン」であり、その哲学は、「アメリカ社会のあらゆる前提を正当化するために作られたものである」と言う。George Santayana, "Dewey's Naturalistic Metaphysics," in *The Philosophy of John Dewey*, 3rd edition, ed. P. A. Schilpp and L. E. Hahn (La Salle, Illinois: Open Court, 1989), p. 247を見よ。

3)　Schilpp and Hahn, op. cit., p. 251.

4)　Ibid., p. 532.

5)　Ibid., pp. 532–533.

6)　「生ずる」という言葉はサンタヤーナのものである。デューイはこの言葉を、「この言葉につきまとうオーラ」を取り除けば、彼自身の哲学との関係において容認する。LW14:19を見よ。

7)　Schilpp and Hahn, op. cit., p. 534.

8)　これはフレデリック・L・ベンダーによるジェイムズ・ラブストックの解釈である。Frederic L. Bender, "The Gaia Hypothesis: Philosophical Implications," in *Technology and Ecology*, ed. Larry A. Hickman and Elizabeth F. Porter (Carbondale, Illinois: Society for Philosophy and Technology Press, 1993), pp. 64–81.

9)　Carolyn Merchant, *The Death of Nature* (San Francisco: Harper and Row, 1980), p. 293.〔『自然の死：科学革命と女・エコロジー』団まりな訳、工作舎、1985年〕を見よ。

10)　Paul W. Taylor, *Respect for Nature: A Theory of Environmental Ethics* (Princeton: Princeton University Press, 1986), p. 75. テイラーは、彼の生物中心主義を、人間ではない個々の有機体の権利ではなく、むしろ「生命の目的論的中心（teleological center）」(p. 122）を根拠に主張する。自己防衛を根拠に、テイラーは、天然痘ウィルスのような捕食性有機体を破壊する人間の権利を認めている（p. 264)。

11)　Ibid., p. 99.

12)　デューイは、根本的経験論の概念について、ウィリアム・ジェイムズに負っていることを認めている。「ずいぶん前に、私は、接続詞と前置詞によって言語学的に表現されているものの関係としての、直接経験なるものがあることをウィリアム・ジェイムズから学んだ。私の学問的立場は、この事実に含まれていることを一般化することである」(LW 14:18, note 16)。

13)　Max Oelschlaeger, *The Idea of Wilderness* (New Haven: Yale University Press, 1991).

14)　Ibid., p. 206.

15)　Ibid., p. 216. Brian G. Norton, *Toward Unity among Environment* (New York: Oxford University Press, 1991) の特にpp. 39–60における、エルシュレイガーの説明とはやや異なったレオポルドの成長についての説明も見よ。ノートンは、レオポルドの考えはエルシュレイガーが考えるよりは統合されていたと考えている。私も、そうであったろうと思う。しかしノートンは、本稿で私が展開しようとしている「文化–としての–自然」という概念に関連して、興味深いコメントを寄せている。彼は、レオポルドの著作を、「自然において文化的に規定された価値の探索を導くもの」と見なすのだ (p. 58)。

16)　Oelschlaeger, op. cit., p. 228.

17)　Aldo Leopold, "Some Fundamentals of Conservation in the Southwest," in *The River of the Mother of God and Other Essays*, ed. Susan L. Flader and J. Baird Callicott (Madison: University of Wisconsin Press, 1991), p. 95.

18)　レオポルドは、"Some Fundamentals of Conservation in the Southwest" を、生前出版することを差し控えた。

19)　Aldo Leopold, "Game and Wild Life Conservation," in Flader and Callicott, p. 66.

20)　Aldo Lepold, *Game Management* (New York: Charles Scribner's Sons, 1936).

21)　Oelschlaeger, op. cit., p. 227.

22)　Nathaniel T. Wheelwright, "Enduring Reasons to Preserve Threatened Species," in *The Chronicle of Higher Education*, June 1, 1994, p. 82.

23)　Aldo Leopold, "The Conservation Ethic," in Flader and Callicott, p. 183.

24)　Thomas H, Huxley, *Evolution and Ethics and Other Essays* (New York: D. Allpeton and Co., 1896), pp. 81–83. *et passim*. EW5:36から引用。

25)　しかしボブ・ペッパーマン・テイラーは、デューイの自然観はロックのそれに対して何の進歩もないと論じている。Bob Pepperman Taylor, "John Dewey and Environmental Thought," in *Environmental Ethics*, Vol. 12, No. 2, Summer 1990, p. 183. しかし実際のところ、デューイはロックの自然観に批判的だった。「ロックは完全に、当時の支配的な思想の影響下にあった。すなわち、**自然**は真理の基準である。(…) 自然はその働きにおいて、慈悲深く誠実である。それは、神の副摂政がそうであるものとして、神のすべての属性を備えているのだ」(MW 8:59)。ここにおける皮肉は、もしデューイのロック解釈が正しいものであるとするならば、彼の (ロックの) 自然観は、デューイのそれよりも、ポール・テイラーのような理想主義的環境主義者たちのそれにより近いものだということである。これは、ボブ・ペッパーマン・テイラーが一見したところ見過ごしている点である。

26)　John Dewey, *Experience and Nature* (La Salle, Illinois: Open Court, 2nd edition, 1965), pp. 138–139.〔『経験と自然』(デューイ＝ミード著作集4) 河村望訳、人間の科学新社、2017年〕

27)　Ibid., pp. 148–149.

28)　Ibid., p. 151.

29)　この説明については、Oelschlaeger, op. cit., p. 226を見よ。

30)　Ibid., p. 228.

31)　デューイはケーラーの類人猿に関する著作は知らなかったようだが、そのために、彼は人間でない動物の選択というものを否定した。しかし、自己内省的コミュニケーションを、責任ある行為についての自説の土台とする彼は、手話を学び、自分たち自身や人間とその意味を通してコミュニケーションができるチンパンジーのような動物もまた、道徳的な主体として、ということはつまり、権利の行使者として含めたであろう。いずれにせよ、デューイは、自然内部の変化を鋭く自覚し、また、進化の発展の歴史は、一時的にはそうでなかったとしても、少なくとも機能的な意味においては、多かれ少なかれ連続したものであることをよく知っているというほどには進化論者だったのだ。ケーラーについてのさらなる詳細は、W. Koehler, *Mentality of Apes* (London: Kegan Paul, 1924) を見よ。

32)　法的な権利（道徳的なものに対して）における問題は、もちろんこれとは異なるものである。立法者たちは、道徳主体ではない存在にも法的権利を実際に与えてきた。しかし法的権利は、普通は人間の利益に基づいて拡大されるものであり、それとは独立した何らかの想定上の立場に基づくものではない。

33)　この緊張関係は、レオポルドの1933年の論文“The Conservation Ethic”に明らかであり、ここにおいて彼は、倫理学を「進化した社会的本能」たりうるものとして描いた。レオポルドは、美的なレベルにおいてはすでに作用している倫理学があると考えていたようだが、デューイは、原初的な美的反応は、人間以外の自然に対する倫理的反応に取り組むためのプラットフォームを提供すると考えたであろう。次の段落で、しかしレオポルドは異なるやり方を見せる。彼は、土地に対する人間の関係性の倫理的次元は、いまだ形成段階にあり、そして、「科学はその形成の一部から逃れることはできないのだ」と主張した。デューイは、もし強固な土地倫理が発展させられたなら、科学はその一翼を担わねばならないと言ったであろう。Flader and Callicott, op. cit., p. 182を見よ。

34)　Hickman and Porter, op. cit., pp. 68–71を見よ。

35)　Dewey (1965), p. 208.

36)　William R. Jordan III, "'Sunflower Forest': Ecological Restoration as the Basis for a New Environmental Paradigm," in *Beyond Preservation: Restoring and Inventing Landscapes*, ed. A. Dwight Baldwin, Jr., Judith De Luce and Carl Pletsch (Minneapolis: University of Minnesota Press, 1994), pp. 17–34を見よ。デューイは、真の自然は「自由であることを認められ、自らの発展の独立した道を追い求めることのできる自然」だけであると論じた、エリック・カッツらによって展開された復元理論を否定したであろうことについては注意する必要がある。カッツは、私が自然–としての–自然、あるいは邪魔をされることのない自然と呼んだものの極端な見解を支持し、彼が偽物と見なす、文化–としての–自然を軽視するのである。この考えの問題は、デューイの観点からすれば、知識というものは、実験的な相互作用を含むものであり、したがって様々な「邪魔」の尺度になるものであるにもかかわらず、邪魔をされることのないもの–としての–自然を、知られることのないもの–としての–自然でもあるとする点にある。そのような、超越的なもの–としての–自然という見方が陥っている認識上の誤謬について、私はすでに論じてきた。その問題は次の通りである。人間は、その定義上、相互に関係していないような人間以外の自然の価値の、一体何を知りうるのだろうか？　Eric Katz, "The Big Lie: Human Restoration of Nature," *Research in Philosophy and Technology*, Vol. 12, 1992, p. 239.

37)　Jordan, op. cit., p. 21.

38)　Ibid., p. 24.

39)　Ibid., p. 24.

40)　Ibid., p. 31.

41)　Aldo Leopold, *A Sand County Almanac* (New York: Oxford University Press, 1966), p. 251.〔『野生のうたが聞こえる』新島義昭訳、講談社、1997年〕

第4章

G・H・ミードのコスモロジーにおける環境保護にかかわる価値[1)]

アリ・サンタス

「たとえば、どれほど弱かろうと、いかなる生物も、僅かではあれ、何かを要求するものである。この場合、当の要求はそれ自体のために満たされるというのが当然ではないだろうか。そうでないというのであれば、その理由を証明すべきであろう。」

ウィリアム・ジェイムズ[2)]

すべての生ある存在、とりわけ人間にとって、生は不安定なものである。というのも、人間は〔武器となる〕鋭い爪の恩恵をうけることなしに、なんとか生きぬいてきたものだからである。人間は、生存闘争する以上は、一丸となって自然の力から自分たちを防護してきたのである。すべての存在するものが風雨から何らかのかたちで防護されることを必要とするのはまちがいないけれども、そうした必要を意識する人間存在は、自身を自身が生きている環境から分離されたものと見なす（おそらく）明確な能力をもっている。このような考え方はなるほど重要かつ有用なものだが、たいへん多くの問題を生みだしてきた対立関係を旨とする態度に陥りやすいものであった。西洋においてそのような分離は、二元論というかたちをとった。すなわち宇宙は、**人間的なるもの（human）としての**人間と世界の残りの部分とのあいだの違いを具体化するものであるという考え方をとった。このような考え方においては、一方に精神、他方に物体があり、また、一方に文化、他方に自然があり、また、人間は一方の諸法則で生き、残りの被造物は別の諸法則で生きる[3)]。環境の悪化と闘うとき、二元論だけが形而上学の中で容疑者と見なされるわけではないであろうが、それでも環境保護主義が争う必要のある容疑者は、まさに二元論なのである[4)]。

環境科学や哲学の領域においてなされるべき仕事があることは明らかである。自然の哲学にはいまだに古代ギリシア人たちから私たちにあたえられた古典的な二元論を維持する傾向がある。私たちには、一つではなく——**人為（ノモス）**と**自然（ピュシス）**といった——二つの別個の世界が見え、——内在的と外在的といった——二つの根本的に異なった種類の価値が見える、という傾向がある。おそらく生命科学に基礎づけられている分野である環境保護主義においてさえ、そのような二元論が見いだされる。価値に関する諸問題では、たとえば、たんなる手段と目的そのものとのあいだのアリストテレス流の区別、つまりずっと以前に拒絶された形而上学を前提とするような区別への信頼がいまだに見いだされる[5)]。必要とされているのは、世界観における根本的な転換であり、自然や私たちの自然における居場所を再考することである。私たちが必要としているのは、要するに、近代科学の発見や教説と足並みのそろった自然の哲学である。

ジョージ・ハーバート・ミードのプラグマティズム哲学は、世界観のこうした根本的な転換にふさわしくない出発点のように見えるかもしれない。ミードは環境保護主義者ではなかったし、動物の権利の支持者ですらなかった[6)]。彼は、哲学者としてはたいてい忘れさられていて、おおむね社会学と結びつけられている。彼は、シンボリック相互作用論[*1]という学派への影響以外ではおおむね、ほとんど読解不可能な人物として記憶されている。話し手や教師としての彼の評判は輝かしいものだが、彼の著作には、彼がもっていたと評される力強さの痕跡がほぼ残されていない[7)]。それにもかかわらず、ミードの仕事には、彼の社会心理学だけでなく、彼の自然の哲学にも、たいへん価値のある真理や知恵がある。反省という行為に関する分析から、創発についての議論やアインシュタイン流の相対性についての熟考に至るまで、ミードは、（彼の精神にとっては同じものであるところの）科学と哲学の両者について、途方もなく深い理解力を示している。たいへん多くの重要な思想家たちと同じように、ミードの思想の長所は、強固な層をなす専門的な用語法におおいかくされて表面に現れていない。

ミードの自然の哲学には、現在の論点から見てすぐれて有用な二つの側面がある。すなわち、一方に、アメーバから人間に至るまでのさまざまな生ある存在のあいだの結びつきに関する彼の考え方があり、他方に、有機体と環境のあいだの関係に関する彼の分析がある。ミードのコスモロジーのこれらの側面は一体となって、人間と自然、精神と物体、主体と客体、人間と「けもの」、のあいだにある根源的な二元論の解体に資するはずである。本稿における私の焦点は、人間と、その環境と、そしてこの共有された世界の内部のその他の有機体と〔いう三者〕のあいだの諸関係についてのミードの見解ということになるであろう。

ミードの自然の哲学を理解することは、二つの成果を生みだすであろう。第1に、自然に関するミードの考え方から、環境保護にかかわる諸価値の存在についての首尾一貫した説明が浮かび上がるであろう。これは、内在的／外在的という二元論を回避し、環境保護にかかわる価値の帰属を科学的に理解可能とするものである。第2に、ミードの哲学は、環境倫理学にプラグマティズムにもとづく包括的な枠組みを提供できる。これは、もろもろの区別を存在論的二元論にまで実体化する既存の傾向を取り除いて、その代わりに、私たちの世界をつくりあげているもろもろの存在者のあいだの違いとつながりの両者を理解できるようにするものである。

ミードのコスモロジー

「機械論的対象と目的論的対象」[8] と銘うたれた論文でミードは、生命をもたない対象から単細胞有機体まで、そして単細胞有機体から多細胞有機体、さらには人間存在にまで連なる存在の連鎖の概略を述べている。ミードによれば、純粋に機械論的な対象は、その環境によって完全に決定されている。そうした対象は、目標もしくは目的もなければ、満たされるべき必要もしくは欲求もなしに、先行する何らかの作用に単純に反作用する。岩が水に転がり落ち、水がしぶきを上げる。その関係は単純な原因と結果の関係である。生命のもっとも単純な形態の場合も似たようなものである。単細胞有機体は、その周囲と直接相互作用する点において機械論的対象と類似している。栄養素は、透過性のある細胞膜を通り抜けながら、生ある個体にみずからを組み込む。とはいえ、物質のこうした有機的組織は、物質が有機的組織の存在を永続させるように組織されている点において、少なくとも部分的には目的論的な（つまり目標に導かれた）ものである。すなわち、有機的組織は、それが必要とするものを取りいれ、必要としないものを吐きだすことで、その環境を選択するのである。

有機体のこうした特徴は、生命の高次の形態においてなおいっそう明らかである。多細胞有機体は明らかに目的論的である。多細胞有機体がみずからの必要にみあった彼らの環境を選択するだけでなく、みずからの環境からの刺激に対する彼らの反応が間接的なのである。言いかえれば、彼らの反応は、環境の刺激から直接におこるのではなく、複雑な内的プロセスの一つの結果としておこる。多細胞有機体の場合は、栄養素が単純かつ直接に有機体に移行するということはない。つまり、栄養素が、栄養の摂取を要求する細胞によって、同化のために、捕捉されたり調理されたりすることはない。内部の細胞とより大きな環境とのあいだに、より直接的ではない関係を生みだす、より高いレヴェルの有機的組織が存在する。たとえば、食物を必要とする筋肉細胞は、そうした必要を消化システムに伝達しなければならず、このシステムが、食物摂取の欲求が生じるように、胃をむかつかせ喉を鳴らし空腹の痛みをあたえるのである。結果として生じる食物の探索は、うまくいけば、消化や吸収といった別のプロセスを開始することになる。ミードにとって、そのような有機的組織は、構成する諸成員が自身の活動について意識をもっていないとはいえ、小さな社会の一形態である[9)]。しかしながら、その複雑さや精巧さにもかかわらず、多細胞有機体は、自己意識がなく、すべての活動がたんに反作用的であるがゆえに、なお刺激と反応のレヴェルで動くものである。反応を呼びだす刺激が存在する。有機体は、究極的には、あたえられた刺激に反作用している。

それとは対照的に、人間という有機体は、あたえられた刺激に単純に反作用するのではない。ミードにとって、人間存在はよりいっそう高いレヴェルの有機的組織に到達している。自己意識や意味に関する能力のおかげで、人間存在は、みずからの刺激をコントロールすることも、それによってみずからの環境をコントロールすることもできる。第1に、人間は、自己意識的であるがゆえに、みずからを、他の存在者や外的な力に抗い、それらを制して、生存闘争するものと見なすことができる。人間は、相互作用と奮闘のまとまり全体から、彼らそのものであるような有機的に組織された奮闘のまとまりを抽象・抽出（abstract）する。すなわち、私たち人間は、みずからを自分たちの環境から分離された存在者と見ている。人々が、自分の庭にいるアリなどの害虫を絶滅すべき「やつら」と見なすのは、こうした理由からである。私たちに自己意識がなければ、私たちは、事物が私たちに振る舞うよう刺激をあたえる際にそうした事物に反応することができるに過ぎなかったであろう。

第2に、このような抽象・抽出の能力のおかげで、人間はみずからの知覚において諸事象に異なった意味を割り当てることができる。割り当てられた意味に応じて、反応は変化するだろう[10)]。蟻塚は、私たちがそれをどのように眺めるかに応じて、違った仕方で振る舞うよう私たちを刺激することがある。私の隣人は、蟻塚のなかに自身の財産を侵害するものを見いだし[11)]、エコロジストたちはまったく異なるものを見いだす。知覚が変化するように反応も変化する。もう一つ例をあげよう。一皿の食べ物が誰かの前に置かれたとき、そのひとが、空腹であったとしても、それが自制心のテストを意図したものであることを知っていれば、それを食べない、というのはありそうなことである。しかし、空腹な犬は、そのような食べ物をあたえられれば、なんらかの意味、すなわちそれの見方を探索するということはなく、食べる前に食べられるかかぎまわるだけである。私たちは事象のそうした性格に注意することで「試験刺激」に対して反応を選択することもあるが、犬はそうすることができないと、ミードなら主張するであろう。

人間はこうした自己反省の能力のおかげで他の生命形態から弁別されうるが、この点に人間がそれ以外の被造物とは存在論的に異なると見なす根拠があるわけではない、ということに注意しよう。この説明では、考えることは、天上から人間にあたえられた何か形而上学的な性質ではなく、進化の自然な産物である[12)]。ミードによれば、精神は、人間の環境の特殊な諸条件から創発する意識の一形態である[13)]。

生命形態が人間のようなものであろうとなかろうと、それがその環境と保持している関係は、私たちが考えそうな程度よりもはるかに複雑で、ダイナミックなものである。「個体と環境」[14)]という論文で、ミードは、人間のようなものであろうとそれ以外のものであろうと、生ある個体は、その環境から完全に抽象・抽出して解釈されてはならない、と説明している。有機体を、それを取り巻く諸要素と別個の存在者と考えることは、多くの論点から見て有用だが、厳密に言えば、そのような区別は存在しない。まず第1に、有機体が「外界」のものでみずからに滋養をあたえ、みずからを修復するように、有機体の細胞膜を出たり入ったりする物質の流れが常にある。この流れは、アメーバのような単細胞有機体においては直接的なもので理解しやすいが、多細胞有機体においてはむしろ直接的でなく、それに応じて留意するのにより困難がともなう。アリもネコもカエルもトカゲもすべて、息を吸ったり吐いたりし、食べたり排泄したりする。そうすることで、彼らは自分たちと自分たちの環境をつくりなおす。しかも、まさに自身の環境から、彼らは自分たちをつくりだすのであり、また、まさに自分たち自身で、彼らはみずからの環境をつくりなおすのである。

第2に、有機体は、生態系の一成員であるという明白な意味で、自身の環境を**構成する**ものの部分である。生態系は、結局のところ、構成する諸成員のあいだの一連の諸関係にほかならない。したがって、環境は、そのなかで相互作用するもろもろの生あるものを包含しなければならない。たいていの人々の環境の一部をなしているのは（好むと好まざるとにかかわらず）彼らの庭のアリたちだが、その逆も言える。アリたちが自己意識の能力をもっていたならば、アリたちが駆除されればいいのにと私たちの多くが思うのとちょうど同じように、私たちが駆除されればいいのにとアリたちは思うことであろう。

第3に、有機体は、その諸活動がそれが活動する周囲の未来の状態を決定するかぎりにおいて、それ自身の環境の一部をなしている。そのため、有機体の現在の環境は有機体の過去の諸活動の一つの結果であり、有機体の未来は現在の一つの結果なのである。たいていは、より大きくより複雑な存在がより複雑でない同類よりもより強い決定の力をもつのは明らかであるとはいえ、生命形態それぞれがそうした仕方でその環境を決定する。好気性のバクテリアは空気からガスを摂取し、ビーバーはダムをつくり、人間は森を切りひらいて殺虫剤を散布する。これはすべて、単純に言えば、有機体はその環境に何らかの影響をもち、そうした影響は有機体の未来のありようにおいて果たす何らかの役割をもっている、ということである。

生ある個体と環境のあいだのこうした相互作用のプロセスにおいて、有機体を環境から分離する境界は曖昧となり、交換、相互的な適応・再適応の領域となっていく。（一つの事象が次の事象を単純に決定する）純粋に機械論的な相互作用の場合とは違って、有機体と環境のあいだの相互作用は、真に**相互作用的**もしくはダイナミックなものである。機械と生命形態のあいだの区別が――それらの相互作用の様態の違いを境界として――明らかになるのは、ここにおいてである。それゆえ、生あるものに係るもろもろのプロセスは、生なきもののそれには還元できない。しかしながら、生あるものと生なきものとの対立という二元論的な考え方をミードのものだとするのは誤解であろう。ミードにとっては、分子が原子から創発し、意識を有する存在が意識を有しない存在から創発したのとちょうど同じように、生あるものは生なきもののなかから創発した[15]。世界におけるさまざまな存在のあいだにはもろもろの区別がなされうるが、もろもろの区別がそれだけで存在論的な切れ目となるのではない。逆説的なことだが、機械論的な相互作用や目的論的な相互作用について言えば、個体と環境のあいだの分離の境界が曖昧になるのは、そうした諸対象の相互作用の様態のあいだのまさしくこのような違いによってなのである。

単純なものからより複雑なものに至る生命のさまざまな形態を一つの尺度のうえに置くと、決定する力と有機体の側のダイナミズムの両方がさまざまなレヴェルで見いだされる。複雑さや有機的組織が顕著であればあるほど、決定する力も顕著である。人間存在の場合、その力は恐ろしいほどの割合を占めてきた。『精神・自我・社会』においてミードは、人間という有機体については、それが自身の環境を支配するコントロールのレヴェルが際立っている、ということに注目している。ミードは次のように書いている。

> 人間という形態は、望むところに自身の家を建て、街をつくり、遠く離れたところから水を引き、周囲に繁茂することになる草木を植え、生きながらえる動物を決定し、いまも続いているような虫などの生物との格闘をとおしてどのような虫が生息し続けることになるかを決定し、どのような微生物が自身の環境にとどまることになるかを決定することを試みている[16]。

今世紀の初頭に書かれたものだが、このくだりは現在流行のディレンマをいくらか先取りしている。私たちのコントロールが究極的には間違ったコントロールであり、私たちを地球においてぐらぐらした脆弱な立場におくものであると主張することはできるが、私たちがそのようなコントロールを行っているという事実が、私たちの環境問題の大きな部分を占めているのである。この点においてミードはある程度素朴だと批判できるが、彼の分析は、それにもかかわらず、私たちの振る舞いの背後にある意図に関する深い洞察力を示すものである。私たちは、結局のところ、コントロールを追求する有機体なのである。こんにち明らかになっているのは、私たちが必要かつ善いものとして受けいれるように教えられてきたコントロールの多くが幻のようなものだということである。

プラグマティズムにもとづく環境保護主義

ミードの自然の哲学は、環境に関するたんに記述的な哲学なのではない。それは、環境保護にかかわる価値に関する首尾一貫した考え方をきちんと位置づけることで環境倫理学の展開に枠組みを提供するものである。もろもろの価値を、（神のしつらえによって何らかのかたちで事物に付与された）事物の形而上学的な属性もしくは人間という動物のたんなる選好のいずれかと解釈する伝統的な諸理論とは違って、ミードの見解は、諸価値を、生あるものの必要や欲求にそって創発した機能的な属性と見なす。ほんのちょっと雄弁にミードは次のように書いている。「科学的に事実にこだわりをもつ（tough-minded）人々でさえ、分子や星雲や海の潮流と同じように本当に、価値が宇宙に生じてきたことを認めなければならない」[17]。ミードにとって、価値とは、世界における事物の内在的な[18]属性である。生あるものの創発とともに機能的な必要が創発する。価値とは、そうした必要を潜在的もしくは実際に充足することに過ぎないものである。たとえば、草は、それを食物として利用する動物がいるとただちに価値として創発するような属性をもつことになった。同様に、こうした動物の糞は、それが植物に栄養をあたえるかぎりにおいて価値をもつことになった。この見解において、価値とは、有機体、それが必要とする事物、そうした事物が充足する特有の機能という三者間の関係なのである[19]。そのように考えれば、もろもろの価値を人間の主観性の領域に帰属させるのは間違いである。ミードは次のように続ける。

> たしかに、［価値は］人間社会のもろもろの見え方に属するものである。しかし、宇宙のいかなる様相も何らかの見え方にほかならない。また、事実にこだわりをもつ科学者の事実へのこだわりは、人間が自身の生息域をどのように越えでていくことも否定することにあるので、そのようなひとが、人間の見え方は科学の宇宙に属するものであることを否定することなどとうていできない。

それゆえ、価値判断の主観性は、原理上は他のいかなる判断のそれよりも大きくはない。ジョン・デューイと同様に[20]ミードが信じるところでは、〔存在が〕要請される他のいかなる性質とも同様の方法論的な厳密さで、価値は、存在が要請されうるし、吟味されうる。

くわえてミードの自然の哲学からひきだされる宗教的かつ倫理的な帰結がある。ミードによれば、宗教的な態度は、道徳共同体における倫理の通常の範囲を超えて自我を拡張するものである。「[宗教の]態度は、宇宙全体に至る社会的態度のこうした特殊な拡張をともなうものでなければならない」[21]。もちろん、人々にこうした態度を採用させるのは容易なことではなく――彼らを人間存在という大きな集団と一体化させるのははなはだ困難なことである。ミード自身でさえ、人間以外のものの利害への配慮を、義務の命令の埒外と見なした。しかしそれでも、そのような一体化を達成するのは乗り越えがたい障壁であるというわけではない。「文明化された」世界が（他の人種の成員はいうまでもなく）部族的社会の成員を文字通り人間以下と見なした時代があった。彼らと私たち自身の類似は私たちの無知と恐怖によっておおいかくされて、こうした他者は根源的に他なるものと見なされた。このような態度の切れ端や残骸は残ってはいるけれども、私たちの基本的な世界観はもはやすべての人間存在のあいだのつながりを無視することはない。

環境保護主義が取り組まねばならない課題――おそらく主たる課題――は、人々に自身と世界の残りの部分とのもろもろの結びつきをわからせることにある。私が考えるところでは、まさにこの点において、ミードのプラグマティズムはすぐれて有用である。（ミードのコスモロジーに概略が述べられている）結びつけられていること（connectedness）に焦点をあてれば、ミードが私たちの環境に対する宗教的態度と呼んだ（そして私たちなら倫理的態度と呼ぶ）ものの土台を創造することができる。結びつけられている、世界において家にいるようになじんでいる、といった自己意識の感覚は――それが家を構成し維持するプロセスに対する敬意と調和するものであるかぎりは――長きにわたり、宗教性の一つの条件であり道徳生活の頂点であると見なされてきた。おそらく、地球の現在の状態からすると、そのような感覚を、義務以上のものと見なすのをやめて、道徳教育の一つの主題として扱うべきときが来たのである[22]。

私たちの環境上の危機に関する逆説的な事実は次のようなことである。すなわち――結びつけられているというこうした感覚の前提条件である――自己意識こそがまさに、私たちが自身を自分たちの周囲と根源的に別個のものであると了解することを可能としている、ということである。ミードのモデルがこの逆説について説明するところでは、自己意識的であるがゆえに、私たちは、自身を他とは違う存在として了解する能力があるのであり、また、こうした弁別能力を展開するので、私たちは自身による抽象・抽出と存在論的カテゴリーを混同する危険を冒す。とはいえ、ミードがさらに説明するところでは、私たちをこうした過誤から免れられなくしているまさしくその能力が、私たちの真の居場所についてのもっともすぐれた理解を可能としている。**意識的な**活動とは、より高いレヴェルで結びつけられているということである。そのような結びつきに気づくことがさらにより高次なものとなったとき、高揚感が結果としておこる。私たちはそれを宗教的経験とみなすことさえあるかもしれない。もっとも、こうした経験の含意はあまりに複雑すぎてここでは紹介しきれないものである。次のように言うにとどめておこう。すなわち、道徳的行為者が事物の本性のなかに自身の真の居場所を見いだそうと努めているかぎり、そのひとはコスモロジーを必要としている。また、環境倫理学がより大きな全体のなかに何らかの居場所を見つけだすことに関心をもっているかぎり、世界のさまざまな要素のあいだのつながりを強調するものであるミードのコスモロジーは、環境保護にかかわる見地に役立つものである。たしかにミードのコスモロジーは万能薬ではないが、環境保護にかかわる改革を達成するためのプラグマティズムにもとづく枠組みを私たちにあたえる。彼の哲学は、最低でも、切実に必要とされている態度の転換に土台を提供するものなのである。

注

1)　本論文の元となった論考は、ユタ州、オグデンのウェーバー州立大学で1994年に行われた北米学際自然保護会議で発表された。

2)　出典 William James, *Essays in Pragmatism*, Alburey Castell, ed. (New York: Hafner, 1948), p. 73.〔この訳文は『プラグマティズム古典集成：パース、ジェイムズ、デューイ』植木豊訳、作品社、2014年、404頁によるものである。〕

3)　たとえば、環境の悪化に係る二元論の役割に関する議論については、Lynn

Whiteの論文 “The Historical Roots of Our Ecologic Crisis,” *Science*, Vol. 155, No. 3767 (March 1967), pp. 1203-1207を参照のこと。

4)　（ほぼ間違いなく二元論から生みだされたものと言ってよい）還元主義もまた環境に無頓着な態度につながりうる。ひとは自分と共通性のまったくない他人のことを口汚く罵ることがある。それと同じように、ひとはまた、そうした他人がたんに自分の自己の一部に過ぎないものだと主張することによって、あるいはそうした他人は適切に見えればどんな方法にせよ利用されるものだと主張することによって、他人を貶めることを合理化できるのである。完全な同一視は、完全な隔離と同じように問題のあるものである。還元主義は、同一視に陥りやすいものであり、二元論と同様に、合理化された身勝手さの源泉となることがある。（私が「陥りやすい」というのは、存在論的二元論と環境の悪化のあいだに絶対確実なつながりがないのと同様に、還元主義と同一視のあいだにも必然的な結びつきがないからである。それにもかかわらず、もっと勝手気ままに合理化を展開させる見地がある。私の考えでは、二元論も還元主義もともに、愚かなひとたちが絶えずしたがっているようなたぐいの単純な考え方を奨励するものである。）

5)　アリストテレスによる内在的な善と外在的な善との区別は、『ニコマコス倫理学』第1巻に見いだすことができる。彼が「最高善」を「すべての事物がそれを目指すもの」と同一視したことに留意すれば、目的そのもの（彼にとっては内在的諸善と同じもの）に関する学説と、最終原因や彼の目的論的形而上学に関する学説との結びつきがわかる。デューイが、*Reconstruction in Philosophy* (Boston: Beacon, 1948)〔『哲学の改造』清水幾太郎・清水禮子訳、岩波文庫、1968年〕の第3章や*Human Nature and Conduct* (New York: Henry Holt, 1922)〔『人間性と行為』東宮隆訳、春秋社、1960年〕の「目的とは何か（The Nature of Aims)」と名付けられた章でこうした結びつきをたどっている。

6)　ミードは次のように書いている。「私たちは動物たちにパーソナリティーをあてがうが、パーソナリティーは動物たちのものではなく、結局のところ私たちは、そのような動物たちが権利をもたないことを悟る。私たちには好きなように彼らの生命を絶つことができるのであり、動物の生命が奪われるさいに、犯される不正があるわけではない。」彼の推論では、彼らは自己意識をもたないので、奪われうる過去も未来ももたないのである。「彼らは、彼らにいわば何らかの権利をそれとしてあたえるような未来や過去をもたない。」*Mind, Self and Society*, Charles Morris, ed. (Chicago: University of Chicago, 1934),（以下MSS）p. 183.〔『精神・自我・社会』稲葉三千男・滝沢正樹・中野収訳、青木書店、1973年〕　ミードは、ここにおいて、理性を根本的な道徳基準とするカントの道徳的合理主義をうけついでいる。そうではなくてミードが、ベンサム、ミル、ジェイムズをうけつぎ、感覚能力を彼の基準として採用していたならば、彼のコスモロジーはおそらく、人間以外の動物の道徳的地位に関して彼を違った立場に導いたことであったろう。感覚能力や責務に関するジェイムズの議論については、彼の論文 “The Moral Philosopher and the Moral Life,” in William James, *Essays in Pragmatism*, pp. 65–87〔『プラグマティズム古典集成：パース、ジェイムズ、デューイ』植木豊訳、作品社、2014年〕を参照のこと。

7)　向上心に燃える大学院生が彼の指導教授に、ミードの『精神・自我・社会』をフランス語に訳すことを提案して、ただ「まず英語に訳すべきではないのか」と返された、という話を私は思いおこしている。

8)　G. H. Mead, *Philosophy of the Act*, Charles Morris, ed. (Chicago: University of Chicago, 1938)（以下PA), Essay XVII, pp. 301–307.

9)　このような考え方は、*PA*のpp. 301–307に収められた論文「機械論的対象と目的論的対象」の欲求に関する彼の議論に含意されている。特にpp. 304–305を参照のこと。これと、人間社会と昆虫社会の対比に関する彼の議論を比較せよ（彼が主張するところでは、主たる違いは、昆虫社会が生理学的基盤にもとづいて役割を分化させて、その成員を、集団の個々の成員というより、有機体のいわば生理学的な部分としていることにある）。*MSS*, pp. 227–237を参照のこと。逆もまた当てはまる。すなわち、社会とは有機体が高度に発展した形態である。社会が**意識的な**有機的組織に到達すると、宇宙には一種の5番目の次元――制度が創発する。

10)　*MSS*の第2部、特にpp. 117–125を参照のこと。

11)　私の隣人は、ほとんど毎日、彼の庭のヒアリの蟻塚に毒薬をばらまいて、アリにはまったく何の価値もない、と私に告げる。さらに、彼によれば、私たちの政府は、ヒアリを駆除するのにより強力な化学物質を使うのを私たちに許可しないことで、私たちを欺いている。私は、アリなしに地球の生態系が存続することはないと確信しているが、それよりさらに強く、彼にそのように言うことが彼の信念に何の影響ももたないことを確信している。不幸なことに、彼のような見解は彼だけのものではないのである。

12)　しかしながら、精神は、たんに機械論的な現象には還元することができない。自分の行動主義的な見地を説明する際にミードは、ワトソンの還元主義的行動主義をきびしく批判している。というのも、それは、考えることやそれに付随する――態度、言語、意味といった――すべてが、機械論的な用語では説明しきれないダイナミックな機能性として存在しているという事実に注意をはらいそこねているからである。還元主義的行動主義に関する批判については

MSS 第1部を参照のこと。

13)　*MSS* 第2部を参照のこと。

14)　Mead, “Form and Enviroment,” *PA*, Essay XVIII, pp. 308–312.

15)　創発に関する簡明な議論は *PA*, p. 640–643を参照のこと。

16)　Mead, *MSS*, pp.249–250.

17)　Mead, *PA*, p. 495.

18)　「内在的」という言葉は、デューイやミードが解体しようとしていたたぐいの形而上学を思いおこさせそうだが、そうすべきではない。デューイは、自身のキャリアのほとんどを目的そのものという学説の批判に費やしたものの、内在的価値それ自体に異議を唱えはしなかった。内在的価値ということで彼が意味していたのは、それ自身のゆえに評価されるものということに過ぎなかった。伝統的な形而上学はいわゆる内在的価値（Intrinsic Value）に対する「基礎付け」を提供したが 、デューイは、内在的諸価値が生じるのに必要な手段に訴えることで、評価するという行為を評価づける手段を提供する。（彼の “Theory of Valuation,” in *International Encyclopedia of Unified Science* (Chicago: University of Chicago, 1939), Vol. II, No. IV, esp. Secs. V and VI.〔『評価の理論』磯野友彦訳、関書院、1957年〕を参照のこと）　デューイにとって、内在的価値とは、道具的な価値が「たんに相対的」なものではなかったのと同じように，絶対的なものではなかった。結局、*Art As Experience* (New York: Perigee, 1934)〔『経験としての芸術』栗田修訳、晃洋書房、2010年〕の核心は、私たちは内在的価値の道具的性格とその逆もまた同様に知る必要がある、ということを示すことであった。ミードの哲学が価値に関するデューイの考え方に追加するのは、すべての価値が、何らかの機能的なシステムに内在的である（すなわち、それから分離しがたい）という思想である。

19)　ミードは、価値のことを何らかの三者関係だとは述べていないが、C・S・パースにしたがって彼は、意味をそのようなものだという。ミードとパースの両者が言うところでは、記号とは、記号表現、解釈者、記号内容の事物のあいだの何らかの三者関係である。つまり、意味シンボル（significant symbol）は、何らかの**ひと**に対する何らかの**事物**を意味する。意味に関するプラグマティズム一般のこうした考え方についてのミード独自の説明は、*MSS*, pp. 75–82を参照のこと。パースの議論については “The Peirce/Welby Correspondence,” in C. Hardwick, ed., *Semiotic and Significs*, Oct. 12, 1904, pp. 22–36を参照のこと。また、“Logic as Semiotic: The Theory　of Signs,” in Justus Buchler, ed. *Philosophical Writings of Peirce* (New York: Dover, 1955), pp. 98–119を参照のこと。

20)　デューイの議論としては“Theory of Valuation”を参照のこと。

21)　Mead, *MSS*, p. 275. p. 289も参照のこと。

22)　私は、こうした文章の全体主義的なひびきを考えると身の毛がよだつし、「環境ファシズム」というレッテルを心配する。私はここで、厳格な教化のプログラムや、母なる自然に対する献身の誓約、何らかの環境保護にかかわる信条の機械的な復唱を、意図していない。個人を過度に浸食することなしに、そのような方策が機能することはないだろう。私が心にいだいているのは、*Democracy and Education*(New York: Macmillan, 1916)〔『民主主義と教育』(上)(下)、松野安男訳、岩波文庫、1975年〕においてデューイが支持したようなたぐいの教育的な環境である。彼にとって、教育の全体としての眼目は、生徒に、自分の住む世界と自身との結びつきをわからせ理解させることにある。私たちの「自然」環境についての学びが、そのようなプロセスの部分であってはいけないという理由はない。

訳注

＊1　シンボリック相互作用論：社会は諸個人の相互作用の過程であり、人間はそこで形成される意味を解釈して行為するものである、とする社会（心理）学上の立場。

第5章

レオポルドの土地倫理の一貫性

ブライアン・G・ノートン

1920年、アルド・レオポルドは熱心に捕食動物根絶プログラムを書いていた。彼はスポーツハンターと牧畜業者でチームを結成して、オオカミやピューマなどの大型の捕食動物をアリゾナとニューメキシコから排除しようとしていたのである。そのとき彼は「最後の一頭を捕えるまでは、この仕事が完全に成功したとは言えない」と言っていた[1]。24年後、レオポルドは優美で謙虚さに満ちた小論「山の身になって考える」の中で、自らが行ったオオカミに対する戦いを後悔することになる。その原稿は1944年に書かれ、『野生のうたが聞こえる』の一部として出版されている。この24年の間に何があったのだろうか。

この期間に、レオポルドは画期的な土地倫理を見いだし、彼の思想は根本的な宗教的・形而上学的・道徳的変化を被ったのであって、この哲学上の根本的な転向の直接的な結果として、彼は捕食動物駆除プログラムに対する考え方を180度転換したのだ、と考えたくなるかもしれない。レオポルドは1920年には米国農務省森林局の代表者として活動しており、そこはまだギフォード・ピンショーの人間中心主義的な功利主義*[1]の哲学的支配下にあった。だから、以上の解釈では、レオポルドが後に功利主義的な管理を否定するようになったのは土地共同体のすべてのメンバーの「生存権」を信じるようになったからだという見方がなされているのである[2]。

本稿は、この期間のレオポルドの知的遍歴が、以上のような単純な説明が示すよりももっと複雑なものであったことを明らかにしようとする。具体的に言うならば、レオポルドは自らの土地倫理の主要な哲学的原理をそのキャリアの早い段階で採用しており、捕食動物根絶を唱えていた時期もそうであった。この主要な原理は、これまで注目されてこなかったが、アメリカのプラグマティズムから重大な影響を受けている。それはレオポルドがイェール大学の学生時代に、その大学の学長だったアーサー・トワイニング・ハードリーから取り入れた哲学的アプローチであった。レオポルドはその初期の哲学を形作ったこの主要原理を一度として放棄したことはないのであり、私は、捕食動物根絶から捕食動物保護へのレオポルドの方針転換の動機が、宗教や形而上学や道徳上の見解の転換にあるのではなく、むしろ、科学的知識が生態系全体の操作を導くには不十分だと認識するようになったことに、そして、環境管理の将来的な展望について次第に悲観的な見方をするようになったことにあると論じようと思う。そして、レオポルドは有機体論とその形而上学的、道徳的含意に魅了されてはいたものの、この抽象的な見解は彼の管理スタイルにほとんど直接的な影響を及ぼさなかったと結論づける。

I

1923年にレオポルドは「南西部地域における保全の基礎的条件」という論文の原稿を書いている[3]。彼は、最後の節として、いくつかの短いコメントを付け加え、それに「道徳問題としての保全」というタイトルをつけた。このエッセイはレオポルドの死後30年が経つまで公刊されずにいた。注釈者達はこの最終節をレオポルドの保全倫理の未成熟な草案とみなしてきたし、なかにはレオポルドは彼自身がそこで表現した哲学の重要な構成要素をのちに放棄したと言う者もいた[4]。

保全の道徳性をめぐる1923年時点でのレオポルドの短い議論が読者を混乱させるものであることは否定できない。わずか3頁の中で、レオポルドは「経済決定主義」が土地の保全を理解するのに十分ではないことを述べ、預言者エゼキエルを引き合いに出し、世界は「魂あるいは意識」を持った「生きもの」だとするロシアの有機体論哲学者P・D・ウスペンスキーの見解について考察し、世界は「人間が利用するために作られたのか、それとも人間は、計り知れない目的のために作られた地球を一時的に所有する特権を持っているに過ぎないのか」と問いかけ、ガラガラヘビの権利についてのジョン・ミューアの言葉を賛意とともに引用したかと思えば、「この点についてはもう議論しない」と決心し、最後に、未来世代に対して自分たちが「汚すことなく地球に住むことができる」ということを証明する義務が私たちにはあると結論づけている。この議論の途中で、彼はほとんどの科学者と一般人が「人間を規準とした（anthropomorphic）」[5] 見方をしていると認めている。また、ウスペンスキーの有機体論が「ほとんどの実務家」に与える影響について考え、こうした人びとにとっては「この理由はあまりに曖昧で、人間の営みを導く指針として受け入れることも、それを否定することもできない」とも述べている[6]。

大きなアイデアをこんなにたくさん詰め込んで提示されても、一読しただけでは、そこに統一的な原理を見て取ることは困難である。非-人間中心主義的なアイデアを紹介した後で、レオポルドが最後に人間の未来世代に対する義務に基づいた保全倫理――未来を見据えた人間中心主義――を選んでいるのは明らかだと思われる。だが、最初の方に出てきた有機体論の議論や非-人間中心主義の議論から長期的な視野に立った人間中心主義へと転換する際の推論があまりにコンパクトであるため、ほとんど理解を寄せつけないのである。幸いなことに、レオポルドの思考に近づく手がかりが括弧でくくられたコメントの中にある。それは、未来世代に対する私たちの責務についての議論のなかに挿入されている次のようなコメントである。「真理とは長期的に見て勝ち残るもののことだ、というハードリーの定義はなんと喜ばしいものだろうか」。

この論文が出版されることはなく、そのためレオポルドは注や文献リストを作成しなかった。とはいえ、この定義がアメリカのプラグマティストに由来するものであることは明らかである[7]。アーサー・トワイニング・ハードリーは幼くしてギリシャ語の卓越した才能を見せた天才で、1876年にイェール大学を首席で卒業した。彼は政治経済学をベルリン大学で学び、母校へもどって、学部機関の助手を務め、その後教授となった。博識で知られ、彼の経済学と政治倫理学の授業は極めて人気が高かった。ハードリーは1899年にイェール大学初の非聖職者の学長となった[8]。彼は自らを「徹底したプラグマティスト」[9] と称し、ウィリアム・ジェイムズの著作を現代の哲学的思索の代表として引き合いに出すのを常としていた。

彼の著作の中でも最も哲学の内容に踏み込んだ著作である『現代の哲学的思考におけるいくつかの影響』の中で、ハードリーは次のように述べている。「あることがらが正しいか間違っているかを示す基準はその永続性である。

生き残ることは正しさの特性であるだけではない。それは正しさの試金石なのである」[10]。この見解を彼はプラグマティストの見解として特徴づけ、次の段落でジェイムズの見解について論じている。彼はジェイムズの見解を「私たちは、先祖を守ってきた信念を保持する」と表現し、強調する点を少し変えてそれを受け入れる。

> ジェイムズが言おうとしていたのは、ある信念を、それが私たちにとって有用であるから、ということを意識して採用するべきだということのようだが、私が言いたいのはそういうことではない。むしろ私はこう考えたいと思う。すなわち、私たちの先祖を守ってきた信念を私たちは直観的に持っており、それに基づいて本能的に行為するのだと[11]。

レオポルドは「道徳問題としての保全」をエゼキエルの引用で始めている。

> あなた方は良い牧草地で草を食べるが、残した草を足で踏みにじってしまう。そして、あなた方は澄んだ水を飲むが、その残りを足で汚してしまう。これが小さなことだと思うのか[12] [*2]。

エゼキエルを引き合いに出す時に、レオポルドは「先祖を守ってきた信念」を思い起こさせようとしている。ハードリーの理解では、プラグマティズムの真理の考え方は、先祖が残した叡智を尊重するよう奨めるものである。ハードリーは次のように述べている。

> 集団を結びつける道徳的・宗教的本能を、ある種の人々は、それほど遠くない昔に、古臭い偏見として非難していたのだが、そのような本能は個人の知性よりもさらに一層大きな価値がある。私たちの実践的な哲学は、政治についてであれ、人生についてであれ、エドマンド・バークの言葉に立ち戻る。「私たちが恐れるのは、人々が自分自身の個人的な理性の蓄積によって生き、交流せざるをえなくなることである。なぜなら、各人の理性の蓄積は小さく、どの個人も諸国家及び諸時代に共通の銀行や資本の蓄えを利用する方がよいと考えるからだ」[13] [*3]。

これらのアイデア（ハードリーとプラグマティストに由来する）はレオポルドの「道徳問題としての保全」のある重要な一節を理解する鍵を与える。レオポルドいわく、「恐らく、直観的知覚によって、すなわち、科学よりも真実に近く、哲学よりも言葉に邪魔されることの少ない直観的知覚によって、私たちは地球の不可分性を認識する」。この短い一節はレオポルドの思想の中にある3つの相互に関係し合う重要なアイデアの結びつきを示している。彼は社会実践の「真理」や「正しさ」についてのハードリーの考え方に言及しており、それは、資源を保護するよう忠告してきたエゼキエルらから私たちが受け継いできた「直観的知覚」として解釈されるものである。第二に、彼は、私たちの科学が誤りうるものであり、この直観的知覚よりも信頼できないことを示唆している。最後に彼は私たちの直観的知覚が哲学よりも助けになると示唆している。というのも、哲学は「言葉に邪魔される」からである。

政治科学や歴史科学に対するダーウィンの影響について論じる際に、ハードリーは、歴史家がダーウィンの適者生存のアイデアをすぐに受け入れ、それ以来、文化が生き残るかどうかは文化制度が状況に適応するかどうかにかかっていると認識してきたと説明している。彼はハーバート・スペンサーらを、ダーウィンの基準をあまりに短い時代に当てはめたり、個人の行動に適用したりしたという理由で批判した[15]。ハードリーはこう結論づける。「人よりも制度の方が自然選択の過程によって選抜されてきたのだ」[16]。

レオポルドがアメリカのプラグマティストの著作を詳しく読んだり、研究したりしたという証拠を私は見つけることができていない。だが、『イェール評論』でハードリーの著書が主要レビューで扱われた際に、彼がハードリーの著書の公刊を知ったことは間違いない[17]。レオポルドはこの雑誌を定期購読していたらしい[18]。さらに、レオポルドがハードリーの真理概念に親しみ、それに感銘を受けていたことも明らかである。というのも、キャリアの初期につけていた日記の中で彼は何度もそれに言及しているからだ[19]。この時点で、レオポルドがハードリーのことをどの程度研究していたかを見極めるのは不可能かもしれないが、文化を評価するためのハードリーのアプローチの基本原理をレオポルドが吸収し、応用していたことは明らかである。

レオポルドが直観的知覚に言及するとき、すなわち、敬意を持って土地を扱うべしというエゼキエルの警句に言及するとき、彼はハードリーが言っている先祖の直観を喚起しているのである。その同じくだりで、レオポルドはこの直観が科学と哲学の両方に勝るとも劣らないものだとしている。ここでレオポルドは自らの保全の目標を擁護するために求められる極めてスケールの大きな理解、一種の世界観を追い求めているのだから、彼がこの大きなパースペクティブから見て哲学と科学の両方をどう扱っていたのかを確認することが肝要である。

レオポルドは哲学的な見解の表明に明らかに慎重だった。たった3ページの「道徳問題としての保全」の中に「言語の落とし穴」に対する警告が5回以上も出てきて、そのうちの3回は哲学的な観念の有効性に対する疑念に関するものである。一読しただけでは、これらのくだりは謙虚さの表れであり、その程度のものでしかないように見えるかもしれないが、私の考えでは、これらはレオポルドの保全倫理の根底にある哲学的アプローチを理解するための手がかりを提供してくれるものでもある。言語についてのこれらの言及はウスペンスキーの『ターシャム・オルガヌム（第三の思考規範）』の言語多元主義*4に由来するが、ここでレオポルドは、彼の保全倫理を擁護するために、この言語多元主義を、長期的な視野に立った人間中心主義の一つの正当化であるアメリカのプラグマティズムと混ぜ合わせたのである。

ウスペンスキーについて論じる中で、レオポルドは二つの「地球の捉え方」について述べている。「地球を物質の供給者や持続的な場とみなす機械論的な捉え方」がある。この捉え方はもう一つの捉え方と対立する。世界は生きた生命体であり、「土、山、川、大気などは器官、あるいは、組織的な全体である器官を構成する部分であって、それぞれの部分は明確な機能を持っている」。この世界観、すなわち「世界の最も鋭い精神の多く」（彼はウスペンスキーを引用している）が説得的だと考えている世界観によれば、地球は「魂や意識」を持っている。地球を生き物として尊重し、地球に道徳的に関わることが意味さえ持ちはじめるのである。この競合する世界観という文脈の中で見ると、言語の重要性についてのレオポルドの言及にはもっと重要な意味があるように見えてくる。

> 生きた地球という捉え方と、物理学や化学や地質学が教示するような、極めてゆっくりで、入り組んでいて、相互連関する機能を持った諸部分からなる、死せる地球という捉え方の間には、それを表現する言葉遣いをの

ぞけば、それほど大きな違いはない[20]。

似たような形態の概念多元主義は、これも言語の不十分さについての警告と結びついているのだが、ウスペンスキーの『ターシャム・オルガヌム（第三の思考規範）』[21] の主要なテーマの一つである。

私が示そうとしているのは、「道徳問題としての保全」の中で、レオポルドがアメリカのプラグマティズムに由来するアイデアをウスペンスキーの有機体論と融合させ、最も効果的な保全倫理は私たちの現在の活動によって世界を毀損せずに未来世代に受け渡すことができるよう配慮することだという結論に至った、ということである。これらのアイデア同士の関係は、言説のレベルをいくつか区別すれば、より明確になる。地球の異なる捉え方を対比する時、レオポルドは2階の信念とでも呼べそうなものについて語っている。私たちを取り囲む世界の事実、すなわち、物理学的、化学的、地質学的事実は、世界の在り方についての1階の信念である。レオポルドの用語法において世界についての二者択一の捉え方となっている有機体論と機械論は、個別科学が与える1階の事実をどう解釈するかということに関する2階の信念である。有機体論と機械論は世界について同じ1階の事実を受け入れることができるのであり、この2つの解釈のどちらを選択するかは主にどんな言葉を選ぶかの違いである、とレオポルドは論じている。「現在の目的にとって本質的なことは、諸要素の相互依存的な機能を両者が認めていることである」[22]。このように、科学的事実についての2階の解釈の選択、すなわち世界についての二者択一的な捉え方である有機体論と機械論の間の選択は、この相互関係をいかに概念化するかということに関する本質的に言語上の選択なのである。

レオポルドは言語の落とし穴を強く強調する。というのも、彼は自然科学によって得られる経験的データは、そのデータをいかに概念的に説明するかということに関する2階の、言語的な選択を決定づけないと考えていたからだ。この問題は人間の認識によって決まるのであって、実在によって決まるのではない。「生きものというまさにその言葉が、受け継がれた、恣意的な意味を持っているのであって、それは実在に由来するのではなく、人間的な出来事に関する人間の認識に由来するのである」[23]。さらに、世界の捉え方の選択、データの解釈は、私たちが考え、行動する仕方と密接にかかわるようになるということを彼は理解していた。ここに私たちはウスペンスキーの有機体論とハードリーのプラグマティズムの融合を見る。言語の形式は認識に依存し、認識が今度は人間社会の出来事に依存するというのが、アメリカのプラグマティズムの中心的なアイデアである。私たちが何をなすかが、私たちが何を語り、考えるかを決定づけると同時に、その逆でもある。レオポルドはプラグマティズムをウスペンスキーの有機体論と組み合わせて、ある種の自家製パースペクティブ主義、すなわち、世界についての形而上学的な捉え方は人間の認識の投影であり、その認識がそれはそれで文化的な実践に依存しているという見解に到達したのである。

このアメリカのプラグマティズムとウスペンスキーの有機体主義の融合から、レオポルドは、根本的に異なったことを実践している異なった文化は、世界について異なった特徴を持つボキャブラリーを持つようになり、それゆえに、異なった世界の捉え方をするようになる、と結論づけた。しかし、これらの異なる捉え方は、同一の確かな科学的データについての異なる概念的説明にしかならないため、レオポルドは一つの捉え方に由来するアイデアと別の捉え方に由来するアイデアを比較する際には常に慎重だった。かくして、レオポルドは次のように形而上学的・神学的な意見の表明を敬遠したのである。「神自身が鳥のさえずりを聴きたがり、花が育つのを見たがる可能性はかすかに存在しはする。しかしここで再び、実在を表すシンボルとしての言語の不十分さに私たちは突き当たるのである」。同じように、哲学的・神学的アイデアが世界の捉え方に由来する人工的なものだと懸念するがゆえに、レオポルドは人間中心主義が「真理」だとか、非–人間中心主義が「真理」だと表明することに対して深い不信を言い表している。

> おそらく、こうしたことがらについて論理的なプロセスを経て答えを出す時間も能力も持たない私たちの多くは、地球についての機械論的な捉え方に従おうとするよりも、人間と地球との間により親密で深い関係が存在していると直観的に感じてきたのである。（…）もちろん、こうしたことがらを論じる際に私たちは言語の落とし穴に取り囲まれている[24)]。

これまでのところ、私たちはレオポルドが、ウスペンスキーの有機体論と現代の原子論的な科学を二者択一的な世界の捉え方と考え、この世界観の選択が1階のデータを提示するためのボキャブラリーを選ぶという2階の選択であって、その選択は1階のデータによっては十分に決定できそうにないと考えていたことを見てきた。同時に彼は、これらの捉え方の間の選択が私たちの地球の扱い方に深刻な影響を及ぼすことも認識していた。機械論的な世界観に従うならば、地球は死んでいるのであって、私たちは地球に対して道徳的に配慮しようなどとは思わないだろう。この観点が「経済決定論」をもたらしたのだが、レオポルドはそれを軽蔑して「複利の言語」という言葉で特徴づけている。有機体論的な見解によれば、地球は生きており、私たちの尊敬と道徳的配慮に値する。しかし、この二つの世界の捉え方の間の選択は主に言語の選択であって、利用可能な科学的データによっては十分に決定されない。

これらの見解を組み合わせると、補足説明がなければ、ラディカルな相対主義に帰着することになるだろう。私たちは機械論的な科学者として語るか、有機体論者として語るかのいずれかであって、この恣意的な選択に応じて、私たちが経済決定論者になるか、土地に対して道徳的に対応するようになるかが決まるのである。この決定的な岐路において、レオポルドは「長期的に見て勝ち残るもの」というハードリーの真理の定義を導入する。ハードリーにしたがって、レオポルドは人間中心主義にまつわる形而上学的・神学的問題については論争しないことを選んだのであり、むしろ古くから伝わる直観的知覚に――エゼキエルに――依拠することを選んだのである。あるいは、この点をもっとハードリー的な言葉で表現するならば、文化的実践の正しさの試金石はその実践の長期的な生存可能性である。それゆえ、ハードリーのプラグマティズム的な真理の定義が、レオポルドの初期の哲学において、3階の原理として、すなわち2階の世界の捉え方を評価し、受容可能な文化的実践を受容不可能な文化的実践から区別するための基準を提供する手段として機能していたのである。

これはいくつかの理由でレオポルドにとって魅力的なアイデアだったに違いない。第一に、このアイデアは彼の哲学的思想と彼の生物学上の信念、すなわち「適者生存」というダーウィン主義的原理に対する信念を統一してくれる。第二に、このアイデアは、より大きなパースペクティブで見ると、科学的知識とウスペンスキーの有機体論についての彼の思弁とを結びつけることを可能にした。これらは同じ「地球」に対する二つの異なる言語的アプローチなのである。第三に、それは「南西部地域における保全の基礎的条件」の最初の二つの節でレオポルドが詳細に記述している実践、すなわち彼が土地の破壊と考えるような実践を非難するための理想的な基盤を提供する。私たちの土地の扱い方は、エゼキエルが言っていたように、持続可能ではないから間違っているのである。

人間中心主義について論争しないと決めたすぐ後の箇所で、レオポルドは「地球は人間のために存在する」と認めている。続けて彼は言う。「まだ疑問がある。どんな人間のために地球は存在するのか？　岩窟居住者もプエブロ族もスペイン人もそしてアメリカ人もみんな地球が彼らの所有物だと思っていた」。しかし、先行する文化は「地球を生きたまま、破壊せずに残した」。彼が言うには、もし私たちが「本当の意味で人間を規準にする（logically anthropomorphic）」ならば、次の文明社会が私たちのことをどう言うのかを考慮しなければならない。実際、もし「特別の高貴さ――他のすべての生命から区別され、それらに優越する特別な宇宙的価値――が人類に固有のものとして備わっている」のだとしたら、それは「自分たち自身の生命と他のすべての生命をきちんと尊重する社会、すなわち汚すことなく地球に住むことができる社会」というかたちで自ずと現れるに違いない。もし私たちがその高貴さを示さなければ、「永遠に続く無言の冷笑によって非難されることになるだろう」[25]。レオポルドは、最終的には、南西部地域の土地の生産性が主に過剰放牧によってどんどん低下するサイクルに陥っているという事実に基づいて、保全を支持する議論を展開している。この事実的な根拠は、この草稿の前の節で詳細に描かれているが、それが真理を生存可能性とみなすハードリーのプラグマティズム的な定義と組み合わされば、保全を支持する十分な根拠になると彼には思われた。この議論は非–人間中心主義への訴えとは独立に行うことができる。非–人間中心主義は決定的なかたちでは確立することのできない2階の信念なのである。南西部地域の土地の荒廃を引き起こしている文化的実践にハードリーの真理の定義を適用することによって、レオポルドは人間中心主義の問題から距離をとり、この文化的実践が「誤り」だと断言することができた。彼はウスペンスキーに依拠したのではなく（彼が有機体論に深い魅力を感じていたのは明白であるにもかかわらず）、ハードリーの真理の定義に支えられたエゼキエルに依拠したのである。

「ほとんどの実務家」が有機体論や他の形態の非–人間中心主義を「あまり

に捉えどころがなく、人間の行為を導くものとして受け入れることも否定することもできない」[26] とみなすだろう、というレオポルドのコメントについても、彼の哲学上のプラグマティズムが説明を与えてくれる。レオポルドは、現代の科学や伝統的なユダヤ–キリスト教的な宗教が世界の捉え方において人間中心主義的だと認識していたし、また世界の異なった捉え方はどちらが正しいかを決定することができない言語形式上の違いによって生じるということを彼が受け入れていたとすれば、非–人間中心主義を実務家に伝道しようとしても、少なくとも短期間では、うまくいかないとも認識していたことになる。その代わりに、彼はエゼキエルの直観的知覚に基づく長期的な視野に立った人間中心主義を支持する議論を行おうと決意した。私たちは「〔私たちが〕残した草を踏みにじる」べきではない。それゆえ、レオポルドは、彼のキャリアの初期において、非–人間中心主義に基づいて道徳的な非難をするのではなく、長期的な視野に立った人間中心主義に基づく議論だけで武装して政策決定の闘技場へ入っていこうと決意したのである。

II

環境管理についてのレオポルドのアプローチは1920年から1944年の間に重大な変化を被った。私が提起する問題は、この変化が彼の宗教的・形而上学的・道徳的見解の変化に起因するものなのか、それとも、科学的情報の増大や管理の実務経験に動機づけられたものなのか、というものである。〔前節で〕1923年のレオポルドの思考の根底にあった統一的な哲学を素描したので、今度は彼がそれ以降の時代にこの哲学を変えたかどうかを問題にすることができる。「土地倫理」の最終版（これは1947年に遡る）で表現されているようなレオポルドの見解は、「道徳問題としての保全」で述べられていた彼の初期の見解とどれほど大きく異なっているのだろうか？

「土地倫理」は、不義を犯した疑いがあるというだけで、オデュッセウスが12人の女奴隷を彼の一存で縛り首に処したという話*5ではじまる。これは道徳的判断が本質的に変化するものであることを示す歴史上の一事例である。この事例は1933年に初めて取り入れられたものだが、それは道徳的な観念が行動様式の変化やそれに伴う思想の形成に密接に結びついているという彼の初期の見解を喚起する[27]。これらの行動様式や思想の形成は、それはそれで、時代とともに変化する可能性がある。その後、歴史の成り行きのなかで、道徳概念の適用範囲は、以前は単なる所有物として扱われていた個人にまで拡張されてきた。しばしば話題とされてきたこの事例は、成熟した土地倫理がやがて出現することを示唆する例えになっている。「土地に対する人間の関係は依然として完全に経済的なものであり、特権は伴っているが、義務は伴っていない」。土地倫理の出現は〔レオポルドによると〕

> 実は生態学的進化の過程である。倫理とは、生態学的には、生存競争における行動の自由の制限である。それは、哲学的には、反社会的な行為から社会的行為を区別することである。これは同じことの二つの定義である[28)]。

ここに私たちは、世界について複数の捉え方（ここでは哲学と生態学という二つの異なる学問領域として表されている）があり、二つの捉え方が、異なる実践と結びついて、競争と進化の力によって選別される、というレオポルドの見解が、後期にも表明されているのを見る。倫理は「相互に依存しあう個体や集団が協力のあり方を進化させる傾向にその起源を持つ。原初的な自由競争が、少しずつ、倫理的内実を伴った協助のメカニズムに置き換えられてきたのである」[29)]。

1923年にレオポルドは有機体論とそれと結びついた倫理に惹かれていたが、これらの見解を合理的に確立しようと試みることには慎重だった。というのも、倫理というものはそれ固有のボキャブラリーや世界観と密接に結びついているからである。生態系を意識した世界の捉え方は、私たちが生態系と深い相互依存関係にあることを実践を通して学ぶなかで、徐々にしか現れてこないだろう。その間に私たちはエゼキエルや先祖の直観的な知恵に頼らなければならない。1947年の最終版[*6]で、レオポルドは将来に目を向け、私たち人間が他の種と相互依存関係にあることについて認識が高まっていくならば、私たちは最終的に世界の生態学的捉え方と調和した一つの倫理を発展させるだろうと予言した。そもそも私たちが生き残るのだとしたら、私たちは現代の世界に適応する一つの世界観、生き残ることを促進するハードリー的な新しい直観を発見しているはずである。「倫理とは発展途上の共同本能のようなものだと言える」[30)]のである。古くから伝わるエゼキエルの非難にレオポルドが暫定的に依拠することも、新しい倫理的時代の夜明けが来る（私たちがそれより先に自分たちを滅ぼさなければ）と彼が信じていることも、世界の捉え方についての多元的な見方と生存可能性というプラグマティズム的な真理の捉え方、両方の現れなのである。

「土地倫理」の終わり近くでレオポルドは「土地の健全性とA–B分裂」について論じている。

> 保全論者たちは意見が一致しないことで有名である。表面的に見ると、この意見の不一致は混乱しかもたらさないように見えるが、詳しく調べてみると多くの専門分野に共通して一点だけしか意見の食い違いがないことがわかる。どの分野でも、一方のグループ（A）は土地を土壌として捉え、土地の機能は商品の生産にあると考えているが、もう一方のグループ（B）は土地を生物相とみなし、その機能はもっと広い範囲に及ぶと見ている。

ここで、ふたたび、私たちは「死んだ地球」という捉え方と「生きた地球」という捉え方が対比されていることを、そして、保全主義者たちの意見の不一致が、結局は、これらの捉え方の一方を受け入れるか、他方を受け入るかによって生じているとレオポルドが理解していたことを見て取る。ウスペンスキーについての言及はなされていないが、レオポルドの言葉は彼が1923年に「地球の捉え方」と呼んだ2階のシステムにまだ惹かれていることを示している。「こうした分裂のどれを取っても、繰り返し見てきたように、同じ基本的なパラドックスがある。すなわち征服者としての人間対自然界の一員としての人間、人間の用いる剣の砥石としての科学対人間の住む宇宙を照らし出す光としての科学、奴隷でありしもべである土地対有機的組織の集合体である土地、という対立である」[31)]。

「土地倫理」が「道徳問題としての保全」と異なっている点は、後者において頻繁に登場した言語とその落とし穴に対する警告が前者には見られないということである。これはレオポルドの戦略の重大な転換を示している。一見すると彼が哲学的な理論（彼はそれを、進化的淘汰というゆっくりあたたまる坩堝の中でしか解決できない問題を提起することだと考えた）を強調するのではなく、環境の管理者としての自らの膨大な経験に依拠することの方を選んだようにも見える。しかし、プラグマティズムと概念的把握の相対性は目立たない形ではあるもののまだそこに存在している。それは、上述の引用において、彼が異なる領域（倫理学と生態学）を、同様のプロセスを記述するために別のボキャブラリーを使うものとみなしていることからも、また、A–B分裂についての議論を見ても明らかである。

このように、レオポルドの哲学上の足場は後期の著作でははっきりとは示されていないが、彼がどのような理論的立場をとっていたかを示す痕跡は残っている。森林管理官や野生生物の管理者としての彼自身の経験を強調するという戦略的な決断は、プラグマティズムの精神に深く根ざしている。プラグマティストによれば、理論は最終的に経験によってテストされなければならないのである。

1923年にレオポルドが〔「道徳問題としての保全」のなかで〕行った意見表明は明らかにためらいがちなものであったが、それは彼自身がそれに対して警告を発していた哲学的なあるいは言語的に相対的な諸概念に依拠せざるをえなかったからである。経験を積み、哲学的な思弁を生態学の知識や環境管理戦略の帰結についての知識と置き換えることで、彼は成熟し、もっと自信を持って彼自身の管理経験に依拠するようになったのである[32]。それゆえ、もし「哲学」という言葉を形而上学や価値システムを含めた基本的な世界観を意味するものとして使うならば、レオポルドがこの期間ずっと、首尾一貫した統一的な哲学的アプローチを背景に活動していたと結論づけることができる。しかし、もし「哲学」という用語をもっと広く、レオポルドには「環境管理の哲学」があった、という言い方ができるような意味で使うのだとしたら、彼の哲学は確かに変化したことになる。変わらない形而上学的・道徳的世界観を背景に行動しながら、なぜレオポルドは捕食動物駆除やその他の管理戦略についてアプローチを変えたのだろうか。どうしてレオポルドは、1920年代の初め頃、オオカミやピューマを根絶しようとしていたのに、有機体論に賛同できたのだろうか。

レオポルドがそのキャリアの初期の頃に捕食動物根絶を試みた理由は容易に説明することができる。ピンショー型の功利主義的森林管理の訓練を受けたことで、レオポルドは人間が利用するための資源を最大化するよう試みた[33]。彼が1915年に狩猟動物管理に関心を持つようになった時に、彼は単純に森林管理の実践を魚や狩猟動物という別の資源へと転用したのである。狩猟動物は少しいるだけでも有益なのだから、多くいればもっと有益だ。捕食動物は狩猟動物をめぐって競争するため、彼は捕食動物の根絶を企てるとともに、狩猟法の施行、魚の放流に着手した。これらはすべて狩猟の資源を最大化するために計画された管理方法であった。説明が必要なのはレオポルドがこうした管理を実践したことではなく（これは彼の仕事の一部だと考えられていた)、有機体論に賛同し、「経済決定論」の妥当性を疑問視していたにもかかわらず、そうしたことである。レオポルドはすでにキャリアの初期の段階で土地共同体の健全性が重要だと考えていた。しかし、彼はまだ土地共同体の健全性を促進するためにすべての種が必要であるということを認識していなかった。資源管理者は、科学的に管理を実践するならば、個体数を操作することができると彼は考えていたし、捕食動物の駆除が生物学的な体系全体の健全性と生産性を向上させると考えていたふしがあるのだ。

このような見解を出発点として、管理についてのレオポルドの見解は、あまりラディカルではない介入の方向へとゆっくり進化し始めた。1925年には、彼はオオカミやピューマがある地域の多様性に貢献していると考え、根絶という目標から一種の制御へと退却した[34]。1927年に『動物生態学』を公刊して生態学を純粋に記述的な科学からより機能を意識した科学へと転換しようとしていたチャールズ・エルトンと知り合ったことで、レオポルドはそのアイデアを1933年のテクストである『狩猟動物管理』に組み込んだ[35]。レオポルドは「管理」を「科学と利用の協調」と定義して、次のように述べている。「狩猟動物管理の中心テーゼは次のようになる。すなわち、これまで狩猟動物を滅ぼしてきたのと同じ手段――斧、鋤、牛、火、銃――を創造的に利用することで、狩猟動物を回復することができる」[36]。

1933年の小論「保全倫理」の中で、レオポルドは土地と生物を保全するための新しい、もっと積極的なアプローチが出現しつつあると指摘している。保護という目標を達成するための手段は生物学的調査であった。

> 個人の義務はその発見を土地に適用することである。(…) 土壌と植物の遷移*7は植物と動物の生命を、さらに人間の満足の質を決定づける基本的な変数とみなされる［からだ］[37]。

レオポルドはこの戦略を種の保全に適用し、種が希少になったり、絶滅したりするのはその生息地が縮小するからだと論じている。彼は次のように問いかける。

このような生息地の縮小は制御できるだろうか。できる。詳細がわかりさえすれば。しかし、どうやって知るのか。生態学的調査によってである。どうやって制御するのか。すでに農業や森林管理で利用されているのと同じ手段や技能を使って、環境を修正することによってである[38)]。

1933年当時、レオポルドは、生態学的調査が、環境管理の積極的なプログラムに基づいて実現される新しい量的な豊かさの時代への先導役を果たしてくれると楽観的に信じていた。

知識と欲求さえあれば、環境の制御による野生生物の養殖というこのアイデア、すなわち「管理」は、ウズラやサケのみならず、サンギナリアからベルモズモドキに至るまでどんな生物にも適用することができる[39)]。

彼はまだ保全と資源生産のための強い管理とが本質的に矛盾するとは思っていなかった。生態系についての知識が得られれば、人間の利益のために個体数を管理することができる。捕食動物の減少は問題にはならないだろう。人間のハンターが容易にオオカミやピューマの生態系機能を吸収するはずだからだ。有機体論を受け入れながら、彼はまだ有機体論がすべての種の保護という目標を含意するということがわかっていなかった。彼は、十分な知識に基づいて慎重に管理を行えば、生きた有機体（土地）は、あまり望まれていない臓器をいくつか取り除いたとしても、繁栄し続けることができると考えていた。このようにして、生態学的なテクニックに対する信仰のために、オオカミやピューマの根絶が自然の有機的システムに深刻な病をもたらすという結論が覆い隠されてしまったのである。
しかし、1939年には、生態学の役割に関するレオポルドの見解は劇的に変化していた。彼はまだ生態学が「すべての自然科学の新しい融合点である」と考えていたが、その考え方がもたらした結果は彼が望んでいたものではなかった。

生態学の出現は経済を重視する生物学者を特異なディレンマに陥らせる。一方の手で彼は、あれこれの種に効用があるか無いかを調査して得られた知見の蓄積を指差すが、もう一方の手では、生物相にかけられたベールを取り払って、それが極めて複雑で、絡み合った協働や競合によって条件づけられており、どこで効用が始まって終わるのか誰も言うことができないという事実をあらわにする（…）時間と場所と状況という条件のもとでのみ、「有用」とか「有害」といった古いカテゴリーは妥当性を持つ。唯一確かな結論は、生物相が全体としては有用だということであり、生物相というのは植物や動物のみならず、土壌や水も含んでいるということである[40]。

レオポルドは、「進化がもたらす変化はゆっくりで局所的である」のに対して、人間の道具使用は「かつてないほどに破壊的で、素速く、広範囲に及ぶ変化を可能にする」がゆえに、人間の管理活動は自然の生息地創造をうまく模倣できない、という結論に達した。「大型の捕食動物がピラミッドの頂点から排除される」時、生物種構成に予見不可能な変化が起きる。こうした変化の影響は「ほとんど予見できない。この影響は、予言することも、多くの場合には追跡することもできないような構造の再調整である」[41]。

レオポルドは、今度こそ、オオカミに対する彼の戦いを後悔していた。彼が1915年に南西部地域において実施し始めた捕食動物駆除プログラムや狩猟の制限は、膨大な、しかし飢えた鹿の群れを発生させた。鹿は土地を食い尽くし、遷移のサイクルをさらにもう一段階下向きに転じさせた。雑草種やヤブ種がより有用な木や灌木に取って代わり、その地域の多様性は減少したのである[42]。

1939年の小論「土地の生命的な見方」の趣旨は、レオポルドが森林管理官や野生生物管理官として学んだことについて回顧することにある。彼は林業においてドイツが経験したことについて次のように言及している。「このように、ドイツ人は、木をキャベツのように植えることを世界に広めたのだが、自分自身の教えを捨て去り、在来種の混交林に立ち返った」[43]。これと同じように、彼は捕食動物の駆除が「極めて人為的な（すなわち暴力的な）」管理方法だとして、それに明確に反対の意思を表明した[44]。加えて、ダストボウル現象*8が、すなわち、蔓延する「経済的管理」が脆弱な生態系に及ぼす影響が、どれほどの範囲に広がり、どれほど深刻なものとなるのかを注視していた。

かくしてレオポルドは管理についての考え方を変えたのだが、それは次のような理由からだった。

　要するに、経済的観点を重視した生物学は、種の生物機能と経済的効用は部分的にわかっており、その残りもすぐに見つけられると仮定している。この仮定はもはや有効ではない。この残りを新たに見つけるプロセスは新しい答えよりも先に新しい疑問をもたらす。種の機能の大部分は計り知れないものであり、いつまでたっても計り知れないままかもしれない[45)]。

野生生物の管理についてのレオポルドの見解の変化を説明するために、レオポルドの形而上学的・道徳的見解の転換を前提する必要はない。彼は実践を通して、「暴力的な」管理法や制御法は、生命の共同体に予見不可能な影響や被害をももたらすがゆえに、不適切であることを学んだ。これは生態系の重要性に対する彼の信念に潜在的に含まれていた洞察である。しかし、生態学が生態系における種の相互作用について十分な知識を与えてくれるので、功利主義的な目的のために個体数を操作してよいという彼が最初に持っていた信仰によってその洞察は覆い隠されていた。彼はシステムの複雑さを過小評価し、システムを制御する私たちの能力を過大評価した。その結果、彼の拒否する経済決定論に対抗して彼自身が提唱した全体論的アプローチが捕食動物保護を原理の一つとして含意していることを見逃したのである。単一栽培による森林管理の害虫問題や指定保護地区での過剰放牧による鹿の飢餓といった現実の証拠を目の当たりにして、レオポルドはようやく管理についてあまり暴力的でなく、破壊的でないアプローチを採用したのである。

III

レオポルドは人間中心主義者とみなされるべきだろうか。どちらとも言えない。

彼が、良くも悪くも、人間が自然の世界を管理しなくてはならず、管理すべきだと考えていたという意味では、彼は人間中心主義者である。もしそうだとしたら、そして、現代社会の一般的な考え方を考慮するならば、人間という種の利益に基づく議論が政策論争においてより重要なものとなるだろう。土地のピラミッドの構造について概略を示し、土地を「エネルギー回路」として記述した後で、レオポルドは彼の土地倫理を三つの基本的なアイデアに要約している。

> (1) 土地は単なる土壌ではない。(2) 在来の動植物はエネルギー回路を開放状態に保つ。外来の動物種はそうしないかもしれない。(3) 人為的な変化は、進化による変化とは異なる秩序のものであり、当初の意図や予測よりも広範な影響を持つ。これらのアイデアを総合すると、そこから二つの基本的な問題が持ち上がってくる。土地は新しい秩序に適応できるのか。望ましい変化をあまり暴力的ではない仕方で達成することはできるのか[46)]。

これはある種の人間中心主義である。レオポルドは人間が生物相を改変するものだということを受け入れていた。人間の管理は、それが生命を保護し、人類が生き残るならば、成功したことになる。人類が「じゃがいもを食い尽くして、自分自身を滅ぼしたジョン・バロウズのじゃがいも虫のように」[47)] [*9] なったとしたら、その管理は失敗である。もし人間による自然の改変が生態学の知識と整合しており、長期的に見て、人間の生命とそれが依存する生きた土地を保護するのであれば、レオポルドは自然を改変する人間の権利を疑うことなどなかったのである。

しかし、レオポルドは人間中心主義とその否定のどちらもが、人間による概念的捉え方であり、実在ではなく人間の認識の産物だと考えた。こうした思弁的な表明の真偽を、それらが具現化されているシステムを参照せずに、決定しようとするのは、言語の可能性を超えていくことである。それにもかかわらず、レオポルドが非–人間中心主義者であったと言うのはある意味正当である。彼は有機体論を機械論に代わるものとみなした。それは土地に対するより深い、道徳的ですらあるような態度を伴っている。この見解は、私たちが今持ちあわせているボキャブラリーではほとんど表現できないにもかかわらず、プラグマティズム的な意味では真理である。それは生き残ることに貢献するという価値を持っているのである。私たちの文化がいつか土地に対するより感受性豊かな態度を進化させることをレオポルドは夢見ていたが、そのことは、環境のプロフェッショナルの果たすべき中心的な役割が公衆の認識を高めることだと彼が常に考えていたということを意味している。彼は、アメリカ人が生物界の人間以外の存在との相互依存関係にもっと気づくようになり、そのなかで徐々に、生命共同体に対する道徳的対応をも含んだ世界の新しい捉え方を発展させるに違いないと考えていた。彼の考えでは、この発展は私たちの文化が生き残る可能性を高めるのであり、だからこそ彼はアメリカの公衆の認識を向上させることにそのキャリアを捧げたのである[48]。

とはいえ、レオポルドの実際のターゲットは人間中心主義ではなかった。彼は、非-人間中心主義が解決不可能な問題を提起するため、管理の議論には役に立たないと結論づけた。その代わりに彼は、目先の利益ばかりを追い求めて、強い管理がしばしば〔自然の〕生産システムの段階的減退を引き起こすという科学的証拠を無視する、経済中心の議論を攻撃したのである[49]。レオポルドは、南西部地域の植生システムの劣化、ドイツの林業、ダストボウル現象などを通じて、ピンショーの功利主義的規準のみに基づく管理実践の不十分さを認識した。利益の追求、「経済決定主義」は不可避的に未来の資源を低く見積もることにつながる。しかし、目先の利益を追い求める破壊的な実践は、私たちが本当の意味で人間中心主義的であるとしても、誤りだ。人間中心主義それ自体は未来世代への配慮を必然的に含意しているはずなのである。

レオポルドは、私が「収束仮説」[50]と呼ぶものに従って行動していた。この仮説によれば、人間の利益と自然の利益が異なるのは短期的に見た場合にのみである。人間という種がどれほど生命共同体にその一部として組み込まれているかを認識するならば、長期的な人類の利益は自然の「利益」と一致する。生命の豊かさを守ることは、遠い未来の人類や進化におけるその後続者を守ることであり、その逆もまた然りである。私たちの文化が生き残るかどうかは、その私たちが依存している生態系が生き残るかどうかに依存しているのだから、人々がどのような世界の捉え方を採用するかはさほど重要ではなく、それを環境管理に適用する際に長期的視野に立つことの方が重要なのである。

謝辞

「レオポルドの土地倫理の一貫性」の初出は*Conservation Biology* Vol. 2, No. 1（1988）である。本稿を草稿段階で読み、コメントしてくれたCurt Meine、J. Baird Callicot、Sera Ebenreck、そして、非常に有益な指摘をしてくれた2名の匿名査読者の助力に深く感謝する。

注

1)　S. L. Flader, *Thinking like a Mountain* (Lincoln, Nebraska: University of Nebraska Press, 1974), p. 3.

2)　J. Petulla, *American Environmentalism: Values, Tactics, Priorities* (College Station, Texas: Texas A & M University Press, 1980), pp. 16, 20.

3)　A. Leopold, "Some Fundamentals of Conservation in the Southwest," *Environmental Ethics* 8 (1979) 195–220.

4)　S. L. Flader, "Leopold's 'Some Fundamentals of Conservation': A Commentary," *Environmental Ethics* 1 (1979): 143–144; J. B. Callicott, "The Conceptual Foundations of the Land Ethic" in *A Companion to a Sand County Almanac: Interpretive and Critical Essays*, ed. J. B. Callicott (Madison, Wisconsin: University of Wisconsin Press, 1987); H. Rolston, Ⅲ, "Duties to Ecosystems," in *A Companion to a Sand County Almanac: Interpretive and Critical Essays*, ed. J. B. Callicott (Madison, Wisconsin: University of Wisconsin Press, 1987).

5)　レオポルドが「人間を基準とした（anthropomorphic）」という言葉を使う時には、現在私たちが「人間中心主義的（anthropocentric）」という言葉を使う場合と同様に、すべての価値を人間の動機によって基礎付けるような価値システムのことを意味している。レオポルドからの引用以外では、私は現在の慣例に従い、「人間中心主義的（anthropocentric）」という言葉を使うことにする。

6)　A. Leopold, "Some Fundamentals of Conservation in the Southwest," 138–141.

7)　C. S. Peirce, "Pragmatism in Retrospect: A Last Formulation" in *The Philosophy of Peirce*, ed. J. Buchler (New York: AMS Press, Inc., 1978), p. 288.

8)　M. Hadley, *Arthur Twining Hadley* (New Haven, Connecticut: Yale University Press, 1948).

9)　Ibid., p. 197.

10)　プラグマティストはその真理概念をいくつかの仕方で記述している。ジェイムズは真なる観念の「有効性」を強調する傾向がある。（例えば、W. James, "Pragmatism's Conception of Truth," in *Essay in Pragmatism*, ed. A. Castell (New York: Hafner Publishing Company, 1948), p. 162を参照せよ）。パースは真理を無数の経験や活動を通じて存続するものだと強調している。彼は真理が「十分な探求が到達するべくして到達する**ことになるであろう**結果」だと言う。(Peirce, "Pragmatism in Retrospect: A Last Formulation," p. 288)。読者はレオポルドが「正しさ」についてのハードリーの議論から「真理」の定義へと移っているからといって戸惑う必要はない。プラグマティストは事実と価値を明確に区別せず、それゆえ「真理」と「正しさ」をほとんど交換可能なものとして扱っている。レオポルドによる「真理」の文化的実践への応用は、ハードリーのようなプラグマティストにとっては許容可能なものだったと思われる。

11） A. T. Hadley, *Some Influences on Modern Philosophy* (New Haven, Connecticut: Yale University Press, 1913), p. 73.

12） Leopold, “Some Fundamentals of Conservation in the Southwest,” p. 138.

13） Hadley, *Some Influences on Modern Philosophy*, p. 73.

14） Ibid., pp. 121–126.

15） Ibid., p. 130.

16） Ibid., p. 127.

17） S. P. Sherman, “Review of Some Influences in Modern Philosophy Thought,” *Yale Review* 3: 383–385.

18） レオポルドの論文集に基づいてレオポルドの伝記を書き終えたばかりのCurt Meineはレオポルドが『イェール評論』を定期購読していた証拠を見つけたという情報を提供してくれた。

19） これについてもMeineが情報源である。

20） Leopold, “Some Fundamentals of Conservation in the Southwest,” pp. 139–140.

21） P. D. Ouspensky, *Tertium Organum* (New York: Alfred Knopf, 1968), p. 222.

22） Leopold, “Some Fundamentals of Conservation in the Southwest,” pp. 139–140.

23） Ibid., p. 139.

24） Ibid., p. 139.

25） Ibid., p. 141.

26） Ibid., p. 140.

27） A. Leopold, “The Conservation Ethic,” *Journal of Forestry* 31 (1933): 634–643.

28） A. Leopold, *A Sand County Almanac and Sketches Here and There* (Oxford: Oxford University Press, 1949), pp. 201–203.〔『野生の歌が聞こえる』〕

29） Ibid., p. 202.

30)　Ibid., p. 203.
31)　Ibid., pp. 221-223.
32)　Flader, *Thinking Like a Mountain*, p. 18.
33)　Ibid., p. 25.
34)　Ibid., p. 154.
35)　Ibid., pp. 24-25.
36)　Ibid., p. 25, A. Leopold, *Game Management*（New York: Scribner Publishing, 1933）から引用。
37)　Leopold, "The Conservation Ethic," p. 641.
38)　Ibid.
39)　Ibid.
40)　A. Leopold,"A Biotic View of Land," *Journal of Forestry* 37（1939): 727.
41)　Ibid., p. 728
42)　Flader, *Thinking Like a Mountain,* p. 117.
43)　A. Leopold,"A Biotic View of Land,"p. 730; Flader, *Thinking Like a Mountain*, p. 139も参照せよ。
44)　A. Leopold,"A Biotic View of Land," p. 729
45)　Ibid., p. 727.
46)　Leopold, *A Sand County Almanac and Sketches Here and There,* p. 218.
47)　Leopold, "Some Fundamentals of Conservation in the Southwest," p. 141.
48)　環境倫理における「トランスフォーマティブな価値」の中心的な役割に関する詳しい議論については、B. Norton, *Why Preserve Natural Variety?* (Princeton, New Jersey: Princeton University Press, 1987), Chapter 10を参照せよ。
49)　レオポルドの「経済的」という言葉の使い方に関する議論については、B. Norton, "Conservation and Preservation: a Conceptual Rehabilitation," *Environmental Ethics* 8（1986): 208.
50)　B. Norton, *Toward Unity Among Environmentalists*（New York: Oxford University Press, 1991).

訳注

＊1　ギフォード・ピンショーはアメリカの森林管理官で農務省森林局初代長官を務めた人物である。「この物質的地球に存在するのはただ二つのものだけである――それは人間と自然の資源である」という言葉からもわかるように、ピン

ショーは自然を資源としてのみ捉え、できるだけ多くの人間が長期にわたって繁栄を享受するためにその資源を有効利用することを最重要視する功利主義的な立場をとった。そして、自然環境の保全はこのような「賢明な利用」の観点から計画、実行されなければならないと考えた。Gifford Pinchot, *Breaking New Ground*, (1947; repr., Covelo, CA: Island Press, 1987)

＊2　「旧約聖書　エゼキエル書」第34章。ここでは神が羊の群れ（イスラエルの民）を公平に養うことが語られている。強い羊が良い草を食べ、澄んだ水を飲み、弱い羊がその残りの踏みにじられた草や汚された水しか得られない不公平な状態が非難されていると考えられる。

＊3　Edmund Burke, *Reflections on the French Revolution*, in *The Works of the Right Honourable Edmund Burke*, Vol. III., p. 346.

＊4　ウスペンスキーによれば、人間の知性の特徴は概念とそれを表現する言語の所有にあるが（第8章）、その一方で、言語は示唆と象徴によって物事を表現することができるだけであり、このような言語の足枷によって人間は真の世界をそのまま表現できない（『ターシャム・オルガヌム（第三の思考規範）』高橋弘泰訳、コスモスライブラリー、2000年、第8章、第16章、第21章）。このことから、人間には世界の本質をそのまま知ることはできず、別の観点から世界を見る可能性が無限に残されており、そのような意味で人間のすべての知識は相対的だとされる（第13章）。『ターシャム・オルガヌム（第三の思考規範）』にはこのような思想が随所に見られるが、ノートンが「言語多元主義」とか「概念多元主義」と呼んでいるのはこうした思想を指すものと思われる。なお、以上のような思想を踏まえて、ウスペンスキーは物質や力といった物理現象も抽象的な概念に過ぎないとして、物質一元論を主張する実証主義的傾向を批判するとともに、世界を心的現象や生命現象として捉える新たな思考の可能性を模索している。

＊5　『オデュッセイア』第22巻の内容による。古代において奴隷は主人の所有物であり、それをどのように扱おうが倫理的な問題はなかったが、その後の歴史の流れの中で倫理的配慮の対象は人間全般にまで拡大されてきた。これと同じようにして、人間だけに限定されていた倫理的配慮の対象を生物や自然、生態系にまで拡大すべきだというのがレオポルドの土地倫理の発想であり、この事例でレオポルドは、歴史の流れの中でいずれそのような土地倫理が出現すると示唆しようとしている。

＊6　前出の「土地倫理」の最終版のことをさす。

＊7　1931年から1939年にかけてアメリカ中西部のグレートプレーンズで断続的に発生した砂嵐のこと。乾燥した気候のもとで長年にわたって広範囲に不適

切な耕作が行われたことなどから土壌が劣化し、嵐によって表土が剝がされ、巻き上げられることで巨大な砂嵐が発生した。

＊8　ノートンによる引用ではBurrough's potato bugと表記されているが、原文の“Some Fundamentals of Conservation in the Southwest”の当該箇所はBurroughs' potato bug と表記されており、ここは原文に即して「ジョン・バロウズの」と訳す。ジョン・バロウズはアメリカの自然主義者でエッセイストであり、自然を題材にした数々の著作を残している。レオポルドが取り上げているのはJohn Burroughs, *Accepting the Universe* (Boston snd New York: Houghton Mifflin Company, 1920), p. 35にある“The potato-bug, if left alone, would exterminate the potato and so exterminate itself”（「じゃがいも虫は、ほうっておいたら、じゃがいもを食い尽くし、そして自分自身を滅ぼすだろう」）というくだりと思われる。なお、potato bugと呼ばれる昆虫はいくつかあるようで、バロウズが具体的にどの昆虫を意図していたのか定かではないため、じゃがいもにつく害虫という意味で「じゃがいも虫」と訳した。

II

プラグマティズム理論と環境哲学

第6章

統合か還元か

——環境価値に対する二つのアプローチ

ブライアン・G・ノートン

序論——政策過程における環境倫理学者の役割

環境保護や環境政策に関わる実務家の多くが環境保護活動の指針となる少数の一貫した原理を探し求めるなか、環境倫理学は、最初の20年間、価値論（axiology）*1の問題で持ちきりだった。価値論の研究では道徳的直観の体系化に重きが置かれるが、この体系化は、いくつかの中心的な原理からあらゆる道徳的判断が引き出せることが示された時に、達成される。こうした価値論の研究の目標は（1）あらゆる道徳的ディレンマに対して唯一の正しい答えを生成できるという意味で完全であり（2）その原理の正しさが保証されたならば、そこから導き出される個別の道徳的命令の正しさも保証されなければならないという意味で連係的に正当化可能な（jointly justifiable）少数の第一原理を提案し、擁護することである。

価値論を単純化して到達する極限事例が道徳的一元論である。これは、どのような状況でも一義的に正しい道徳的判断を根拠づけるにはただ一つの原理で十分だとする見方である[1)]。一元論を理想とする哲学者がいるが、それは導入される原理に自己矛盾がないかぎり、一貫性や整合性の問題にきっぱりと決着をつけることができるからである——与えられた状況において二つの原理が異なる行為を指示した場合にどうしたらいいのかと心配する必要はないし、互いに競合する同じくらい重要な二つの道徳的主張が対立し続け、決着がつかないといったことを心配する必要もない。このような理由で統一化への意欲がかき立てられる[2)]。学問分野としての環境倫理学の最も中心的な目標は、以上のような理想に沿って、私たちが従うべき道徳的義務について統一的で一元論的な説明を提供することであった。この目標の採用こそが環境倫理学に価値論的な性格を与えてきたのである。

興味深いのは、この価値論的アプローチが、真っ二つに分かれて論争することになった二つの陣営に共通する前提に基づいているということである。この二つの陣営、すなわち新古典派の厚生経済学者――個人の厚生を単位としてすべての価値を表現できると考える――と、人間以外の存在に固有の価値を付与する論者――環境保護を導く原理の道徳的な力は自然の対象が道徳的配慮に値する存在であること（moral considerability）に由来すると主張する――はどちらも頑なに一元論的なアプローチをとっている。一元論的な観点の採用とこれに伴って生じる目標、すなわち、あらゆるケースに適用可能な普遍的な道徳理論を開発するという目標は、「還元主義的」であらざるをえない。すべての価値は多様な状況や文脈のなかで経験されるものだが、一元論的なアプローチによれば、それはただ一つの理論によって説明されなければならないのであり、だからこそ、ただ一つの理論から、不可避的な推論によって、個別の道徳的ディレンマの解決法を生成するような統一的な分析的言語へとすべての道徳的配慮を還元することが基本的な戦略とならなければならないのである。

私の考えでは、一元論という前提を共有したために、環境倫理学者たちはあるディレンマにがんじがらめにされ、身動きが取れなくなっている。そのディレンマは環境の価値に関するほとんどの議論の核心をなしているものだ。この議論に関与する人々のほとんどが環境の価値評価の理論において決定的な二者択一の問いを受け入れている。すなわち、自然の価値は人間の目的に寄与するだけの道具的なものなのか、それとも、自然の諸要素は「それ自身が持つ善さ」――人間による価値評価に依存しない価値――を持つのか、という二者択一の問いを受け入れているのである[3)]。果たして、新古典派経済学者もそれに対立するほとんどの環境倫理学者も疑っていない前提、すなわち、一群の環境価値がどんなものであるかが明らかになるとしても、それはただ一種類のものになるにちがいないという前提が、私たちに誤った二者択一を強制し、それが今日の環境政策を硬直化させる二極化した思考をもたらしたなどということがありうるだろうか。

本稿の主張は、環境倫理学において統一的な、一元論的理論を探し求めるという目標が、デカルトやニュートンにまで遡る認識論的ないし道徳的な諸前提のもとで定められたものであり、的はずれなミッションだというものである。この的はずれなミッションに取り組んだ結果、最初の20年間における環境倫理学の環境政策への貢献に対する評価は芳しくない。環境の価値の統一理論という「聖杯」を探し求めはしたものの、自然の本来的価値がどのようなものであり、どんな対象がそれを持っており、その価値を持っているということが何を意味するのか、といったことについては全く合意に至らなかった。また、環境倫理学者は、環境計画や環境管理において賛否の分かれる困難な問題に関して明確な管理指針を提供するというかたちで有用な実践的アドバイスを与えることもできなかった[4)]。一元論的前提がもたらした実践的影響の最たるものと言えば、環境倫理学の議論のために開かれていたトピックの幅が狭められ、他のもっと実践志向の強い学問分野との間に架け橋を築く機会が失われたということである。もう一つの影響は、環境政策の議論において環境倫理学者はたいてい役に立たないという評価を決定づけたことであった。

本稿が提起する諸問題のこうした実践的な含意を強調するために、環境政策を立案・実行する過程で環境倫理学者が果たす二つの多少異なる役割を表すものとして、「応用（applied）」哲学と「実践（practical）」哲学を区別して、この序論を締めくくることにしたい。実践を意識した序論のあと、本論文の残りは2つの部分に分かれる。一つは破壊的・批判的な部分であり、もう一つはポジティブで思弁的な部分である。第1節はJ・ベアード・キャリコットの一元論的な、生態系中心主義の理論の進化について検討することで、一元論的環境倫理の体系的説明がはらんでいる諸問題を示す。 キャリコットがこれまでとってきた立場を回顧し、彼の現在の立場を批判することによって、彼の特異な一元論と、彼自身が理解する限りでの彼のミッションの両方を強く疑うべき理由を示す[5)]。このネガティブな議論とは対照的に、第2節では環境倫理の役割と可能な内容について多元論的な考え方を手短に示す。そこでは社会問題に対するプラグマティストの態度に影響を受けて、複数の原理を適用する環境倫理を素描することになるが、ただしそれは、場所の定位（place orientation）や時間・空間的な規模に繊細な注意を払って、複数の原理を統合しようとする環境倫理である。

では、私の基本的な方法論を説明するとともに、実践の重要性を主張するために、二種類の非理論的な哲学の区別に言及しておこう。これらの哲学を私は「応用」哲学と「実践」哲学と呼ぶ。実際にはこの二つの用語は区別しないで用いられることもあるが、本稿ではこれらの用語を公共政策の形成過程において哲学者が果たしうる二つの多少異なる役割に対応させて使うことにする。応用哲学とは、複数ある政策目標や政策オプションの中でどれが適切かを判定する際に普遍的な哲学的原理を応用することを意味する。通常、応用哲学の方法は、優れて一般的で抽象的な原理を作り出し、その後に、少数の注意深く限定された仮定のケースについて論じることでその原理の使い方を示すというものである。環境倫理学者の役割のこのような理解は、哲学者を、日々の仕事において、教育や著述という伝統的な学術的役割の内部に閉じ込めるはたらきをしてきた。これらの原理の実際の応用は、通常、環境管理者や環境団体のような学者以外の人たちにゆだねられている[6)]。道徳的一元論と応用哲学が補完的なのは自然なことである――すべての論者が合意するただ一つの原理こそが、ちょうど応用哲学者が与えたがっているようなたぐいの道徳的助言を与えるのだから。現実の意思決定者がそこから道徳的な指針を引き出し、その後でその指針を日々の政策決定過程で遭遇するケースに応用できるような普遍的な原理を応用哲学者は提供したいと思っているのである。どちらの政策が正当かを決める議論のなかで普遍的な原理が本質的な前提として機能するため、政策論争の関係者全員が一般的な原理を受け入れている場合にのみ、ある政策オプションへの合意が実現する[7)]。応用哲学者が想定しているこの役割を考慮に入れるならば、哲学者の貢献は、普遍的な原理の正当化が強力で決定的であるのと同程度にしか、強力で決定的ではありえない。応用哲学者が提案した統一的な道徳原理を受け入れない論者がいた場合には、あるいは、応用哲学者達の間で普遍的原理の定式化に関して合意がなされない場合には、応用哲学者は理論的議論へと退却し、普遍的な、一元論の原理／前提をより決定的なかたちで打ち立ててから応用の場面に戻らなければならない。だからこそ私は、環境倫理学者は政策過程において何が提供できるのか、ということについての環境倫理学者の自己認識を形づくっている前提について議論しようとするのである。

私がここで応用哲学と対比して定義している実践哲学というのは、より問題志向型の哲学である。その主要な特徴は、理論が個別の政策論争を理解するためのツールであり、あるいはその論争を解決するために開発されたツールであることを強調する点にある。実践哲学は問題解決への貢献という目標を応用哲学と共有する。しかし、実践哲学は、有用な理論的原理は政策過程とは独立に開発・立証され、そのあとで政策過程に応用されるということを前提にしない。実践哲学は、普遍的な理論を確立してからそれを現実のケースに「応用する」のではなく、特定の文脈において適切であることが正当化できる程度の、それほど抜本的ではない大雑把なルールに訴えて現実のケースに取り組み、そのなかで理論的な原理の獲得をめざして進んでいく。原理は最終的に実践から生成するのであり、その逆ではない。その意味で実践が理論に先行する。

私は理論化することに価値がないと主張するつもりはない。それどころか、もし環境運動が将来への展望を作り出そうとするのであれば、ジョン・デューイや森林管理官で哲学者でもあるアルド・レオポルドのような精神で、現実世界の問題に向き合った理論形成が必要不可欠である[8)]。しかし、その一方で、理論に関する意見の相違は現行政策の立案の進展を必ずしも妨げるわけではない。中心となる管理原則にすべての論者が合意していれば、究極的な価値について合意がなされていなくても、この管理原則に従って管理を進めることができる[9)]。それに、哲学者が一元論という聖杯を約束通りに与えることができないことが判明したとしても、多くの互いに相容れない道徳的指令に向き合わなければならないような特殊で複雑な状況に立たされている政策立案者に、哲学者が提案できることはたくさんある。

実践哲学と応用哲学との違いは、政策を表明し、評価し、実行する過程のなかで哲学者が行う実践や与える影響について両者が違ったものを想定しているという点にある。当然、両者が環境倫理学の役割について思い描くイメージの根本的な違いは哲学理論の違いと結びついている。本稿は応用哲学者を自認する人々の思考を形作っているこの哲学的信念と前提について検討する。

1　一元論と環境倫理学のミッション

道徳上の一元論と応用哲学とが相伴う傾向を持つことを指摘したので、今度は、一元論的倫理学を追い求めることが、知的にも、実践的にも、深刻な誤りだと私が確信する理由を説明しよう。一元論者が誤っているのは、単に彼らがまだ正しい普遍的原理を提案していないからでも、自然の中で道徳的配慮に値するものの明確な範囲をあまりうまく特定できていないからでもない。そうではなく、他の人間や自然に関する私たちの義務の全てを「一元論的」分析体系へと押し込むというプロジェクト全体は、唯一の統一的道徳原理が明確に打ち出され、それについて合意がなされた後でしか、すなわち、近い将来に出せそうもないような成果が出た後でしか、公共政策立案への決定的な介入を認めないが、もしそうだとしたら、それは間の悪い戦略だと思うのである。

すでに指摘したように、環境倫理学者と経済理論家の両方が一元論を採っている。この意味でどちらも等しく「還元主義的」である。本稿では環境倫理学において支配的な一元論の形態、すなわち、自然は何らかの意味で人間から独立に価値を持つと主張する多様で幅広い理論群に焦点を合わせることにする[10)]。最初の時点ではこうした理論がどのようにして一元論に至るのか定かではないかもしれないので、J・ベアード・キャリコットの著作において人間から独立した自然の価値という考え方がどのように発展してきたかを手短に跡づけることから始めることにする。キャリコットはいくつかの理由で格好のケーススタディーを提供してくれる。第一に、キャリコットは人間から独立した自然の価値が人間の意識から独立しているとは主張しておらず、その意味で彼の立場は他の非−人間中心主義的な理論ほど強い主張をしていない。彼はただ自然の価値が人間の**価値評価**から独立していると主張するだけなのである。この穏健な主張に対する批判は自然の価値のより根本的な独立を擁護する理論家に対しても同様に当てはまるかもしれない[11)]。第二に、過去15年以上をかけて、キャリコットは固有の価値についていくつかの異なるタイプの説明、あるいは少なくともいくつかの異なる定式化を試みており、自らの考え方の変遷をためらうことなく書き留めている。固有の価値の定式化の変遷を跡づけることで、キャリコットの複雑な議論の動向をよりよく理解することができる。最後に、キャリコットは明確に一元論を採用している。すなわち、彼は一元論者を自認し、多元論的な代替案を批判することの意味について明確に説明し、そのことで、道徳的なミッションとしての一元論の本性と意味についてより深い洞察を与えてきた[12)]。

彼の思想遍歴を手短に確認するのに先立って、キャリコットと一元論の立場をとっているその同志が、根底的な考え方にかかわる前提、すなわち応用環境倫理学が想定するミッションの中核を成す前提に少しも疑問を抱いていないということを指摘しておかなければならない。すなわち、彼らは、環境倫理学の価値論が成功すれば、その中心的な成果として、「どの存在者が道徳的配慮に値するのか」という**道徳的地位**（moral standing）の問題に答えが得られるに違いないということに疑問を抱いていないのである。応用哲学のプロジェクトを前提にするならば、どんな一元論的原理ないし理論が正しいかが明らかになるとしても、その原理は以下の二つの条件を満たすことになると非–人間中心主義者が考えたとしても不思議はない。すなわち、(1)原理／理論は自然のどの対象が道徳的配慮に値するのかを特定しなければならない。興味深いことに、この特定作業の成功は自然のどの対象がそれ自身固有の価値を「所有する」か、ということを同定する課題と同一視されてきた。これについては後述する。(2)原理／理論は道徳的存在に自然の対象を保護する何らかの**動機**も与えなければならない。固有の価値がどこに存在するとしても、道徳的な存在である個人はそれを守るよう行為する、というのが根底にある普遍的原理である。条件(1)は、何らかの与えられた状況下でどの対象が道徳的配慮に値するかを環境保護の活動家が同定できることを保証する。条件(2)は、固有の価値を守るという目標の道徳的重みを保証する[13)]。道徳的であろうとするすべての環境保護主義者は、固有の価値がどこに発生するとしても、常にそれを最大限保護するために行動すべきである。これらの条件が整えば、一元論的な非–人間中心主義の理論は普遍性の点で経済学者に対抗できる。完成された普遍的な原理を象牙の塔の端から投げ下ろして、今のところ武器の乏しい環境活動家にそれを知的な武器として利用してもらい、自然環境の運命を決するルール無用の政治闘争の中で経済的ペリシテ人[*2]に対抗すべく役立ててもらうことによって、環境問題を解決しようと望む哲学者には、この一元論的な原理が魅力的なのである。

キャリコットのディレンマ

政策過程における応用哲学者の役割がこのような英雄的なかたちで現実のものとなるのは、環境倫理学者達が、象牙の塔の中で働いて、政治闘争を行っている戦士たちにどの原理を投げ下ろすべきかという点について合意できる場合だけである。そして、もしこの原理が環境保護のために道徳的な力を発揮するというのであれば、その原理は「客観的に」支持できるものでなければならない。

客観性を測る尺度は、キャリコットの見解では、環境価値の中心理論が自然の対象そのものに人間から独立した価値を帰属させることができた度合いである。キャリコットの言葉を借りるならば、シロナガスクジラやブリッジャーウィルダネス*3は「それゆえ、かなり決定的な、わかりやすい意味で固有の価値を持っている、すなわちそれらは**それ自体ゆえに**価値づけられうる、と言ってよい」。キャリコットはさらに同じパラグラフで、「真の」環境倫理――自然の固有の価値を認識する環境倫理――の確立が、社会変革に向けた環境保護主義者の方針に唯一擁護可能な基礎を提供すると主張する。「費用便益分析では、価値ある自然の美的・宗教的・知的経験が、自然の開発と搾取によってもたらされるほとんどの場合に圧倒的な物質的・経済的利益との比較で値付けられ、天秤にかけられる影のような存在にされてしまうが、環境政策の決定は以上のようなかたちで真の環境倫理に基づく可能性があるのだから、このような費用便益分析への還元から環境政策の決定を救い出す可能性もあることになる」[14)]。このくだりでキャリコットは客観性の問題について古めかしい実在論的解釈に身をゆだねてしまっている。「固有のないし内在的価値が自然の中に［存在している］*4という仮定は、まさに、価値が内在的な性格として自然の対象に固有のものとして備わっている（inhere）ということを意味しているように思われる。何かに固有な価値が、あるいは内在的価値があると主張することは、まさに、その価値が客観的であることを含意していると思われる」[15)]。興味深いことに、表象主義的実在論の言葉で客観性の問題を定式化しておきながら、キャリコットはすぐに客観主義的な解決の主張から退却する。その代わりに彼は、彼独自のヒューム主義的な主観主義的解決が、自然の対象がそれ自身固有の価値を所有するという主張の客観性を、科学の主張が客観的であるのと同程度のものとして明示すると論じる。かくして、キャリコットの固有の価値の「所有」理論は、それ自身固有の価値を生態系に帰属させる。そして、この理論が一元論的な生態系中心主義という聖杯を探し求めた成果として、環境活動家に提供されるのである。

3点コメントする必要がある。第一に、「生態系中心主義」の一般原理は、このように定義される限り、自然の中のどのような存在者が固有の価値の所有者としてふさわしいのかという問題をほとんど解決しない。ブリッジャーウィルダネスやシロナガスクジラが例として挙げられているが、これらはそれぞれ生物学的なヒエラルキーのなかでも異なった規模の事例であって、キャリコットはこれらの事例をどこまで一般化するつもりなのか読者に説明する義務がある。第二に、第一のコメントに答えないでいる限り、キャリコットは活動家に決定的な政策上の指針を与えたと主張することはできない。というのも、自然の存在者のうちでどの存在者が固有の価値を持っているのかを知った後でのみ、活動家は非-人間中心主義という普遍的原理に従って何を保護すべきかを知ることができるからである。第三に、キャリコットは土地倫理を道徳理論とみなしたがっているのだが、根本的なレベルで道徳的個体主義に身をゆだねていることを露呈している。彼は、レオポルドの全体論が、自分自身の善さを「所有する」ことができる**個体としての**生態系に固有の価値を帰属させると解釈しているのである。もっとも、以上の結論だけではまだ問題の核心——土地倫理は一元論的かつ全体論的なものとして解釈されなければならないというキャリコットの元々の前提——にたどりついただけである。それゆえ、キャリコットが生態系中心主義的全体論の定義を変化させてきたことを手短に確認し、これらの定義がレオポルドの土地倫理の核心となる考え方を表しているのかどうかを問う必要がある。

1980年の重要な論文で、キャリコットはアルド・レオポルドの土地倫理の主導的な解釈者そして擁護者として地歩を固めるとともに、その後の10年間に環境倫理学の原理が議論される知的土壌に重要な変化をもたらした[16)]。レオポルドの全体論的な主張と議論を真摯に受け止めるならば、土地倫理は、功利主義や権利論に基づいて個体主義的な倫理を提唱する動物権利論者の拡張主義的倫理とは論理的に両立不可能であることをキャリコットは示したのである。

したがって、レオポルドの土地倫理についてのキャリコットの初期の解釈は際立って全体論的で、強硬に非-人間中心主義的であった。個体ではなく、生態学的な共同体こそが自然における価値の本当の中心であり（生態学から形而上学的含意を取り出すことによって私たちが学んできたように）、この共同体を支える生態系プロセスに寄与する限りで個体は価値を持つと彼は論じた。これは、生物共同体の「生態学的統合性」を脅かす個体は、たとえどんな種の個体であっても——おそらくここには人間の個体も含まれる——自然の固有の価値を守るために犠牲にする必要が出てくる、ということを明らかに含意しているのだが、彼はこの含意をそのまま放置した。予想通り、彼の立場は動物個体に対して残酷で、人間を軽視するものとして非難された。とりわけ批判者が指摘したのは、あらゆる個体の価値を大きな全体の中の機能的な価値に還元する様がファシズムを思わせるということだった[17]。

その後、人々を挑発するために自らの全体論に制限を加えないでいたことを認めて、キャリコットは、人間の個体や人間以外の種そして生態系に対する私たちの道徳的な義務についてかなり常識的な見方を提示した[18]。しかし、1980年の論文の大胆な全体論が明らかに含意していたことを修正はしたものの、土地倫理が生物共同体全体を道徳的配慮に値する存在として確立する、という当初の結論には疑問を向けようともしなかった。その代わりにキャリコットがしたのは、理論的かつ実践的に、土地倫理の「共同体主義的」原理を踏まえて、しかも、人間と他の自然の構成員が数ある道徳的共同体のうちの一つを形成するということを共同体主義が含意すると解釈することによって、固有の価値を持つ多種多様な対象に対する私たちの義務にいかに順位をつけるべきかを規定することだけだった。種や生物共同体を含む人間以外の自然の構成員は、人間と並んで土地共同体のメンバーである以上、道徳的配慮に値する、自分自身の価値の「所有者」であり、それゆえに固有の価値を持つ。だからこそ、彼はなぜ私たちが生態系への義務よりも家族のメンバーや人間の共同体に対する義務の方に優位を認めてよいのかを説明する。「私たちは入れ子状になった複数の共同体のメンバーであり、それぞれの共同体は異なる構造とそれゆえに異なる道徳的要求を持っている。(…)私には同胞に対する義務はあるが、人類全般に対してはそれと同様の義務はなく、**そして**、私には人類全般に対する義務はあるが、動物全般に対してはそれと同様の義務はない」[19]。この義務のグラデーションを足がかりにして、キャリコットは次のようなかたちでファシズムという非難から抜け出す。「私たちの全体論的な環境保護の義務は先に果たされなければならないものではない。すでに私たちには、それ以外のすべてのことがらについて、もっと狭い範囲の、より親密ないくつかの共同体のメンバーに対するより具体的で個人的な義務が課せられている。そして、この義務の方が身近であるがゆえに、こちらの方が優先されるのである」[20]。

重要なのは、キャリコットがファシズムをめぐる議論の論拠を、固有の価値――彼の一元論的理論における規範的義務の中心的な源泉――の帰属から導かれる義務から、生物相や文化や生態系の中の特定の共同体で発生する特殊な義務の起源へと転換したことである。彼は共同体の親密さにしたがって義務の重さに差をつけるのである。そうだとすると、正しい行為を決めるために複数の基準が存在する可能性が出てくる——保護の考え方（protectionism）についても、親が子を守るといったケースに適用できるような厳格な基準もあるし、より広い生態学的な共同体に当てはまるあまり厳格でない道徳的基準もある。人間の共同体の個人だけでなく種や生態系にまで固有の価値を普遍化することによってもたらされる対立を解決するという骨の折れる役割を、以上のような特別な、共同体に根ざした（そして、おそらくは普遍的でない）義務に担わせることで、道徳的一元論を重視する姿勢は理論の表舞台から退くことになる。

キャリコットの1980年の定式化は、すべての価値は生態系に由来するという彼の理論から導かれるように見えるただ一つの原理が人間や動物個体を犠牲にするのではないか、と読者を不安にさせるようなものだったが、それに代わって彼はごく最近では（注1で説明したような）原理の一元論ではなく、理論の一元論を支持するようになっている。したがってキャリコットは、様々な実践的規則を統一して、ただ一つの道徳的存在論に関係づけるより普遍的な、理論レベルでの一元論と行為の原理のレベルでの多元論は、両立しないわけではないと説明することで、特殊な状況に応じて適用できるルールの複数性を認める、制限された形態の全体論を導入したのである。

このキャリコット版の一元論は、ただ一つの価値理論の下での統一**と**規則の定式化の柔軟性の**両方を**許容すると、彼自身は考えている。彼が一つの統一理論を主張するのは、彼が全ての義務を固有の価値の道徳的存在論に関係づけるからである。とはいえ、固有の価値の主観的源泉が人間の意識や文化的な考え方および制度のうちにあることをキャリコットは認めるので、この統一理論は、適切な方法で、すなわち、義務が発生する共同体の特殊な状況に依拠するかたちで構築することができる。しかし、ファシズムという非難——キャリコットの理論を真剣に受け止めるべきだというのならば、彼が答えなければならないと誰もが思うような非難——に対するこの解決法は確実に「固有の」価値という概念の意味の融通性に重い負担をかけている。自然の対象の固有の価値は、以上の説明では、価値の対象の「仮想的な」特性に起因することになる。たとえ、この「仮想的な」性格の評価が具体的に、実践レベルで何を含意するかということが、最終的には個々の行為者によって、特定の独立した道徳的共同体の道徳的感性にしたがって決定されるとしても、である。

この意味論的な困難を無視することによって、結局のところ、キャリコットは、理論においては一元論的固有性主義への忠誠を唱導しながら、他方で、通常は近親者の義務や文化的な義務の方が種や生態系を守る義務よりも重要だということを認めるのである。これは本来的価値を無意味なスローガンに格下げすることであって、環境問題にありがちな経済への屈服に見えるかもしれないが、そうだとしたら、公平を期して、キャリコットは困難な、そして致命的にも見える理論的ディレンマに直面しており、これまでのところそれに対する解決策を提案していないのだと言っておかなければならない[21)]。もし道徳的固有性主義が環境倫理に統一的な基礎を提供するというのであれば、本来的価値は、それがどこに発生するかにかかわらず、守られなければならない。これは、例えば自分の子供を守る義務と固有の価値を持つ何らかの生物共同体を守る義務との間にあるどんな対立も、固有の価値の保護を最大化する義務によって厳格に決定されなければならないことを意味するように思われる。しかし、そうだとすると、人間に対する私たちの義務が原理的には生態系に対する私たちの義務とは対立しないことをキャリコットが証明できない限り、この理論はファシズムという非難にさらされたままになってしまう。そのような証明はほとんどできそうにないと思われるので、彼はディレンマのもう一方をとることになる。私たちは固有の価値の所有者である生態系に対して義務を負っており、固有の価値の所有者である人間に対しても義務を負っているのだが、これらの義務が発生する特定の共同体の道徳的主体が特別な状況に置かれているため、人間に対する義務が生態系に対する義務よりも優位に立つことができるのである。

しかし、固有の価値を持ち、道徳的配慮に値する存在者同士の利益が対立した時に論争を解決するこの補助規則をどう理解しろというのだろうか。その規則は生態系中心主義の核心をなす、一元論的理論から引き出すことができるのか、できないのか。もしそれができるのだとしたら、固有の価値を持つ存在者間の利害対立を客観的に解決する方法を提供するために、固有の価値を格付けしなければならなくなるように思われる。しかし、私の知る限り、キャリコットはこの場合に求められる固有の価値の格付け理論についてスケッチすら与えていないし、どの保護主義の目標が行動のレベルで優先されるべきかを選ぶ際に、この格付けがどんな情報を与えてくれるのかを説明してもいない。他方で、以上の補助規則を中心理論から引き出すことができないのだとしたら、最重要クラスの道徳的ディレンマが露呈し、その結果、私たちは完全で統一的なキャリコットの理論から距離をとって、一元論と普遍性を要求するいかなる主張も否定しなければならなくなるように思われる。そして、このディレンマが解消されるまでは、キャリコットの修正版一元論的生態系中心主義は、私たちが道徳的に何を守る義務を持っているのかということについて何も教えることができないように思われる。

キャリコットが繰り広げた生態系中心主義的全体論の冒険については以上のような批判が理論的なレベルで進んできているが、その一方で、土地倫理を一元論かつ生態系中心主義として解釈するというキャリコットの決定が、環境倫理学の進展に少なくとも二つの重要な実践的帰結をもたらしたことを指摘しておくことが肝要である。土地倫理についてのキャリコットの初期の解説は、土地倫理の非-人間中心主義的解釈をレオポルドの成熟した思想の標準的解釈として確立した。その結果、レオポルドが提示した基準*5は実際に使われることはなかった。というのも、この標準解釈では、土地倫理は今指摘したような非-人間中心主義の曖昧さを全て体現していたからだ。さらに悪いことに、この基準は、強力な実践的指針として利用できるものだったのに、二極化する状況の一方の側のスローガンとして利用されてきた。というのも、キャリコットの解釈がこの基準を科学者や市民のうちの一つの小集団の特異な見解と同一視したからである。第二に、キャリコットとその他の非-人間中心主義者たちは、環境倫理学の研究領域を著しく偏らせ、狭めるような定義を支持するためにこの解釈を使った。この二つの論点を以下の二つの節で論じることにしたい。

非-人間中心主義と土地倫理

キャリコットは、保全思想の歴史においておそらく最も重要な一節、すなわちレオポルドの有名な適正管理の「基準」を、レオポルドが一元論的、全体論的そして非-人間中心主義的な哲学的立場をとっていたことを示すものとして解釈してきた。レオポルドいわく「生物共同体の統合性と安定と美を保存する傾向を持つものは正しい。そうでないものは間違っている」[22]。キャリコットとディープ・エコロジストは、レオポルドの基準を表すこの二つの文を、生物共同体あるいは生態系こそ保全主義者が保護するよう努めるべき**価値の対象**であることを意味するものとみなしてきた。その結果彼らは、レオポルドにとって生態系／生物共同体は**人間の価値から独立した価値の対象**であるに違いないと思い込んだ。この一節は、生態学的共同体が全体性として理解される「統合性」を持っており、**そしてそれゆえに、生態系は道徳的主体である**という見解を支持するものとして読まれたのである。客観性という必要条件を考慮するならば、人間以外の存在者は、道徳的配慮の対象となるために、所有権を持つ必要がある。そして、所有権は道徳的主体を必要とする。何かが道徳的な配慮に値することの根拠として所有権にこだわった影響で、また、デカルト的な二元論に特徴的に見られるような主観–客観の二分法に暗黙のうちにとらわれていたがために、キャリコットは生物共同体を人間から独立の価値を所有できる「道徳的主体」として実体化した。それゆえ、キャリコットとその支持者は、レオポルドが以上の一節で、生物共同体自体が人間から独立した固有の価値の在り処であり、それは人間の価値と競合して配慮されるべきものだ、ということを明言していると解釈した。そして、これがレオポルドの土地倫理の標準的な解釈になってしまうほどにまで、環境倫理学者は環境保護主義者に、この一節を非–人間中心主義の主張として理解するよう強く促してきたのである[23]。

私はキャリコットが「統合性」を環境倫理学と環境管理の鍵概念とみなしたことには賛同するが、それにもかかわらず、土地倫理の柱となるこの概念をどう解釈すべきかということについて私たちの見解は全く異なっている。生物共同体を、**一つの全体とみなし**、それに統合性を帰属させることによって、レオポルドは一線を越えて非–人間中心主義へ足を踏み入れ、自然が固有の価値を持つという仮説への道徳的な忠誠を宣言したのだとキャリコットは考えている。この統合性を守るという私たちの義務は、自分自身の価値の所有者であり、道徳的配慮に値する全体的な主体／対象の統合性に起源を持つという意味で「客観的」である。生態系が自分自身の価値の「所有者」であるということを前提すると、生態系を人格とみなしたくなる誘惑にたえずかられて、生態系が戦略を練り、それ自身の「利益」と「戦略」を持つことができる対象だと考えるようになるのも自然である[24]。哲学者や環境保護活動家は、この見当違いの、道徳的な衝動に突き動かされた全体論の影響のために、残念ながら、古代から存在するもう一つの哲学的問題に目を向けられなくなってしまった。すなわち、器官は、より大きな生命体の一部として機能すると同時に、いかにしてその生命体から相対的に独立に、それ自体一つの対象として振る舞うことができるのかという問題に目を向けることができなくなったのである。哲学においては、これは部分と全体の問題と呼ぶことのできる問題である。生態学では、それは階層の動態の問題（the problem of scalar dynamics）と呼ぶことができる。これは、自然における道徳的配慮の対象は必ず「全体」だとする現状の前提ではまともに取り合ってもらえない問題である。

レオポルドの有名な言葉をもっと別の仕方で解釈できないか考えてみていただきたい。すなわち、それは自然の中のどの対象が究極的な価値を持つのかということについての哲学的な意見表明ではなく、**保全管理において着目すべき点**を述べた**実践的な言葉**だと考えてみていただきたいのである。この見方によれば、レオポルドはこの一節の中で、道徳の「第一原理」を主張しているのではなく、彼の知恵を要約しているのであって、長く変化に富んだ彼の環境管理のキャリアで得られた経験から大まかな帰納的一般論を引き出しているのである。この読み方をするならば、レオポルドは、存在論にはあまり関与しないが、それにもかかわらず洞察に満ちた主張をしていることになる。すなわち、自然の中の相互関係が複雑であるがゆえに、そして極めて多くの異なった価値が自然の中に実際に見出されるがゆえに、これらの多様で多元的な価値の**すべて**を守るための唯一の管理法は生物共同体のプロセスの統合性（この共同体はその構成員である個体や種を支え、維持する）を守ることだと主張しているのである。そうだとすると、後の二つの指針――安定性と美――は、往々にしてつかみどころのない統合性の事例を私たちが探求するにあたって、それを理解するための注釈として、あるいはその際に利用すべき具体的な基準として解釈されることになる。この解釈によれば、レオポルドは私たちに、自然の中の**何に価値を置くべきか**を教えているのではなく、むしろ、実践的な環境管理（関連する多様な価値とスケールを前提とした）において**何を守るべきなのか**を私たちに教えているのである。

そうだとすると、この見方によれば、レオポルドは管理のためのアプローチを提案していることになる。彼は道徳的地位の問題について考えているのではなく、環境を利用したり管理したりする際の正しい行動を定義しているのである。さらに彼は、私たちの生息環境である多くのレベルからなる複雑なシステムを管理する際に、多種多様な人間の目標を網羅する唯一の方法として、環境管理についての統合的なシステムアプローチを強く推奨しているのである。この解釈の強みは、土地倫理と「山の身になって考える」[25] という強い影響力を持ったレオポルドの自然管理の比喩とを結びつけることにある。私が別のところで論じているように、山の身になって考えろという訓戒の背後にある重要なアイデアは、時間と空間における多階層関係（multi-scalar relationships）についての認識であり、科学技術時代の市民と環境管理者は、即時的で短期的な経済的価値ばかりではなく、ゆっくりと変化するシステムの構造およびプロセスという具体的なかたちをとって現れる長期的な価値にも注意を払わなければならないという処方箋である[26]。ただし、私のレオポルド解釈によれば、彼は固有の価値の道徳的存在論には全く関与していない**ない**し、ただ一つの一元論的な価値原理や価値理論への忠誠を表明してもいない。レオポルドは、普遍的な理論からその応用を公理的に演繹する者ではなく、多様な価値を統合しようと苦闘した道徳的多元論者だったというのが私の見方である。

私の解釈は、「土地倫理」という小論の中で先の基準が登場する文脈にはるかにうまく適合する、と言うこともできる。この基準が述べられている節の直前の節で、レオポルドは資源管理のすべての領域にわたって、保全主義者のグループAとグループBの間にある体系的な実践的差異を大まかに描き出している[27]。グループAの保全主義者は何にも増して商品の生産に関心があり、他方でレオポルドが自らをその一員に数え入れているグループBの保全主義者は、「土地は生物相であり、その効用はもっと広い範囲に及ぶ。たしかに、どこまで広い範囲に及ぶかについては、意見の不一致や混乱があることは否めないが」と考える。ところで、レオポルドはしばしば「もっと広範囲に及ぶ」という言葉をある問題について様々な哲学的な見方がある場合に用いるが、このことからして、私はこのくだりでレオポルドは特定の道徳に関するイデオロギーを受け入れ**ない**ことを明確に選んだのだと解釈する。レオポルドは確信を持って二つの活動家グループを区別したが、グループBの運動の哲学的原理について意見表明する機会に直面して、決定を保留し、控えめになり、彼らの原理が哲学的に何を意味するのかという問題については「議論と混乱が続いている」ことを認めているのである。もし彼がこの小論のすぐ次の章で心機一転して、生態学的共同体は自分自身の善を所有するがゆえに道徳的配慮に値する存在である、ということを含意する固有の道徳的善の本格的な理論を明確に支持したのだとしたら、むしろその方が奇妙ではないだろうか。

環境倫理学の範囲

キャリコットやトム・リーガンのような非‒人間中心主義者は、どの非‒人間中心主義の原理を適用すべきかということや、どの存在／主体が優位に立っているかということについて全く意見が合わないが、それにもかかわらず、環境倫理学が独自の主題を持つという以上、その領域は何らかの非‒人間中心主義を受け入れなければならない、と考える点では一致している。リーガンは、生命中心主義の立場をとらなければ、環境倫理学は「崩壊し、［人間の目的のために］環境を管理するための倫理と化してしまう」[28] と主張する。注目すべきことは、この定義が世代内の環境正義の問題や世代間の公平性の問題を環境倫理学という学問分野から排除してしまうということである。キャリコットはそれにもかかわらずリーガンを肯定的に引用し、非‒人間中心主義こそが合理的に擁護可能な価値への唯一の道だと考えて、リーガンの偏った環境倫理学の定義を非‒人間中心主義的倫理の探求として受け入れる[29]。土地倫理が非‒人間中心主義だと信じているせいで、キャリコットはリーガンが行った環境倫理の定義の狭隘化を、それ以外の点では説得力がないにもかかわらず、受け入れる気になっているのではないかと人々は訝るだろう。また、一元論的な理論形成という自明視された目標とキャリコットや他の一元論者が理解するような応用哲学のミッションに促されてこのような定義を推奨しているのではないかと訝るだろう。非‒人間中心主義は、このように見る限り、経験的な仮説ではない。それは「哲学的に」確立された原理である。つまりそれは経験から独立しているのである。というのも、哲学者が現実の環境問題や環境的制約から独立して管理科学から独立の道徳原理を確立する作業を行う存在だというのであれば、そこで求められているのはまさに経験から独立していることだからである。

存在論と認識論

応用哲学のアプローチを主唱する人々のアイデアと実践を検証し、それを一般化するというかたちで、その特徴をいくつも確認してきたが、最後に、「特別な」主題を持つ下位分野として認知された環境倫理学が、その開始以来抱えてきた一般的な問題を確認して第1節を締めくくりたい。キャリコットは大前提として一元論の立場をとっているため、環境倫理学という学問分野が二つの目標をただ一つの理論によって達成しなければならないと思い込んでいる。もちろん、以上で指摘したように、誰があるいは何が**道徳的な地位**を持つかを決定するという問題がある。さらに、ある特定の政策が、道徳的に求められ、消費者の単なる選好に優越するがゆえに、策定されるべきだという環境保護主義者の意見表明が、**正当化された主張可能性**（warranted assertibility）*6を持つかどうかという全く別の問題がある。キャリコットの解決は、人間に属する個人同様に、自然の中にも道徳的な対象が、すなわち固有の価値を「所有する」ことができる主体が存在する、という一種の実在論的な道徳的存在論を提供するというものである。しかし、第一の問題には道徳的一元論の存在論的理論の一つによって有効なかたちで取り組むことができるかもしれないとしても（私は疑わしいと思うが）、第二の問題は本質的に、特定のケースにおける優先権についての環境主義者の要求が正当化された主張可能性を持っているかどうかという問題である。これは**認識論的な**問題である。私たちはこの問題について**存在論的な**解決を必要としない。異なる種類の問題を一緒くたにするキャリコットのやり方を避け、一元論を問題視するならば、もはや私たちが採用する価値の理論が（1）実在論的でなければならず、（2）価値の理論**と**優先権の主張の認識論的正当化の**両方を**提供するものとして構築されなければならないと考える理由はない。

一つの存在論的問題を解決することで二つの異なる問題に対処する見込みがあるとキャリコットは思っているようだが、私の考えでは、それは彼が根本的にデカルト的な知識観や実在観を、すなわち、認識論的な正当化を行うためには、知覚や知識に原因として先立ち、実在の中に位置づけることができる先行者を、人間の知覚から独立に設定する必要があるという考え方を駆使しているからである。その結果彼は生態系を実体化し、それを価値の所有者にすることで環境価値の独立存在を確立しようとする。彼は二つの問題に対してただ一つの解決法を与えるのだが、それは、自然の中に存在するデカルト的な道徳的主体を客観的な道徳的性格の所有者と認めることなのである。

生態系には予測可能で安定した状態へと向かう傾向があるかのように記述することをキャリコットははっきりと拒否しているが、そのことを考えると、彼が以上のようなかたちで生態系を実体化しようとするのはことのほか不可解である。キャリコットは、生態系が多層で動的なプロセスであり、安定的平衡を追求する自己のような有機体論的な統一体ではない、ということが生態学から得られる教訓であることを鮮やかに示している[30)]。それでもまだ、多層的な動的プロセスが内在的価値の所有者だと言うことに説得力があるだろうか。

かくして私たちは統合性基準や土地倫理についてのキャリコットの存在論的、一元論的解釈がなぜ曖昧さをもたらし、停滞を引き起こしてきたかを見てとることができる。もし土地倫理が道徳的一元論でなければならないなら、非-人間中心主義の道徳的存在論において統一の役割を果たすために、土地倫理は生態系を人間的な有機体のようなものか、少なくとも固有の価値を「所有する」ことのできるデカルト的な主体のようなものと見なさなければならないことになる。しかし、正当化された主張可能性を必要とする活動家の認識論的な要求に応えるために、キャリコットはこの所有された価値が人間の価値づけから独立に存在しなければならないと、すなわち、この価値が「客観的」でなければならず、人間の価値評価から独立に存在しなければならないと主張せざるをえない。「自然の固有の価値」の理論が龍だとしたら、それは必然的に双頭だ。なぜなら、それは価値論における存在論的多元主義と道徳的懐疑主義という論理的に異なった2頭の怪物を倒すために創造されたからである。しかし、自然の中に独立した道徳的主体を設定するという存在論的な解決は、残念ながら、生態学的な集団を有機体論的に解釈することを促し、全体を実体化する全体論特有のファシズム的傾向をもたらすのである。

以上のことがらすべてがはらんでいる難問は、言うまでもなく、有機体論が重要な主張をしているということである。生態学的なプロセスに自らを創造し維持し治癒する能力があることを機械論的なモデルが説明しないという点からして、有機体論者は正しい。生態系管理は有機体論の二つの要素を受け入れるよう私たちに要求する。すなわち、全体が部分の総和以上のものであるというアイデアと、これに関連して、多階層プロセス間の関係——対象の静的な特徴ではない——が生態系の理解にとって鍵になるというアイデアを受け入れるよう要求するのである。問題はこのアイデアを、目的論や擬人化に行き着かないようにして表現することである。私たちは環境のプロセスが創造的な本性を持っており、このプロセスにおいてエネルギーフローが鍵となる役割を果たしているということを、擬人化することなく、強調しなければならない[31]。

本稿での私の関心はどちらかというと認識論ではなく、環境倫理学の基礎理論を統一するとされる存在論の方にある[32]。すべてを一挙に解決しようとするキャリコットの立場はデカルト的モダニズムとポストモダニズムの奇妙な混合物である。彼は倫理学においてダーウィン主義的な、動的で、個別主義的で、ポストモダン的な観点をレオポルドに帰し、彼自身もそれを受け入れているように見えるのだが、それと同時に、正当化された主張可能性の問題に明らかに近代的な認識論の枠内で取り組んでいる。レオポルドが真理のプラグマティズム的な理論を用いている直接的な証拠があるにもかかわらず[33]、キャリコットは、環境保護の追求をいかに正当化できるかという問いに対してレオポルドが**実在論的**な答えを与えたとみなしている。これに対して、創造の背後にある**目的**を特定することに対してレオポルドが幾度も警告を発し、実在の厳密な解釈は「言語を超えている」という見解を何度となく述べていることからして、私は、彼が道徳だけではなく知識や客観性についても、ポストモダン的な考え方の少なくともわずかな気配くらいは感じ取っていたと考える[34]。キャリコットが、よい環境管理に関するレオポルドの見解を、ダーウィン主義的な倫理学だけでなく、ダーウィン主義的な認識論の文脈に位置づけていたなら、彼は「客観性」問題をかなり違ったかたちで捉えていただろう[35]。

環境保護主義者の目標についての正当化された主張可能性の問題に少しだけ注目してみるならば、これまで気づかれることのなかった自然の固有の価値に新奇なかたちで訴えるよりも、天然資源の使用には未来の利用者のためにそれを保護する義務が伴うという比較的対立の少ない、直観的に理解しやすいアイデア[36]——世代間の公平性に基づく持続可能性の理論——に訴えた方が、環境保護主義者は、もっと多くのことを達成しそうに思える。キャリコットは、自然の固有の価値の強みは、その存在を示すことができれば、環境をめぐる論争において、環境を保護しようとする人々から環境を破壊しようとする人々に挙証責任を転換できることだと論じている[37]。挙証責任を転換するにはこうした価値が存在するだけで**十分**かもしれないが、それが事実だとしても、それだけが挙証責任を転換するために環境主義者が利用できる唯一の手段であることにはならないし、それが最善の手段であることにもならないのである。

ここでの認識論的な問題とは、環境主義者が公共の議論の場に、正真正銘の正当化可能な道徳原理で武装して入っていって、自分たちの目標が消費社会の単なる選好よりも優先度が高いことを主張できる必要があるということである。**他の**道徳的拘束力を持った義務――例えば、私たちが現在傷つけている生態学的なシステムの統合性と健康とを維持することによって、未来世代が無傷のままの生態学的共同体の恵みを享受できるようにするといった義務――を主張できさえすれば、私たちは生物多様性を幾多の世代にわたって守る義務を正当に主張する根拠を持つことになる。しかし、これらの義務は人間中心主義的であって、賛否の分かれることが少ないこれらの義務の遵守が、固有の価値の理論家の支持するほとんどの環境保護につながるとしても、おそらく、このような義務は一元論的な非-人間中心主義では理解されることはないだろう。

2 存在論の代替案

環境倫理の探求において、私たちは持続可能性原理以上に正当化可能な環境価値や目標を見出すことはないと私は考えている。持続可能性原理とは、それぞれの世代が未来の人間の自由と福祉に必要な諸々の選択肢の基盤となる生産的な生態学的・物質的プロセスを守る義務を持っていると主張するものである。未来世代のために環境を保護することを正当化する規範的な力は、公正で、環境によく順応した、持続可能な人間共同体を形成する責任に基づいているはずだ。現在私たちが人間の生息環境の生産性と人間共同体自体の存続に影響を及ぼしていることを認識すれば、それだけで私たちは人口の増大とテクノロジーの影響力に対する自分たちの責任を引き受けることになる。私たちが行う自然システムの改変がますます暴力的になり、拡大すれば、多くの予測可能なそして予測不可能な帰結がもたらされるが、そうした帰結について知れば知るほど、私たちはこの責任から逃れられなくなる[38]。この原理はダーウィン主義的な生存の強調と整合的であり、真理についてのプラグマティズム的な考え方を補完するものである。人間が環境に大きな影響を及ぼしているという事実と、それに伴って生じる**道徳的責任**、すなわち、人間が未来に享受する多くの選択肢と価値の蓄積である生態学的共同体の統合性を守るという道徳的責任の両方を受け入れることは、パースの言葉を借りるならば、すべての理性的探求者が、人間の経験を首尾一貫したものにしようとする幾多の実験をくぐり抜けるなかで下す結論として承認される運命にある。私の考えでは、私たちの行動が未来世代にもたらす影響を理解するという記述的問題**と**そこから帰結する私たち道徳的存在の責任の**両方**が、パース的な探求者／行為者共同体で構成される探求プロセスの中で、取り上げられなければならない。例えば、絶滅危惧種を情報——変化する環境を理解し、その中で行動しようと努力する未来世代に必要になるかもしれない情報——の載った「本」だと考えるとしたら、そのことは、探求のプロセスに貢献する義務を果たすために、未来の探求のための情報源と知識源を保護しなければならないことも含意していると思われるのである。

持続可能性原理は環境保護活動に一定の統一を与えることができるが、この統一は制約のない指令（open-ended direction）である。すなわち、それは、学習と小さい規模の順応、共同体の形成、実験を行うべきだという要求であって、一元論や人間中心主義といったアプリオリな価値原理に隷属的に身を捧げることではない。このようにこの原理は一元論的ではないかたちで統一を行う——それは持続可能なしかたで生きるという課題を、社会に開かれ、科学的な試行に基づいた方法によって導かれる、社会的学習の問題と見なすのである。これは、すなわち、多様な利害関係者のグループが自らの価値と利益を主張し、正当化することを推奨し、多様なユーザーがその多様なニーズを他のグループの利益をできるだけ毀損しないで満たすことができるような解決策を探求する社会実験に参加するよう推奨するということである。価値と政策をめぐる民主主義的な議論の目標は包摂的なものであるべきであって、人間と共同体が自然に見出す価値の多様性は、差異を保存する統合的な政策へと向かうはじめの一歩に過ぎないということを認識したものでなければならない。この意味でそれは一元論とは異なる。何しろ一元論は多様なグループがそれぞれ重視する価値をただ一つの言語で表現するよう要求し、それぞれの考え方について議論し、合意形成する余地を与えないのだから。

私は環境哲学——環境倫理学と環境認識論の両方——の新たな開始を提案する。それはチャールズ・サンダース・パースのプラグマティズムの認識論に広く基づいた開始である。パースは、表象主義的で基礎づけ主義的な実在論という間違ったプロジェクトに代わって、科学的探究の修正可能性は、経験を超えて存在する「外的対象」に言及することによってではなく、人間の経験の範囲内で十全に特徴づけられなければならないとみなす構成主義的な方法を唱えた[39)]。真理と客観性は、行動が要求される個別の状況に現れる個別の特性の中で追求されなければならない。ある状況において諸々の環境価値が優先権を持つことを正当化可能なかたちで主張できるのだとしたら、そうした環境価値が複雑な探求の過程を経て最終的に出現してきた時こそがその時である。この探求の過程は多様な利益と観点を持った多様なグループを巻き込んでなされ、この多様なグループが様々な価値と科学的仮説の両方を議論や検証のために提供するのである。重要な知的共同体は特別な主題を持った哲学者たちではなく、人間の存続と発展に積極的に寄与しようと活動する人々の共同体である。知識と道徳についての議論は、道徳について理論的に考えるための特別な「領域」としてではなく、順応性のある政策を決定しようとする努力の一部として理解されなければならない。探求の過程に情報だけでなく価値も組み入れることはジョン・デューイが提唱した社会的行動主義のための実験的アプローチにまで遡ることができる。デューイは道徳や社会の問題で確実性や演繹主義を追求するのは愚かなことだとして、それを明確に拒否した[40)]。

それゆえ、私は自らの仕事を「順応的管理」[41)]の伝統に位置づける。これは、C・S・ホリングによって最初に導入され、彼の同僚によって太平洋岸北西部とカナダ北部で展開されたものである。最近ではカイ・リーが順応的管理に政治的定式化を与えているが、リーはその政治的分析を明確かつ具体的にジョン・デューイの哲学に基づいて行っている[42)]。リーはデューイ的なアプローチが「限定された合理性」に基づいて行われる政策アナリストの創造的な仕事によって、有益なかたちで補完されることも示している。このような政策アナリストは、改善された政策に到達するということが、往々にして「なんとか乗り切る」ことであって、理想的な目標を設定し、それを達成するために決定的で急激な改革を行うことではないということを認めている[43)]。プラグマティズム的なアプローチは、人間の知識にも価値評価にも大きな不確実性があることを認める。そして、それは妥協を追求し、理解および目標の漸進的な変更ないし向上を追求する過程や制度を育もうとする。この過程において情報と価値の両方が、特定の状況により適合し、順応したものになるよう調整されることになるのである。

多階層、開放システムとしての自然

自然のシステムをモデル化することは、自然のプロセスを最もよく表現するヒエラルキーを選ぶというような単純な問題ではない。というのも、どんな生態学的システムについても、生態系のある局面が機能している様子を正しく**記述する**多くの——おそらく無限の——モデルがあるからだ[44)]。さらに、生態系システムが還元不可能な複合体である以上、記述内容が減少しない限り、これらのモデルをただ一つのモデルへと還元することはできない。この本質的な複雑さを私は**ヒエラルキー理論**（HT）——ホリングやT・F・H・アレンやロバート・オニールのような理論生態学者が発展させた、多階層分析システムのための理論的なアプローチ[*7]——を使って表現する。ヒエラルキー理論は一般的なシステム論を階層的に応用したものである[45)]。諸々のシステムは、それぞれのシステムがより包括的なシステムレベルのサブシステムとみなされるような、開かれた、多階層のプロセスとして捉えた場合に、最もよく理解することができる。多階層分析は、自然のシステムを記述する際に重要な積極的役割を果たすが、環境価値や管理目標を理解する際にも、それと全く同じくらい重要な役割を果たす。これが順応的管理アプローチの科学的な基盤である。多階層分析は、相対的に小さいサブシステムは相対的に速く変動し、生態学的・物理的システムの多階層的な本性を捉えるすべてのモデルは、このサブシステムと物理空間におけるより大きな範囲ならびによりゆっくりとした変動との時空的相関関係を具体的に示す、というモデル構築のための中立的な仮定に基づいている。それゆえ、分析や管理のための多階層、文脈アプローチ[*8]の中心的なアイデアは、経済などの人間の活動が、多階層の生態学的プロセスとして解釈されるより大きなシステムの中で起こり、そのより大きなシステムに影響を及ぼす、という極めてシンプルなアイデアである。本稿でも、また他所でも指摘したように、この多階層アプローチは、「山の身になって考える」ことを学ばなければならない、というアルド・レオポルドの洞察を実務を意識して、より精密なかたちで具体化したものである。だからこそ、それはさかのぼって、管理に関してレオポルドが残した種々の独創的な洞察との結びつきを与え、同時に、将来に向けて、情報研究や価値研究を時空的に構造化された分析システムへとまとめながら進む科学調査ないし政策調査の新しい流れに示唆を与えるのである[46)]。

ヒエラルキー理論のほとんどの利用はこれまでのところ純粋に記述的なも

のであった。T・F・H・アレンと彼の共著者は、例えば、ある生態学的現象についてある階層モデルが別の階層モデルより好まれる理由は、好まれるモデルがそうでないモデルよりも広範囲に**システムの理解を高める**ということに尽きる、と述べている。彼らはこの理由を「功利主義的」という言葉で表現しているが、その文脈から明らかなように、アレンとスターが効用ということで理解しているのは「科学的」な効用、すなわち方法論上の効用であって、全般的な社会的効用のことではない[47]。これとは対照的に、私は記述的なフィルターだけでなく、**社会的な価値を理解し、保護するために有用な**規範的フィルターも適用し、政策にとって重要とみなさなければならないような類の記述モデルを大幅に削減する。環境問題に光を当て、重要な社会的価値に因果的に関わる自然の動態に注意を向けられるようにするという明確に限定された意味で私たちの理解を向上させるような階層モデルを開発することがその目標となる。うまくいけば、このモデルは管理の目標をより明確に定義したり、その目標を達成しようとする試みがどれくらい成功したのか、あるいは失敗したのかを評価する助けにもなる。

保全生物学、そして動物学や植物学などの「純粋な」学問分野も、ちょうど医学や獣医学が患者を理解し**かつ治療する**という二重の、すなわち記述的かつ規範的目標を採用しているように、生態系を理解し**かつ保護する**という二重の目標を導入しなければならない。自然の最終的な理解というパース的な理想の達成に参与することは、生物学的な知識の源泉、すなわち生きている有機体を、特に種の絶滅といった不可逆的な喪失から守る義務を伴っているように思われる。規範的な科学において選択される記述モデルはそれゆえ二重の基準をパスしなければならない。その記述モデルは私たちが自然を理解する際の助けにならなければならないし、また、私たちが環境保護の目標を効果的に定式化し、評価する際の、そしてこの目標を達成するための政策を提案し、実施する際の助けとなるように、自然の理解を促進しなければならない。生物科学と社会科学と価値論を結びつけて環境管理の適切な計画にまとめる際の問題は、**記述的に**適切な数多くのモデルの中から、景観を理解し**かつ**人間活動を景観の中へと**統合するために**真に役立つ少数のモデルを選択することなのである。

環境の価値に関するこの**多階層的かつ生物地理的なアプローチ**は、まずその出発点において、管理が人間のパースペクティブから進展し、しかも、人間の価値が生態学者や物理科学の研究者によるモデル化の決定を極めて妥当なかたちで方向づけると仮定する。後者の点についてはさらに説明が必要だろう。生物科学の研究者や物理科学の研究者の決定は不可避の規範的構成要素を持っている。重要なのはこれらの価値を科学から**除去する**ことではない。それは不可能であり、また望ましくもない。重要なのは行動を要求する具体的な文脈のなかでこれらの価値を**理解しかつ正当化する**ことであり、それらの価値がその文脈に順応しない場合には、公共的な議論と教育を通じてそれらを修正しようと試みることである。

環境のための統合的な倫理が成功を収めるためには、それは道徳の観点から見て多元的なものでなければならない。しかし、それはまた客観主義的であったり主観主義的であったりするよりも、文脈的でなければならない。環境についてのよい決定は、具体的な文脈において予想される多数の空間−時間規模への影響を考慮に入れた決定である。世界がもっと人間で溢れかえり、テクノロジーの影響力がより強くなるにつれて、階層的な組織の一つのレベルから他のレベルへと影響が波及するケースがますます増えるだろうし、とりわけ、私たちの拡大する経済的社会的システムからその生態学的文脈を形成している自然のシステムへと影響が波及するケースが、ますます増えるだろう。環境保護政策と環境保護活動は、例えば個々の農家の経済重視の決定を駆り立てる動態の場合のように、単に一つの動態において価値を拡大することにとどまっていてはならない。より大きな、景観の構造と多様性を決定している相対的に大きくて通常は相対的に遅い動態への影響を検証する必要もあるのだ。ここで道徳的分析の焦点は複数の世代、そして景観規模へと移る。

統合的倫理の目標は、人間がその環境から引き出す数多くの多様な価値を分類し、これらの変数を、私たちの活動の背景をなす様々なレベルと規模の物質的・生態学的文脈の中で展開する現実の動的プロセスと結びつけることでなければならない。環境問題はこの意味で本質的に階層問題であり、私の試みは人間の価値を支える動態に光をあてるようなモデルを定義することである。

三階層モデル

実践哲学者と順応的管理の管理者が、環境に関する意思決定のために情報提供することを、すべてのモデル形成の目標として設定する以上、そして環境についての意思決定が民主的なものでなければならないということについて私たちが揺るぎない信念を持つ以上、この目的のためのモデルは極めてシンプルな構造を持ったものでなければならない。森林管理計画や河系の生態系の復元計画の目標について公共的な議論を助ける役割を果たすために、そのモデルは多階層の自然のプロセスを十分にシンプルなかたちで表したものでなければならない。それゆえ、規範的な多階層モデルは環境保護の目標をめぐる公共的議論に有用なボキャブラリーを提供しなければならない。規範的な多階層モデルは、管理のためのモデルを方向づけなければならないが、それはこのモデルを、私たちの目標選択の指針となるような価値を生み出す自然の様々な動態の様々な時間的・空間的規模に結びつけることによってなされる。その目標は、空間的・時間的に組織され、生態学的な情報を与えられた道徳空間の現象学を展開することであり、この現象学において個々人は自分自身の個人的な価値と環境の価値を定式化し、追求するのである[48)]。このプラグマティズム的なアプローチで問題となるのは、人間と自然の相互作用が持つ空間的・時間的特徴——私が「規模」と呼ぶもの——に繊細な注意を払って多元的な価値を特徴づけ、分類することである。これは探求の方法をデザインすることであって、その探求は、真理（広い意味でダーウィン主義的に定義された）と公正で公平な共同体の持続可能性を実現する可能性を高めるために、そして現在と未来の人間の利益にかなう伝統的価値と文化の多様性の持続可能性を実現する可能性を高めるために組織される、記述的構成要素と評価的構成要素の両方を含んでいる。

議論の手始めとして、三つの基本的な規模を提案しておこうと思う。それぞれの規模は時間的に異なる政策範囲に対応している。

1. ローカルに発展する価値。これは、個々の交渉がその範囲内で行われるような、既に確立された制限と「ルール」——たとえば、法律、自然法則、行政法、市場環境——を前提とした場合の個人の選好を表現する。
2. より長期的で、より大きな共同体を意識した規模。私たちはこの規模で自分たちの共同体を守り、それに貢献することを望む。この共同体は生態学的共同体全体を包含するとみなされるかもしれない。
3. 本質的に無限の時間規模を伴ったグローバルな規模。人間が、現在の文

人間の関心事の時間的範囲	時間規模	自然の時間的動態
個人／経済	0〜5年	人間の経済
共同体、世代間の遺産贈与	200年まで	生態学的動態／生命共同体における種の相互作用
種の生存と遺伝的後続者	無限の時間	地球規模の物質システム

図表1 異なる時間規模における人間の関心事と自然システムの動態との相互関係

化を超えても、自分の種が生きのび、繁栄することを望むという場合に考慮されているような規模（図表1を参照のこと）。

第一の規模は個人が経済的選択を行う相対的に短い期間とローカルな空間に広がるものであるが、この規模では、もしそれが個人の公正と平等の感覚によって補完されるならば、費用–便益の経済合理性が有効な決定モデルを提供しうる。中間の規模は、私たちが過去や未来に対する文化的結び付きに配慮する規模だが、これは二つの理由で特に重要である。社会的な観点から見た場合、この多世代的なレベルは、文化として自分たちが何者であるかということについての私たちの感覚を保護し、発展させ、育むレベルである。このレベルにおいてこそ私たちは自分たちがどのような種類の社会でありたいかを「決定する」*9。この「決定」は芸術、宗教やスピリチュアリティ、そして憲法のような統治に関わる政治的な制度において表現される。そして、この規模においてこそ私たちは文化とその文脈を形成する生態学的共同体との相互作用について憂慮する。この第二の規模が二重に重要なのは、それが、複数の世代の個人が、共同体に属しながら、生息環境を共有する他の種の集団と関わらなければならないような生態学的時間規模に大雑把に対応しているからだ。世代をまたいで考えるためには、景観という大規模な局面に特別な注意を払わなければならないと思われるのである。

現代の生態学的知識は私たちが人間社会の共同体のみならず自然の共同体のメンバーとしても行為しなければならないという結論を私たちに突きつけてきた。その結果として、私たちは自分たちの価値が形成され、影響を被る文脈に注意を払わなければならなくなっているし、この文脈が、場所の「自然史」というかたちで記述されるような、文化とその生息環境との相互作用だということに注意を払わなければならなくなっている。その自然史は時間を遡らなければならず、また自らを創造的な仕方で未来へと投影しなければならない[49]。多階層を意識した、文脈重視の見解に従えば、人類は必然的に自らの世界を、与えられたローカルな視点から理解する。地域的な特性に対する選好は実のところ諸々の選好についての選好である――それはそれぞれの人が住み着いている場所（one's home place）の経験から発生する価値を好むことである。この住み着いている場所が、私たちの活動が行われる自然の文脈の要素やプロセスを理解したり、価値づけたりする際の視点を定める。地域主義（localism）は、本稿が提案する環境価値の理論においては、**場所の価値の感覚**（sense of place values）の重要性を認めることとして表現される。それゆえ私は多くの異なる地域に由来する持続可能性倫理を提唱する。こうした地域発の持続可能性倫理は、それぞれが、特定の場所に、それぞれの場所の歴史と未来に対する強い感覚によって、しっかりとつなぎとめられている。特に、場所の感覚は、例えば、地域の意思決定を擁護することのうちに、そして、中央の強権的な機関によって押しつけられる解決と戦い、それを打倒しようとする市民の傾向のうちに、自ずと現れるものである[50]。

もっとも、完全に開花した場所の感覚は、その場所を取り囲む場所についての感覚も含まなければならない[51]。そこで次に、環境に対する配慮の多階層現象学を、その中でそれぞれの市民が、個人として、また現在進行中の文化的共同体の一員として、さらにグローバルな共同体の一員として、より大きなシステムへの影響を減らすローカルな解決策を追求しなければならないような価値づけの空間として浮き彫りにしよう。

以上で述べた現象学モデルの行為–意思決定局面は、図表2のように描き出すことができる。コンセプトとしては、地球の表面が多くの点、すなわち個人のパースペクティブとして表されており、それぞれの点が文化的な歴史によって人間の共同体に結び付けられ、「自然」史によって土地の共同体に結び付けられていると想像していただきたい。これらの個人は共同体に生きる代表的な個人として理解される。それゆえ、彼らの個人的なアイデンティティはその共同体と結び付いている。彼らはしたがって利己的なだけではない。彼らが自分自身のローカルなパースペクティブから世界を思い描くのは避けられないが、それにもかかわらず、彼らは未来世代に影響を与えることによって自らの文化を伝えようとする。このことを前提するならば、個々人は自らを人間の共同体の一員としてだけでなく、植物や動物の共同体の一員

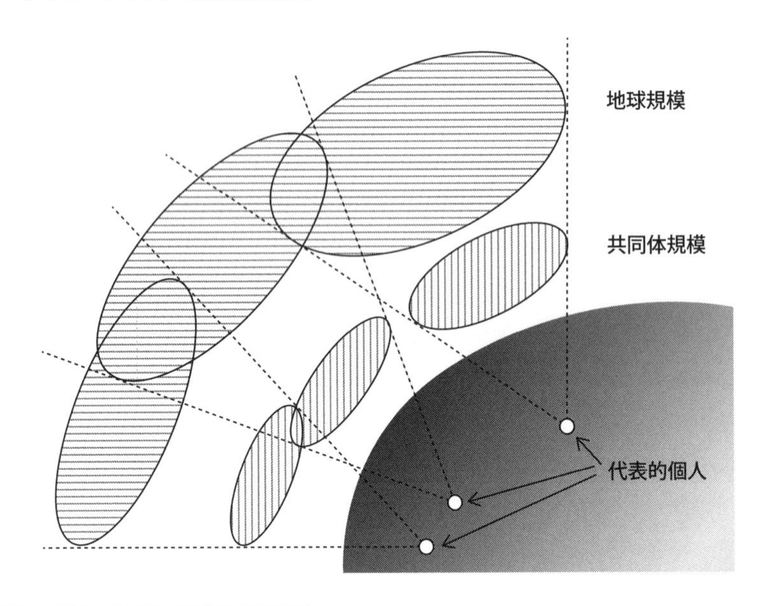

図表2　個人、共同体、地球の多層関係

としても見なければならない。彼らはそれゆえ環境価値をローカルなパースペクティブから、そして現在の時点から、経験し、明確に表現し、守る。しかし、伝統的な価値や実践が数年で無意味になるほどの速いスピードで生態学的な文脈が変化するならば、より大きな、長期間の、世代を超えた規模へと影響が及び、ローカルで個人的な価値にも影響を与えかねない。個人は価値をローカルなパースペクティブから受け取るが、他方で、この価値は、より大きな空間の範囲内でも形成される。その空間内ではさらに大きな物質システムへの影響が発生する可能性があり、そしてその影響が今度は未来の選択を拘束するのである。共同体の規模で人口密度が高まったり、人口が増加したりすれば、一つの共同体から別の共同体へ、水平方向に、共同体をまたいで影響が及ぶ可能性も高まるし、垂直方向に、世代を超えて影響が及ぶ可能性も高まるということに留意すべきである。

ここで概要を述べた多階層アプローチは、受容可能な環境政策を追求することが、現在の貨幣価値で換算して費用対便益を最大化する政策を追求することではない、ということも含意している。よい環境政策とは、人間が**実際に**関心を持っている様々な規模と結び付いた価値にポジティブな影響を与えるような政策であると同時に、将来の展望や選択肢――未来世代の「自由」――に対する現在の活動の影響について責任を受け入れる以上、私たちが関心を持つ**べき**だと環境主義者が考える規模の価値にポジティブな影響を与えるような政策となるだろう[52)]。

人間の多様な価値を認識し、それを様々な自然の動態と結び付けるような状況においてこそ、生態系の構造を維持するプロセス、そして人間の共同体と自然の共同体の未来の相互作用にとって決定的なプロセスを守り、増強しさえするような政策を着想し、記述し、追求することが可能となる。政策の目標は、様々な政策を分析し、ただ一つの基準から見てどれだけ良い成績を残すかという観点でランクづけすることではなく、むしろ、よい管理に特徴的な多数の重要な基準において高い成績を残すような十分に堅固なウィン–ウィン政策を考案することである。ここで提案されているアプローチにおいて、ウィン–ウィン政策とは、個人の福祉のレベル、共同体のレベル、発生しつつあるグローバル共同体の価値のレベルという人間の関心の三つの「規模」すべてにポジティブな（あるいはそれに失敗したとしても、中立的な）結果をもたらす政策のことである。

この堅固さの条件を満たす一つの事例について考えてみていただきたい。森林が破壊された多くの開発途上国においては、貧しい家族は調理や暖房のために薪を集めるのにかなりの労力を費やさなければならない。薪が不足しているため、薪を探す範囲を広げなければならず、その結果、一家族で週あたりに多くの人日を費やさなければならなくなることがあるのだ。創造的な環境政策であれば、こうした地域では、地域に根ざした多くの植樹プログラムを策定するだろう。有望なプログラムは、まずはじめに、民間企業家に少額の融資を行い、企業家は種を購入するなどのスタートアップ費用としてその融資を使う。融資が企業家へ全額支払われるのは、木が特定の樹齢に達したり、特定の高さに成長した時だが、それは企業家の一族に木を守らせて、全額支払いという目標を達成するよう促すためである。木を密に植えれば、間伐された木が近隣の家に薪を供給するため、数年のうちに経済的な福祉は増大するだろう。一方で、地域の生態学的プロセスは、侵食した土地が森林や少なくとも小規模で多様性のある植林地に変わったことで、より健全な状態になり、保水力や河川の水質も向上することになる。最終的に、最も大きな規模では、すなわち、グローバルな物質システムの機能に関わる現在の選択への影響の点では、私たちは出生率の低下を期待することができる。というのも、貧しい家族にとっては家事を助けるために子供を持つインセンティブが小さくなるからだ。

図表2は、受け入れ可能で適切な環境保護活動の新しい基準を概念化するのに役立つ。この新しい基準が**階層パレート基準**（scalar Pareto criterion）に一致する行為や政策を推奨するものだということに触れておこう。階層パレート基準とは、パレート最適基準を多階層に応用したものである。パレート最適基準は、もともとは個人のレベルで、すべての行為は何らかの個人にポジティブな影響を与え、誰にもネガティブな影響を与えてはならないという要求として主張されたものだ。パレート基準の階層的応用は次のように主張される。それぞれの共同体の代表的な個人の観点から見て、個人レベル、共同体レベル、そしてグローバルレベルでその代表的個人が定めた目標にポジティブな（あるいは少なくともネガティブではない）影響をもたらすような政策を選択せよ。階層パレートアプローチは個人主義的な観点を保持している（すべてのレベルの価値を明示し、それについて議論し、それを保護するのは個人である）が、すべての価値を経済的選好とか、何らかの一般形式をとった「本来的価値」に還元しようとすることはない。それは、生態系の価値が個人の規模ではなく、共同体の規模で理解され、共同体レベルの価値が個人の価値へと還元されることがないという意味で**多元的**である。しかし、この多元的な倫理は、複数の規模（ここでは三つの規模を仮定したが）で表現される人間の価値を生み出し、支える、相対的に区別された動態へのポジティブな（少なくともネガティブではない）影響をもたらす行動を私たちが追求するという意味で**統合的**でもあるのだ。

結論

以上で、いくつものレベル／動態にまたがる多元的原理を**統合**しようとする実践的な環境倫理の説明と、それを求める訴えは終わりである。私は、経済的選好か「固有の」価値のいずれかだけがすべての道徳的判断を統一する存在論的事実だとみなす根本的な価値論に関係づけて多元的原理を減らすのではなく、一元論よりも多元論を選ぶことで、そして人間の生息環境についての生態学的な情報を組み込んだ多階層モデルのなかで価値の統合を試みることによって、人間の関心と価値づけの還元不可能な三つの規模における多様な価値を統合しようと努めてきた。私の考えでは、価値についての非-存在論的で多元的なアプローチの方が、帰納的に基礎付けられた価値や、レオポルドの土地倫理の管理アプローチをより良く表現できるのであり、レオポルドの土地倫理の管理アプローチを順応的管理の伝統の先駆とみなすことができるのである。そして、もし環境主義の問題が環境保護の目標の合理的な正当化の欠如なのだとしたら――キャリコットはこの問題を、環境保護の目標の「客観性」を確立する実在論的な道徳的存在論の欠如と誤解した――私はアメリカのプラグマティストが提案した、広い意味でダーウィン主義的なアプローチで認識論と道徳の両方に取り組むことを推奨する。環境を重視する共同体は探求者の共同体である。探求者の共同体であればこそ、好むと好まざるとに関わらず、直近では個人として、無限の時間のなかでは共同体として、生きのびると同時に知るよう努めなければならない。この努力の過程において、有用な知識とは、急速に進化する文化と生息環境の中でいかに生きのびるかということについての情報が有用な知識となるである。この意味で、人間の行為者は多層的な自然の一部である。私たちの行為が複数の動態と複数の規模に影響をもたらすのだから。私たち人間が自らの道徳的な責任を理解するのは、自分たちの行為の帰結が複数の規模に広がるということを理解するときだけである。そして、より大きな空間的・時間的規模で進化する、人間共同体と生態学的共同体にとって欠くことのできないプロセスをできるだけ破壊しないで、現在を生きる個人の福祉と正義を実現することを学ぶなら、その場合にのみ、人間の共同体は、さらなる進化と順応に向けて生き残るだろう[53)]。

謝辞

本稿の第1節を少し修正したものが「なぜ私は非-人間中心主義者ではないのか」というタイトルで『環境倫理』17号に掲載されている。

注

1)　環境倫理学は形式の上では一元論的であるべきだという前提が持つ力と重要性を指摘したのが環境倫理学者や環境哲学者ではなく、法学者だったということは、興味深いことであるし、おそらく偶然ではない。Chrisopher Stone, *Earth and Other Ethics*, (New York: Harper and Row, 1987) を参照のこと。西洋の思想は、人間中心主義であるがゆえに、環境破壊を引き起こした、という歴史家リン・ホワイト・Jrの非難に直接応答した環境倫理学者の大半は、人間中心主義を非-人間中心主義的な一元論と置き換えなければならないということを問題として取り上げることはなかった。ホワイトの議論については*Science* 155 (1967): 1203-1207に掲載されている。

最近では、一元論にはいくつかの種類がある。Peter Wenz "Minimal, Moderate, and Extreme Moral Pluralism," *Environmental Ethics* 15 (1993): 61-74を参照せよ。J・ベアード・キャリコットに従って、私は本稿での議論を、Callicott "The Case Against Moral Pluralism," *Environmental Ethics* 12 (1990): 99-124で説明されている「原理一元論」と「理論一元論」に限定する。原理一元論に従えば、あらゆる状況で唯一の適切な行動を指示するために十分に役立つ道徳的基準として理解される原理によって、すべての道徳的ディレンマをカバーするようなただ一つの原理が存在する。理論一元論は、これに対して、異なった状況に複数の原理を用いることがあるが、一元的な理論として異なる諸原理の使用を説明し統一する包括的な理論を提供することで理論的なレベルで一元論を実現する。原理一元論を理論一元論の一つの特殊事例とみなすのは理にかなっているように思われる。というのも、いくつかのシンプルな功利主義の場合のように、ただ一つの価値の理論がすべての事例に適用可能なただ一つの原理を正当化するからである。本稿は原理版と理論版の両方をターゲットにしている。どちらも還元主義的な傾向を共有しているからである。話を簡単にするために、私は一般的形式である理論一元論にのみ言及することにするが、それは理論一元論に適用可能な論拠は原理一元論という特殊事例にも同様に当てはまるからである。

2)　環境倫理学においては、多元論ではなく、一元論の方に強みがあることを論じた議論としては、Callicott "The Case Against Moral Pluralism"、前掲書を参照せよ。

3)　「環境主義者のディレンマ」について私は*Toward Unity Among Environmentalists* (New York: Oxford University Press, 1991) で詳しく論じている。

4)　非-人間中心主義が現実の管理問題に取り組んでこなかったことについてのより詳しい議論については、B.Norton "Applied Philosophy vs. Practical Philosophy: Toward an Environmental Policy Integrated According to Scale," in Donald Marietta and Lester Embree, eds, *Environmental Philosophy and Environmental Activism* (Totowa, NJ: Rowman and Littlefield, forthcoming)を

参照せよ。

5)　キャリコットが折に触れて代替案を示唆してきたことは指摘しておかなければならない。注53を参照せよ。

6)　応用哲学とキャリコットが考えているその役割についての手短な説明と攻撃的な擁護についてはJ.Baird Callicott “Environmental Philosophy *Is* Environmental Activism: The Most Radical and Effective Kind,” in Marietta and Embre, *Environmental Philosophy and Environmental Activism*を参照せよ。

7)　興味深いことに、キャリコットは応用哲学が「特殊な行動基準をほとんど演繹しない」（同書、p. 25）と主張している。むしろ、彼は哲学の役割を「物の見方の根源的な変化を（…）明確に言語化し、ひいてはそうした変化を生じさせるよう手助けすること」であり、「環境保護の行動のための特殊な倫理的規範の大半はまだ潜在的な状態にある――それは未来に延期されたプロジェクトであるか、生態学的な知識を持つ人々が自力でつかみとるのを待っている何かだ」と見ている。環境倫理学者が抽象的な哲学的理論を大いに利用することができるかどうかということについて以上のようなかたちで適切な懐疑主義を取るにもかかわらず、彼の一元論的な価値論が市民の意識の変化に影響を与えるために重要であり、新しい環境保護の時代をもたらすことができるということについて彼は何ら疑いを抱いていない。「それゆえ、人間が活動し、アイデアに溢れた文化的なムードの中にその人間活動が自らの意味と重要性を見出すがゆえに、私たち思弁的環境哲学者は必然的に環境活動家なのである」（p. 25）。だから、演繹を伴うかどうかにかかわらず、応用哲学者の貢献は、思慮深い人々に新しい「文化的ムード」を導入する理由や何がしかの動機を与えることであり、この新しい「文化的ムード」は彼の独特の一元論を含んでいる。人々（未来のある時点の）が非-人間中心主義的な一元論的価値の実在と意味について合意した後でのみ、はじめてその原理は特定の状況に指針を与えることができる。

8)　キャリコットが反一元論的立場をひどく誤解していることがこの点にあらわれている。彼はそれを「反-哲学的」と呼んでいるのだ。“Environmental Philosophy *Is* Environmental Activism”（p. 5）。少なくとも私は反-哲学的ではない。私は現実世界の問題から独立に展開される哲学的理論に反対するのであり、キャリコットおよび他の一元論者や応用哲学者が理論に想定している役割を拒否するのである。キャリコットは時代遅れの近代主義的な理論に対する攻撃を理論全般に対する攻撃と勘違いしているのである。

9)　Bryan G. Norton, *Toward Unity Among Environmentalists*（New York: Oxford University Press, 1991）を参照せよ

10)　環境の価値評価に関する同様に不十分な一元論的理論として厚生経済学を

批判した論考としては、Bryan G. Norton, “Evaluating Ecosystem States: Two Competing Paradigms,” *Ecological Economics* (1995, forthcoming), *Environmental Values* 3 (1994): 311–332, “Thoreau's Insect Analogies: Or, Why Environmentalists Hate Mainstream Economists,” *Environmental Ethics* 13 (1991): 235–261を参照せよ。

11)　例えば、Holmes Rolston Ⅲ *Environmental Ethics: Duties to and Values in the Natural World*, (Philadelphia: Temple University Press, 1988) やPaul Taylor *Respect for nature* (Princeton, NJ: Princeton University Press, 1986).

12)　主に“The Case Against Moral Pluralism”と“Moral Monism in Environmental Ethics Defended”, *Journal of Philosophical Research* XIX (1994): 51–60.

13)　私は「道徳的重み」という曖昧なフレーズを使う。というのも、キャリコットが最近では、デイビッド・ヒュームに依拠して自らの哲学を主観主義的に基礎づけており、それゆえに、「道徳的な力」(比較的よく使われる表現) を発揮する理論を提供するとは主張できず、ただ「道徳的広がり」を発揮する理論を提供すると主張できるだけだということを認めているからである。“Can a Theory of Moral Sentiments Support a Genuinely Normative Environmental Ethic?” *Inquiry* 35 (1992): 183–198を参照せよ。

14)　J.Baird Callicott, *In Defense of the Land Ethic* (Albany, NY: State University of New York Press, 1989), p. 163.

15)　同書、p. 163.

16)　J.Baird Callicott, “Animal Liberation: A Triangular Affair,” *Environmental Ethics* (1980): 311–228. *In Defense*において再版。

17)　Tom Regan, *The Case for Animal Rights* (Berkely, CA: University of California Press, 1983), p. 362.

18)　Callicott, *In Defense*、pp.55–59; 93–94

19)　同書、pp. 55–56.

20)　同書、p. 58.

21)　私が最初にこのディレンマの困難を指摘したのは“Review of In Defense of the Land Ethic,“ *Environmental Ethics* 13 (1991): 185、においてである。私が知る限り、キャリコットはこのディレンマに対して出版物でも口頭でも応答していない。一元論的固有性主義が何を意味しているのかを私たちが理解すべきだというならば、このディレンマに対して何らかの応答が必要だと思われる。

22)　Aldo Leopold, *A Sand County Almanac and Sketches Here and There* (London: Oxford University Press, 1949), pp. 224–225.

23)　しかし、土地倫理の非-人間中心主義には反対意見もある。Scott Lehmann, “Do Wildernesses Have Rights?” *Environmental Ethics* 3 (1981): 129–146; Bryan G. Norton “The Constancy of Aldo Leopold's Land Ethic,” *Conservation Biology* 2 (1988): 93–102（本書に再録）; Norton, *Toward Unity.*

24)　例えば、Eugene Odum, “The Strategy of Ecosystem Development,” *Science* 164 (1969): 262–270を参照せよ。私はこの種の強い有機体論を“Should Environmentalist be Organicists?” *Topoi* 12 (1991): 21–30で批判している。

25)　*A Sand County Almanac*, pp.129–133.

26)　Bryan G. Norton “Context and Hierarchy in Aldo Leopold's Theory of Environmental Management,” *Ecological Economics* 2 (1990): 119–127; Norton, *Toward Unity.*

27)　*A Sand County Almanac*, pp. 221–222.

28)　Tom Regan, “The Nature and Possibility of an Environmental Ethic” *Environmental Ethics* 3 (1981): 20

29)　Callicott, *In Defense*, p. 157; J. Baird Callicot, “Rolston on Intrinsic Value: A Deconstruction,” *Environmental Ethics* 14 (1992): 130–131.

30)　同書：107–112.

31)　Norton, “Should Environmentalist be Organicists?”を参照せよ。

32)　内在的価値理論の認識論の詳細な批判については、Norton, “Epistemology and Environmental Values,” *Monist* 75 (1992): 208–226.

33)　土地倫理がプラグマティズムに明確なルーツを持つという議論については「レオポルドの土地倫理の一貫性」(本書5章を参照).

34)　A. Leopold,“Some Fundamentals of Conservation in the Southwest,” *Environmental Ethics* 1 (1979): 131–141を参照せよ；また、「レオポルドの土地倫理の一貫性」(本書5章)も参照せよ。

35)　ダーウィン主義の認識論についてのサーベイと説得力のある擁護についてはMichael Ruse, *Taking Darwin Seriously: A Naturalist Approach to Philosophy* (Oxford: Blackwell, 1987)を参照せよ。

36)　E. B. Weiss, *In Fairness to Future Generations* (Tokyo, Japan and Dobbs Ferry, NY: The United Nations University and Transnational Publishers, Inc., 1989).すべての主要な世界的宗教が、そして多くの小さな宗教もまた、資源の利用が現在世代に対して未来世代に資源を譲渡する義務を課すと主張している、ということをヴァイスは明らかにしている。

37)　Callicott, “Environmental Philosophy Is Environmental Activism.”

38)　A. Leopold, “A Biotic View of Land,” *Journal of Forestry* 37 (1939):

727–730.

39)　C. S. Peirce, *The Philosophical Writings of Peirce* (New York: Dover, 1955), 特に pp. 21, 39.

40)　特にJohn Dewey, *The Public and Its Problems*, in *John Dewey: The Later Works, Volume 2: 1925–1927*, edited by Jo Ann Boydston (Carbondale, IL: Southern Illinois University Press, 1984), pp. 235–372を参照せよ。

41)　順応的管理アプローチはC. S. Holling ed. *Adaptive Environmental Assessmentand Management* (New York: John Wiley & Sons, 1978) によって導入された。また、Carl J. Walters, *Adaptive Management of Renewable Resources* (New York, Macmillan, 1986) や特に Kai N. Lee, *Compass and Gyroscope: Integrating Science and Politics for Environment* (Covelo, CA: Island Press, 1993)を参照せよ。

42)　Lee, *Compass and Gyroscope*, pp. 91–115.

43)　Herbert Simon, *Administrative Behavior* (New York, Macmillan, 1954), and Charles Lindblom, "The Science of Muddling Through," *Public Administration Review* (1959): 79–88. 本書は最後に環境政策や環境価値に関するプラグマティズムの哲学原理についての議論を提供している。

44)　この結論についての科学的な議論についてはSimon Levin,"The Problem of Pattern and Scale in Ecology," *Ecology* 73 (6): pp. 1943–1967を参照せよ。

45)　T. F. H. Allen and T. B. Starr, *Hierarchy: Perspectives for Ecological Complexity* (Chicago: University of Chicago Press, 1982); and R. V. O'Neill, D. L. DeAngelis, J. B. Waide and T. F. H. Allen, *A Hierarchical Concept of Ecosystems* (Princeton, NJ: Princeton University Press, 1986).
「ヒエラルキー」という用語で言外の意味を連想することがあるかもしれないが、そこにはシステムの高次のレベルが低次のレベルを支配しており、また支配すべきだといった含意はないということを理解することが重要である。実際、ヒエラルキーシステム分析で記述されるプロセスはヒエラルキー内の上向きと下向きの両方のコミュニケーションを示しており、こうした理由から私たちは「多階層分析」というより中立的な用語を選択する。

46)　ヒエラルキー理論のこの使い方は環境倫理学者チェニーとワレンによるこの理論の最近の応用とは著しく異なっている。彼らはキャリコットが生態学の理論を利用していることを攻撃するという否定的な目的のためにこの理論を利用している。ヒエラルキー理論は、それが提案するいかなるヒエラルキーモデルにも存在論的な優先順位を要求しないので、生態学の理論を「道徳的存在論」を擁護するために使おうとするキャリコットらの努力は成功する見込みのないプロジェクトだと彼らは論じている。Karen J. Warren and Jim Cheney, "Ecosystem Ecology and Metaphysical Ecology: A Case Study," *Environmental Ethics* 15 (1993): 99–116を参照せよ。しかし、環境保護に関する情報、価値、目標の議論における困難な階層問題に積極的に対処するための有用な方法としてヒエラルキーが強い潜在力を持っていると私は考えている。Norton, "Scale and Hierarchy in Aldo Leopold's Land Ethic"を参照せよ。

47)　T. F. H. Allen and T. B. Starr, *Hierarchy: Perspectives for Ecological Complexity* op. cit., p. 6を参照せよ。また、T. F. H. Allen and Thomas W. Hoekstra, *Toward a Unified Ecology* (New York: Columbia University Press, 1992), pp. 31–35も参照せよ。

48)　B. Norton and Bruce Hannon, "A Biogeographical Theory of Environmental Vslues," submitted for publication.

49)　Holmes Rolston Ⅲ, *Environmental Ethics*.

50)　B. Norton and Bruce Hannon, "Democracy and Sense of Place Values," submitted for publication.

51)　Yi–Fu Tuan, *Space and Place: The Perspective of Experience* (Minneapolis, MN: University of Minnesota Press, 1977); Tuan "Man and Nature," Commission on College Geography, Resource Paper 10, Association of American Geographers, Washington, DC, 1971; and Norton and Hannon, "Democracy and Sense of Place Values."

52)　この意味での、すなわちヒエラルキーモデルの範囲内で理解できるような意味での「自由」の定義についてはT. F. H. Allen and T. B. Starr, *Hierarchy: Perspectives for Ecological Complexity* op. cit., p. 15を参照せよ。

53)　この問題についての私の理解が向上したのは、公式ないし非公式の場で幾度となく交わされたベアード・キャリコットとの議論をつうじてである。感謝の意を表したい。この議論から私は多くを学び、キャリコットと私が管理の実践的な問題の大半については意見が一致しているが、環境倫理の理論的基礎づけに関しては意見が一致していないという結論に至った。もちろん、私はキャリコットが今後私の議論や私のアプローチに賛同するようになるとは予想していないが、この反対意見によって、環境倫理学の適切な役割とミッションについての議論がより大きな研究者コミュニティのなかへと広がっていくことを望んでいる。

　また、一元論的本来性主義が、科学の客観性に関するデカルト主義的な近代主義的理解と結びついた時、有害なものになりうることをキャリコットは認識していたし、自然と価値について真に適切なかたちで、すなわちポストモダン的なかたちで概念化するためには、異なる定式化が必要であることをさえ彼は示唆していた、ということも述べておかなければならない。このキャリコットの哲学のポストモダン版は、私が理解する限り、内在的価値の中心的な役割を依然として含んでいる。*In Defence*の特にpp. 165–174を参照せよ。しかしながら、本稿はポストモダン版ないし非-デカルト版の内在的価値を議論の対象とはせず、公刊されたキャリコットの文章の大部分が擁護している内在的価値を議論の対象にしている。

訳注

＊1　価値論（axiology）は「価値ある」を意味するギリシャ語αξιοςに由来する言葉で、価値全般について考察する哲学の一分野を指す。価値の本性や他の道徳的カテゴリーとの関係、真に価値あるものは何か、それはどのような基準で決められるかといった理論的な問題を取り扱う。初期の環境倫理学では、自然環境や人間以外の存在が内在的価値を持つのか、それとも道具的価値しか持たないのか、環境に関わる重要な価値は一つしかないのか（一元論）、それとも複数存在するのか（多元論）、といった問題が精力的に議論されたが、まさにこれは価値論の問題だったと言える。

＊2　「ペリシテ人（philistines）」とは、歴史的には紀元前12世紀ごろから南西パレスティナに定住し、イスラエルを圧迫した民族のことを指すが、文学や芸術に理解のない実利主義者や俗物を意味する言葉でもある。ここでは「経済的」という修飾がついていることから目先の利益を追求する経済的実利主義者のことを意味していると思われる。

＊3　アメリカのワイオミング州にあるブリッジャー＝ティートン国有林（Bridger–Teton National Forest）内の42万8169エーカーの原生自然のこと。1931年に原生林保護地区に指定され、1967年に自然保護地区に指定された。

＊4　この箇所はノートンによるキャリコットの引用だが、ノートンがこの文中にexistsという動詞が抜けているのではないかと考え、補足している。

＊5　次節に出てくるレオポルドの適正管理の基準、すなわち、「生物共同体の統合性と安定と美を保存する傾向を持つものは正しい。そうでないものは間違っている」という基準のことを指す。

＊6　「正当化された主張可能性」は、ジョン・デューイが『論理学：探究の理論』（John Dewey, *Logic: The Theory of Inquiry*, Holt, Rinehart and Winston,1938）において導入した概念である。探求を通して確定的な答えが得られたとしても、それは絶対的真理ではなく、さらなる探求の過程で修正される可能性がある。とはいえ、それは単なる主観的な信念のようなものではなく、探

求の過程で様々な疑念を解消する正当化を受けており、相応の信頼性を獲得している。このように、デューイは確かな知識を、永遠で絶対的な真理としてではなく、探求の過程で信頼に値するだけの正当化がなされた主張として位置づけ、それが持つ確かさの性質を「正当化された主張可能性」と呼んだ。本稿でノートンは、公共的な議論において人々を説得できる正当性を備えた主張の特性を表現するためにこの言葉を使っている。

＊7　人間の活動を含む自然の複雑なあり方を特徴づけるために、それを複数の時間–空間規模からなる多層的なシステムとして記述する枠組みのこと。各階層間が相互に影響を与えながら全体が動的に組織化・構造化されるさまを描き出す。本稿ではこの理論はヒエラルキー理論とも呼ばれているが、ホリングらはのちにこの枠組みを発展させ、ヒエラルキー（hierarchy）に、自然の予想できない変化を象徴するギリシャ神話の牧神パン（Pan）を組み合わせた造語であるパナーキー（Panarchy［pan-archy］）という概念を生み出し、自然の多階層構造のより動的な側面を強調した理論構築を行っている。(Lance H. Gunderson & C. S. Holling（Eds.）, *Panarchy: Understanding Transformations in Human and Natural Systems*, Island Press, 2001)。なお、ノートンものちにパナーキーの概念について検討を加えている（Bryan G. Norton, *Searching for Sustainability Interdisciplinary Essays in the Philosophy of Conservation Biology*, Cambridge University Press, 2003)。

＊8　この場合の文脈アプローチとは、具体的な状況ないし文脈においてなされる行為や決定が多数の空間–時間規模の文脈に対してどのような影響を与えるのかを考慮することで、その行為や決定を評価したり、どのような状態が望ましい状態かを構想したりするようなアプローチを意味する。環境の価値や環境政策の評価をただ一つの理論を天下り的に適用して行おうとする一元論的・応用哲学的なアプローチと対比して、特定の文脈において活動する過程で望ましい状態や適切な行動原理を探り当てていこうとする実践環境哲学の基本的なスタンスとも合致した手法だと考えられる。

＊9　ここで「決定する」という言葉が括弧で括られているのは、このような文化的なアイデンティティをその共同体に属する個人や集団がはっきり意識して決めたり、選び取ったりしているわけではなく、その共同体に生きるなかでそうしたアイデンティティが自ずと発生するということを示唆しているからだと思われる。

第7章

原初段階にある環境倫理学

アンソニー・ウエストン

1 イントロダクション

広い意味で「エコロジカルに」考えるということは、わけ隔てられ、一方通行的な因果作用という観点で考えるよりも、時間を超えて相互に連関するシステムの進化という観点で考えることである。そのような観点から考えることは、心の一般的な習慣である。エコシステムに限らず、例えば観念はこのような仕方で考えられる。倫理的な観念はとくに、他の支配的な観念や価値、文化的制度や実践、さまざまな経験、自然環境のような、多様なコンテクストと編みあわされていたり、それらに依存していたりする。歴史学から始まり、知識社会学を経て哲学へと戻るおびただしい数の著作が、いまやこの点を支持している[1)]。

環境倫理学がいまだに、自らをこのように考察していないのは奇妙なことである。あるいは、それほど奇妙でもないとすれば、それはその帰結が不安定だからである。いくつかの理論は、とくに、思想における人間中心主義を超越したと主張している。しかしながらこれらの理論もまた、深淵で魅惑的な人間中心主義化された世界のうちから生じたものである[2)]。「エコロジカルな」観点から見れば、この〔人間中心主義的な〕文脈をたやすく超越するということは、ありそうにもないことだろう。この章の第2節で私は、現代の環境倫理学における最も優れた非-人間中心主義の理論ですら、それらの理論が公式には反対している人間中心主義によって深く方向づけられており、それに恩恵を受けているということについて論じる。

私は人間中心主義が不可避であるということを言いたいわけではない。あるいはまた、非−人間中心主義的な思索が現在の考察のなかで居場所がないということを言いたいわけでもない。むしろ、第3節で述べるように、私の論評の目的は、私たちの知っている哲学的倫理学の下に横たわっていて文化的に価値を構成し、それを強固にする、ゆっくりとしたプロセスに焦点を合わせることである。私の目的は、倫理学の本性と課題に関する考えを拡張することである。そのことではいわば、環境倫理学そのものの「エコロジー」を理解し始めることができる。そしてそれゆえに、人間中心主義が克服される本当の条件を理解し始めることができるのである。

私たちは環境倫理学の実践を考え直さなければならないということが、一つの含意としてある。第4節では、倫理学は、新しい価値を強固にするプロセスの初期の段階でどのように振る舞うべきか、ということを問う。そして私は環境倫理学に対して直接的にその結論を適用する。とくに、価値が文化的制度や実践や経験と共進化することが、思想において文化全体を何とか飛び越そうとしているプロジェクトに対して、適切な仕方で「エコロジカルな」代替案として現れてくる。最後に第5節で私は、環境哲学に対する共進化的アプローチの一つのモデルを提示する。すなわちそれは「環境実践を可能にすること」と私が呼んでいるものである。

2　現代の非−人間中心主義

現代の非−人間中心主義的環境倫理学が、いまだに徹底的に人間中心主義化された設定（そのような環境倫理学がそこで生じている）に依存しているということを論じることで、議論を始めよう。他のところで私はこの議論を詳細に論じておいた[3)]。ので、ここではいくつかの興味深い点に関して素描するだけにしておく。

最初の例として、たいていの現代の環境哲学者たちが基本的なものと理解している、問いの言い回しそのものについて考えてみよう。それは、「われわれ」は「他の」動物（たんに「動物」という場合もある）に対して、道徳的配慮の門を開けておくべきかどうか、そして／あるいは、川や山といったようなものに対しても同じように門を開けておくべきかどうか、というような言い回しである。例えばポール・テイラーの『自然に対する尊敬』の最初の行では、そうしたモデルが引き合いに出されている。環境倫理学は「人間と自然界との間にある道徳的関係と関連づけられている」とテイラーは述べる[4)]。

まさに「この」問いにおけるテイラーの言い回しは、中立的で不可避なもののように見えるかもしれない。しかしながら、実際にはそれはまったく中立的ではない。引き合いに出されている議論は、「自然界」の代わりに普遍的かつ排他的に人間に向けられている。それゆえに環境倫理学は、「私たち」という言葉がすべての人間を意味すると単純に理解して、「私たち」がいずれにしても横断しなければならない明確な分断を問うことからではなく、むしろそれを**前提すること**からはじめるように求められている。しかしながら、そうした分断を引き合いに出すことがすでに、数ある倫理的立場のうちの一つを採用していることになる。一つには、それは主として近代西洋文化に固有のものだからである。歴史的には、人間が「私たち」という場合、すべての他の人間を含んでいるように意味していることはほとんどなかった。さらに言えば、他の種の個体を含んでいるように意味していることもしばしばあった。メアリー・ミジリーが強調するように、古代の生活パターンのほぼすべてが、〔人間と他の生き物の〕「雑多な共同体」だったのである。人間と犬（彼女が言うには、私たちと犬とは「象徴的な」関係を持っている）から、トナカイ、イタチ、ゾウ、ヨーロッパヒメウ、馬やブタに至るまで、非常にバラエティに富んだ生き物が含まれている[5)]。あるものの帰属意識や忠誠は、拡張された人類にではなく、局所的で具体的に認識された多様な種を含んでいる関係性のネットワークにあった。

テイラーは彼の問いが少なくとも**私たちの**問い、すなわち都市化された近代西洋人の問いであると応じるかもしれない。それはそうだろう。しかし、まさにこの文化に相対的な認識こそが決定的なのである。現代の環境倫理学の枠組みを作っているまさに「その」問いが、ある特定の文化的で歴史的な状況を前提としているように見えるが、そうした状況は、人間だけの可能性というわけではない。そして、そのような前提それ自体が問題であるのかもしれない。種を横断した帰属意識、あるいはより多様な意味をもつ「自然の世界」が、ぎこちない状態であるか、あるいはまったく調和していないのである。

2番目の例を考えてみよう。ほとんどすべての最近の非−人間中心主義の典型的な特徴は、何らかの仕方で自然における「内在的価値」に訴えかけることである。しかしながらこの種の訴えかけもまた、実際のところ何ら中立的でも永遠に妥当するのでもない。それは、世界の残り部分の代わりに、すべてのものに訴えかけてみたり、人間にだけ訴えかけてみたりしても、何ら中立的でも永遠に妥当でもないのと同じである。少なくともある種の社会学的伝統[6]にしたがえば、自然における内在的価値は、世界の**道具化**が最高潮に達しているまさにこの瞬間に、喫緊のものとして求められている。というのも、自然を「目的それ自体」であると主張することが唯一可能な反応であるように思われるのは、まさにいまや私たちが自然を完全に、人間の目的のためのひとそろいの「道具」と理解しているからである。私たちはなるほど正しいかもしれない。それでもなお、すべてのものを「単なる手段」へとそのように際限なく還元していくことによって脅かされないような他の文化的条件の下では、他のすべてのものを単なる資源性へと追いやってしまいながら、他方で、若干の伝統的ではない種類の目的を救い出すというような一種の癒やしを切望しなければならないということは、少なくともそれほど**明白**ではないだろう。それよりもむしろ、私たちの有しているすべての価値の相互関連性に関して、よりプラグマティズム的な意味へと向かうことによって、私たちは基盤となっている手段–目的という二分法そのものに異議申し立てをしてもよいのではないだろうか[7]。

また、こうした仕方で脅かされなければ、私たちがはぐくんでいる価値を擁護する場合に、形而上学的転回へとは誘惑されないかもしれない。さまざまな種類の現代の環境倫理学における形而上学への転回は、古代ストア派の形而上学への転回がそうであったように、真正なる非–人間中心主義の発露というよりは必死の自己弁護の表れだと、ジム・チェニーは述べた。チェニーはとくに、彼が「エコソフィ S」という呼び名を与えているある種の徹底した環境保護主義が、「新ストア派」的な哲学、すなわち、一つの全体として宇宙のレベルで自然と同一化することへの誘惑に駆られていると非難している。というのも、新ストア派は、制御することを実際には放棄せずに自然と同一化する方法を提供したのだから。このようにして抽象的な議論が、自然との「現実的な出会い」の代替物になるのである[8]。

チェニーは、エコソフィ Sが深く現代の心理学的力動を反映していると論じている。私としてはそれは、私たちが生きるこの世界の縮減された性格を反映してもいると言いたい。エコソフィ Sが語ろうとしている諸経験は、徹底的に人間中心主義化された文化では不可避的に周縁化されている。そうした経験は、率直に言ってたいていの人にはまったくアクセスできないし、多くの人にとって理解できるものではない。野生の（原生自然の）経験は本当のところエコソフィSにとっての出発点**ではあろう**が、エコソフィSが共有されていない文化では、そうした経験について語るためのほんのわずかな、儀式化され、使い古された方法があるだけである。それゆえに、ふたたび現在の状況においては、環境倫理学は文字通り抽象へと導かれてしまうのである。

もういちど言うが、抽象こそが私たちの唯一の選択肢であるというのは真実かもしれない。しかしながら、また別の世界、すなわち本当に人間中心主義を克服した世界では、われわれはずっと抽象的でない方法で野生の（原生自然の）経験について語り、それを弁護する希望を持っているかもしれない。つまり、私たちがそれについて直接語ることができる野生の（原生自然の）経験の、少なくともほのかな光を十分に共有するという希望を持てるかもしれないし、もしかすると一種の愛を引き起こす希望すら持てるかもしれない。しかしながらそうした変化はまた、現代の非–人間中心主義的環境倫理学を（新ストア派であれ、たんなる理論的なものであれ）、置き去りにしてしまうだろう。

3番目の、そして最後の例として、どんな種類の批判が一般的に「責任ある」批判と考えられているか、そしてどんな選択肢が一般的に「現実的なもの」として考えられているかという、一見単純そうに見える問題について考えてみよう。現代の人間中心主義化された世界は、実際のところ、近代において熱狂にまで達した世界を再構築するという果てしないプロジェクトの産物である。そしてそのような世界は、何が現実的であるか、何が責任ある批判によって受け入れられるべきものかということに対する参照点として、当然視されている。例えば内燃機関が完全に広く普及していることはまったく新しい状況だが、それでもそれは前世紀に限られており、ほぼ前の世代に限られたものである。いまではいちどに数時間以上内燃機関の音から逃れられる西洋人はほとんどいない。こうした環境のなりゆきは驚くべきものであり、恒常的な騒音による「心の健康」への長期的な影響は明らかに気がかりなものである、などなど。しかしながら、この技術はわれわれの生活に非常に深く埋め込まれていて、内燃機関を制限するための穏当な提案ですら、とんでもないほど過激なことのように思われる。この唐突に変容した世界、たった

50年前にはサイエンスフィクションの材料だったものが、いまやとつぜん想像力の限界を定義しているのである。私たちが「代替案」について考えるとき、想像できることはせいぜい、自動車の相乗りとバスぐらいなものなのである。

似たようなことが哲学のコンテクストにおいても生じている。私たちの多くの哲学の同僚が誇りを持って、注意深く、中立的で批判的なスタイルを展開している。しかし現実的な実践においてこのスタイルは、ある種の方向においてだけ注意深く、中立的で批判的なのである。何か**違うこと**を提案することは不可能である。というのも、人間中心主義を超えようとするプロジェクトは、いまだ粗野で向こう見ずで、知的に騒ぎすぎのように見えるからだ。しかしながら人間中心主義それ自体は、同じような仕方で吟味されることがほとんどない。一見したところ、人間中心主義は「中立的な」背景の一部を形成しているに過ぎない。つまり、人間中心主義は、注意深く批判的な思想家が前提にできるものに他ならないように思われるのだ。それゆえ、私たちの時代にいやおうなく必要とされるのは、人間中心主義のゆっくりとした発掘や論理的な「反論」に他ならず、次のようなものではない。すなわち、一つの例としては、他の可能性をより妨げず、より想像力に富んでおり、理性の守護者を否認する危険がより少ない探求ではない。あるいは別の例としては、人間中心主義を、真剣な哲学的立場というよりも、ある種の愛情のなさや無理解により似ているとみなすような、人間中心主義そのものの心理学的探求でもない。人間中心主義はいまだに視界一杯に広がっており、私たちのエネルギーを支配し続けている。人間中心主義は「現実的」であるものの範囲を定めているが、それは人間中心主義が、さまざまな仕方で「現実」そのものの範囲を決定しているからなのである。

3　社会的文脈における倫理

ここまでの議論の結論はただ、私たちはよりよい非-人間中心主義を必要としているということのみであるように思われる。それは、テイラーの基本的な問いを考え直すような理論であり、簡単に内在的価値によって誘惑されないような理論、などである。そうした諸理論は有用な変化ではあるが、ちょうどここで提供された議論もまた、より基本的な結論に向けて指摘を行っているのである。そうした結論には、方法についての非常に多くの問題が関連している。もしも、人間中心主義を克服しようとする多くの厳格で恒常的な試みが、結局、人間中心主義の範囲、すなわち人間中心主義を生み出した人間中心主義的な文化の思想や実践によって深くかたどられた範囲で終わってしまうのであれば、そのとき私たちは、倫理思想において文化を克服するというプロジェクトが、実際のところ**そもそも**使いものになるのかどうか、訝しく思い始めるだろう。おそらく倫理は、まったく異なる自己理解を要求しているのである。

さらにここで驚くべき事実がある。倫理学は一般的にまったく異なる自己理解を**持っている**。たいていの「主流派」の倫理的哲学者たちはいまや、彼らが体系化しようとしている諸価値がたしかに、深く社会的制度や実践に埋め込まれていたり、共進化してきたということをこころよく認めている。例えばジョン・ロールズは、より早い時期に、文化の背後にある「アルキメデスの点」と彼が呼ぶものに向かう哲学的動向の、まさに権化であるかのように登場した。そして、彼がいま明確に自らの理論を正当化するのは、ただ「私たち自身と私たちの願望についてのより深い理解とが調和していることを参照することによってのみであり、そして歴史や伝統が私たちの公的な生活の中に埋め込まれているとするなら、それは私たちにとって最も合理的な教義である」と、私たちが認めることによってのみである。**私たちに**対しては、文化が「私たちの」問いに答えてくれる。「私たちは、社会や歴史的状況に関わりなくすべての社会に適合するような正義の概念を見いだそうとしているわけではない」と彼はいう。そのかわり、理論は「私たちの社会における合意の有用な基盤としてだけ意図されているのである」[9)]。同じ結論はもちろん、ロールズが文化にもっと依存しない主張を行っていると考える多くの批判に対しても課せられている。ロールズはそれゆえに、彼の文化的コンテクストをまったく超越していないのである。彼の理論はむしろ、ニーチェのフレーズで言えば、すでに確立された価値のセットを**表現する**ある特殊な学問的方法である。あの現代の非–人間中心主義的倫理は、**その**社会的コンテクストを超越してはいないし、それゆえに、驚くべきものでもない。少なくともそれは仲間内のものなのだ。

同じようにジョン・アラスは、ロールズ–ウォルツァーの論争についてと同様に、ジョンセンとトゥルーミンによる決擬論の復権についてサーベイした論文の中で、ほんのついでにではあるが、次のように述べている。私たちの社会的実践や制度や歴史に埋め込まれた意味を解釈するという課題から逃れることはできないということに、これらの哲学者全員が同意しているのだ、と[10)]。マイケル・ウォルツァーは、正義の多元性に対して、価値はさまざまに異なる善の多様な「文化的意味」に根づいていると論じる[11)]。アラスデア・マッキンタイアは、価値が「伝統」と「実践」に根づいていることを、彼なりの倫理学の再構想の中心に据えた[12)]。チャールズ・テイラーは、近代西洋における哲学的、神学的、そしてさらに美学的運動のうちに、権利を求める訴えかけを位置づけている[13)]。サビーナ・ロビボンドはウィトゲンシュタインの「生活形式」の倫理を、社会学的に洗練された「表出主義」的な方向で更新している[14)]。

倫理に対する「アルキメデス的」野心が、極めて小さなファンファーレとともに見捨てられてしまったということは、ショッキングなことかもしれない。「倫理学の神学」と呼べるかもしれない観点からすると、それはおそらくそうだろう。しかしながら日々、人間に関するおなじみの倫理学、つまり先に言及した哲学者たちの大部分によって実践される正義や権利の内部では、それはさほどの驚きではない。ある種の基本的価値が、少なくとも言葉の上だけだとしてもほとんどすべての人によって認められている文化で、そうした価値を作動させるにあたって、究極の起源や価値の保証についての問いを提起する実際的な必要はほとんどない。この問題は、倫理学のより体系的な課題であるだろうと思われている事柄にとってはメタ哲学的で周辺的なものなので、私たちは社会科学と苦労をうまく分け合うことを黙認できる。苦労を分け合うというのは、私たち自身のための価値を体系化しそれを適用していくというプロジェクトは維持する一方で、価値の進化に関する歴史的で文化的な問いのほとんどを社会科学に譲渡するということによってである。そういうわけで、諸価値の「表現の学術的形式」――あるいは少なくとも表現の体系的形式、「生きるための規則」――がまさに私たちが望むものなのである。

例えば、テイラーの言葉にあるように、人格を「自律的選択と評価の中心」とみなし、「自分自身がもっている価値に基づいて自らの生活に方向を与えていくこと」、時間を超えたアイデンティティの感覚を持つことなどは、いまやまったく自然なものに思える。そしてまたテイラーも指摘しているように、人格に対する尊敬にもとづくこの「信念体系」を際立たせることもまったく自然なことのように思える。彼はどのようにしてそうした信念体系が生じてきて、その周りにある人間の生活を再調整してきたのかということについては問うて**いない**。彼は問う**必要が**ないのである。しかし私たちは実際に複雑な問題が存在するということを少なくとも思い出す必要はある。そうしたプロセスだけが、最後に自らの成り行きをたどって、まずは現代の諸価値の背後にあるコンセンサスを可能にしているのである。ウェーバーは部分的には、人格に関する私たちの信念体系を、運命の不思議さに関するカルヴァン派の観念にまで跡づけている。それは逆説的にも厳格な「内的な禁欲主義」と一つになった、外見上は計算高い所有欲へと至る。それらはどちらも新しい方法での自己没入であった。それに加えてウェーバーは人格に関する私たちの信念体系を、増大する非人間的な商業的取引の発達にまでさかのぼって跡づけているが、それは、人々の間にある古くてより公共的な紐帯を働かないようにし、断ち切った[15]。人格という観念の文化的相対性が、唯一で交換不可能な個人というアイデアの最初の出現でもあるギリシア悲劇の「ペルソナ」に由来することで同時に際立たせられている。アフリカの部族民やネイティブアメリカンは、決して自らのことをこのようには考えないだろう[16]。

倫理的観念が文化的諸制度、実践、経験と相互に依存していることを強調するのは、倫理的観念をそうした要素の随伴現象へと還元することにすぎない、と反論されるかもしれない。しかしながら、実際の結果はまったく異なる。欠陥は因果関係についての反論の粗野な（実際、「粗野なマルクス主義者」におけるのと同様に、本当に「粗野」な）モデルにある。明確に分離された「原因」と「結果」の間の単純で機械的な一方通行の連結は、文化的現象を特徴づけない（その点では、**いかなる**現象でもそうなのだが）。それゆえに、あたかも、純粋に原因であるということの代わりが純粋に結果であるということであるかのように、文化システムにおいて倫理的観念は、「原因」なのかそれとも「結果」なのかということが問題なのでは、断じて**ない**。多様なフィードバックループをともなった複雑で相互依存的で発展的なシステムにおける因果関係、すなわち因果性の「生態学的概念」の方が、ずっとよいモデルである[17]。

さらに、そうしたモデルの一つの示唆は、基礎的な変化（少なくとも建設的で、大惨事ではないような変化）がゆっくりであるように思われることである。実践、習慣、制度、技量、観念といったすべては、いくらか調和的な仕方で発展しなければならない。世界の物理的構造が変化するときですらそうである。例えば、個人主義とそれに結びつけられているプライバシーという観念は、家や家具のデザインにおける革命と同時に発達した[18)]。それゆえに、洞察力のある倫理的観念（あるいはそれ以外のなんであれ先見性のあるもの、例えば革命的な建築）は、いかなる所与の文化的段階においても不可能であるということではないかもしれない。しかしむしろ、そうした倫理的観念は、それらが一緒に位置づけられるべき実践や経験などのすべてが与えられ、そしてそれらの観念が、それらの展開や発展に寄与するような仕方では直ちに適用できないという事実が与えられる場合、まったく認識も理解もされないということがありうる[19)]。ダーウィン的なメタファーを使うなら、あらゆる「突然変異」の様式は、どのような進化的段階においても生み出されるかもしれないが、条件は、「選択」され、受け継がれるために、それらのうちのごくわずかなものにとってだけ有利だろう[20)]。

またいま見てきたような見解は、どうしようもなく「相対主義的である」という反論を受けるかもしれない。**相対主義**という用語はいまや混乱しており曖昧であるように見えるかもしれないが、少なくとも一つの真正な懸念がある。すなわち、諸価値が完全に文化ごとに相対化されているなら、諸価値に関する合理的な批判は不可能になるだろうという懸念である。しかしながら実際には、合理的な批判はまったく可能なのである。すなわち、文化に対して（アルキメデス的なイメージにおけるように）外的であるというよりは、ただその「立場」が、それが立ち向かおうとする文化にとって内的なものであるということだけなのである。私たちが根本的な社会批判とみなそうとしているものの多くは、思想において文化をどうにかして超越するように私たちに要求するというよりは、文化にとって古く、さらには中心的な諸価値をもう　度呼び出すのである。例えばウェーバーは、ルターによる個人と神との関係という概念を、全体としてはすでに古くそして崇められてすらいた、社会に対する禁欲的な観念として再読したのである。同様に、米国における1960年代の挑戦は、間違いなく新しい価値に対してではなく、私たちの文化のもっとも古く、そしてもっとも深くに埋め込まれた価値を求める訴えだった。民主社会を求める学生組織の「ポートヒューロン宣言」は、かたくなに聖書由来の言語で語っている。ブラックパンサー党は独立宣言を引き合いに出していたし、公民権運動はキリスト教精神にしっかりと基礎づけられていた。1981年の一般向けの回勅『働くことについて』で教皇ヨハネ・パウロ2世は、初期マルクスを思い出させるような、産業社会の中で働くことに関する魅力的な批判を基礎づけるために、創世記を引きあいに出していた[21]。

一般的に、倫理学の合理性に対する社会–科学的「相対主義」の〔ネガティブな〕含意に関して心配をする人たちは、リチャード・バーンスタインが叙述する、客観主義と相対主義を超えた一種の合理性〔概念〕によって安心させられるだろう。それは、諸観念の歴史的で社会的な埋め込みとその進化の上にうち立てられた、ずっとプラグマティズム的で手続き的な理性のモデルである[22]。「相対的な」価値が絶対的な忠誠を主張しうるような諸価値よりも重要でないということを気に病んでいる人たちは、それらの価値の重要さを示しているのはまさに、それらの文化的コンテクストのうちに私たちの倫理的観念が深く埋め込まれていることであるという議論によって、もう一度安心させられるかもしれない。もちろん、**私たちに**とってもそうである。しかしながらそれは、私たちが話題にしたり、話しかけたりする人たちにとってもそうである。

これらの終わりの方の論評はきわめて素描的であるけれども、少なくとも次のことを提案するのに役立っている。それは、価値に関する社会学的あるいは「進化論的」な見解は、倫理学の死を告げる弔鐘のようなものではない、ということである。そのかわりに、そうした見解は、現代の哲学的倫理学を可能にする条件であるように思える。しかしながら同時に、「主流派の」倫理学はこうした点について明確である必要はないし、確かに**これまでずっと**そうである必要はなかった。価値の現実的な起源についてはほとんど言及されないし、普通のラベル、例えばロビボンドの「表出主義」やマッキンタイアの「伝統」は、ただ間接的になんらかの社会的–科学的出自を示唆するだけである。しかしより明確にすべき時がきた。私が以下で論じるように、「主流派」の外にある大きな問題は、そのことにかかっているかもしれない。

4　原初段階における倫理学の実践

この価値に関する「進化論的」見解から、いくつかの必然的な結論を引き出しはじめるために、価値の発展における「原初段階」と呼べるものにおいて、倫理学に対する適切な態度へと、私たちの注意を向けることにしよう。それは、新しい価値がただ構成され、かためられはじめたばかりの段階である。例えば人格の倫理学の場合、人格に対する尊敬と人格そのものがまったく強固でない時代にまで遡って、そこに自らをおき入れてみなければならない。それは、いまそう思われているほど、強固で、安全で、「自然で」あったりするのではなく、むしろ奇妙で強制され、切り捨てられたりしているような時代であり、言ってみれば、カルヴァンの同時代人にとってそう見えるに違いないような仕方でそうなのである。そこで人格の原倫理は、こうした状況でどのように進展するだろうか、またはどのように進展**しうる**だろうか。

第一に、一連の新しい価値が発展する場合のそうした初期段階は、きわめて多くの探究とメタファーを必要としている。あとになってようやく、新しい倫理的諸観念が分析的なカテゴリーへとかたまっていく。例えば、人格の「権利」という概念はいまやかなりの程度の厳格さで行使されているかもしれないのだけれど、その大半の歴史を通して権利という概念はずっと開かれた役割を果たしてきた。そしてすべての、権利の保有者としては新しい階級の人々――奴隷や外国人、資産をもたないもの、女性――の扱いを促進した。それは以前はきいたこともなく、そして言葉通りに言えば概念の誤用のような仕方でではあるが。（「野蛮人の権利」というものを考えてみよう。**野蛮人**という概念そのものが、彼らに属するものを、私たち、すなわちギリシア人であり権利の保有者の一員であるということから、締め出しているように思われる。）こうした権利に関する柔軟なレトリックもまた、部分的には「権利の保有者」を**創造した**のだ。例えば彼あるいは彼女が何かに対する権利を持っていると誰かを説得しようとする場合、あるいは自分たちの権利が侵害されているということをすべての階級やグループに対して説得しようとする場合、彼、彼女、あるいは彼らの行動をドラマティックに変化させ、そして究極的には信念体系や経験を再構成することになる。権利という概念の創造的で比喩的な可能性は、現在ですら尽きているわけではない。法学者がするように、アメリカ独立宣言と国連の世界人権宣言における権利は概念的に混乱しているとしてしりぞけるのではなく、例えばこのような観点でその権利に関する広汎で包括的な観念を理解することは可能である[23)]。

さらに、原初段階における価値と実践の共進化のプロセスは、初期の輪郭を発展的に満たしたり示したりするようなスムースなプロセスであることは滅多にない。その代わりに、私たちは非常に広い範囲の原実践、多様な種類の社会実験と一つになった様々な相互に一致しない輪郭を見ている。そしてそれらはすべてある新しい可能性のセットの文化的浸透に寄与している。プロセスが回顧的にスムースに**見える**のは、ただ次のような理由によるのみである。すなわち、究極的に勝利を収める価値と実践が他のものの歴史を書き換えるからであり、したがって、成功を収めなかった実践や実験は、人目につかないようにされてしまう。クーンによれば、成功した科学的パラダイムは自らの過去を書き換えるので、後方視的にはその革命はずっとスムースに、実際にそうであったより必然的で、より一義的に見えるのだが、それと同じである。権利に関する正統な歴史における偉大な瞬間は、例えば、独立宣言や人権宣言を含んでいるし、所有と富に対する権利の資本主義による制度化や、いまでは国際貿易に対する権利の非実証主義的観念の絶え間ない擁護も含んでいる。含まれて**いない**のは、空想社会主義者達の多くの実験的コミュニティである。そうしたコミュニティは、働く人たちの権利をめぐる労働運動の組織化やヘルスケアに関する権利を制度化するという多くの社会民主主義によるさまざまな現代的な企てのように、たびたび標準的でなく、それどころか反資本主義的な権利の観念（になったもの）さえも包含している。

さて実験と不確定性の長い期間は、どんな新しい倫理学の原初段階においても予測されるべきものだし、歓迎されるべきものですらある。さらにまた、私が上で述べたように人格性のもっとも親しみある側面ですら、ある特定の、そして複雑でさらには野性的で予想だにしないような観念と実践のセットと共進化してきたのである。プロテスタンティズムは、ただ神学だけに、そしてただカルヴァン主義に特有のものや（もしウェーバーが正しいなら）特有の世界史的「内的世界の禁欲主義」にだけ寄与したわけでなく、日常語において理解しやすい聖書というような、見たところ単純なプロジェクトにも貢献したのである。ただせいぜい伝聞的なアクセスしかできなかった頃から、数世紀後には自分自身で聖なるテキストを読むことができるということが与えた尋常ではない衝撃を想像してみよう。定めのない永遠の魂だけではなく、しばしば、地上における生にもまた同様に向かうような、極端な自己没入について想像してみよう。そうした自己没入は、同じ啓示についての競合する解釈から、はじめて〔どれかを〕選択しなければならないことから生み出される。ただそうした実践を背景としてのみ、人は自らを他者から分離した個人として経験しはじめることができるようになるのであるが、それは、内なる声と、（テイラーが述べているように）自分自身で「自分の生活に対して方針を与える」「その人自身の価値」、そして自らの選択に対して責任を負うことのおかげなのである。

私たちはいま人格の価値の進化を主として遠いところから眺めているので、それらの価値の根本的な偶然性や、以前は本当に不確かで探索的であった実践や制度に対する価値の依存性について見過ごしてしまいやすい。今日私たちは、すでに確立した一連の諸価値を「表現する」という体系的な課題のみを倫理学に委ねるあの安易な分業に慣れすぎていて、社会科学にとっての原初的な問いを置き去りにしている。その結果として、倫理学は**いまや**原初段階に入ってきている諸価値を扱おうとするときになっているのに、それができないでいる。それではもう通用しないのに、私たちは人格の倫理学のような体系的な倫理学だけが、存在する唯一の倫理学であると考え続けている。私たちは新しい価値の偶然性や、答えのなさや不確実性を体系的倫理学に対する反論とみなし、それらを倫理的法廷から永遠に閉め出し、あるいはさもなければ、倫理理論によって即座に覆い隠される当惑の一種であるとみなし続けている。

この議論は環境倫理学に直接あてはまる。第一に、そして基本的に、もし環境倫理学が本当に原初段階にあるなら、私たちはただ人間中心主義を真に克服した文化にとって倫理が実際にどのようなものであるかについて、最低限の意味しか持ち得ていないのである。ルネッサンスや宗教改革は、ただ前もって存在していたり、簡単に予想される人格についての観念を現実化しただけではない。むしろ、人格に対する尊敬という広汎な**共進化**〔異なる二つのものが相互に関係しあって共に進化すること〕において一つの役割を演じたのである。何が生じてくるのかについて前もって想像できるのは、もっとも薄暗い道の中でのみであるか、あるいはまったく想像されることもできないかである。同様に私たちは、いまはただ人間中心主義を越えていく企てに着手しているのみであって、道徳的変化が起こる別の世紀が私たちをどこに連れて行くかを、前もって予言することはまったくできない。

確かに、人間中心主義が最終的に実力相応のサイズに切り下げられる時、私たちが結局は、非-人間中心主義と呼ばれる何かを持つことになる、あるいはその必要があると考えるべき理由はまったく存在しない。それはあたかも、非-人間中心主義という性格付けが、人間中心主義を実際に乗り越えた文化においてようやく有益になりはじめるかのようなものである。確かにそれはいかなる種類の「中心主義」でもないかもしれない。すなわち、ヒエラルキーによって構造化された倫理学という形式ではないかもしれない。ヒエラルキーが決して唯一のオプションではない、ということはすでに明白である[24)]。

第二に、そして相関的に、この段階において探求とメタファーは環境倫理学にとってきわめて重要である。あとになってのみ、私たちは原初的な観念を正確で分析的なカテゴリーへと固めることができるのである。例えば、（たいていの）人間を越えた世界に対して権利の言語の道徳的な力を当てはめるいかなる企ても、**不**正確で、文字通り混乱した状態からはじめることが予想されてしかるべきである。（「動物の権利」について考えてみよう。**動物**という概念自体が、その一部に属するものを、「私たち」すなわち人格、すなわち権利の保有者の一部であることから除外しているように思われる。）それは支配的な実践の記述として理解される必要はなく、むしろ支配的な実践を**変化させる**ための企てとして理解されるべきである。例えばクリストファー・ストーンの著書『樹木は法廷に立てるか？――自然物の法的権利にむけて』は、法的な取り決めに対する修正主義的な提案をしたのであって、すでに存在している権利概念の分析を提供したわけではない[25)]。

私たちが動物や樹木を権利の保有者として考えるだけでなく、土地を共同体とし、そして惑星を人格として考えるときにも同様のことが理解されるべきである。すべてのこうした議論は悪口でなく、プラグマティズム的な意味で比喩的なものと理解される。すなわちそれらの議論は示唆的なものであり、自由な挑戦であり、すでに受け入れられていると思われる前提にもとづいて特定の結論を導きだそうとするものであるというよりは、デューイ的な社会の再構成に対する提案である[26)]。これらの議論の力は、それらが新たな連関の可能性を開いたそのやり方にあるのであって、それらが何らかの問いを解決したり、「閉じたり」するやり方にあるのではない。その議論の仕事は概括的であるよりは創造的であり、回顧的であるよりは、より予期的である。それらの議論の機能は、言語を刺激し緩め、それに応じて思考を誘発し緩めることであり、想像力に火をつけることである。それは、問いを解決するのではなく、問いを**開く**のである。

環境倫理学の創始者達は、こうした意味で探求者なのである。ここで私は特に、理論家達からアルド・レオポルドを取り戻したいと思う。例えばブライアン・ノートンは私たちに対して次のことを気づかせてくれた。それはすなわちレオポルドのよく引用されている「生物共同体の統合性、安定性、そして美」という主張が土地の純粋に経済的な解釈に関する議論のただ中にあらわれているということである。それは、道徳的行為の基準としてだけというよりもむしろ、純粋な商業主義の行き過ぎにたいして均衡をとったり、挑戦したりすることの一種として読まれるのがもっともよいと、ノートンは言っている。同様にジョン・ロッドマンは、レオポルドの著作がまったく新たな描像を単純化したり統合したりする一種の原体系というよりもむしろ、多かれ少なかれ内側から人間中心主義的な描像を複雑にするような、**進行中の**環境倫理説として読まれるべきである、と述べている。そうした環境倫理説は、先の世紀において功利主義や義務論が洗練されてきたようなやり方で、徐々に洗練されることができる[27)]。レオポルドはとりわけ次のように主張している。

> 土地倫理を**社会進化の産物**として示してきた。(…) 十戒にしても、これをモーゼが「書いた」などと思うのは、歴史をまったく皮相的にしか理解できない学生だけである。十戒は共同体の中で考えられ、人びとの心の中で（そして確かに実践においても!）進化してきた考え方であって、モーゼはそれを暫定的に要約して書きあらわしたに過ぎない。(…) 暫定的といったのは、進化は決してとどまることがないからである。[28)]（『野生のうたがきこえる』邦訳　350頁）

レオポルドを普遍的な倫理理論を提供するものとしてではまったくなく、むしろ、ただいくつかの問いを**こじ開けて**、いくつかの前提を動揺させるものとみる方がよいだろうし、時にずっと野性的で確実により多様な示唆や「基準」に導くように十分広く窓を開けるものとみる方がよいだろう。

第三に、そしてより一般的に、私が上で述べたように、原初段階における価値と実践の進化のプロセスは、より初期の輪郭を漸進的に埋めていったり例示したりするスムースなプロセスであることは滅多にない。その代わりに原初段階においてわれわれは、広汎な原実践や、多様な種類の公平な社会実験、新しい一連の可能性を文化的に生み出すことに貢献するすべてのものと一体になった、まったく調和しない多様な輪郭を期待すべきなのである。環境倫理学において、例えば、J・ベアード・キャリコットの環境倫理学によるまったく正反対の見解に出会う。私たちは直ちに、完全に統合され、そして（彼の用語だと）「閉じられた」環境倫理学の理論を定式化することを試みるべきだと彼は主張している。キャリコットは、「一つの声で語る」環境倫理説を主張し、現代の環境倫理学は価値に関する一つの基本的な類型以上のものに寛容であるべきではないとすら論じている[29)]。しかしながら実際には、私が上で論じたように、原初段階は、私たちみんなが一つの声で語ることを要求するにはもっともそぐわない時なのである。ひとたび一連の価値が文化的に強固にされるなら、そうした価値を何らかの種類の一貫性へと還元することは可能であるだろうし、おそらく必然的でもある。しかし、環境の価値は長い間そうした位置にあるようには思われない。発酵に必要な時間、文化的な実験、そしてそれゆえに多声性は、始まったばかりなのである。後の文化的段階において体系的な倫理理論が必要となることについてキャリコットが正しいとしても、彼は、環境の価値が実際に到達している段階に関しては（実際のところかなり）間違っているのである。

5　環境的実践を可能にすること

なじみのある諸理論と似た若干のものを論じる余地が、ここで思い描かれているオルタナティブな環境倫理学のうちに残っている。私は、それらの理論が倫理的な未来に対する信頼の置けないガイドであるけれども、例えば空想社会主義者の著作のような、別の種類の倫理的実験や提案と見ることもできるだろうと論じてきた。どれほど非現実的ではあっても、なんといってもそれらは、ある歴史的な、あるいは移行期の役割を果たしてはいるのであって、新しい可能性を際立たせたり、再構成のための実験を引き起こしたり、場合によっては環境倫理学におけるマルクスに匹敵するような人物を誘発したりするかもしれない。

しかし、ここで提供された議論によって提案されている種類の建設的な活動は、なじみのある諸理論をずっと超えていくということは明らかである。

環境の価値を体系化するよりも、この段階でのすべてのプロジェクトは、そうした価値を体系的**ではない**ような仕方で可能にしている実践や制度とともに**共進化**させはじめているのである。そのような共進化的な実践に関する一つの特殊な例を挙げることによって、私がここで展開したいと思っているのはまさにこの点である。ただそれは、決して唯一の例ではない。私の見解では確かに、望みうる最善のことは多くの他の事例の出現である。しかしそれは**一つ**の例であり、そうしたアプローチがどのように見えるのかということを明確にしてくれるためのよい例であり、それゆえにさらなる例に対する道を切り開いてくれるのである。

その課題の中心的な部分は、新しく、あるいはより強力な環境の価値が進化するための社会的、心理学的、そして現象学的前提条件、すなわち、概念的で経験的で、まったく字義通りの意味での「空間」を作ることである。そうした創造がこれらの価値を「可能にする」であろうから、私はそうした実践的なプロジェクトを、**環境的実践を可能にすること**とよんでいる。

人間を超えた経験が出現するための、現実的で物理的空間を創造するという試みを考えてみよう。それは、人が自然環境の経験に戻ったり、それに没入したりすることが可能になるような**場所**である。ある一定の場所が静粛な地域として保護されていることを考えてみよう。その場所では車のエンジンや芝刈り機や低空を飛ぶ飛行機などは許されていないけれども、人びとが住みたいと思うような場所である。一つのレベルでは、目的は控えめである。すなわち、ただ鳥のさえずりや風の音、そして静寂を聴くことを再び可能にすることである 。明るい外灯が禁止されるなら、人は夜に星々を見ることができるだろうし、季節の移り変わりで光のゆっくりした波動を感じることができるだろう。端的に言えば、区画制度をほんの少し創造的にすれば、それだけ地上での生活様式が多様になるための空間を作ることができるだろう。例えば、リサイクルにおける実験やエネルギーの自給自足、人類と他の種のメアリー・ミジリー風に雑多な共同体、（おそらく個人の再定住者よりも場所や共同体に、より強調がおかれているだろうが）真剣な「再定住」、修道場のモデルにもとづいて提案された「エコステリー」、そしてその他のいまだ考えられてもいない可能性といったような生活様式である[30]。

そうしたプロジェクトは空想的ではない。もしいくつかの街灯のコンセントを抜き、いくつかの道を付け替えるなら、私たちは直ちにその地域のいくつかの部分において最初の近似的なものを容易に手に入れることができるだろう。例えばガーデニングでは、私たちはすでに雑多な共同体の類似物を経験しているのである。さらに養蜂のような実践はすでに「生命共同体」との象徴的関係のためのモデルを提供している。こうした実践を守り、拡大するために政策を鍛えることは難しいことではない。

環境的実践を可能にすることは、もちろん、一つの**実践**である。一つの実践であることは、しかしながら、哲学的ではないということを意味しているのではない。理論と実践はここでは相互依存している。例えば抽象的には、ちょうど引き合いに出された「自然環境」という概念は、これまで激しく議論されてきたし、そしてもっともよく知られた立場は、不幸にも多かれ少なかれ極端なものである。ソーシャル・エコロジストは、純粋な自然環境というものはどこにもなく、人類がすでに世界中を作り直してしまっており、それゆえ課題は実際のところ、社会的に漸進的で政治的に包括的なコントロールのもとで、プロセスをすすめていくことであると主張している。それとは対照的にディープ・エコロジストたちは、ウィルダネスだけが「本当の世界」[31]であると主張している。両方の見解は提供すべきなにものかをもってはいる。しかしながら、たとえそれが「静かな場所」を作る試みのようなとても単純な実践であったとしても、新しい実践の内側からのみ、私たちは最終的に、純粋に哲学的な討論から得られるものに対して必要な距離を得ることになるであろうし、さらにその哲学的討論を超えて、よりよい問いと答えの組み合わせに向かっていくことになるのかもしれない。

例えば、どちらの見解も「出会い」を不当に低く見積もっている。一方で非–人間中心主義は反人間中心主義になるとは限らない。すなわち非–人間中心主義の目的は人間を視界からまったく押し出してしまうことである必要はない。そうではなくその目的はむしろ、人間とその他の自然との間の互恵性の可能性を開くことである。しかしながら互恵性は、まさにある空間を必要としているのだが、その空間は人間で完全に満たされているような空間ではない。私たちが探求すべきことは、**相互作用**を可能とする領域である。ウィルダネスも（私たちが知っているような）街も、もしわれわれがそうした術語を用いて話さなければならないのであれば、「本当の世界」ではないのである。人類と他の生き物が、その野生性と潜在的な互恵性を称えられながら、場合によっては用心深く、しかし少なくともオープンな状態で共に生きることができる、そういう場所が一番「本当の」場所なのである。

ウェンデル・ベリーの著作は、この種の哲学的な関わりの範型となるものである。例えばベリーは次のように書いている。「境界という現象は、野生生物にとっても人間にとっても、多様化された風景の強力な魅力であることを私たちは知っている」。これらの境界は家庭生活と野生とが出会う場所である。一群の馬を使って自分の小さな干し草畑を刈っていると、ベリーは彼の近くに着地した鷹に出会う。その鷹は注意深く様子を見ているが、恐れているわけではない。そして鷹はやって来て、彼は次のように書く。

> 小さな牧草地とその木々の境界の連結、オープンな狩猟場と木々の安全のため。(…) 人間の目そのものはそうした境界へと引き寄せられているように思える。それは、侵入を防ぐ生け垣や、小川や小さな森によって田舎に作られる差異を渇望している。こうした境界は生物学的には豊かであって、二種類の生息地を接合する[32]。

もしも野原がもっと大きかったり、あるいはもしも木々がなかったり、あるいは彼がトラクターで耕したりしていたら、鷹はやって来なかっただろうと彼はいう。相互作用とは、壊れやすいものであり、それでその前提条件に対して慎重に注意を払う必要がある。ベリーが示したように、相互作用に注意することは、実践的プロジェクトと同様に、深い哲学的で現象学的なプロジェクトなのである。しかし、そうは言っても、そうしたことは常に実践へと循環したり戻っていったりする。実際に農場を手入れすることなしには彼は、彼がいま知っていることのほんの僅かしか知ることがなかったであろうし、鷹も彼のところにやって来なかった——来ることができなかった——であろう。

縁はもちろん一つの例にすぎない。それが物語のすべてではありえない。多くの生き物が境界を避けるのである。この埋由のために、広い地域の古い森にニシアメリカフクロウ（spotted owl）の生存はかかっているのである。しかしながら、それらもいまだ物語の一つなのである。そしてそれは、現在の討論のすべての側から特に軽くあしらわれている一つの部分であるように思われる。

こうしたポイントを完全に仕上げるために必要な「実践」の哲学を短い論

文で展開することはできない。しかしながら、実践について語るにあたって、二つの対立する罠のことを述べることはできる。第一に、あたかもこの実践が、われわれがそこでどのような価値を見いだし、例示するかをすでに知っているようになっているわけではないということである。現代哲学において実践の観念はあまりにもたびたび「応用」、すなわち、先行する原則や議論の応用へと転落している。応用が提供するのはせいぜい、実践から原理あるいは理論へのフィードバックの機会であろう。私はここで幾分か根本的なことを述べているつもりである。実践は、相互作用やより広い世界の再登場のための「空間」を開くことである。それは一種の探求である。われわれは何を見いだすことになるかを、前もって知らないのである。例えば、ベリーは縁について**学ぶ**必要があった。ゲーリー・スナイダーや他の人達は、マインドフルネスや親切さ（attentiveness）のような必要とされる態度を記述するために、仏教の用語を提案している。トム・バーチはそのことを「思慮（consideration）」の観念の「第一義的意味」と呼んでいる[33)]。

他方で、このような種類の自由な実践は、何らかの形式の静寂主義におけるような、私たち自身の活動をゼロへと還元することを意味しているのではない。私は、私たちがただ「ひらけば、それがやってくる」ということを述べているつもりはない。ひとたび私たちが道を空ければともかくも現れてくる、一組の単一で単純な価値が存在するということはありそうにない。ベリーの見解は、自然へのより自由で尊敬にあふれた関係は恒常的で創造的な**活動**を必要としているというものである。彼の場合は、自然の中にいつも存在することであり、彼の動物といつも相互作用を行い、境界が最大化するような場所の手入れをすることである。もちろん他の人は、他の方法を選ぶだろう。重要なのは、人類が風景を完全に独り占めするのでもなく、そこから完全に自らを消し去ることでもない。そうではなくてむしろ、相互作用の中に生きようとし、進行中のわれわれ自身の生活や実践の再構成の一員として真正な出会いのための空間を創造しようとすることが重要なのである。そうした出会いから何がやって来るのか、そうした持続的な相互作用から何が現れてくるのかを、われわれはまだ語ることができない。

小さな機械化されていない農場がまったく時代錯誤であり、そして出会いのための境界や空間の実際の手入れは大衆社会においては非現実的であるという点で、ベリーは必然的に例外だと議論されるであろうことは疑いがない。

おそらくそうなのであろう。しかしこうした自動的に受け入れられているありきたりの事柄もまた、議論や実験に対して開いているのである。例えばクリストファー・アレクサンダーと彼の同僚は『パターン・ランゲージ』やその他のところで、家や道路や街のもっとも単純な建築的特徴ですら、それがどれほど深く私たちの自然についての経験を組織立てているかということを明らかにした。そしてそれらは、注意深くそうした経験を変化させるためにデザインし直されうることを明らかにした。一つの部屋の両側の窓は、日中の照明にとって十分な自然光を取り入れることを可能にしている。もし建物が最高ではなく、最悪の条件の土地の一部に建てられているとしたら、私たちはその際には、最悪の部分は改善する一方で、もっとも健康的で美しい部分だけはそのままにしておく。様々な理由にもとづいて、アレクサンダーと彼の同僚は、街中に水が静止したり流れたりするべきであり、広い共有地、例えば、「アクセスできる緑」、神聖な場所、墓所を街中に設けるべきだと主張している。もし私たちが注意深く築いていくなら、人口密度が高くても、緑を維持したり拡張することが可能なだけでなく簡単であるとすら、彼らは論じている[34)]。

6　結論

先の節で私は環境的実践を可能にすることについて、普遍的な類型ではないが、2、3の例によって、ごくおおざっぱなスケッチを示した。この点で、可能な形態に関するより体系的な類型化を試みることは、私には時期尚早のように思われる。その理由の一つは、倫理学が、これまで私たちがそうした類型化をしてこなかった価値の文化的構成についてはほとんど注意を払ってこなかったことにある。そして別の理由としては、環境の価値に関する原初段階は、まさに進行中だからである。

さらに、環境的実践を可能にすることは、私が価値の共進化的見解とよんでいるものによって求められている、より広汎な哲学的活動の一つの例に過ぎないのである。私は、例えば権利についての諸理論でさえ、環境倫理学のうちに場所をもつということを否定してこなかった。しかしながら、そこが存在する唯一の「場所」であるわけではないし、権利自体は少なくとも人間の領域を越えて引き合いに出される場合には、普通よりもずっと比喩的かつ探求的な意味で理解されなければならないのである（私が議論してきたように）。この指摘は、もちろん他の人によってもなされてきたことである。しかし普通は、権利についての語りを環境倫理学から完全に除外する意図で、議論している。多元的なプロジェクトは、はるかに寛容で排他的ではない。確かに、私がここで提案しているような、環境倫理学に関する包括的な概念は、疑いもなく一つの利点であり、ほとんどすべての現在のアプローチはその概念のうちに場所を見いだすであろう。

環境的実践を可能にすることは、私自身の気持ちにもっとも近いものであるから、私はそれを完全な物語にするという私自身の誘惑と戦わなければならない。それはそういうものではない。しかしながら、支配的な態度がもたらされたなら私たちは、それが物語の**一部**であると主張し続ける必要がある。もちろん、私たちは環境的実践を可能にすることが「哲学的」あるいは「倫理的」であるかどうか、そしてどの程度そうなのかということについてまだもっと議論する必要がある。私自身の見解は、プラグマティズムの線に沿って言えば、それは両方であり、しかも深くかつ本質的にそうである。確かに、デューイにとって――実験的で即興的で多元的な――社会の再構成の恒常的な実践は、とりわけもっとも中心的な倫理的実践である。しかしそのことを議論するのは別の機会に譲る。とはいえ、それは私たちにいま使命として与えられているもっとも中心的な課題の一つなのである。

謝辞

「原初段階にある環境倫理（Before Environmental Ethics）」は*Environmental Ethics* Vol. 14, No. 4（Winter 1992）から再録されたものである。この論文の初期の草稿に対してたくさんの有益なコメントをいただいたことについて、ホームズ・ロルストンⅢ世とジェニファー・チャーチ、ジム・チェニー、トム・リーガン、トム・バーチと2人の匿名の査読者に対して感謝します。

注

1)　この一群の著作のなかの代表的ないくつかのものは、後半の議論で検討することになる。とくにこの観点からの倫理的観念に関する著作の一般的な見取り図については、Maria Ossowska, *Social Determinations of Moral Ideas*

(Philadelphia: University of Pennsylvania, 1970を見よ。

2)　私は倫理学において問題となっている一つの哲学的立場としての**人間中心主義**を、その倫理が埋め込まれた実践や制度から区別している。後者を私は、「人間中心**主義化された**」と呼んでいる。

3)　Anthony Weston, "Non-Anthropocentrism in a Thoroughly Anthropocentrized World,"*The Trumpeter* 8, No. 3 (1991): 108–112を見よ。

4)　Paul Taylor, *Respect for Nature* (Princeton: Princeton University Press, 1986), p. 3.

5)　Mary Midgley, *Animals and Why They Matter* (Athens: University of Georgia Press, 1983), p. 118. また次のものも。Arne Naess, "Self-Realization in Mixed Communities of Humans, Bears, Sheep and Wolves," *Inquiry* 22 (1979): 231–241.

6)　マックス・ウェーバーとともに始まった伝統。Max Weber, *The Protestant Ethic and the Spirit of Capitalism*, trans. Talcott Parsons (New York: Scribner's, 1958) and *Economy and Society: An Outline of Interpretive Sociology*, ed. G. Roth and C. Wittich (Berkeley: University of California Press, 1978), そして次のような著作によって様々な仕方で現代にもたらされている Morris Berman, *The Reenchantment of the World* (Ithaca, NY: Cornell University Press, 1981) そして Albert Borgmann, *Technology and the Character of Contemporary Life* (Chicago: University of Chicago Press, 1984). 〔『プロテスタンティズムの倫理と資本主義の精神』大塚久雄訳、岩波書店、1989年〕

7)　この点に関する議論については、以下の論文を参照せよ。"Beyond Intrinsic Value: Pragmatism in Environmental Ethics," *Environmental Ethics* 7 (1985): 321–389 (本書に再録).

8)　Jim Cheney, "The Neo-Stoicism of Radical Environmentalism," *Environmental Ethics* 11 (1989): 293–325.

9)　John Rawls, "Kantian Constructivism in Moral Theory," *Journal of Philosophy* 77 (1980): 318; and "Justice as Fairness: Political, not Metaphysical," *Philosophy and Public Affairs* 14 (1985): 228.

10)　John Arras, "The Revival of Casuistry in Bioethics," *Journal of Medicine and Philosophy* 16 (1991): 44.

11)　Michael Walzer, *Spheres of Justice* (New York: Basic Books, 1983). 〔『正義の領分』山口晃訳、而立書房、1999年〕

12)　Alasdair Maclntyre, *After Virtue* (Notre Dame, IN: University of Notre

Dame Press, 1981.〔『美徳なき時代』篠﨑榮訳、みすず書房、1993年〕

13)　Charles Taylor, *Sources of the Self* (Cambridge, MA: Harvard University Press, 1989).〔『自我の源泉：近代的アイデンティティの形成』下川潔、櫻井徹、田中智彦訳、名古屋大学出版会、2010年〕

14)　Sabina Lovibond, *Realism and Imagination in Ethics* (Minneapolis: University of Minnesota Press, 1983).

15)　Weber, *The Protestant Ethic and the Spirit of Capitalism and Economy and Society.*〔『プロテスタンティズムの倫理と資本主義の精神』〕

16)　他の様式（keys）における自己の古典的な例については以下のものを参照せよ。Louis Dumont, *Homo Hierarchichus* (Chicago: University of Chicago Press, 1980) and Colin Turnbull, *The Forest People* (New York: Simon and Schuster, 1961).

17)　倫理的価値は実際、たんなる「因果的」世界におけるなにものかよりも、むしろ「理由」を提供するのであるというカント主義者の反論はここでは避けがたい。それに対して私の独断的な反応は以下のようなものである。論理的必然性というその風格（patina）にもかかわらず、現象界から分離することに関する主張は実際、そのテクストにおいて批判されている「因果的」物語に関する同じ誤解から由来しているのである。しかし、私の見解では、その起源や社会的力動に関する無知の中で倫理的価値をどうにか理解し体系化できるという考えにもまた、この論文全体で暗々裏に批判されている哲学的理性（philosophical reason）へのいくぶん壮大なうぬぼれがあるということを付け加えておこう。この点に関する支持については、以下のものを参照せよ。Kai Nielsen, "On Transforming the Teaching of Moral Philosophy," *APA Newsletter on Teaching Philosophy*, November 1987, pp. 3–7.

18)　Witold Rybezynski, *Home: A Short History of an Idea* (New York: Viking, 1986).

19)　私は（文化的にも生物学的にも）急激な変化がたまに本当に起こるということを否定するつもりはない。おそらくそれは予期できない劇的な出来事によって引き起こされる。深刻な地球温暖化やワシントンDCの外でのチェルノブイリのような事故はわれわれの環境的な実践のうちに重大な変化をじゅうぶん引き起こすことになるだろう。それでもなお、危機の時期においてさえ、私たちは私たちが有している道具を使って反応することができるだけである。人間中心主義の用語をなお用いながら、私たちの人間中心主義化された世界の深い内側から、何らかの種類の「啓蒙された」人間中心主義にも、それの反射的な拒絶にも頼ることなく、私たちがどのように反応することができるのかということを理解することは難しい。それゆえに、私が「基本的」変化について語るとき、私は価値や信念や実践や社会制度の全体系における変化を言っているのであって、様々な危機に瀕して私たちに強いられてくる当面の実践についてだけ述べているのではない。

20)　問題をこのようにたてることについては、ロム・ハーレに負っている。

21)　一般的に言って、徹底的な社会批判がもともと可能であるのは、部分的には、複雑な文化において不調和な要素を引き合いに出すことができるから、という理由による。以下のものを参照せよ。Lovibond, *Realism and Imagination in Ethics*; Walzer, *Interpretation and Social Criticism* (Cambridge, MA: Harvard University Press, 1987); and Anthony Weston, *Toward Better Problems: New Perspectives on Abortion, Animal Rights, the Environment, and Justice* (Philadelphia, PA: Temple University Press, 1992), pp. 167–174.〔『解釈としての社会批判』大川雅彦／川本隆史訳、筑摩書房、2014年〕

22)　Richard Bernstein, *Beyond Objectivism and Relativism* (Philadelphia, PA: University of Pennsylvania Press, 1983).〔『科学・解釈学・実践Ⅰ、Ⅱ』丸山高司、木岡伸夫／品川哲彦／水谷雅彦訳、岩波書店、1990年〕

23)　ヒューゴ・ベドー（in "International Human Rights," in Tom Regan and Donald VanDeveer, eds, *And Justice Toward All: New Essays in Philosophy and Public Policy* [Totowa, NJ: Rowman and Littleneld, 1982]）はその宣言を「(…) 人格の尊厳や価値への数世紀にわたる政治的、法的で道徳的探求の勝利の産物」(p. 298) と呼んでいる。彼は続けて「国連人権宣言を公布した国連総会が、何が人権であるかを理解しているかどうかは疑わしい。というのもその文書では、権利はたびたびゆるやかに、そして多様な様態で述べられているからである」と主張している。理想や目的や、野心が権利とともに連ねられている。さらに同時に、宣言は、権利を制限するための一般的な福祉についての考察も認めている。それでその権利は、そうした根拠に対する保護者としての機能をそいでいるように思われる（p. 302の注）。ベドーの立場とは反対に、しかしながら、私は国連総会が、何が権利であるかについて十分に理解しているのではないかと考えている。権利についての言語は、多様な目的と支持者をもっている広く基礎づけられた道徳の言語である。すなわちそれは、いくつかのコンテクストにおいては、権力について典型的に自己奉仕的な功利主義的レトリックに対して〔釣り合いをとるための〕カウンターウエイトであり、別のコンテクストにおいては、有給休暇の権利などのような、たびたび馬鹿にされる考えについて真剣に考えるための刺激である。

24)　例えば以下を見よ。Bernard Williams, *Ethics and the Limits of Philosophy*

(Cambridge, MA: Harvard University Press, 1985); Walzer, *Spheres of Justice*, and Karen Warren, "The Power and Promise of Ecofeminism," *Environmental Ethics* 12 (1990): 125–146.〔『生き方について哲学は何が言えるか』森際康友／下川潔訳、産業図書、1993年〕

25)　Christopher Stone, *Should Trees Have Standing? Toward Legal Rights for Natural Objects* (Los Altos, CA: William Kaufmann, 1974). G. E. Varnerは"Do Species Have Standing?" *Environmental Ethics* 9 (1987): 57–72で次のことを指摘している。新たな法的権利の創造は、――例えば絶滅危惧種保護法のように――W・D・ラモントが私たちの「倫理的観念のストック――それはいわば心的資本であり、それによって人生という生業をはじめるもの」――とよんだものを拡張するのに役立つ。何らかの成長をそのものを動機づけるのとは対照的に、ただすでに生じている「成長」だけを法律が反映しなければならないという理由はどこにもないのである。

26)　以下のものを参照せよ。Chaim Perelman, *The Realm of Rhetoric* (Notre Dame, IN: University of Notre Dame Press, 1982). そして、ありふれたプラトン的な軽蔑への抵抗としてのレトリックの説明については、以下のものを参照せよ。C. Perelman and L. Olbrechts-Tyteca, *The New Rhetoric* (Notre Dame, IN: University of Notre Dame Press, 1969)〔『説得の論理学：新しいレトリック』三輪正訳、理想社、1980年〕

27)　Bryan G. Norton, "Conservation and Preservation: A Conceptual Rehabilitation," *Environmental Ethics* 8 (1986): 195–220; John Rodman: "Four Forms of Ecological Consciousness Reconsidered," in Donald Scherer and Thomas Attig, eds, *Ethics and Environment* (Englewood Cliffs, NJ: Prentice-Hall, 1983): 89–92. レオポルドが、倫理は「社会進化の産物」であると主張していたことと、今までに書かれたことのうちで一番重要なのは倫理であると主張していることを思い出そう。そのことは、レオポルドを倫理的行為に対する根本的基準を提示するような環境的–倫理的理論家とみなすような普通の読解を考え直すべきであるということを、あらためて示唆している。

28)　Aldo Leopold, *A Sand County Almanac* (New York: Oxford University Press, 1949), p. 225.〔『野生のうたが聞こえる』新島義昭訳、講談社、1997年〕

29)　J. Baird Callicott, "The Case against Moral Pluralism," *Environmental Ethics* 12 (1990): 99–124.

30)　「エコステリー」については以下のものを参照せよ。Alan Drengson, "The Ecostery Foundation of North America: Statement of Philosophy," *The Trumpeter* 7, No. 1 (1990): 12–16. 再定住については以下のものがよい出発

点になる。Peter Berg, "What is Bioregionalism?" *The Trumpeter* 8, No. 1 (1991): 6–12.

31)　例えば以下のものを見よ。Dave Foreman, "Reinhabitation, Biocentrism, and Self-Defense," *Earth First!*, 1 August 1987; Murray Bookchin, "Which Way for the US Greens?" *New Politics!* (Winter 1989): 71–83; and Bill Devall, "Deep Ecology and its Critics," *Earth First!*, 22 December 1987.

32)　Wendell Berry, "Getting Along with Nature," in *Home Economics* (San Francisco: North Point Press, 1987), p. 13.

33)　Gary Snyder, "Good, Wild, Sacred," in *The Practice of the Wild* (San Francisco: North Point Press, 1990); Tom Birch, "Universal Consideration," paper presented at the International Society for Environmental Ethics, American Philosophical Association, 27 December 1990; Jim Cheney, "Eco-Feminism and Deep Ecology," *Environmental Ethics* 9 (1987): 115–145. スナイダーはまた野生の第一義的実践としての「気品」についても語っている。ダグ・ピーコックは、Peacock, The *Grizzly Years* (New York: Holt, Henry and Co., 1990) で「種間の接触」を主張している。ベリーは「自然のエチケット」について書いており、バーチは「精神の寛大さ」や「思いやり」について書いている。これらすべての用語の出所は、倫理学的哲学者によって普通に考えられている道徳的言説というよりは、マナーについての言説や個人的な態度のうちにある。私たちは何らかの普遍的で定言的な義務について語っているのではなく、むしろ、私たちにとってずっと身近な事柄について語っているのであって、それは、私たちが誰であるのかということや、私たちが端的に世界においてどのように振る舞うかということと結びつけられている。とは言え、なるほどそれは必ずしも、より「任意な」何かではないとしても。

34)　Christopher Alexander, et al., *A Pattern Language* (New York: Oxford University Press, 1977). On windows, see secs. 239, 159 and 107; on "site repair," sec. 104; on water in the city, secs. 25, 64 and 71; on "accessible green," secs. 51 and 60; and on "holy ground," secs. 24, 66 and 70.〔『パタン・ランゲージ：環境設計の手引き』平田翰那訳、鹿島出版会、1984年〕

第8章

政治的エコロジーにおける共存主義

アンドリュー・ライト

これまでに書いた2本の論文〔原注1と原注2を参照〕の中で、私はエコロジーと環境の政治理論における、存在論者（ontologists）[1]と唯物論者（materialists）[2]と私が呼ぶものの区別を探究した。本論文では、環境政治理論の構想の中で、これらの競合する主張を調停するための戦略を定式化し評価するが、それに先立って、この区別そのものと、これらの立場に立つ代表的な理論家の何人かについてレビューしてみたい。また、競合する政治理論を実践において共存可能にするための最善の枠組みとして、環境プラグマティズムの一形態を提案したい。ラディカルな政治的エコロジーのためのメタ哲学の指針として環境プラグマティズムの可能性を探究するに際して、ここではそれを、リチャード・ローティの、時には悪く言われることもあるネオ・プラグマティズムから引き出していく。ローティは環境に対して特別な関心を向けてはいないけれども。もちろん、より広範にアピールしうる環境プラグマティズムを構築するための源泉は他にもある。もしローティの著作から生まれるこの枠組みが直観的に説得力のあるものになりうるならば、より包括的な立場を定式化することもそれほど難しくはないはずだ。

私の議論の主な要点は、環境危機の緊急性が、環境唯物論者と環境存在論者*1の両方の側に、メタ理論的共存主義*2の新しい形を強く求めている、ということにある。これはほとんど論争の余地のない立場だと思う人もいるかもしれない。これらの学派はどちらも、環境への関心は政治理論が形成されるための前-政治的条件であると主張するからだ。ラディカルなプラグマティストの立場は、政治的エコロジーのこれら二つの形態への哲学的なコミットメントを放棄することを要求せずに、環境問題の深刻さが要請している共存主義を我々に与えることができる。しかしまた、ここで擁護されているプラグマティズムの形態は、重要なことに、**環境の**と述定されるものであり、実際に生態系の再生に向けた同意の絆を形作るためにラディカルなエコロジストが決定するしかたを方向づけるときに、環境への関心が根本的な役割を演じることを思い出させるものである。

唯物論者と存在論者

環境唯物論者と環境存在論者の両方にとって、環境問題とは古典的自由主義の政策決定アプローチが示すものよりも深い分析を要するものである。マレイ・ブクチンのソーシャル・エコロジー学派や、ヘルベルト・マルクーゼ流の環境批判社会理論家のような唯物論者たちは、環境の劣化という危機や、劣化の結果としての人間の苦難を、資本主義（あるいは国家資本主義）経済の物質的条件から推定されうるものとして見る。彼らの主要な関心事には、これらの経済の一部になっている技術的プロセスと、それらをグローバルに維持する政治システムが含まれている[3)]。物質的条件（経済成長を維持し、市場を拡大し、自然資源を消費するために使われる技術的プロセスを、誰が所有し制御するか、といったような）は、そのような思想家にとって、環境問題の複雑な網を解きほぐすための出発点となっている。そのような分析から、ブクチン、マルクーゼその他の環境唯物論者たちは、以下の結論を導いた。これらの問題の解決は、これらのシステムを縮小させることや、社会全体の物質的条件を変えることに目を向けて、ある政治・経済システムが支えうる可能な範囲の代替案を分析することから始めるべきだ、と。個人の意識の変革は、新しい社会的条件を維持するために必要になるかもしれないが、この一般的な理論では、物質的変革の後に来る。環境問題が社会の物質的条件から生じることを説明することによって、環境唯物論者は環境問題のシステム的側面を、最も自由主義的な政策分析の中に見出される評価よりも深部に到達するものとして規定する[4)]。

環境唯物論の基本的前提は、ブクチンの著作の中に見ることができる。そこでブクチンは、無制限の経済成長のために需要を強調する立場に基づいて一つの自然観を想定するいかなる政治システムにも反対している。この立場から、彼は、より多くの資源を得るために用いられる対象としてしか自然を見ていないことを理由に、市場に駆り立てられる資本主義経済と、国の計画に基づく政治経済の両方を攻撃できる。彼は、「成長か死か」という格率をめぐって構築されているいかなる経済も、必然的に自らを自然界と戦わせ、不可避的に生態系の荒廃を導くと論じる[5)]。ブクチンは次のように言う。経済成長への圧力の中で、国家とその国民は、生物を非生物に置き換え、土をコンクリートに置き換え、生きた森を不毛の大地に置き換え、生命形態の多様性を単純化された生態系へと置き換える。そのような動きは、彼の見立てでは、「人間という種を含む、あらゆる種類の複雑な生命形態を支えることのできない世界へと（…）進化の時計の針を逆戻りさせるものなのだ」[6)]。

ブクチンの読みによると、自由主義社会においてより顕著なのだが、物質的な力関係は財産所有者の利益に奉仕するような現在の社会状況を中心として構築されている。それゆえに、財産のない一部の公衆の利益や、重要なことに財産それ自体が、地主、開発者、あるいは資源探索者の強大な利益の犠牲になるのが常である[7)]。自由主義的な環境保護主義者は自由市場を守ることにコミットしているので（あるいはより正確には、革命的な手段を通じてそれに反抗するのを好まないので）、彼らができることは、せいぜい市場の範囲内で、ビジネス上の利益に関するわずかな妥協と取引を得ることだけである。これらのコミットメントによって、自由主義者のアプローチは、市場システムの財産所有支持者たちの利益に対する真正な挑戦としては効果的でなくなる。ここからブクチンは次のように結論づける。自由主義的環境主義者がそのような漸進的改革を喜んで受け入れるのは、自由主義と資本主義の国のある根本的な制度が存続しなければならないという前提に基づいているにちがいない。「これらすべての『妥協』と『取引』は、市場社会、私有財産、および今日の官僚制に基づく国民国家をいかなる意味でも変えることはできない、という麻痺性の信念に基づいている」[8)]。環境改革に対する物質的な障害に焦点を合わせることは、私が環境唯物論者と規定するすべての理論の根底にある。

もちろん、私がここでひとまとめにした代表的な理論家の間には個々の違いがある（しかし、それらの違いが全般的な区分を弱めるものだとは私は思わない）[9)]。ブクチンの唯物論のユニークな特徴は、社会制度と技術の発展との関係に関する彼の立場の中に見られる。存在論者に対する彼の批評を十分に評価するためにはこれを理解することが必要になる。

ピョートル・クロポトキンによって19世紀に有名になったテーゼを翻案して、ブクチンは次のように主張する。人類学のデータが示すように、「参加、相互扶助、連帯、感情移入は、初期の人間集団が共同体の中で強調してきた社会的美徳である」[10)]。この点を指摘した後で、ブクチンは次の議論へと歩を進める。すなわち、社会化それ自体が自然から分岐したのであり、「実際、すべての社会進化は実質的に自然進化を明白な人間の領域に拡張したものである。(…) ソーシャル・エコロジーは、社会が世界の中に突然『噴出』したものではないという事実をはっきりと表明する」[11)]。

ブクチンにとって、すべての社会化が自然進化の産物だとしても、「創造的で配慮にあふれ、合理的な存在になる未知の可能性があるという点で、現在の我々は実質的に人間以下なのである」[12)]。それゆえに、彼は次のように主張する。現在の人間社会は、進化の可能性を実現するというよりむしろ妨害しているのだと。この強力な見解から、我々は他の政治的エコロジーとの著しい不一致の可能性を見ることができる。社会進化はブクチンにとって、他から自らの主張を区別する根本的な考えである。またそれは、最終的に彼の意見では、政治的エコロジーがいかにして実践されるべきかについての根本的な考えである。

進化理論に関する彼の議論の論理的根拠は、人間は環境に対して敵対的な影響も持っているので、その可能性を実現してはならないというものだ。この議論の中にある隠された前提は、人間の可能性が環境破壊を伴う相互に排他的な生命形態を含んでいるというものである。この議論の背後には、次のようなブクチンの信念がある。歴史のある段階において、人間性は自然における根本から分離したということ。また社会進化の自然的前進は脱線したということ。もし人間が現在の衡平を欠く優越的な関係性（人種差別、性差別、反ヒューマニズムなど）に頼ることなく、自然に生き続けてきたならば、人間はポスト稀少性の社会を暗示している技術的洞察、文化、自己反省的思考の可能性を十分に発展させることができていただろう[13)]。

時をおかずにブクチンの特別な形態の環境唯物論に戻るつもりだが、まずは、環境唯物論とは対照的な、環境存在論者、すなわちある種の哲学によって色づけられた象徴的な文脈の中に、人間と自然を位置づけることを試みる人々〔について論じてみたい〕。この文脈は、**人間の**独特の進化論的な社会史に関する議論の中には根拠をもたない。その代わりに、人間**と**人間以外の自然の分離できない存在論的根源に基づいている。そのような理論家は、人間は分離可能な生物や生物群としてではなく、より大きな生命／世界システムにとって不可欠な部分として、自然と同一視されるべきだ、と論じる。

何人かの18世紀の社会契約論者の政治理論と同様に、環境存在論は、自然についての一つの構想に頼るのだが、それは自己の定義を形づくるためであり、そこから政治的・社会的組織の基盤として使える共通観念を与えるためである[14)]。人間と自然との関係をこのように明確化することは、次に、自然界に対する人間の反応の仕方と、政治、経済その他の人間の相互行為に関する議論の中での自然界の位置づけかたに影響を与える。

環境存在論者は、環境保護主義の主流に対する批判の焦点を、人間と人間以外の自然界との関係に関する個々の人間の意識のさらなる分析と、その変化を要求する点に合わせている。存在論者にとっては、環境問題の意味ある解決の場所もまた、環境活動と環境政策の基盤として使えるような人間存在論の再記述の中に主に見出されるものなのだ。政治改革の焦点は、個人のアイデンティティの中に表れるものとしての自己の改革の中にある——環境再生の主要なメカニズムとして社会集団や制度に焦点を合わせる唯物論者とは対照的である。一つの、そしておそらくもっとも明瞭な存在論の理論の例は、もともとはアルネ・ネスによる、その後はアメリカおよびオーストラリアの学派による、ディープ・エコロジーの展開の中に見ることができる。

今ではよく知られているように、「ディープ・エコロジー」という用語は、ネスの1973年の論文「浅いエコロジー運動と、深く長い射程をもったエコロジー運動」によって生み出された[15)]。この論文の中で、ネスはレイチェル・カーソンのような人々の著作の背後に暗黙のうちに見られる、スピリチュアルで理想主義的なアプローチについての説明を試みている。そこで彼は、自然に対するこれらのより繊細なアプローチは人間以外の生命にまで大きく視野を開いたことの結果だった、と論じた。しかしネスは、ブクチン同様、何もないところから理論を展開してきたわけではない。存在論者として、彼は主に（ブクチンが革命的アナーキズムから引き出したように）明白な政治運動の伝統から引き出すことはせず、その代わりにノルウェーの山の文化の一部として発展してきた自然哲学の遺産に依拠しているが、これは驚くべきことではない[16)]。

この理論はエコロジーの基本原則から規範的・存在論的次元の構築へと拡

張される。その次元は十分に発展したとき、形而上学的合理主義や神秘主義、時には東洋哲学に帰せられる特徴を備える。ディープ・エコロジーの「ディープ」は、さまざまな伝統の中にある生気論の一種から分岐したものだ。生気論とはセオドア・ローザックが「部分の合計よりも大きな全体の目覚め」と呼んだものの中に生じるものだ[17]。

ディープ・エコロジーは、この理論に関するネスのもともとの言明に基づいて定式化するならば、人間と、人間以外の自然界との相互作用に関する唯物論的批評ではなく、確かに主として存在論的理論を前提として持っている。ネスは環境倫理学の諸理論から自分の理論を区別するために大変苦労している。彼は、我々（個々人）が「世界を知覚し構築する」仕方を変えることを求める[18]。デイビッド・ローゼンバーグは、オーストラリアのディープ・エコロジストであるワーウィック・フォックスを引用してこの主張を定式化している。フォックスは次のように論じる。

> ディープ・エコロジーを記述し提示する言説の適切な枠組みは、根本的には、人間以外の世界の価値に関して記述し提示するための枠組みではなく、むしろ根本的には、自然と自己の可能性とに関して記述し提示するための枠組みである。あるいはこう言ってもよいかもしれない。より大きな世界像の中で、我々は誰なのか、誰になりうるのか、誰になる**べき**なのか、という問いに関して記述し提示するための枠組みである、と[19]。

ネスは次のように論じる。世界の経験はディープ・エコロジーに信念とアイデンティティの基盤を与える。そのアイデンティティはディープ・エコロジーを単なる一つの倫理システム以上のものにする。ネスは言う。「もしディープ・エコロジーがディープであるなら、それは単に倫理に関するものではなく、我々の基本的な信念に関するものでなければならない。倫理は我々が世界を経験する仕方から導き出される。もしあなたが経験を明確化するならば、それは一つの哲学**あるいは**宗教になりうる」[20]。

私はこの最後の引用文の中の「あるいは」を強調する。ここでの特に二つの典型的な例である唯物論者と存在論者の間の緊張の源泉に再び光を当てるためである。このように、宗教的な**信念**に関して働いている種類の理解と推論と、哲学的な**説明**に関して働いている種類の理解と推論とが区別されていないことは、理論としてのディープ・エコロジーと実践としてのディープ・エコロジーの両方に関するブクチンの不安の種になっている。彼の不安の源が一般的なものであるとすれば、このディープ・エコロジー批判は環境存在論のあらゆる形態に等しく適用される。事実、ブクチンは即座にエコスピリチュアリズムのすべての形態を、その最も非道な例と、彼らの最も直観に反する主張によって通常は特徴づけられる、ひとかたまりの汚物と同一視している[21]。

ディープ・エコロジーは、そのスピリチュアルな次元（また私としては環境存在論へのコミットメントを提案したいところだ）のために、「社会理論への言及が欠けているもの」として名高く、彼のソーシャル・エコロジーとは共存しない（そしてそれゆえに環境唯物論の改革の優先性とも共存しない）。ブクチンの主張の焦点はここにある。それゆえにブクチンは明らかに対決姿勢を示している。

> アメリカで急速に形成されつつある緑の運動は、マッチョなカウボーイの性向［デイヴ・フォアマン／アース・ファースト！　もどきのディープ・エコロジストを指す］によって包囲されている。それは人種差別的な含意をもつマルサス主義をドグマとして採用している。また緑の運動は、原生自然志向の「キャンプファイヤー」少年たちの中に、野蛮な形の人間嫌いを生み出している反ヒューマニズムや、非理性主義を称揚して、エコロジーを健全な自然主義の一形態としてよりも一つの宗教と見なしがちな「**スピリチュアリスト**」の性向によっても包囲されている。このように原始主義的で、人間嫌いで、**疑似宗教的な**傾向に持続的に抵抗することこそが、主にアメリカのエコ・アナーキストの仕事になった[22]。

ここで分類された哲学的領域と実践的領域は、ブクチンの枠組みの中では重大なものである。それは単なるスローガン作りへと縮減できない、ディープ・エコロジーとソーシャル・エコロジーの陣営の間の重要な違いを明らかにすることができる。例えばブクチンは、ディープ・エコロジストの、人間と人間以外の動物との間に線引きをしないという観念を攻撃する。ワーウィック・フォックスはこの攻撃に対して誠実にコメントしている。ディープ・エコロジー運動の中に暗黙のうちに含まれているのは、「存在の分野において、どのような確固たる存在論的分割も行いえないという考えである。すなわち人間の領域と人間以外の領域との間には実際に分岐がない。我々が境界を認識するならば、その程度に応じて、我々にはディープ・エコロジー的な意識が欠けていることになる（…）」[23]。

ブクチンの主張の焦点は、この区別をしたことによってディープ・エコロジストは失敗したという点にある。そうする中で、彼らが環境問題の重要な、とりわけ人間的・社会的な次元を無視していることをブクチンは示唆する。人間を、多くの種の中の単なる一つの種に減じることは、階級の区分のような、人間以外の種には見出せない人間の社会的区分の重要性を減じてしまうことである[24]。ディープ・エコロジストが人間と人間以外の動物を同一視することによって、人間の社会階級の間に区別を設けないとき、結果として、人間どうしの中にある環境問題に対する責任が幅広く分配されることになる。もし階級の間にどのような社会的区分も認められないのなら、すべての人間は環境に対する破壊的影響に対して等しく責めを負うことになる。環境悪化の特定の源泉に関する明示的な認識がなければ、「世界を苦しめるたくさんの貧困と飢餓が、人間と自然に対する企業の搾取――アグリビジネスと社会的抑圧――の中に起源をもつことを、心地よく忘れること」ができてしまう[25]。

このような特定の攻撃は、重要な社会的・政治的関心事に関する興味深い対話のための基盤として使えるが、ブクチンのディープ・エコロジーに対する全般的態度は、「カウボーイ」の引用の中で反対意見をひとまとめにしたり区別したりすることに特徴的なように、環境政治理論を実践へと翻訳するのを困難にする反共存主義の典型である。実践が哲学的コミットメントの広範な領域を貫通する大規模な協力態勢を求めているときには、これは特に問題をはらむものである。しかし、この責めは一方の側だけに置かれているわけではない。ブクチンとネスはどちらも、自らの立場の理論的根拠について、ある種の本質を追求するという罪を犯している（前者はクロポトキンの進化理論、後者は宗教的エコスピリチュアリズム）。そして二つの間ではいかなるコミュニケーションも困難になるだろう。しかし分割がなされるのは理論レベルだけではない。ブクチンが本当に見ているものが、エコ・アナーキストたちの実践における闘いであることは明らかである。そうした対決姿勢は、自由主義的な環境保護主義者や成長志向の地球の汚染者に対して向けられているのと同様に、ディープ・エコロジストたちにも向けられている。

しかし、いったん我々がブクチン対ネスという特定の例を離れるならば、唯物論者と存在論者の区分はより込み入ったものになり、堅固な理論的区分の基盤としては維持しがたいものとなる。一つには、いくつかの唯物論者の著作には明らかに存在論的な次元がある。それはマルクーゼの『一次元的人間』に暗黙のうちに含まれている政治的エコロジーの中に見られる通りである。そこでマルクーゼは次のように論じる。発達した産業資本主義におけるその抑圧的な形態から技術を変容させることは、環境の再生のために必要であるが、それは存在論的次元を含む枠組みの中で生じる。そのような唯物論と存在論が複合された枠組みを通じてのみ、真のニーズと偽のニーズを明確化すること（それはとりわけブクチンが必要だと考える成長の制限を決定するためにも必要である）が可能になる[26]。マルクーゼと共にブクチンを注意深く読むと、ブクチンは、一次元的な成長志向の社会を創造するときの偽のニーズの役割について説明する中で、また、ポスト稀少性社会の社会構造と、その社会の中での個々人の態度との関係性についての彼の構想の中で、同様の見解の多くを共有していることが分かる[27]。

いわば唯物論者の基礎の上にありながら、マルクーゼの中には、技術的合理主義と道具主義の衰弱した形態に対する人間と自然の闘いにおいて、個々人の存在論的な変容の役割を重要なものとする認識がある（この見解は『反革命と叛乱』およびその後の論文の中で述べられている、彼の明示的な政治的エコロジーにおいて表明されている）[28]。これはそれほど驚くべきことではないはずだ。私が述べてきたように、環境思想の分布軸において反対側の陣営にいる、ネス流のディープ・エコロジーにさえも、明らかに唯物論的な次元がある。ネスは著作『エコロジー、共同体、ライフスタイル（*Økologi, samfunn, og livsstil*）』[29]のいくつかの章の中で社会制度と政治制度について論じている。そこには、「成長のない」社会に最もふさわしいタイプの経済組織や、ディープ・エコロジーのプログラムを法制化するために必要なタイプの政治変革への言及がある[30]。依然として私は、ネスを「環境存在論者」の範疇に入れたいが、それは、変革の中で存在論的変化を優先させることと、人間と人間以外の自然界との関係を引き続き変化させることに、彼が強くコミットしているからである。他方で彼が理論と実践の両方において、政治的エコロジーの唯物論的次元にも大きく貢献していることも、我々は認めるべきである。

環境思想一般において、また特に〔環境〕政治理論において、唯物論と存在論の区分がこのように重なり合っているにもかかわらず、この区分は依然として有用である。それは深い不一致に基づく不可避の争いの傾向を示す堅固な分割としてよりも、むしろ分析を助ける発見法的なメカニズムとして有用なのである。この区分は、行為主体としての人間以外の動物の地位に関する初期の例のような、ある深刻な争点に関する**傾向**を予言するのに役立つだろう。しかし、区分が機能するときにはそのような不一致が不可欠だということにはならない。その区分は、ある人の優先事項が環境の改良に関する一般的な政治問題のどこに該当するかを特定する。しかし、その区分を想定したとしても、我々は唯物論者と存在論者が改革に関する特定の問題について同意することを想像できる。例えば、特定の場所を原生自然地域として保存すべきかどうかを選択する場面で、どちらのグループもその地域が保存されるべきだということに同意するかもしれない。たとえ、新しい社会制度への(あるいは自然に対する個々人の正しい態度への）根本的な変容における原生自然地域の役割について、彼らの見解が異なっていたとしても。これまで取り上げてきた理論家の中で、ブクチンがディープ・エコロジー陣営のメンバーたちにさえも手を伸ばし、少なくとも彼らが潜在的に同意できるであろうことについて語っているという事実は、注目に値する[31)]。

これらの立場を混ぜ合わせようとする試みは、両者に関連する問いに対しての答えを探していく中で、唯物論と存在論の両方のタイプを発展させるうえでも役立つことを示している。すなわち政治的エコロジーの唯物論的構想を発展させる中で、ある存在論的な教訓が厳格な環境存在論者にとって結局は役立ちうる仕方で学習されることだろう。同じことは逆方向でも真である。

環境プラグマティズムのいくつかの種類

不幸なことだが、既に指摘してきたように、これらの立場を支持しているそれぞれの理論家たちは、これら二つの広く説明されてきた立場の利点を組み合わせようという試みの真価を通常は理解していない。私の考えでは、環境問題に対するこれら二つのアプローチの両方が有益であり、環境問題の主流の政策的アプローチに対して、すぐにわかるような利点をもっているが、そのような効用は、それぞれの支持者たちが、自らの立場の基礎を定式化することを重要視することによって時には制限されてしまう。さらに、唯物論者と存在論者の両方が、お互いの哲学の理論的含意の違いについて、お互いに論じあうことに巻き込まれる。そのような論争は、双方の関心事によって公衆をうんざりさせてきたかもしれない[32)]。ある人たちは、ソーシャル・エコロジーとディープ・エコロジーの論争の場合、これはそこに含まれている強い個性の結果であると主張するかもしれない。しかし他の説明が求められている。私がここで描いた見取り図から、ブクチンの例とネスの例の両方において、強い基礎づけ主義が働いているのは明らかだと思われる。それは理論的な厳格さの試みとしては賞賛に値するけれども、**実践的には**広範な組織の統合を妨げているかもしれない[33)]。

ネスやブクチンといった理論家の環境思想の背後にあるさまざまな直観をどう説明するかについて、さまざまな解説がなされている。ピョートル・クロポトキンの生物学の中にブクチンの進化理論の基礎があると想定するならば、スティーヴン・ジェイ・グールドの考えに沿って、（自然進化に付随して起こる）社会進化にとって必要なものとしての「相互扶助」という考えの背後には何らかの地理的な起源がある、と論じることができる。グールドは次のように論じる。クロポトキンのテーゼは、人間の本性と社会構造について人が作るかもしれない種類の仮説として直観的に生じたものであるが、そうした仮説は、彼が若い頃に過ごしたロシアのツンドラにおける動物の協調行動の観察から作られている[34)]。ネスが自分の思想を展開していく中では、北ノルウェーに特有の原生自然の経験に中心的な役割があったということ、そして、すべての人間がある主要な意味で自然と結びつく能力をもつという彼の想定に関しては、一般的な登山の経験に中心的な役割があったということ、これらをネス自身が認めているところに、同様の地理的な説明が見出される[35)]。しかし重要なことは、たとえ我々が唯物論者と存在論者の直観の違いを明確に解説できたとしても、ある点で政治的実践者として、我々はこれら二つの堅固に確立された陣営の間の調停を図らなければならない、ということだ。シグムント・クヴァロイは、ディープ・エコロジーの理論的先駆者の中で最も唯物論的な人だが、彼は自らの「エコ哲学」の定式化の中で同様のことを言っている。彼の論によれば、我々理論家は、「今日の生態系と人間社会の生の奮闘に対する攻撃の幅と同じ広さの幅を持つように努力すべきである」[36)]。

私は自分をストレートな環境唯物論者と考えており、またその理論的発展にコミットしている。とはいえ、いくつかの理論的な問いが（そして時には戦略的な唯物論的諸原則が）、重要ではあるが他方で環境問題を解決するための広い基盤を持つラディカルな計画を定式化する試みを妨害することが多かった、と考えている。環境問題の最前線で行動することがどうしても必要であることから、目標を達成するために、競合する理論に対するある種の相互の寛容が求められている。しかし、そのような共存主義が先に述べた環境思想の二つの形態の代表的著作における基本的な主張に反しているように見えたとしても、それが必然的に相対主義的な環境哲学へと導かれる必要はない。そこで私は、プラグマティックな立場の形式で寛容の原則を提出する。それはラディカルな環境主義者に、彼らを分裂させるいくつかの問いを私的な論争に委ねるよう求めるものである。同時に、このプラグマティズムは、理論家や実践者に、ストレートな公共的立場を伝えることを要求するだろう。ここでの公共的立場とは、彼らが同意する最も重要な倫理的・政治的な環境配慮と、お互いに望ましい目標のためのニーズを最も満たす実践とを推奨する立場である。

古典的アメリカ哲学と環境倫理学との間の結合を表明するいくつかの試みがあった[37]。また、環境倫理学の中にあるいくつかの論争について、一般的なプラグマティストにより説明がなされてきた[38]。しかし、エコロジカルな理論と実践についての政治的プラグマティズムと共存主義による説明の構造を略述しようとする包括的な試みは、これまで特になかった。このギャップの理由の一部は、プラグマティズムと環境思想に関心のある人々が、環境主義とプラグマティズムの関係についての二つの定式化を区別することに失敗してきた、ということによって説明される。第一の形態は、環境哲学の中にある他の理論に対して実質的な立場を提案するために直接的にプラグマティズム哲学を用いるという戦略の中に見出される。今日の（ここまで述べてきた両方の種類〔環境唯物論と環境存在論〕の）環境倫理学の中にあるプラグマティズムの多くは、これに該当する。それは、この分野での生命中心主義あるいは人間中心主義に関する現在主流の見解〔生命中心主義と人間中心主義を排除し、生態系中心主義に環境倫理学の理論を一元化しようとする立場〕に対する応答として、倫理的多元論を生み出す動きに向かっている。そのような動きは、私がここで求めている政治的プラグマティズムの原則に必ずしも貢献するものではない。通常は、環境倫理学の論争における頑固な陣営の一員に加わるだけに終わる[39]。不幸にも多くの理論家は、このことを、環境思想に対してプラグマティズムがなしうる唯一の貢献として受け止めているように思われる。

対照的に、環境主義に対するプラグマティズムの第二の適用は、現代プラグマティズムの影響を受けた人々によってなされた。それは、他の領域での理論的な行き詰まりに対する答えとして発展した。この第二の立場は、一般的なプラグマティズム哲学の理論的性質を使って、環境倫理学と環境政治・社会理論における論争を分類するかもしれないが、十全で完全な倫理理論や政治理論を自前で表明しようとはしないだろう。この種の理論のルーツは、哲学と、少なくとも一部は実践的関心事への貢献に基礎を置く批判理論とに関する論争に決着をつけようと試みた、哲学的なネオ・プラグマティズム（ローティ、バーンスタイン、フィッシュといった人々によって今日実践されている）の使用にある。

私はプラグマティズムの直接的な**哲学的**使用を行うことを第一のプロジェクトとし、プラグマティズムの**メタ哲学的**な使用をより直接的に行うことを第二のプロジェクトとしてきた。ここで第一のプロジェクトへの十分な批判を行う余裕はない。しかし、私は次のことが十分に言えるだろうと思っている。古典的プラグマティズムの哲学的あるいは政治的見解が、厳格な唯物論あるいは存在論の見解と同じくらい頑固なものになることは原則的に避けられない、ということを。必ずしもそうなるとは限らないということは分かっているけれども、それにもかかわらず、この領域に新しい**陣営**をつくることに潜在的にでも貢献することは、私の目指すところではない。

そこで私はプラグマティズムの後者の形態に焦点を合わせていく。それは本質的にストレートな哲学的見解とは異なる。すなわちそれは、次のように人々に言うための（ことによると大上段に振りかざされた過度の）物差しとして用いられる。「よろしい、もうこれらの論争で十分だ。これらの論争はどこへもたどり着けないし、その素材の多くは、哲学的あるいは政治的問題として、あまり興味深いものではない」。しかし、それは依然として、**環境に関する**メタ哲学的なプラグマティズムなので、この議論に付された理由は、我々の哲学的な注意を引いてきた領域の深刻な性質と緊急性という理由である。クヴァロイ流のエコ哲学と同様に、この戦略はある意味で自由に選ばれたものではない。しかし、「必然性として――世界の中で我々が経験している［環境］システム全体の危機によって要求される一つの応答」として現れる[40)]。

メタ哲学的な傾向をもつ環境プラグマティズムは次のように論じるかもしれない。我々は政治的エコロジーの中のいくつかの論争をあきらめる必要がある。なぜなら、物事の中には、（唯物論者であれ、存在論者であれ）十分に同意できるのに、政策に効果的に用いられず、公衆と意思疎通できないものがたくさんあるからだ。メタ哲学的な視点から、環境プラグマティストは、特定の問題をそれに基づいて評価する特定の理論的枠組みに結びつけられるのではなく、理論的な起源にかかわらず、環境の長期の健全さと安定性を最もよく維持する方法を選ぶことができる。

しかしこの立場は肉付けされる必要がある。ある人の政治的-哲学的立場の統合性を依然として保ったまま、ある論争については「あきらめて」、他の論争については続けるというやり方があるのだろうか。本論の残りの部分では、特に政治的エコロジーの指針として、メタ哲学的環境プラグマティズムを構築しうる一つの方法を描き出してみたい。それはこの理論と実践のバランスを推奨するものである。この道に沿って、私はそのようなプラグマティズムを支持することから生じる種類の選択についての具体例を提供しようと思う。

メタ哲学的共存主義

すべての政治的エコロジストにとってそうであるのと同様に、環境プラグマティストにとって、環境への関心は、将来を見すえた政治において取り組む能力をもたなければならない前-政治的な条件となる。すなわち、これらの理論家たちは次のように主張する。政治思想一般、および特に個々の政治的決定は、環境の状態に対するそれらの影響という文脈でのみ決定されうると。エコロジーという主題は、そのような理論にとっての本質的に公的な領域の一部であり、公的領域の健全さはあらゆる政治理論の目的である。環境問題と政治機構のそのような結びつきは、いくつかの点で、特にヨーロッパでは、既存の緑の政治を特徴づけてきた。クリストファー・メインズは次のように指摘した。「自分たちの裏庭に放射線、酸性雨、有害廃棄物の脅威が迫る中で、ヨーロッパの環境主義者には、**エコロジーを政治から分離すると**

いう贅沢などなかったのだ」[41]。もちろん、特定のエコロジカルな政治理論を受け入れる道もたくさんある。ブクチンとネスの平等主義的ビジョンの中に見てきたものと同様の、環境危機から生じる動機に基づいて、権威主義的システムの内部からそのような理論を構築することもできよう[42]。本論文では、政治的エコロジーの権威主義的な選択肢については真面目に考察しない。それゆえ、ここで考察する理論はすべて、より正確には、民主的な政治的エコロジー（democratic political ecology, DPE）の例として述べられる。ここでの「民主的」とは、特定の政府の形態を示すものではなく、すべての反平等主義のタイプを拒否するということを示すものである。そして、特定の民主的な政治的エコロジーは、前提として、ある形態の公的領域における参加的な政治制度を維持する必要があると見なされている。政治的エコロジーの定式化のルールは、いわば、ある種の参加的な文脈の中で生じなければならない。また、政治的エコロジーから生じる政策の実行は、理にかなった平等主義的な諸原則と調和しなければならない。だとすると、環境プラグマティズムの私の形態を受け入れるDPEの理論家はどのような特徴を打ち出すのだろうか。

〔メタ哲学的〕環境プラグマティストは、環境破壊を止めることと、現存する有機的な環境システムを維持し拡張する可能性を増大させることにコミットする。それはメタ哲学的でないプラグマティズムに傾いている政治的エコロジストやDPEの理論家よりも一歩進んでいる。ここで生態学的・政治的な主張は、理論的な政治体制を定式化するための前–政治的な条件としての役割から、実践の教訓から生じ、政治的エコロジーにおける理論の使用と機能にまで及ぶ統整的な理念の機能に奉仕することへと拡張される。それゆえに、政治的エコロジーの実践における困難は、我々の理論状況を新たに考察することへと導く。ここで再び私はシグムント・クヴァロイの中にこのアプローチの同調者を見出す。驚くべきことではないが、彼は行動を通じて理論と実践とを結びつけていた（それゆえに最初から両者の分離に適切に異議を申し立てていた）点で、ピーター・リードとデイビッド・ローゼンバーグが、ノルウェーの環境哲学者たちの中でマルクスに最も接近していると述べた人物である[43]。とても面白いことに、クヴァロイは、良い行動の過剰と良い理論の不足を見出しているが、それは彼がヨーロッパで主要な役割を果たした環境行動主義の最初の10年から明らかになったことである。彼はこのプロセスから次のように主張する。「獲得した経験の直接的な影響のもとに、座ってエコ哲学を再び行う（…）必要が、我々にある」[44]。

この目標にとって、メタ哲学的環境プラグマティズムは受け入れるべき良い原則である。この枠組みの中にある一つの戦略は、プラグマティストはある範囲の問題の中で行われる環境主義者やエコロジストの間でのいくつかの論争の結果に公的には関わらないというものである。例えば、以下のようないくつかの問いはさしあたり棚上げにされるだろう。種の多様性を保証する義務を供給する種の**内在的**価値とは何か。人間と人間以外の動物の間にどのような**確固たる**存在論的関係があるのか。技術は人間に**必ず**悪影響を与えるのか。あるいは技術は人間の認知的進化の自然な展開なのか。これらすべての例において、環境プラグマティストは私的にはこれらの問いに対する答えを探索するが、同時に、公的には実践的な環境問題に対して可能な限り最善の解決策を追求する。プラグマティストはまた、世界の現状が、経済的に、政治的に、あるいは存在論的に、偶発的な歴史の結果であることを認める。人間以外の自然界に対する現在の個人的または社会的な関係性は、環境問題の解決策の探究の内部で機能する唯一のものとして想定されてはいない。環境プラグマティストが用いることのできる、自然の状態に関する普遍的な言明は存在しない（あるいはむしろ、環境プラグマティストには公的にそのような言明を行うことが許されていない）――人間と自然との関係性の記述は、他の仕方でもありえた状況の記述である。そしてそれらは他の仕方でもありえたので、プラグマティストたちは、自然のアイデンティティや自然に対する我々の義務に関する自分たちの構想の本質を追求しない。本質を追求することは、最も迅速に守られうるような形で自然を再概念化する能力を制限するかもしれないのだ。

この見解の結果として、いかなる種類の選択があるのだろうか。（すべての種類の政治的エコロジストにとって重要な）一例は、以下のものである。私の言うメタ哲学的環境プラグマティストにとっては、過去に損なわれた土地を再生する試みである生態系復元のようなプロジェクトを支持し実行することに関して、いかなる公的な理論的問題もないだろう。ウィスコンシン大学の樹木園での草原復元のようなプロジェクトは、どの状態の草原を復元すべきか（コロンブス以前であるか、以後であるかなど）について難しい選択が要求されるが、それにもかかわらず、十分に支援されるかもしれない。復元が理にかなっているのは、人間によって実質的に損なわれてきた生態系を単に保存し続けるよりも、全体として多くの利点をもたらすからである[45]。それゆえに、環境プラグマティストは、そもそも生態系復元は復元される小さな自然の価値を十分に復元したことになりうるかどうかという問いに関する、雑誌『環境倫理学』での激しい討論に参加することに対して、良くても単に知的に興味をそそるだけのものしか見出さないだろうし、悪くすれば、それに対して道徳的無責任を見出すだろう[46]。

プラグマティストは次のように尋ねる。そのような議論の力点は何なのか。また、自分がしていることを環境哲学者たちが支援するかどうかを尋ねてくる、（何千もの）熱心に活動しているボランティアの復元作業者に、我々はどのような答えを提供するのか。この論争に加わっている、プラグマティスト以外の人は、次のように言う。「ええ、もちろん我々はあなたがしていることを支援する。でも問題は、あなたがしていることをあなたがどう考えていようとも、自然はある明確な価値をもっているから、（十分に規範的な意味では）自然を**復元する**ことは本当は決してできないということだ。それに、自然の価値に関する最も良い議論は、アプリオリに、復元は決して真の意味では自然を復元しないと主張しているのだ」。真にラディカルな実践を行っている環境行動主義者には、これは少しも慰めにはならないだろう。ここでの力点は、そのような復元作業者が改良主義的な環境保護主義者〔ラディカルな社会変革を求めずに環境問題に対応しようとする人々〕と比較されたときに、特に的を射たものとなる。改良主義的な環境保護主義者は時おり、復元を行うことをいっさい顧みないことで満足しているように見える。あるいは、利益のために復元を行い、決して真の意味では土地自体に関する結果について配慮しない人々の手に復元をゆだねることで、満足しているように見える[47]。環境活動の実践の世界と交流することを目的として、プラグマティストは、環境危機に対応するために必要なことを、復元の**実践**との交流として規定する（当面は、ここで我々に関わらざるをえない不可欠の自然の価値は存在しないという、より大きな想定の一部として、さしあたり、復元された土地の道徳的地位については重要な規範的論点は存在しないと想定しよう）。

プラグマティストは、私的な部分では、復元された自然の道徳的あるいは政治的地位に関する明確な見解を持っているかもしれない。また目立たない学術雑誌でこれらの見解を発表しようとさえするかもしれない[48]。しかし、そのような心配を公に口にすることは、ほぼ全員が良い考えだとして同意しているプロジェクトの実践の中に非常に大きな混乱をもたらすということを彼らは理解しているだろう。その良い考えとは、損なわれた土地を、以前の土着の種の多様性に近いものになるように、その土地がもう一度自己再生できる地点まで復元するという考えである。私は、復元される景観についてのこの記述に、明白だと私が思うものを示す資格を与える。すなわち、このような問題においてプラグマティストであることは、その人がすべての復元活動に十分な支援を与えるということを意味するものではないということだ。時には環境プラグマティストも、良い復元と見なされるべきものについて、**非常に多くの**意見を公的に述べたくなるだろう（その人は私がしているように、企業がスポンサーになっている復元を良い復元から排除したいかもしれない*3）。その場合、クヴァロイに従って、問題を私的にのみ論じるのではなく、その問題に関する実践者との討論に深く関わることは、エコ哲学者の義務である。哲学者や政治理論家は確かに、実践に関する適切な問いの十分な分析にとどまらず、そこに多くのものを、付け加えるべきだろう。

環境プラグマティズムのこの記述の中にある、この形の公私の区別は、リチャード・ローティの『偶然性・アイロニー・連帯』に由来する[49]。しかし、この後すぐに説明するように、非常に修正されてはいるが。総じてローティは次のように論じる。近代哲学は、形而上学と超越論的な真理の追求に焦点を合わせてきたが、それは自由の追求にとっては役に立たず、その代わりに個人や共同体の自律を増大させる試みの妨げになってきた。ローティは他の論文の中で次のように述べている。我々は「(…) 自由を守り通し、真理と合理性については忘れる (…) 統整的な理念を求める」べきだ[50]。あらゆる場合に知識の基礎を追求するのではなく、その代わりにローティは、自由主義の文化は「改善された自己記述」を要求すると論じる。この記述は、何らかの種類の**規範的な**力を通して我々が物事について誤る理由を与えるのではなく、むしろ物事が他の仕方でいかになされるかについての示唆を与えるという点で、我々の信念を再記述することに道を開くことになる。そのような仕方で真理を作り直すことは、我々の現状を再記述することを正当化する。それは、我々の信念が我々の現状に依然として適用可能かどうかについての我々の構想に関するリトマス試験として役立ちうる。それは決して十分なものではないが、我々が誤るかもしれないということを思い出させる一つの基準のようなものである。

しかし、ローティにとってそのような再記述は限定的なものである。公的には、再記述の主体（彼は「リベラル・アイロニスト」と呼ぶ）は屈辱と苦しみの問題に関心をもつ。また、そのような苦しみを抑制するために、（我々が連帯を容易に感じることができる他者に向けて、他者を主体として位置づけるという言葉で、他者を再記述することによって）人々の間にいかに連帯の絆が作り出されうるかに関心をもつ。私的には、リベラル・アイロニストたちは、彼らが好む何らかの用語や、ローティによれば、「あなたの現実の、または潜在的な苦しみに対する私の態度とは何の関係もない」用語で、他者を再記述する。彼はこう続ける。「私の私的な目的や、公的な行為に関係のない私の終極の語彙の一部は、君には関係のないことだ」[51]。

環境プラグマティストも同様の戦略を採用するが、彼らの公的な再記述は人間の苦しみのみにではなく、すべての自然の苦しみに関心をもつという点で異なっている（人によっては、「苦しんでいる」として自然を語ることは論争を呼ぶものと見なすかもしれない。しかし、自然が**本当に**苦しんでいるかどうかは、もう一度言うが、メタ哲学的プラグマティストにとっては当面は重要ではない）。彼らは真理よりも再記述について語るよう強いられているので、環境プラグマティストは本質主義的な立場を明確にするという罠に陥らないようにするだろう。本質主義的な立場は、自然に対する我々の義務や、自然の記述に関して、健全な多元論を発展させることに対する障害物になるものだ。思い出してほしいのだが、再記述は物事のあるべき姿に関する厳格な立場ではない。むしろ物事の多様なあり方に関する単なる指針にすぎないのである。

プラグマティストたちは、私の考えでは、これらの問いを開拓する枠組みについて一致していないかもしれない。ある人々は、コミュニタリアンの政治理念と社会主義経済の枠組みへの傾倒から始まっているかもしれない。その一方で、他の人々は市場による解決とさまざまな度合いの自由主義へと傾いているかもしれない。ある人々は唯物論者であり、他の人々は存在論者であり、また他の人々はそれ以外の立場だろう。しかし、私の言うプラグマティストたちは以下のことに同意する。これらのアプローチの正しさは、環境の実践という目的にとって、常に根本的なものとは限らないということに。また、特定の事例における理論の適切さは、歴史的、文化的、社会的、および資源の状況によって変わるということに。変わらないのは、次のことを環境プラグマティズムが認めているということである。環境のニーズは、そのような偶然性の前景でもあり後景でもある。そして環境問題を解決する方法を決める場合に、どの枠組みが最も適切かを決める際の支配権を握っている[52)]。重要なことに、環境プラグマティストは、ある場合には自分の枠組みが環境の保存や保護を達成するのは不適切であるかもしれないということを認めるのにやぶさかではない。なぜなら、環境プラグマティストは自分が出発した枠組み（それは当初は自分の調査や活動の関心を方向づけてきたかもしれない）を独善的に擁護したりしないからであり、またあまりに多くの実践的な考慮点が手近にあるときに、自然界の真の状況を要約的に定義することを求めないからである。いくつかの論点については、例えば社会構造についての問いが議題に上がっているときには、存在論者は唯物論者に一目置くことになる。一般に、唯物論者にはそのような問いについて考えてきた強固な歴史的伝統がある。

環境プラグマティストは、**実践**という目的のために、何らかの自然に関する積極的な構想を明らかにすることには関心がない。その代わりに、自然界において物事を抑制したり制約したりするもの、すなわち自然（自然の一部としての人間を含む）に苦しみを与えるものに関する消極的な構想に関心がある[53)]。そのような消極的な構想、「独力で存在する」ための自然の「自由」という構想は、何らかの強固な一元論的な自然理念に**必ずしも**結びつくものではない。その代わりに、単に世界における痛みの感覚を明確化するだけである。

幸運にも、プラグマティスト一般、および特に環境プラグマティストはまた、行為を実行するために社会問題の探求をやめる必要はないということを理解している。ローティが以前に主張したように、「行為への言及は（…）永遠の不完全な解釈の連続の中で、どの段階でも実行される」[54)]。我々が自然を守るために急いで行為する必要があると感じるとき、自然のためにどのように行為するのが最善か、および自然のニーズをどのように解釈するのが最善かに関する現在進行中の話し合いの中に、暫定的に立ち止まる場所を我々は見出すだろう[55)]。私が理解するところでは、我々が自然の諸構想に関して**さしあたり通用する**要約的な言説という考えを諦めてきたように、プラグマティストにとっては、「プラグマティックな」解決以外に、いくつかの問題に対するいかなる公的な解決策もないだろう。しかしプラグマティックな解決策は、我々が決定するものではなく、それに向けて我々が努力するものなのだ。その間、望むならば、実証的、要約的、あるいは覇権的な用語で、我々は個々に自然を再記述することを私的に追求できる。

しかし、ここで描かれた像は完全なものではない。ローティがマルクスと共に、哲学の脱超越論化および哲学と実践批評との結合を望んでいるのは真実だけれども[56]、彼の**政治学**が依然としてラディカルではないのは明らかだ（おそらくは改良主義的である）。そして彼の哲学的ネオ・プラグマティズムは、私が考えている種類の環境政治理論を支持するには全体として弱すぎる。そうすると、本論文の最初の部分で私は唯物論および存在論の政治的エコロジストによる環境保護主義とラディカリズムを賞賛しているのに、いかにしてローティ流の悪名高い自由主義を受け入れることができるのか。その答えは、私が是認しているのはローティの政治理論ではなく、彼の理論の組織的な諸原則のみだ、ということである。

ローティの自由主義的ネオ・プラグマティズムは、それだけでは政治的エコロジストの目的のためにはあまりにも限定的である。結局のところ、彼の立場は明白である。すなわち、自由民主制はこれまでの歴史の中で作られてきた最善の統治形態であると思われる（たとえより明らかな誤りを伴っているとしても）ので、自由民主制のやり方を無理にやめる理由はない、という立場である[57]。しかし、ブクチン、ネス、マルクーゼ、初期のバーロ、ゴルツ、ジム・オコーナー、その他の人々に従って、私は次のように考える。資本主義の成長志向の構造に埋め込まれた自由民主制は、それだけでは長期の環境持続性の目標を達成するには不十分であるとする理由がたくさんある。古典的自由主義は、**それ自体では**、DPEから生じる政治構造、計画、および意思決定において、エコロジーの優先性を認めるような政治理論を構成する原則としては不十分である。

しかし私はここまでで次のことを証明してきたと信じている。共存主義は、ローティのネオ・プラグマティズム哲学が、さまざまな人々の連帯の絆（また特に戦略の一部としての公私の区分）を構築するために不可欠な要素として生み出されたものである。それはラディカルな環境唯物論者と環境存在論者がともに仕事をしうるメタ哲学的立場を構築するのに非常に役立ちうる。少なくともネスは、ディープ・エコロジー運動の中である種の政治的寛容の重要性を理解している。「グローバルな次元の目標をもって働く人々は、ある共通の原則をもつべきだ。しかし、これらの原則は、究極の形而上学的あるいは宗教的な理解における深い相違を危うくするべきではない」[58]。ネスは、ディープ・エコロジーの境界を越えたそのような原則を要求しているが、その要求を拡張するために、なぜローティのネオ・プラグマティズムの一部を用いてはいけないのか。

最後に次のことを指摘したい。このプラグマティズムの戦略はDPEの範囲内で働くのみならず、すべての政治的エコロジストが共存できる、使いものになるDPEになるための良い道でもあると思われる。なぜそうなるのか。その出自が何であれ、メタ哲学的プラグマティストは、政治的・生態学的な状況に目を向けたとき、政治一般を絶えず変化する競合領域であると見なす。この見解は実践的な政治問題に対する非本質主義的アプローチに由来する。しかしまた、このプラグマティズムの**環境の**部分は、最善のアプローチを構築するという文脈の中で、打ち立てられたエコロジカルな原則に調和するような評価を強いる。政治理論の蓄積をもって見渡すと、環境プラグマティスト（ここではDPEを構築することに関わっている）は、環境の長期の健全さに最大の関心をもっている平等主義的実践の基礎に置かれている目標に向けて、政治的な競合領域が存在するという事実を最もよく受け入れる理論を用いるだろう。原則的には、そのような幅広い考慮点や選択に関してプラグマティストを制約するものは何もない。その一方で、同時にプラグマティストには、そのような探究を行う責務があることが示されている。

この考えは、唯物論者も存在論者も民主的な政治的エコロジー（DPE）の領域からすべて成り立っているわけではないということを我々に思い起こさせる。DPEは、さまざまな理論段階に存在する。また、唯物論者と存在論者がお互いに対して持つ関係性以上に、DPEは両者とそれぞれ異なる関係性を持つ。その関係性は、アルチュセールの影響を受けた社会的蓄積構造論者たちと、古典的な労働価値説を奉じるマルクス主義者の両方に対する、ラディカルな政治経済学全体の関係性に似ている。最初の二つは両方ともラディカルな政治経済学に対するアプローチであり、どちらもそれだけではラディカルな経済理論と見なされるものにはならない。私が思い描いているように、環境プラグマティズムは、DPEや、唯物論と存在論に対する関係性の中に位置している。そして、後の二つ〔唯物論と存在論〕がDPEの諸形態として実際にどう機能すべきかに関して、ゲームのルールのようなものを提供する。

謝辞

本論文の重要なアイデアの多くは、以下が初出である。“Materialists, Ontologists and Environmental Pragmatists” *Social Theory and Practice*, Summer 1995.　本論文はその拡張版である。

注

1)　A. Light, “The Role of Technology in Environmental Questions: Martin Buber and Deep Ecology as Answers to Technological Consciousness,” in *Research in Philosophy and Technology*, Vol. 12, 1992.

2)　A. Light, “Rereading Bookchin and Marcuse as Environmental Materialists,” in *Capitalism, Nature, Socialism*, 4:1, 1993.

3)　ここでの唯物論という言葉を、私は薄く解釈して用いている。マルクスや大多数のマルクス主義者によって擁護された、存在論の強い形態を含んでいる濃い唯物論ではなく、私はこの言葉を、社会問題の分析のみを意味するものとして用いたい。その分析は、社会を作る物理的な構造や制度にもっぱら目を向けて考慮するものである。

4)　例えば*Remaking Society: Pathways to a Green Future* (Boston: South End Press,1990)〔『エコロジーと社会』藤堂麻理子／戸田清／萩原なつ子訳、白水社、1996年〕におけるブクチンの環境自由主義者に対する批判を参照。また、*One-Dimensional Man* (Boston: Beacon Press, 1972)〔『一次元的人間：先進産業社会におけるイデオロギーの研究』生松敬三／三沢謙一訳、河出書房新社、1980年〕における、自由社会が行動主義にもたらす熱冷まし効果に関するマルクーゼの一般的な議論を参照。

5)　*Toward an Ecological Society* (Montreal : Black Rose Books,1980), p. 15.

6)　*Remaking Society*, op. cit., p. 20.

7)　Ibid., p. 15.

8)　Ibid.

9)　その区分の有用性とその有用性の擁護に関するやりとりとして、Bookchin, “Response to Andrew Light's ‘Bookchin and Marcuse as Environmental Materialists’” および私の “Which Side Are You On? A Rejoinder to Murray

Bookchin," *Capitalism, Nature, Socialism*, 4:2,1993. を参照。

10)　*Remaking Society*, op. cit., p. 23. そのような行動が単なる行動ではない、あるいは自己防衛的ではないのはなぜなのかについては分からない。まるで人類学者たちが、原始的な村を探索しているときに埋もれていた徳をちょうど見つけたかのように、ブクチンにとっては、そのような行動が自動的に規範的なもののように見えている。より詳細は批判について、以下を参照。"Which Side Are You On?" op. cit.

11)　*Remaking Society*, op. cit., p. 23.

12)　Ibid., p. 35.

13)　Ibid., p. 27. この流れで次に問われるのは、どのような技術的洞察の形態が社会進化のパラメーターと整合するのか、ということである。

14)　私はここで、ロックの『統治二論　後編』のなかの人間の自由の定義における財産の重要性について考えている。これに似たトピックに関する議論として、Carolyn Merchant, *The Death of Nature* (New York: Harper and Row, 1980)〔『自然の死：科学革命と女・エコロジー』団まりな訳、工作舎、1985年〕を参照。

15)　*Inquiry* 16,1973: 95-100.

16)　*Wisdom in the Open Air: The Norwegian Roots of Deep Ecology*, eds Peter Reed and David Rothenberg (Minneapolis: University of Minnesota Press, 1993) の序文を参照。

17)　B. Devall and G. Sessions, *Deep Ecology: Living as if Nature Matterd* (Salt Lake City: Peregrine Smith books, 1985), p. 65. から引用。

18)　アルネ・ネス著、デイビッド・ローゼンバーグ訳の *Ecology, Community and Lifestyle* (Cambridge: Cambridge University Press, 1989)〔『ディープ・エコロジーとは何か：エコロジー・共同体・ライフスタイル』斎藤直輔／開龍美訳、文化書房博文社、1997年〕の中にあるローゼンバーグによる序文の19頁から引用。

19)　ローゼンバーグは、Fox, "Approaching deep ecology: a response to Richard Sylvan's critique of deep ecology" Hobart: University of Tasmania Environment Studies Occasional Paper 20, 1986 から引用している。

20)　Ibid., p. 20. 強調は引用者。

21)　ディープ・エコロジーを見境のない女神崇拝と同一視する『エコロジーと社会』の第1章を参照。何人かのディープ・エコロジストは、この類似を招いているけれども、必ずしもすべての人がこの類似を認めているわけではない。例えばデイビッド・ローゼンバーグによる『ディープ・エコロジーとは何か：エコロジー・共同体・ライフスタイル』の序文における、理論的なディープ・エコロジーのさまざまな流派の間の差異についての論評を参照。

22)　"New Social Movements: The Anarchic Dimension," in *For Anarchism: History, Theory, and Practice*, ed. David Goodway (London :Routledge, 1989), p. 273. 強調は引用者。

23)　Devall and Sessions, *Deep Ecology*, op. cit., p. 16から引用。

24)　*Remaking Society*, op. cit., p. 12.

25)　Ibid., p. 10.

26)　マルクーゼの著書にある、この唯物論者／存在論者の緊張に関するより徹底した議論として、以下を参照。Andrew Feenberg, "The Bias of Technology," in *Marcuse*: *Critical Theory and the Promise of Utopia*, ed. Robert Pippin, A. Feenberg and C. Webe l (Massachusetts: Bergin and Garvey Publishers, 1988).

27)　私の"Rereading Bookchin and Marcuse,"op. cit. を参照。

28)　*Counterrevolution* (Boston: Beacon Press, 1972)〔『反革命と叛乱』生松敬三訳、河出書房新社、1975年〕の第2章、および"Ecology, and the Critique of Modern Society," in *Capitalism, Nature, Socialism* 3:3, 1992を参照。

29)　Op. cit.

30)　また、*Wisdom in the Open Air*,op. cit.に再録されたNaess, "The Politics of the Deep Ecology Movement"を参照。

31)　以下を参照。*Defending the Earth: A Dialogue Between Murray Bookchin & Dave Foreman*, ed. Steve Chase (Boston: South End Press, 1991).ここでのかなり和解的なやりとりの中でさえも、ブクチンの環境唯物論の優先性が際立っている。この本についての私の分析"Which Side Are You On?" op.cit. を参照。

32)　国レベルの緑の集会は、ディープ・エコロジストとソーシャル・エコロジストの間の議論を弱体化させることになった悪名高いものとして知られている。論争はまた、いくつかの全国紙と並んで、*The Nation*や*Z.*のような雑誌を含む、ヨーロッパやアメリカの有名な刊行物に飛び火することがよくあった。

33)　北カリフォルニアのレッドウッド・サマー運動をめぐって形成された同盟の中で明らかになったように、人は時おり、物事がなされるためには（道徳的コミットメントを維持しうる範囲内で）プラグマティックな調停が必要であることを十分に強調できなくなる。環境政治についての魅力的な説明として、*Capitalism, Nature, Socialism* 5:1, 1994のissue 17に掲載されたジュディ・バリに対するインタビューを参照。

34)　以下のグールドのエッセイを参照。“Kropotkin was no Crackpot”, in *Bully for Brontosaurs* (New York: Norton, 1991).〔『がんばれカミナリ竜〈下〉：進化生物学と去りゆく生きものたち』広野喜幸／石橋百枝／松本文雄訳、早川書房、1955年〕

35)　*Is it Painful to Think?* (Minneapolis: University of Minnesota Press, 1993) に収録されているデイビッド・ローゼンバーグによるアルネ・ネスに対するインタビューを参照。もちろんネスはスピノザ、ガンジー、道元を引用して、厳格な哲学によって自分の経験を補っていた。しかし後者に関して、ディーン・カーティンは最近、ノルウェーのディープ・エコロジーを支えるものとして道元の仏教を流用することは、道元の思想の誤解に基づくものだ、と論じている。以下を参照。Dean Curtin, “Dogen, Deep Ecology, and the Ecological Self” *Environmental Ethics*, Summer 1994.

36)　Kvaløy, “Complexity and Time: Breaking the Pyramid’s Reign,” in *Wisdom in the Open Air,* op. cit., p. 119.

37)　例えば以下を参照。Willian Chaloupka, “John Dewey’s Social Aesthetics as a Precedent for Environmental Thought,” *Environmental Ethics*, Fall 1987. およびBob Taylor, “John Dewey and Environmental Thought,” *Environmental Ethics*, Summer 1990. および Robert Fuller, ”American Pragmatism Reconsidered: William James’ Ecological Ethic,” *Environmental Ethics*, Summer 1992.

38)　例えばAnthony Weston, “Beyond Intrinsic Value: Pragmatism in Environmental Ethics,” *Environmental Ethics*, Winter 1985. およびAnthony Weston, “Before Environmental Ethics,” *Environmental Ethics*, Winter 1992を参照（これらは両方とも本書に再録されている）。また、Kelly Parker, “The Value of Habitat,” *Environmental Ethics*, Winter 1990. も参照。

39)　一見すると、カッツとウエストンの論争（本書に再録）は、そのような論争に見える。しかしそれはプラグマティストと非プラグマティストの調停の機会を再び提供しているかもしれない。本書の最終章を参照。

40)　Kvaløy, “Complexity and Time,” op. cit., p. 119.

41)　C. Manes, *Green Rage* (Boston: Little, Brown, 1990), p. 124より。強調は引用者。

42)　例えば*Ecology and the Politics of Scarcity* (San Francisco: W. H. Freeman and Co., 1977) におけるウィリアム・オフュルスの政治的エコロジーを参照。

43)　Reed and Rothenberg, “Sigmund Kvaløy,” in *Wisdom in the Open Air*, p. 114.

44)　Kvaløy, "Complexity and Time," op. cit., p. 116.

45)　生態系復元のこの例や他の例について概観するには、以下を参照。*Beyond Preservation*, eds Anthony Baldwin, Judith DeLuce and Carl Pletsch (Minneapolis: University of Minnesota Press, 1994).

46)　Robert Elliot, "Extinction, Restoration, Naturalness," *Environmental Ethics*, Summer 1994およびAlastair Gunn, "The Restoration of Species and Natural Environments," *Environmental Ethics*, Winter 1991を参照。また、Eric Katz, "The Big Lie: Human Restoration of Nature," in *Research in Philosophy and Technology*, Vol. 12, 1992を参照。その一部は"Restoration and Redesign: The Ethical Significance of Human Intervention in Nature"として、*Restoration and Management Notes* 9:2, 1991に再録された。エリオットおよび明らかにカッツはここでの加害者になっている。

47)　ロバート・エリオットの復元に関する諸議論に対する良い批評として、また実践としての復元に関して容易に手に入る当該領域に関する議論として、以下を参照。Eric Higgs, "A Quantity of Engaging Work to be Done: Ecological Restoration and Morality in a Technological Culture," *Restoration and Management Notes* 9:2, 1991.

48)　銘記すべきは、もともとは復元の分野の外部で発表されたカッツの"The Big Lie"が、雑誌編集者の招待を受けて*Restoration and Management Notes*に唯一再録されたということである。実践的な問題への理論的貢献を発表する時と場所に関する責任は、著者だけでなく、雑誌の編集者にもあるべきだ。私はこの主張を徹底して貫くことは難しいだろうということを真っ先に認める。それにもかかわらず、*Restoration and Management Notes*のなかで依然として続いているカッツ論争が、議論の余地なく健全なことかどうかは、考えるべき重要な問題である。以下を参照。Steven Rasslerの手紙"Naturalness and Anthropocentricity"およびDonald Scherer, "Between Theory and Practice: Some Thoughts on Motivations Behind Restoration," *Restoration and Management Notes* 12:2, Winter, 1994

49)　Cambridge: Cambridge University Press,1989.〔『偶然性、アイロニー、連帯：リベラル・ユートピアの可能性』齋藤純一／大川正彦／山岡龍一訳、岩波書店、2000年〕

50)　"Truth and Freedom: A Reply to Thomas McCarthy," *Critical Inquiry* 16.3, 1990, p. 634.

51)　*Contingency, Irony and Solidarity*, op. cit., p. 91.

52)　自然に触れることに対するそのような非理論的アプローチはラディカルな

政治的エコロジーの不可欠の部分である。クリストファー・メインズはジョン・シード（オーストラリアの環境運動の初期のリーダーの一人）の自然の構想を、「資源の枯渇や土地の管理を含む理論的問題ではなく、強烈な触知できる実在」として記述している。*Green Rage*, op. cit., p. 120.

53)　重要なことだが、環境プラグマティズムはドイツの緑の党のヘルベルト・グルールの側の「真正な」環境保護主義（あるいは生態学的関心のみに基づいた環境保護主義）によって混乱させられるべきではない。環境プラグマティズムは、プラグマティックでない唯物論者や存在論者によって特徴づけられるラディカル・エコロジーに比べて、ラディカル・エコロジーのあまり公的でない理論形態にすぎない。次の場合には、プラグマティストは生態学的な正義の問題と社会的な正義の問題には結びつきがあるという想定から始めることができるだろう。すなわち彼らが、さまざまに重なり合う危険性の観念に関して、それらを再記述することに基づいて、問題の間に共有性を見出さなければならないと感じ、実際に見出す場合には。けれどもプラグマティストは次のことを理解しなければならない。そのような組み合わされた関心が、これらの正義問題の中にある主体のアイデンティティの立場についての重層的に決定された構想を通して理論的に拘束されるべきではないということ、すなわちプラグマティストは人間あるいは人間以外の自然界に関して、「自然」権（あるいは「自然」法）の観念を受け入れることができない、ということを。

54)　R. Rorty, “Pragmatism, Categories and Language,” *Philosophical Review* 70 (April, 1961), p. 219.

55)　ローティの著作のこの最後の一節に注意を促してくれたメレディス・ガーモンに感謝する。行為に関するローティの立場のより完全な議論として、ガーモンの未公刊の論文*Pragmatist Critiques of Jurisprudence*（University of Virginia, May, 1992）を参照。

56)　この議論の最も強い形態は次のような議論である。すなわちそれは、ローティの議論が（マルクス流の）新しい哲学を要求するものではなく、実践批評から切り離されたいかなる理論も哲学とは見なさないという主張である、とする。ガーモンの前掲論文を参照。

57)　以下を参照。Rorty, “The Priority of Democracy to Philosophy,” reprinted in *Reading Rorty*, ed. Alan Malachowski（Oxford: Blackwell, 1990).〔この論文の邦訳は下記に収録されている。「哲学に対する民主主義の優先」『連帯と自由の哲学』冨田恭彦訳、岩波書店、1999年〕

58)　Naess, *Is it Painful to Think?*, op. cit., p. 136.

訳注

＊1　本章における「環境唯物論」と「環境存在論」の対比は、通常はブクチンの主張した「ソーシャル・エコロジー」とネスに始まる「ディープ・エコロジー」との対比として描かれることが多い。「ソーシャル・エコロジー」と「ディープ・エコロジー」の対立点についてはマレイ・ブクチン（1996）『エコロジーと社会』（藤堂／萩原／戸田訳、白水社、1997年）の第1章を参照。

＊2　本章におけるメタ理論的「共存主義」は、メタ理論的「多元論」と読み替えることができる。メタ理論的多元論については序論と第17章で詳しく説明されている。

＊3　ライトは、「悪意のある再生」（malicious restoration）と「好意的再生」（benevolent restoration）を区別している。「悪意のある再生」とは、例えば川床の再生が山頂採掘を許すための口実として使われる場合であり、これは批判されるべき復元とされる。それに対して「好意的再生」には環境再生上および環境教育上の利点が多いとされる。とくに環境教育上の利点は、ライトが復元プロジェクトを支持する大きな理由となっている。丸山徳次（2007）「自然再生の哲学〔序説〕」（『里山から見える世界　2006年度報告書』龍谷大学里山学・地域共生学オープン・リサーチ・センター、所収）を参照。

III

環境問題への
プラグマティストのアプローチ

第9章

プラグマティズムと政策

――水の事例

ポール・B・トンプソン

倫理学において、プラグマティズムに対する批判の一つに、プラグマティズムが政策提言や積極的な行動プログラムに決して結びつかないというものがある。プラグマティズム的な環境倫理が環境政策に情報を提供したり、影響を与えたりするのであれば、詰まるところ、人間社会が、広範な環境に対してどう行動すべきかについて何かを言わなければならない。ブライアン・ノートンは、道徳的共同体の拡大に関するレオポルドの構想がプラグマティスト的思考のもつ一般的傾向にどのように結びつくかについて、説得力のある説明を与えたが[1)]、その論文では政策提言について触れていない。彼の著書『環境保護主義者たちの協同に向けて』では、レオポルドの考えをジョン・ミューアとギフォード・ピンショーが始めた環境政策論争の文脈に置いているが[2)]、その本の中で、プラグマティズムはせいぜい間接的なテーマである。プラグマティズム的な環境哲学をどのようにして公共政策に変えるかという問いは残ったままである。

古典的プラグマティストの中で、ジョサイア・ロイス、ジョン・デューイ、ジェイムズ・ヘイデン・タフツはそれぞれ、当時の重要な公共政策問題に関する多くの論文を書いた[3)]。私の知る限り、これら政策についての論文はどれも、直接的に環境問題に言及していないが、これらの論文に照らしてプラグマティストの書いたものを読むことは、プラグマティズム的な環境倫理への入り口になる。ジェイムズ・キャンベルは、デューイの規範的な論考を彼の哲学的方法論に関する著作と関連づけて検討することで、プラグマティズムが規範的でないとする意見に対して応答している[4)]。プラグマティズムは、あらかじめ確立した型に一致する実質的な解決策を提供することによってではなく、提言に至る方法を提供することによって規範的であるとキャンベルは主張する。

プラグマティストは権利や効用の言語に基づいた政策を支持するかもしれないが、この支持に対する哲学的正当化は手続き的となり、それゆえ、権利や効用理論を支持しないであろう。このことは、プラグマティストが具体的状況に対して正しい道徳理論を応用するように、倫理と政策との関係を理解していないということを意味している。それゆえ、プラグマティズム的な環境倫理は、伝統的な応用倫理とはかなり異なる仕方で政策にかかわることになるであろう。水政策は、環境政策論争の一つの典型例である。本論では、応用哲学および環境プラグマティズムが、それぞれ水政策に対する提言という点で、何を提示するのかについて考察する。

水政策における二つの事例

水の利用に関する利害対立は、環境政策において最も頻繁に繰り返されるジレンマの一つである。水政策をめぐって争っている個々の団体は、地域ごとに、また時によって異なるが、示されそうな観点については一貫している。私は二つの事例を考察することで、このことを説明したい。チャタム川の事例は、水政策論争に関する大学教育のための教材として創られた。その事例は、ノースカロライナ州における実際の事例をもとに創っているが、さまざまな形での水利用を主張する人びとの間の緊張を示すことを目的としている。チャタム川の事例は、倫理的分析を念頭に置いておらず、技術的データを含んでいるが、ここでは述べない。現在の目的にとって、チャタム川の事例が、倫理的というよりは一般的な技術的適用のために書かれたという事実は、その事例を典型例としてよりふさわしいものとするであろう。二番目の事例は、チャタム川の事例の典型性を確証するものとして、他のものより多く提示されるが、中央テキサスの地下に広がるエドワーズ帯水層での水に関する継続的な論争である。

スプリングデールという架空の町は、アメリカに実在するノースカロライナ州にある架空のチャタム川に接している。この事例は教育目的のために開発され、1990年にウイルソンとモーレンが農業と自然資源のシステム分析について書いた著作に掲載されている。この著作は、ロバート・モースによって研究されたノースカロライナ州の水政策問題を一般化し、また、そこでの議論が、治水や経済に関するデータだけではなく、ノースカロライナ州の河川法に基づく実際の決定にも応用されている[5)]。しかし、この事例の基本となる部分は、いくつかの文章で要約することができる。多くの地方のコミュニティ同様、スプリングデールは必死になって経済成長を模索している。スプリングデールの町議会は、水が軽工業や住宅用として利用できる場合にのみ、経済成長が保証されると信じている。ここには、スプリングデールの源泉が限界に達しているという困難が存在している。しかしながら、スプリングデールはチャタム川に隣接しているので、町議会は、住宅用および軽工業用に水を流用することを提案するのである。

この町議会の提案には、二つの団体が反対している。一つ目の団体は、現在川岸を利用する権利を所有している小規模農家の人たちである。これらの農家はチャタム川の水を1世紀以上にわたって利用してきた。チャタム川の水の利用は、長年にわたって増減しており、また、さまざまな時期や場所で、家庭用のみならず、家畜や農業用の水として利用されてきた。州水資源委員会によるチャタム川の流量調査によれば、年々流量は減少している。つまり、町議会の計画では、農家は現在の水使用の基準を維持することができないだろうし、まして、農業用水を使用する者としての所有権に関連づけ、現在の使用基準を拡大することは認めないであろう。そうであるから、農家たちは、自分たちの権利を守るために法的措置を考えており、また、チャタム川の水を彼らの許可なしに取水できるという町議会の前提に憤慨しているのである。

二つ目の団体は、「チャタムの友人」と呼ばれる環境保護主義者や魚釣りなどの野外活動を楽しむ人びとによる緩やかな集まりである。チャタム川は、その至る所で、この川の生息地に特有の絶滅危惧種であるオオサンショウウオはもちろんのこと、魚や野生生物に栄養を供給している。町議会の計画は、この野生生物が、ここ数年流れが減少するさなか、よりどころとしているチャタムの生態系を脅かすであろう。チャタムの生態系への危害は、チャタムの友人にとって、二つの理由で不快である。一つ目の理由は、チャタムの生態系をレクリエーション目的で利用する人びとは州のあちこちから来ており、その生態系が提供する釣りやキャンプ、自然観察に強い愛着を持っているからである。二つ目の理由は、チャタムの友人のうち、レクリエーション目的でチャタム川を利用しないメンバーは、野生生物、いやそれどころか生態系自体への危害は、道徳的侮辱だと考えているからである。彼らの考えでは、町議会は、自然の利益にほとんど関心を示さない計画を提案しているだけで自然を冒瀆しているのである。その計画を実行にうつすことは、全く受け入れられない。

ところで、チャタム川の事例は、さまざまな形で手を入れることができ、法的、経済的分析に重点を置くものや、技術的な解決を提案するものもある。私が提案するのは、それぞれの団体が自分たちの立場を正当化したり、あるいは、公共善のイメージに沿って自分たちの利害を方向づけたりする際の道徳的根拠を吟味することである。それぞれの団体の道徳的根拠のうち最も説得力があるのは、明確な哲学的原理に訴えるものである。これらの根拠が明確になると、道徳理論家たちの間の哲学的な議論に典型的な対立を再現することになる。

明らかに、川岸の農家は、自分たちの主張を所有権に基づく強い解釈で基礎づけるに違いない。倫理学におけるリバタリアン的見解によれば、正義は、他者の行動に干渉するという仕方で行為**しない**という基本的な「消極的義務」の遂行として定義される。リバタリアン的な非干渉の権利には、生命、自由、財産への権利が含まれる。これらの権利は、他者に危害を及ぼす行為（明らかに妨害の場合）を制限すると考えられている。消極的義務（例えば、他人に危害を与えるような行為を**しない**こと）を求める人びとに対してだけ権利を制限することは、あらゆる人びとによって同時に享受されうる最大限の自由を保護すると考えられている。所有権とは、所有者に、他人を妨害したり、危害を与えたりしないという制約を条件として、自分の所有物を自らの願望に従って利用する権限を与えるものと考えられている。とりわけ、所有者が所有物を無駄にする、あるいは自己利益にすら反する方法で使用しているという事実は、干渉のための合理的根拠を与えるものとは考えられていない。言い換えれば、他の誰か（あるいは政府）が、自分よりもその所有物をうまく使用できるという単なる事実があったとしても、あなたの許可なしにその所有物を利用する合理的根拠とはならないのである。農業者ちは、自分たちが水を所有しており、この所有権は、そうした水の利用が他人の権利に抵触するまでは、どのように利用してもよいという権利を与えるものと考えている。利用の効率性は無関係である。

この点は、とりわけ、町議会の事例に関連している。なぜなら、チャタム川の水をスプリングデールに割り当てることは、主に以下の理由によって正当化されるからである。つまり、経済成長を目的として水を利用することは、川岸の農家が継続的に水を利用することよりも、より多くの人に、そしてはるかに多くの恩恵をもたらすことになるという理由である。これは古典的功利主義の議論である。所有権とは、本質的な道徳的要求を守るものとしてではなく、利益を生み出したり、コストを削減したりするための手段とみなされている。農家が水を管理する方が、町が管理するよりも総効用を生み出さない場合、町が取水し、その水を軽工業であれ家庭用の供給であれ、その水を他のものに利用することを正当化する。町議会は、その計画が、経済便益の点から判断して、最善の結果を生み出すという理由で、その意見を妥当で、かつ正しいと考えている。川岸の農家の権利を守ることは非効率なのである。

チャタムの友人は、町議会あるいは川岸の農家が批判するいずれの主張にもほとんど心を動かされないだろう。チャタムの友人には、少なくとも、利用可能な二つの主要な議論がある。一つ目は、人間中心的な主張である。すなわち、生息地を守る生態系や保護区として、そして汚染や他の環境に対する害を防ぐものという形で、娯楽目的の利用者、将来世代、またごく間接的にチャタム川を利用する人びとの権利に訴える。二つ目は、直接的にチャタム川に生息する動植物、ことによると川それ自体にまで権利を拡張するという主張である。そうであるならば、人間以外による利用は、すでに述べた人間中心的な利用とともに保護されている。これら両方の主張は、標準的な所有権とは異なる利用権に訴えているので、公共善に一致すると考えられる利用のために、機会の権利を主張している。この点に関して、人間中心的主張と拡張主義的主張は、平等主義的な道徳哲学の標準パターンに訴えかけている。リバタリアン的な非干渉の権利同様、機会の権利は、効率性を主張する功利主義的な町議会に優先し、「切り札」となる。しかしながら、川岸の所有者ではない人びとがチャタム川の生態系を享受し、利用する機会を与えられるべきであると提案するにあたって、チャタムの友人はリバタリアン的な消極的義務の制約を拒否する。また、経済成長を重視する町議会の計画に異議を唱えるのと同じくらい確実に、チャタム川の水を灌漑に使用する人びとと妥協しうる一連の基準を提案するのである。

ところで、この加工された事例でさえ、さらに分析すると、環境倫理を学ぶ学生によく知られている多くの難問を含んでいるだろう。例えば、チャタムの友人にとって有用な二つの主張は、環境倫理における人間中心主義的アプローチと非‒人間中心主義的アプローチの間の論争、すなわち、その最初の20年にわたって環境倫理を広めた論争として象徴的なものである。ただ、これらの主張の詳細は、ここでの関心事ではない。ポイントは各々の利害関係者が、チャタム川における自らの利益を正当なものとして示すにあたり、どのようにして**一見明白な**説明を与えうるかを明らかにすることであった。さらに、この検討は、政策の行き詰まりが長引きうる理由を示している。それぞれの立場が、利用についての両立しえない道徳的正当性を主張することは、それぞれの側の利益に独善性の烙印を押す根拠になりうる。つまり、合意に基づく問題解決にとって悪い兆候であると言える。こうしたことは哲学者を驚かせる状況ではない。というのも、リバタリアン、功利主義者、平等主義的哲学者の間における明らかな行き詰まりは、現在まで少なくとも200年は存在しているからである。

一つの加工された事例についてのたった一つの分析を一般化することはできないが、上で述べた諸要素は、現実の事例においてはっきりと見てとれる。テキサスにあるエドワーズ帯水層は、ウバルデ郡近くの南部丘陵地帯からニューブラウンフェルズとオースチンの間を結ぶI-35〔州間高速道路35号線〕に沿ったグアダループ川、コーマル川、コロラド川に注ぐ水源まで三日月状に広がっている。その間にサンアントニオ市がある。この都市は、一見大都市で、アメリカで最も急成長を遂げている都市の一つである。丘陵地帯の雨が帯水層を涵養する西側では、乾燥地域の農業者たちは、2世紀にわたって水を蓄えるために使ってきた井戸をやめ、最近になって、選んだ田畑に水を引くようになっている。三日月の北東の先端では、レクリエーション目的の人びとが、風光明媚な川で魚釣りをしたり、その水源で泳いだりしている。また、野生生物（絶滅が危惧されているオオサンショウウオを含む）が、その水源によってつくられた生息地に暮らしている。サンアントニオは、経済成長のために水を利用したいと考えており、その使用は1980年に測定された27万エーカー・フィート／年から2040年には76万エーカー・フィート／年に増大すると予測されている[6)]。このように、リバタリアン的所有者、功利主義的開発者、平等主義的環境保護主義者という三者構造は、エドワーズ帯水層の事例においても繰り返されている。土地や森林政策に関する他の論争は、環境政策における多くの問題に対してこの構造を一般化することを後押しするだろうと私は考えている。

エドワーズ帯水層の事例がチャタム川のモデルの妥当性を確認するのに役立つことを示すためには、プラグマティズム的な環境倫理に欠かせないいくつかの違いについて述べなければならない。まず、論争中のそれぞれの集団による主張は、より複雑に入り組んでいる。例えば、灌漑をする人びとは、丘陵地帯のコミュニティにとっての農業の経済的価値に素早く気づき、あたかもサンアントニオ市の功利主義的な考えを拒否するかのようであった。この方針は、サンアントニオの街に比べて比較的人口の少ない丘陵地帯の町の経済状況のために、何が必要とされるのかを、農業者たちがだんだんと理解していくにつれて、徐々に（決して完全にではないが）弱まっていった。彼らにとって、つまりサンアントニオ市の考えを擁護する人びとは、経済成長が街の多くを占めるヒスパニック系の貧困層に恩恵をもたらすであろうということに気づき、農場主たちの主張に反対した。すなわち、相対的に貧しいエスニックマイノリティの集団よりも中流階級に属するアングロサクソン系の農家を優遇する政策を正当化できなかったのである。この点で、サンアントニオ市の主張は、機会の権利に根本的にコミットしたとは言えないにしても、平等主義的なレトリックを採用したと言える。環境保護主義者たちもまた、功利主義的主張とリバタリアン的主張の両方を試みた。例えば、ニューブラウンフェルズ地域でのレクリエーション利用の経済的価値の測定を可能にする経済評価モデルは、環境保護主義者がテキサスにおける事例を考える上で、とりわけよく活用されてきた。さらに、水源より下流にいる川岸の人びとは、水源の流れが従来の水準のままであれば容易に保護されるような権利として、川の水に対する自分たちの所有権を主張した。

環境保護主義者の中に水を所有する農業生産者が現れたことは、別の問題を示している。エドワーズ帯水層の事例において、それぞれの利害集団は哲学的な方針に沿って立場を明らかにしているのではないということである。理由は全く異なるけれども、下流の人びとは、環境保護主義者が求めているのと同じ水政策を必要としている。丘陵地帯の農場主の一部には、次のように考えるサンアントニオ市に同意し、自分の土地を手放した人さえいる。つまり、彼らはトウモロコシなどの作物を育てるよりも、都市型水利用の象徴となったアミューズメントパークであるシー・ワールドに水を売る方が、結局のところ、よりもうかるだろうと考えたのである。こうした利害や主張の複雑さは、エドワーズ帯水層の事例をチャタム川についての事例研究よりも、より流動的に（洒落ではない）する。要するに、水というものは、とてもつかみにくく、その流れは、哲学的な理論に基づくきちんとした方針になじまないのである。最も明確かつ合理的で、説得力のある哲学的見解をもつ集団に有利になるようチャタム川の事例を判断する場合、古典的な三つ巴の哲学的論争を思い浮かべるかもしれないが、エドワーズ帯水層のような複雑な現実の事例では、三つの道徳的な考え方〔リバタリアン、功利主義、平等主義〕のいずれかに対する哲学的決定打が大きな影響を持つであろうということ自体を疑うことになる。この点は、環境プラグマティズムが水政策にどのように影響するかを私たちが考察するうえで重要な知見である。現実の環境問題を解決するためには、特定の理論的学説を主張することではなく、プラグマティズム的なアプローチが必要となるであろう。

２つの事例――応用される倫理

エドワーズ帯水層の事例やチャタム川の事例のような争いを考えた場合、哲学者は何を言わなければならないのだろうか。一つの応えは、おそらく論争者が提示する典型的な主張それぞれを厳密かつ詳細に展開することである。ヴァーナーやギルバーツ、そしてピーターソンが本書〔第13章〕で主張しているように、道徳理論とは、立場を鮮明にし、明確にするツールとして、また議論の言葉をより明確に描き出すためのツールとして理解されうる[7)]。実際、より詳細で、明示的なリバタリアン的、功利主義的、そして平等主義的議論は、水や自然資源政策に関する文献で容易に見出すことができる。チャールズ・ブラッツの論文集『倫理と農業』の中にはこうした内容の論文が三本ならんで収められている。その中でリバタリアンの立場に立っているのがドナルド・シェーラーである。シェーラーは、こうした問題を、彼が「上流／下流」環境と呼ぶものを特徴づける相互性の欠如から生じるものとして分析する。つまり「上流で起こることが下流で影響を引き起こすということは理解できるが、その逆はない。従って、上流で暮らす人びとは、下流からの危害を恐れない」[8)] のである。相互性の欠如が、「上流の」人びとを、他人に対する危害に目を向けないよう仕向けるのである。というのも、上流の人たちのいる場所の生物学的事実として、他人が水を使用することから生じる同様の迷惑によって傷つけられることはないからである。単純な自己利益は、相互性が成り立つ場合には、非干渉という規範を十分に形成することができるが、「上流／下流」環境おいては、十分な権利保護を生み出すことができないのである。

シェーラーは上流利用者の慣行を「外部化」コストの一つとして論じている。しかしながら、彼のこの言葉の使い方は、資源経済学者の使い方とは異なる。事実、シェーラーの外部性が意味しているのは、相対的に強い集団による、弱い集団の持つ自由や所有権への強制や干渉のことである。彼は、こうした状況における道徳性の役割は、強いものによる干渉から弱いものを保護することにあるという主張で結論づける。シェーラーの主張は、効率性基準の有効性を否定するという点で、つまり、コストに関係なく非干渉の権利の保護を主張する点においてリバタリアン的である。この考えは、町議会ならびにサンアントニオ市の見解と正反対の立場である。シェーラーは自分の主張が環境保護主義者を支持すると考えており、実際、リバタリアン的な主張は、汚染や廃棄のような諸実践によって既存の権利行使が妨げられるまでに及ぶ環境法を支持している。しかしながら、いずれの場合でも、環境保護主義者たちがチャタム川やエドワーズ帯水層の水に関して新たな主張をしようとしているという事実によって、所有権に基づく主張は、環境保護主義者よりも牧畜業者や農場主を支持していると言える。環境保護主義者は、レクリエーションのために水を使用したり、水が生息地としてそこにあることを単に知りたいのかもしれないが、環境保護主義者が、川岸の農家の水使用によって実質的にどのような危害を被るのかを知ることは困難であると同時に、灌漑をする人の法的に認められた使用へのどの程度の干渉が、かつて所有したものを奪うことになるのかを知ることは簡単である。

功利主義的な分析は、資源経済学者であるテリー・アンダーソンとドナルド・リールによって提示される。アンダーソンとリールは、水市場を確立することによって水に関する紛争を解決するための事例を提示する。彼らの議論には二つの重要な考え方がある。すなわち、コンフリクトを効率的に解決するための規範としての配分効率を考えるということと市場の失敗の形態として水紛争を分析するということである。専門的ではない言い方になるが、配分効率の考え方によれば、財が正当に配分されるのは、それが最も高い価値のある使用のために配分された場合である。配分的正義*1の問題に適用される場合、この原則は、最大多数の人びとに最大善を生み出すよう行為せよという功利主義の格率の特殊事例とみなすことができる。「最も価値のある使用」とは、財をもつそれぞれの使用者がその価値を決定する主観的な選好をもつというように理解されている。つまり、経済学者は、それぞれの使用者が自分たちが使用する財（例えば、水）を何か他のものと自由に交換できる場合に、これらの主観的価値が経済行動の中に表れると考えているのである。契約するあらゆる集団が利益を見込める場合にのみ人びとは自発的な取引を行うので、いわゆる自由市場は——自由とは、政府による強制から自由であることだが——、少なくとも一つの集団を悪くすることなしにはより良いものになり得ないような配分を生み出すのである。

新古典派経済学の前提は、多くの功利主義者によって拒絶されるであろうが、ここでの要点は、功利主義的観点をもつ応用事例を考察することにある。つまり、アンダーソンやリールに特有の功利主義的考え方を批判することではない。シェーラー同様、彼らはその問題を外部性の一つとみなしているが、外部性を単なる危害としてではなく、市場の失敗例として解釈している。市場の失敗とは、それが強制の結果ではないとしても、通常の取引において資源が最も価値のある用途に配分されていないことを意味する。（しばしば売買を通して）協力できる人びとがそうできない場合に市場は失敗する。なぜなら、一般に、問題となっている市場の構造や財のもつ本来の特徴が協力を妨げるからである。例えば、自由に獲得する権利は、北アメリカ西部の多くの地域の水政策にとっては歴史的な原則である。この権利は土地所有者に、川や地下資源から獲得できる分だけの水の使用を認めるが、使用されない川底や帯水層の水に対する所有権を与えるわけではない[9)]。アンダーソンとリールはこうした状況が保全に対する阻害要因となると指摘している。というのも、土地所有者にとっては、保全による利益もなく、あるいは使用量を減らす（はるかに少なくする）ためのコストを埋め合わせるすべもないからである。

土地所有者が使用しない水を売ることができれば、そうしたインセンティブが与えられ、保全は拡大するであろう。このように、アンダーソンとリールが示した解決策は、現金や他の財と交換可能な水に関する所有権を確立することにある。こうしたことが水市場を確立し、保全に対するインセンティブを与えるであろう。それはまた、配分効率が求める行動様式に則した水使用をもたらし、所有権に基づく交換から生じるどんな使用に対しても功利主義的な正当性を与えるであろう[10]。市当局は、農業に水を利用する人びとが自ら支払うよりもはるかに多く請求できるので、川岸の人びとから水を容易に購入し、都市での利用に転用することができる。したがって、町議会ならびにサンアントニオ市は、アンダーソンとリールの見解にかなり満足しているであろう。もっとも、彼らの意見を基礎づける功利主義の論理は、地理的なものに基づいた利益をまったく考慮しないわけだが。農家、都市計画者、そして環境保護主義者はすべて等しく扱われ、その効果を測定する都市計画者にとって、水の価値はより大きくなるのである。

今述べたリバタリアン的見解と功利主義的見解の違いを明らかにするには、若干の苦労が伴うであろう。両者は外部性の概念を使い、どちらも望ましい政策手段のために水の所有権に依拠している。シェーラーの議論は、「外部性」という言葉が、リバタリアン的正義理論において最大の罪とされる「干渉」と同義語として用いられているという理由でリバタリアン的である。水の所有権を安定させる根拠は、所有権を保障することが「下流の」利用者（例えば、どちらかというと弱い集団）を、彼らに対して道徳的に不適切なアドバンテージを持つ人びとによる被害から保護する手段となるからである。シェーラーは、上流下流両方の利用者が水に対する同じ自然権を持っているということ、しかし現行の公共政策が、上流の利用者が他人の権利を侵害することを不当に認めている可能性について議論している。それに対し、アンダーソンとリールは、外部性という言葉を、市場の需給均衡メカニズムに基づく通常の取引の外部にあるコストまたは損失として理解している。それら外部性は水を使用する者が支払わなければならない価格に反映されていない。言い換えると、もしそこから他人が得る価値に気づくならば、自分たちの得る可能性がある利益にそれらは反映されていない。こうした価格のねじれが、非効率な水使用に対する動機を生み出すのである。保全のためにお金を払う意思のある人びとは、それを買うすべはなく、保全する立場にある人びとにとっても、そうする動機がないのである。所有権は、功利主義者にとっての解決策ではあるが、権利に関して道徳的に重要なものは何もない。それらは単に、この特定の事例において功利性を最大化する政策手段にすぎない。所有権の重要性に関するリバタリアン的主張と功利主義的主張の合致は、環境倫理におけるより大きな（しかしながら、この文脈においては、少し脇道にそれた）テーマを示唆している。

ヘレン・イングラムとローレンス・A・スカッフ、そしてレスリー・シルコーの三人は、ブラッツの本に基づいた水政策に関する議論の中で、機会の平等について高度に含みを持たせた説明をしている。彼らは水が社会財であると主張する。それが意味するところは、水は通常の市場取引から切り離されるべきであり、また民主的な政治プロセス、すなわち、法や憲法上の規則、ならびに「公平」で、かつ「公正」な方法による手続きを尊重し、「法や社会財、政治的立場に平等にアクセスできるコミュニティのメンバー」[11]によって権限を共有することを求める、そういうプロセスに従って配分されるべきだということである。イングラム、スカッフ、そしてシルコーの三人は続けて、自分たちが支持する政策を特徴づける五つの原則を挙げる。

・配分される利益と費用は、関係するコミュニティのすべてのメンバーに等しく共有されるべきである。
・資源を劣化させたり、他人に危害を与えたりしない限り、合法とされる価値を追求するために水を使用する権利は、尊重されるべきである。
・ここまで述べてきたものと別の価値を要求する社会の成員については、資源の配分や決定プロセスにおいて常に配慮すべきである。
・公正さとは、交渉と妥協のプロセスにおいて合意した約束に従う義務を前提としている。
・現在使われている水資源は、将来世代に対する責任を伴うべきである[12]。

これは平等主義的な考え方と言えるであろうか。そうだと考えるに足る根拠はある。第一に、これらの原則は、功利主義的な考え方がもつ効率性議論を明らかに削ぎ落としている。イングラム、スカッフ、そしてシルコーはまた、リバタリアン的な二つ目の原則が他の四つの原則によって制約を受けると考えており、それゆえ、所有権の行使は、コミュニティに属する**すべての**メンバーによって費用と機会を共有することが保証されている場合にのみ認められるのである[13]。その上、将来世代にとっての機会の権利へのコミットメントや、開発業者や所有権を持つ伝統的な所有者とともに、環境保護主義者たちが交渉のテーブルにつくことを保証する三つ目の原則は、リバタリアンや功利主義的立場ではおそらく不必要とされる、明らかに平等主義的要素であると言える。しかしながら、結果として生じる議論は、人が期待を寄せるメンバーに期待するよりもはるかに平等ではない。それは政治的プロセスによって解決されるべき、水の利用に関する実質的な政策の多くをそのままにしている。劣化の制約によって生じるものをより注意深く規定することによって、この議論の環境的側面を強化することができる一方で、一部の環境保護主義者は明らかに、「資源」という言葉を完全に避ける議論を望んでいる。それでも、イングラム、スカッフ、そしてシルコーによって支持されるいくつかの議論は、チャタムの友人やテキサスの水源をまもる人びとのような環境運動集団が要求するにちがいない政策立案への参入のきっかけになるだろう。

平等主義的な考え方のより明確な実例は、環境倫理に関する幅広い文献から引き出すことができる。間違いなくクリスティン・シュレーダー＝フレチェットは、もっともすぐれた代表者の一人である。さまざまな環境問題に関するシュレーダー＝フレチェットの著作で、ロールズの格差原理を環境政策に応用している。シュレーダー＝フレチェットは、ロールズにならい、任意の集団や個人が優位になったり、あるいは、公共政策の決定から偏って利益を得ることのないような基準について論じている。**格差原理**が体系化しているように、平等主義的倫理は、それぞれの状況で、社会はもっとも暮らしむきの悪い集団の中にいる人びとに最も利益になる政策を選ぶべきだということを要求している。そのような政策基準が、結局のところ、富と権力の相対的に見て平等な配分を生み出すことに貢献し、またそうすることが貧しく弱い人びとにとって最も有益な場合に、不平等な分配を認めるのである。シュレーダー＝フレチェットが環境問題においてロールズ的な立場をとる重要な点は、環境政策に影響を及ぼそうとするさまざまな主体のもつ不均衡な権力と、相対的に弱い人びとが究極的に我慢しなければならない不均衡なリスクによく目を向けることにある。シュレーダー＝フレチェットは、商業的利益をもたらす土地や水の使用を提案する関係者が相対的に裕福であることを強調する。農業者と都市、すなわち、リバタリアン的見解と功利主義的見解を代表する両者は共に、彼らが提案する土地や水の使用から財政的な意味で利益を受ける立場にある人びとに含まれている[14)]。

要するに、シュレーダー＝フレチェットは経済的、政治的に疎外された人びとを支持する政策決定が、環境にとっても有利に働くということを、かなり説得的に議論していると言える。この議論が応用できない事例（とりわけ、発展途上国において）はあるが、彼女の強い平等主義的な考え方が、米国の環境主義者たちにより支持される政策を生み出すであろうということにほとんど疑いの余地はない。また一方、別の立場では、平等主義的な推論の形をとるが、人間以外の存在にまで政治的権利を明確に拡大することになるであろう。例えば、環境問題に関する著作のある二人のナッシュ（ロデリックとジェイムズ）はこのアプローチを支持してきた[15)]。このような考え方が哲学的な戸惑いを引き起こすことは確かだが、チャタムの友人や中央テキサスの環境組織がとった政策的立場を正当化する手段において、平等主義者のうち拡張的な立場をとる人びとがどう強調されるのかを知るのに丁度良い例となる。

応用倫理学――何がもたらされたのか？

環境倫理学者は、間違いなく、上記の三つの立場が備えている特徴の問題点を見出すであろう。おそらくそれら三つの考え方は、倫理学において、ある特定の基礎づけ主義的考え方を代表する〔相手の意見を歪めて解釈して論駁する〕わら人形論法として描かれてきた[16)]。しかしながら、ここで重要なことは、政策論争をしている人がすでに持っている体系的でない意見を、哲学的な分析がどのように明らかにし、支持すべきなのか、あるいはそうするためにどう使用されうるのかについての例を与えることである。この点において、われわれは前述の二つの節に基づいて三つの意見を述べることができる。第一に、政策提言と道徳理論において認められた立場との間の一致は、われわれがこのように水政策論争を診断する時に、理論的考え方を真に**応用**しているのだという判断を支持している。第二に、応用哲学は、特定の理論的傾向に従って政治的な考え方を分類することの中に**ある**。第三に、このような応用や分類の実践的効果は、もしあるなら、役に立たないものになりそうである。これらの意見は、環境政策における応用哲学の役割について明らかに否定的な評価をするものであり、それぞれについて詳細に述べる価値のあるものである。

まず一つ目についてだが、チャタム川やエドワーズ帯水層で示され、シェーラー、アンダーソンとリール、イングラム、スカッフ、そしてシルコー、またシュレーダー＝フレチェットによって実際なされた水政策に関するリバタリアン的、功利主義的、そして平等主義的分析は、以下の意味において、応用倫理の実例である。主要な哲学的前提や原理は、宗教的教義が信者によって採用されるかもしれないのと同様、論争者によって支持されるか、論争者に帰せられるかのどちらかである。主張される具体的な政策の観点は、これら倫理的な考え方がもつ論理的な含意を示し、目下の事例についての偶発的で、実際的な発言を組み合わせたものとなる。この点から考えると、倫理学とはまさに応用された理論である。理論の前提や原則は、もっぱらアプリオリな用語で規定されている。すなわち、基本となる考え方は、普遍的な言説の形をとるのである。自由に変化するものに名前や明確な記述を与え、出来事の成り行きを予測する物理法則を記述する、真の経験的言説と組み合わされるとき、応用のメタファーは倫理学の役割をよく捉えている。倫理学は道徳理論と同一視される。すなわち、応用とは、変化するものを具体化することにあり、また、論理的一貫性をもって、具体化された言葉の意味するものを導き出すことにある。道徳的内容は、応用のプロセスにおいて付加されないし、科学における改ざんにあたるものも存在しない。そこでは理論の道徳的内容は、それを応用する試みによって修正（あるいは、少なくとも、拒否）されるかもしれない。

二つ目に、いったんこれらの水論争にかかわる各集団の態度や立場が、承認された哲学的見解に根拠づけられたら、応用哲学者は仕事が終わったものとみなす。理論が応用され、そして提言が生み出されたのである。さらに何か言うことがあるだろうか。もしリバタリアン的、功利主義的あるいは平等主義的立場の間で争いが続いているのであれば、それらはきっと政治理論にも馴染みのある純粋に哲学的な用語でされなければならない論争である。どの理論が成功しても、哲学的には正しい政策を決定する。したがって、応用倫理学者は好みの政策を何かしらの哲学的基礎で根拠づけるだけでよいのである。応用は理論を変えることはできないので、こういった基礎づけをめぐる議論は、水政策でもめている人びとによる干渉を受ける心配はない。政策理論についての哲学的議論がどこにも速やかに進んでいるように見えないという事実は、政策の不一致についての分析に関係するものとしても、応用倫理の特徴として哲学的に興味深いものとしても見られないのである。

最後に、哲学的分析がもつ実践的な効果は、論争者のこれまでの意見に強固な説明を与えること、すなわち、実際の政治的な議論を立ち止まらせることにある。哲学者はそうした立ち止まった状態を好む。というのも、それが学校での教育にとって有用な「ジレンマ」をもたらすからである。しかしながら、水政策に関しては、凍てついた政治的な膠着状態が続いている。明らかに、こうした応用では、倫理的な考え方を変えるには至らず、基礎づけ的な議論だけがそれを可能にする。論争している人たちが自身の理論的根拠を曖昧に、つまり直感的に理解しているときに、私たちがそうであった以上に、私たちが本当にましかどうかは疑問である。もし論争している人たちが、相手が与えると期待する立証責任についてそれほど明確でなかったとしたら、おそらく、明快さは、解決されたかもしれない論争を頑なにするだけである。もしこれが応用哲学の生み出すものなのであれば、弁護士の方がましかもしれない！

プラグマティストによる再構築——必然性

この状況において、プラグマティストの環境哲学は何を提示しなければならないだろうか。第一に、プラグマティストは、基礎づけ主義的な哲学者の認識と異なる問題を示すであろう。基礎づけ主義的な応用哲学者にとって、問題は「私はどのように水政策に対して私の理論を応用するのか」ということにある。プラグマティストにとってその問題とは、「異なる利害が水使用に関する主張の中にあり、どのようにしてその主張は、われわれの政治的理想と一致する仕方で解決されうるのか」という問題である。これらの問いのどちらも、個々の文脈においては適切であるかもしれないが、水政策が本当に問題となっている場合には、プラグマティズム的な哲学者の注意を強く引くのは、第二の問いである。そしてその理由は、すべてのプラグマティズム的哲学にとって重要なものである。すなわち、第二の問いはプラグマティズム的必然性を有している、ということにある。

ウィリアム・ジェイムズは、いくつかの論文の中で次のように論じている。すなわち、私たちは、論証されておらず、明らかに偽りとも言えない命題を信じること（あるいは本当のこととして受け入れること）を認識論的に許されており、それは、たとえそれらの命題を頼りにするために与えられる証拠がほとんど真理を支持しない場合でもそうなのだ、と。私たちは、信じているか否かが、私たちの行為や心理的幸福にある重要な違いをもたらす状況において、そうした信念に同意することを許されている。ジェイムズが注目するように、私たちは、個人的な行為において何が正しく、何が間違っているのかという問題に無関心でいることはできない。つまり、私たちはとにかく何らかのことをしなければならないのである[17]。こうした状況が選択を強制する。それが**プラグマティズム的必然性**の意味するものである。

ジェイムズはどちらについてもはっきり述べている。『プラグマティズム』の中で彼は次のように書いている。「世界はじつに鍛えられるものとして存在し、われわれ人間の手によって最後のタッチが加えられるのを待っているのである。かの天空の王国と同じように、世界は人間の暴力を悦んで受け入れる。人間が世界に真理を**生みつける**のである」[18]。

ここでのジェイムズの考えはいかに異様で、多くの哲学となんと異なることか！　ジェイムズは、真理の存在論的条件と正当化にかかわる認識論的条件をただ単にごちゃまぜにしているのだろうか。ジョン・J・マクダーモットは倫理学へのプラグマティズム的アプローチが、プラグマティズム的形而上学の一時性に浸透されていると主張する文脈の中で、先のジェイムズによる文章を引用している。彼は次のように書いている。「プラグマティズム的なアプローチは、明らかに一時的で有限である。従って、あらゆる行為がもつ道徳的重要性を過度に強調するのである」[19]。

真理論におけるジェイムズの主要な業績は、哲学的な思考が、哲学技法の問題になった場合につまずくということに気づいたことにある。マクダーモットに従い、私は、ジェイムズがこの本の中で自分自身によって強制された選択に至っているように読むことを勧める。彼は真理論を展開するために二つの戦略の中から選択しなければならない。一つ目の選択肢は、信念や主張（あるいはその命題的内容）を世界のモデルあるいは表象として扱い、哲学的問題を記号表現（シニフィアン）–記号内容（シニフィエ）の関係[*2]の観点から解釈することである。成功した場合、この戦略は、ことばと対象の間の基礎づけ主義的な関係において、主張や信念の命題的内容を基礎づけることができる。もう一つの選択肢は次のようなものである。すなわち、信念と主張の真理性[20]を、記号とそれが言及しているもの〔の関係が〕そうであるように、記号表現をするもの——ジェイムズにとっては、それは常に人間であるが——によって条件づけられるものとして扱い、また、真理それ自体を、人間の言語使用という状況依存性の中に位置づけること、である。

この選択がもつ道徳的重要性は、哲学が実践にどうかかわるかに関する二つの根本的に異なる展望の中に表れている。基礎づけ主義的な考えは、主張の真理性と、実践において、人間によって受け入れられ、信じられるべき条件との間の完全な分離を認めている。信念の命題的内容がもつ真理条件は、与えられた主張が真であると人間が理解できるという条件とは無関係でなければならない。基礎づけ主義的な哲学は、両方の条件を明らかにしようと試み、大抵は次のように結論する。すなわち、正当化された正しい信念が生まれるのは、その主張の真理条件が分析的にあるいは世界に関して通用していると、人が正当に信じている場合である、と[21]。

プラグマティズム的な必然性の理論は、ジェイムズが基礎づけ主義的アプローチを拒絶する理由を示している。心理学者として、ジェイムズは、信念が基礎づけ主義的な考え方によって示される階層構造をもっていると疑うようになった。実際、人びとは経験的または論理的妥当性をほとんど検討せず、その代わり、目の前のすべきことにとっての有用性に関する大雑把な評価で、しばしば信念を採用したり、捨てたりするのである。確かに、人びとはしばしば論理的理由や経験的理由で信念を捨てるが、おそらくこれは、ある場合にこれらの理由が、論理的階層におけるその位置に対してと同様に、信念の有用性に関係しているからである。いずれにせよ、ジェイムズにとって重要な点は、真理を、信念を採用したり捨てたりするよう人びとを導くような問題から切り離すことで、一般の人びとの実践的問題に無関係になる可能性のある真理概念、そして同様に、哲学概念を採用してきたということである。真理の基礎づけ主義的理論は、知識階層を構築する共通のプロジェクトに従事している人にとっては非常に有用かもしれないが、それは実際に真理が問題になる仕方と矛盾する仕方で真理を問題にしているのである。

プラグマティストによる再構築――脱構築

間違いなく、デューイの哲学的著作のあまりに多くが、ジェイムズによって思い描かれた創造性と活力でもって、人びとが現実の問題に応答するのを妨げる哲学的抽象概念を壊すことにある。昨今、デューイを読みながら、私はモンティ・パイソンのコントをいつも思い出す。そこでは、二人のイギリス労働者階級の女性が、当時の若者が変わってきていることについて大声で文句を言っている。「デカルト的二元論が若者の頭をおかしくしたのだ！」と一人が言う。モンティ・パイソンで若者を心配している労働者階級の女性たちのように、デューイは、プラトンのイデア論がもつ魅力、デカルト的二元論、そしてイギリス経験論が、間違って構想された確実性を探求するという点で共謀していると考えている。そして究極的にはそうした確実性のせいで、哲学的思考が重要な問題に関係するようになることが妨げられるのである[22)]。リチャード・ローティが主張するように[23)]、とりわけ公共政策にとって重要なことを哲学的に考えるべきなのであれば、この罠を脱構築するか、もしくはこの罠からなんとかして逃れなければならない。

論理にかんする暗黙的かつ局所的で偶然的な[24)]要素を暴くことによって、世界についての解釈や考え方を論駁する方法として理解される脱構築を、脱構築**主義**、すなわち脱構築がどこでも可能だということが一種のニヒリズムを必然的に伴うという考え方から区別する価値はある。デューイは、今述べた意味で脱構築主義者ではなかったが、脱構築の方法を完成した最初の哲学者であったかもしれない。再構築は常に脱構築に続かねばならず、その機能は共有概念と共同体感覚を構築することにある。公共政策を扱うプラグマティストであるロイス、タフツそしてデューイにとって、私たちが時代の危機に対処する可能性があるのは、共同体を通してのみなのである。

共同体は、それが科学の方法であり、プラグマティズムの真理論の基盤であるという理由から必要とされる。プラグマティズム的でない（例えば、基礎づけ主義的）応用倫理は、真理や知識の価値や使用を、真理論や知識論にとって本質的でないものとみなす哲学プロジェクトの一部であり、なぜその哲学プロジェクトに価値があるのかという再帰的な問いさえ除外するのである。このプロジェクトを採用する哲学者たちは、実践に関心を寄せる人びとを共同体から排除するのである。彼らは容易に自分たちの忠告やコメントを忘れる。ラリー・ヒックマンが議論したように、デューイは科学を共同のプロジェクトと理解し、科学技術的な方法と純粋な科学的探究による派生的な結果を抑制と均衡と考えたが、それは、批判者が相対主義哲学にかかわる悪弊を実際に防止する理論構成要素に影響を及ぼしている[25)]。その理論的立場は、真理は探究の共同体の**ために**、そして探究の共同体に**よって**存在するということであり、それゆえ、相対的なものとなる。しかしながら、実際のところ、実務家、すなわち橋梁架橋者、農場経営者、政策立案者などを含む共同体は、信頼できる自己批判の仕組みを持っている。すなわち、考えは機能しなければならないのである。思想や理論は実践的問題の解決に役立たなければならず、そうでない場合は、虚偽に対するのと方法論的には同じ仕方で修正しなければならない。なぜそれを単に虚偽と呼ばないのであろうか。また、考えが機能しない場合に、真ではない何かがあると言うのであろうか。

プラグマティズム的脱構築は、再構成に先立つ、それゆえどんな規定の試みにも先立つ、道徳教育の一形式である。それは、ポスト構造主義的脱構築と同じく、あらゆる象徴的な装置――それが一つのテキストであれ、一連の実践であれ――必然的というよりは偶然的な関係性からなると考える。ポスト構造主義者同様（むしろ、よりそうなのだが）、デューイの哲学は、偶然的関係に疑いが向けられなくなる際、あるいは必然的なものとして扱われる際に強まる力に注意している。ポスト構造主義者同様、デューイは、形而上学的根拠を主張する構築物にとりわけ慎重な態度をとる。しかしながら彼らと異なり、デューイは、そうした構築物が作動する、社会的道徳的に有益な、もっと言えば、本質的な機能を認めている。彼はより健全な社会的（それゆえ、まったく一時的な）基盤に基づく、人生や目的についての共通のビジョンを再構成することを望んでいるのである。

そして再び水の事例へ

リバタリアニズム、功利主義、そして平等主義は、議論された二つの事例で描かれた三つの典型的な利益集団それぞれによって採用されうる推論と主張の典型的なひな形を提供する。倫理学における基礎づけ主義的アプローチは、これら三つの理論（あるいは、おそらくまだ出ていない第四の選択肢）のうちの一つが真である（あるいは、真理と機能的に同じなんらかの性質をもっている）ことを要求する。基礎づけ主義的な哲学者は、論争者を学問の世界に招き入れ、そこでそれぞれの立場を代表する擁護者が闘うのを見るだろう。そして、勝者が宣言された時、私たちはチャタム川やエドワーズ帯水層の水の利用を主張するという点で、誰が道徳的に正しく、誰が道徳的に間違っていたのかを知るであろう。おそらく、それからノースカロライナやテキサスに戻り、まさに正しいことを行うであろう。

もちろん、実際のところ、こうしたことが起きるとは誰も考えていない。だから私が論じてきたのは、三つの分析のうちより見込みのある結論は、論争しているそれぞれの集団が、なぜ自分の考えが道徳的に正しいのかに関する確固とした理論的根拠を持って立ち去るということであり、また、法的、経済的、そして政治的に解決されてきた論争が、道徳的論争になるということである。エドワーズ帯水層の事例のもつ現実の複雑さは、政治的手段の可能性を示している。エドワーズ帯水層の水の件でもめているテキサスの人びとは、政策問題に関する自らの立場を、個人的な信念としてすでに採用している倫理理論から導き出してはいなかった。政策が理論に優先したのである。政治論争を引き起こしたのは、倫理的な立場ではなく、使用についての相容れなさである。もし経済的に実現可能な技術的解決策が利用可能になるならば、その論争は収まるであろう。サンアントニオで提案された技術的解決策は貯水池を建設することであった。しかし、そのお金を誰が支払うのかがはっきりしないため論争は続いている。

さらに、紛争当事者は、哲学的な起源に関係なく、自分たちにとって最善の（政治的に最も説得力のあるという意味での）根拠を用いる。もしも開発者による功利主義的な主張が、自らの言葉で、くつがえすことができるならば（おそらく、彼らは水のもつ農業的価値または環境的価値のいずれかを過小評価しているので）、川岸の農家および／または環境保護主義者は、哲学的純粋性に誓って、この主張を拒まないであろう。同様に、開発者もしくは環境保護主義者が明確な所有権を擁護できるならば、彼らもそうする可能性が高いであろう。技術的解決と議論の有効性の両方を決定する要因は不確定であり、場合によって異なるであろう。（他の人間あるいは人間以外の生き物に対する）所有権や効用や公正性は、環境に関する多くの論争において、互いに争う可能性のある三つの利害集団の心を打つ原則を代表していることは確かであるが、どの主張が勝利するかはケースバイケース が基本で、日によって変わる。

この状況を考えると、ゲーリー・ヴァーナーの慣習的な道徳理論は道具であるという提言は、「何のための道具か」という問いに直面しなければならない。水論争の道徳的側面を明らかにすることは、応用哲学がそうすべきと考えているように、論争者に対して、根本的な哲学的立場に合致する問題解釈を主張するよう導く危険がある。今日の中絶論争に見られる敵意と柔軟性のなさは、哲学的に相容れない立場を採用しただけではなく、こうした立場を、相手を悪とする道徳哲学でもって支持してきた両者に原因があるとすることは、少なくとも疑わしい。絶滅危惧種の生息地に関する環境論争は似たようなパターンの兆候を示している。つまり、経済的配慮を支持する人は貪欲で邪悪であるとみなされるのに対し、自然を擁護する人は、人間のニーズに冷たく不敬な人として描かれるのである。

しかし、応用倫理アプローチをとることが、部分的に、道徳的政策の行き詰まり問題を生み出すのであれば、三つの考え方のそれぞれが、どのように水の政策論争に影響するのかを示すのにも非常に役立ちうるであろう。例えば、論争者に、彼らに反対する人たちがどのように推論したかを示すことは有用であろう。それは、反対の見解に至るような異なる状況においては、彼ら自身が用いたかもしれない推論なのである。灌漑する人を頭のおかしくなった田舎者とする考え、町議会をずれた専門家とする考え、そしてチャタムの友人を無知で（余計なことに口を出す）不平分子とする考えを解体することは有用であろう。それぞれの集団が、与えられた問題について議論しているが、共通の道徳的伝統から引き出され、共通の将来へ向けられた、同じ共同体の一部として自分たちを理解することは有用であるかもしれない。そうした共同体は、目の前の事例について妥協を求められる場合でも、それぞれの関心に一致する政治的解決策を見出すかもしれない。

プラグマティズム的必然性が意味しているのは、問題に対処するために広範な共同体と行為の形成を促進しない水問題に関するいかなる分析も、哲学的に欠陥があるということである。論争者を固定した立場に置いた分析は、水問題について、また環境問題一般について、重要なことをつかみ損ねてきたのである。プラグマティズム的脱構築は、道徳的な行き詰まりを終わらせ、共同体の再構成をはじめるための教育ツールである。けれども、ここで解決策を提案することはふさわしくない。一つには、重要な問題に取り組むことができる共同体を形成するために必要な再構成に先立って、政策の仕組みを提案することは適切ではないかもしれない。他方、一般化された問題に対する普遍的な解決策はほとんどないであろう。チャタムで機能するものが、テキサスではうまくいかないかもしれない。というのも、多くのものが、環境のもつ生物学的な特徴だけでなく、争っている集団のもつ文化的、政治的特性にも、同様にかかわっているからである。

従来の応用哲学による分析が、多様な視点を生み出し、もしその視点が、政策論争の中に共同体の教育ツールとして入れば役に立つ。政治活動が水問題に取り組むべきであるならば、多様な倫理的観点が、関心と希望の共同体の中に統合されなければならない。もしその効果が論争を道徳的にし、政治活動を不可能にするならば、役に立たないどころか有害である。というのも、政治活動が私たちの環境問題を扱わないのであれば、一体それらはどのように対処されるべきなのであろうか。ブライアン・ノートンやこの本の寄稿者たちと同様、ジェイムズとデューイは、環境倫理学者が政治的な者を受け入れるよう要求する。自らの信念を放棄せずにそれを行うことは、広範でかつ包括的な共同体、つまり、牧場経営者や農家、それどころか開発業者も含む共同体を構築する課題を受け入れるということである。しかし、もちろん、それは『土地倫理』の最初の段落に戻るだけである。そして、このオデュッセイアがひとまず終わらなければならないのも、そこなのである。

注

1) Bryan Norton, “The Constancy of Leopold’s Land Ethic.” Reprinted in this volume.
2) Bryan Norton, *Toward Unity Among Environmentalists* (Oxford: Oxford University Press, 1991).
3) Josiah Royce, *Basic Writing* 2 Volumes, John J. McDermott, ed. (Chicago: University of Chicago Press, 1969)に収められた戦争、保険、西部開拓に関するロイスの論文を参照のこと。*The Selected Writings of James Hayden Tufts*, James A. Campbell, ed. (Cabondale, Il: Southern Illinois University Press, 1992)に収められている外交問題と教育政策に関するタフツの論文を参照のこと。
4) James Cambell, *The Community Reconstructs* (Urbana: Unversity of Illinois Press, 1992), pp. 39–42.
5) Katherine Wilson and George Morren, *Systems Approaches for Improving Agriculture and Natural Resource Management* (New York: Macmillan Publishing Co., 1990). 私はこの事例を学校で活用することを心から推奨する。
6) Paul B. Thompson, Robert Matthews and Eileen Van Ravanswaay, *Ethics, Public Policy and Agriculture* (New York: Macmillan Publishing Co., 1994), pp. 143–153.
7) Gary Varner, Susan Gilbertz and Tarla Peterson, “The Role of Ethics Education in Environmental Conflict Management” (In this volume pp. 226–282)
8) Donald Scherer, “Towards an Upstream-Downstream Morality for Our Upstream-Downstream World,” in *Ethics and Agriculture*, Charles Blatz, ed.

(Moscow, ID: University of Idaho Press, 1991), p. 418.

9)　重要なのは、テキサス州だけでも自由な獲得についての純粋な解釈が維持されていることである。水政策は劇的に変化するが、獲得に関して限定的な権利を配分する多くの州では、取水場所からの水の譲渡が許されず、したがって水配分に向けた販売が妨げられるのである。

10)　Terry L. Anderson and Donald R. Leal, “Going with the Flow: Expanding the Role of Water Markets,”, in *Ethics and Agriculture*, Charles Blatz, ed. (Moscow, ID: University of Idaho Press, 1991), pp. 384–393.

11)　Helen M. Ingram, Lawrence A. Scaff and Leslie Silko,“Replacing Confusion with Equity: Alternatives for Water Policy in the Colorado River Basin,” in *Ethics and Agriculture*, (Moscow, ID: University of Idaho Press, 1991), p. 400.

12)　Ibid. pp. 402–406.

13)　Ibid. p. 404.

14)　Kristin Schrader-Frechette,“Agriculture, Coal and Procedural Justice,” In *Policy for Land: Law and Ethics*, Lynton Keith Caldwell and Kristin Schrader-Frechette (Lanham, MD : Rowman and Littlefield, 1993), pp. 111–131. 私はここでいくつかの自由を考えている。というのも、シュレーダー＝フレチェット自身、その立場を平等主義者というより「手続き的なもの」として記述しているからである。しかしながら、ここでのシュレーダー＝フレチェットと『正義論』におけるロールズの立場は共に、基本原則に至る公正な手続きが、平等主義的な制度をもたらすと主張する点で手続き的である。したがって両者とも、プラグマティストよりも平等主義的な立場がもつ本質的な主張に強くコミットしている。プラグマティストは政策についての手続き的見解を取るが、そうした見解は、これらの立場それぞれが持つ要素の中からどれか一つを容易に決めるかもしれないのと同様に、それらを容易に結合するかもしれない。

15)　Roderick Frazier Nash, *The Rights of Nature: A History of Environmental Ethics* (Madison, Wi: University of Wisconsin Press, 1990)〔『自然の権利：環境倫理の文明史』松野弘訳、ちくま学芸文庫、1999年〕; James A. Nash, *Loving Nature: Ecological Integrity and Christian Responsibility* (Nashville, TN : Abingdon Press,1991).

16)　私は議論された人のいずれかが基礎づけ主義者であるということをほのめかすつもりはない。水政策を扱う著者の誰も、基礎づけ主義者／反基礎づけ主義者問題についての見解を少しも取り上げていないことは疑問である。シュレーダー＝フレチェットは、自分の立場では、問題について平等主義的立場をとることでかなり一貫しているが、彼女の作品には、非常にプラグマティズム的な響きが見出される。ここで議論された**主張**は、古典的なリバタリアン的、平等主義的、そして功利主義的推論の形式を応用するが、もし私たちが主張とその人を区別することにより慎重であったなら（皮肉なことに、私たち自身も含む)、私たちの多くが、これまで思っていたよりもプラグマティストであると気づくかもしれない。

17)　William James, *The Will to Believe and Other Essays* (Cambridge, Ma: Harvard University Press, 1979), Original 1897.

18)　William James, *Pragmatism* (Cambridge, Ma: Harvard University Press, 1976), p. 123〔『プラグマティズム』桝田啓三郎訳、岩波文庫、1957年〕

19)　John J. McDermott, "Pragmatic Sensibility: The Morality of Experience," in *New Directions in Ethics: The Challenge of Applied Ethics*, Josephe P. DeMarco and Richard M. Fox, eds. (New York: Routledge and Kegan Paul, 1986)., p. 124.

20)　ジェイムズは真理を完全に相対化しないことに注意。信じる意志は虚偽であることが明らかな何かを信じることに認識的理由づけを与えない。

21)　ゲティア問題*3はさておき。

22)　John Dewey, *The Quest for Certainty: A Study of the Relation of Knowledge and Action* (New York: Minton, Balch and Company, 1929).〔『確実性の探求』、デューイ＝ミード著作集五、河村望訳、人間の科学社、1996年〕

23)　Richard Rorty, "Human Rights, Rationality and Sentimentality," in *On Human Rights: The Oxford Amnesty Lectures* 1993, Stephen Shute and Susan Hurley, eds. (New York: Basic Books, *1993*), pp. 111–134.〔『人権について』中島吉弘／松田まゆみ訳、みすず書房、1998年〕私はプラグマティズム倫理において脱構築をどう考えるかについてのローティの考えを推奨する。このテーマは、私が考えるに、公共政策に関する論文を読まずに古典的プラグマティストを研究する人びとによって正当に評価されていない。

24)　つまり、特定の時間や場所、あるいは談話の共同体に対する局所のこと。

25)　Larry Hickman, *John Dewey's Pragmatic Technology* (Bloomington, In: University of Indiana Press, 1991).

訳注

＊1　配分的正義とは、経済的・社会的利益や負担をどう配分するのが公平なのかを問題とし、等しいものを等しく、等しくないものは等しくないよう、各人の相応さに比例して扱うことを要求する正義のこと。

＊2　記号(シーニュ)とは、何かを指し示すことによって意味を発生させるものである。フェルデナン・ド・ソシュールによれば、記号とはシニフィアン（記号表現、意味するもの）とシニフィエ（記号内容、意味されるもの）によって構成される。

＊3　ゲティア問題とは、知識の成立条件についてのプラトン以来の伝統的な見方、すなわち「正当化された真なる信念」が知識とみなされてきたことに対する反例として、エドムント・ゲティアが1963年に提出した問題のこと。

第10章

定義のためのプラグマティックなアプローチに向けて
――「湿地」と意味の政治学

エドワード・シアッパ

本稿は、進行中のプロジェクトの一部である[1]。私がこのプロジェクトにおいて論じるのは、定義の取り扱いが、「である」をめぐる伝統的な哲学的もしくは科学的問いとしてではなく、「べきである」をめぐる倫理学的かつ政治学的問いとしてなされるべきだということである。定義に関する論争に対する私のアプローチは、プラグマティストであるリチャード・ローティの著作に多くを負っている。私達は物事の本当の本質を「発見」するべきであると提唱するような、「真の」定義に関する伝統的な理論とは異なり、私は、新しい定義に関する議論は、私達がどのような世界を「作りあげる」ことを望むかということを決定する問題であると主張する。私の議論は、二つの面で**全ての**定義は「政治的である」というものである。第一に、定義は往々にして特定の利害関心に寄与するような働きをする。第二に、帰結に関する唯一の定義は、強制もしくは説得を通して**権限を与えられる**ものである。定義が二つの面でいかに政治的であるかの実例を示してくれるので、私は事例研究として「湿地」の法的定義を巡る討論を検討する。

定義と意味の政治学

強制もしくは説得を通して権限を与えられるがゆえに、定義が政治的であると主張することは、単に「権力が意味を作りだす」ということを述べているのではない。そのように主張することはむしろ、特定の定義が**共有**されるためには、定義において例示された理解に沿った、言語的および非言語的反応に、人々が順応する気にならなければならない、ということを述べているのである[2)]。このような反応は「論理的または道徳的説得から、賄賂による買収を経て、強制へと至る、様々な形態の権力の適用を通じて、形成されうる」[3)]。

科学者によって考え出された定義は通例「政治的に」記述されていない。科学的定義は通例、非科学的定義と比べて、より「客観的」（つまり、より**本質的**）に記述され、価値を帯びた政治的要素に基づいてというよりは「理性的」あるいは「中立的」な基準によって特徴づけられる。私はこうした識別は誤解を招きかねないし、非生産的であると信じている。過去数十年の間に科学史および科学哲学において繰り返し例証されてきた通り、「事実」や「データ」、「観察」は、何を「客観的に真」であると見なすかはそれぞれの理論によって異なりうるし、また時間の経過とともに変化する可能性があるといった具合で、理論依存的である。トーマス・クーンは、いかなる科学的記述（もしくは定義）も、今日それがどれほど強く信じられているとしても、将来的に変化を免れえないと考えられるべきであると主張した[4)]。より周到な擁護をする代わりに、私はさしあたって、非科学者による定義よりも科学者による定義の方をいっそう「客観的」で「本質的」なものとして扱うための、説得力ある理論的もしくは実践的理由がなにもないと、率直に断言しよう[5)]。我々は異なる社会的慣習を参照することで二つのグループを識別できるだろう。けれども存在論的あるいは認識論的基礎に基づいてそういったことを行おうとする試みによって得られるものはほとんどなく、多くは失われてしまう[6)]。クーンは、定義が特定の利害関心にどのように貢献するかを説明する、ある逸話を提供している。二人の科学者に対し、ヘリウムの単一原子は分子であるか否かと尋ねたのである。「二人とも躊躇なく答えたが、その答えは同じではなかった。化学者にとっては、ヘリウム原子は気体運動論に関して分子のような性状を呈するから分子であった。一方、物理学者にとっては、ヘリウムは分子スペクトルを示さないから分子ではなかった」[7)]。この例では、「分子とは何か」という問いに対して、二つの異なる理論主導型の回答が示されている。何を分子と**みなす**かは、化学と物理学の現在のニーズと利害関心に沿って変化するのである。そこに含まれている暗黙的な定義は理論依存的であるために、そして同じく重要なことであるが、ある専門家グループにとって最も適切な概念化であるかもしれないものが、他の専門家グループにとってはそうではないかもしれないために、どちらの回答が

「本質的に」正しいかを問うことは無意味である。特定の言語集団にとって何をXと見なす**べき**かという問いは、規範的かつ指令的な問いである。我々がXを「本質的に」何であると考えるかは、我々の回答の**結果**であって、**原因**ではない。

科学者によって提供される定義は、非-科学者によって提案された定義とは異なる関心をもたらすだろうが、しかし、それらは関心をもたらすことに変わりはないのである。典型的な「科学的」関心は、科学者が所属する言語集団にとって「内的な」ものとして記述されうる。どのようにしてある定義が集団における共通の目的に貢献するのかということについては、他の概念との一貫性や明晰さ、定量化のしやすさ、他の予測的および説明的関心の観点から、議論されるだろう。意図的にせよそうでないにせよ、しばしば「湿地」を定義する場合に明らかにされるように、「外的な」関心は科学的定義によってもたらされる[8]。

湿地をめぐる論争の背景

沼沢地（bog）、低湿地（marsh）、沼地（swamp）などの言葉が何世紀にもわたって使用されてきたが、これらの総称である**湿地**（wetland）は、「つい1960年代後半から1970年代初頭の間にかけて、幅広く使用され始めるようになった」[9]。一般的にこの用語は、「特別に適応した植物だけがそこで生育できるような、水で飽和した」土地を示すために使用される。「水が十分に飽和することで、酸素が土壌に侵入するのを防ぎ、無酸素状態を作り出す」[10]。このような嫌気状態に適応した植物、すなわち**水生植物**のみが湿地で生き延びることができる。さらに、こうした場所の土壌は周期的もしくは永続的に水が飽和しているため、平均水分含有率がより高く、**湿性土壌**に分類される。その土地の水飽和の程度やタイプといったものは、水文学[*1]として知られている。これらの三要素――水文学、湿性土壌、水生植物――は、伝統的に湿地を規定する特徴である。

湿地は「開放型システム」である。つまり湿地は、環境全体、中でも特に水質を改善するといったかたちで、地下水面や河川のような他の生態系と互いに影響し合う。湿地帯に水が流れ込んだり、反対に水が流出したりした際、「沈殿物や他の汚染物質はその場に留まる傾向にあり、栄養素は植物へと転化するのである」[11)]。湿地は、水中食物連鎖にとって不可欠な物質を作りだすような、非湿地帯よりも高い効率で光合成を行う植物を育む。湿地では幅広い種類の動植物が生育し、それぞれの生を謳歌している。

いわゆる「乾燥」湿地は、比較的短い期間だけ水に浸かった土地のことであるが、それは湿地がもつ重要な生態学的機能のいくつかを供給する。皮肉にも、環境的観点から見た場合、「乾燥」湿地は最も価値の高い湿地帯の一つである。「多くの人々は、湿地は湿度が高ければ高いほど、より価値が高まるという強い直観を有している。この直観は誤りである」[12)]。「乾燥」湿地の有益な機能は、以下に示す通りである。

1. 乾燥湿地は、天然の治水機構として、特に有効に働く。「比較的乾燥した状態が、溢れた水を吸収するための、膨大な容量を与えるのである。乾燥湿地の強力な植生が出水の勢いを弱め、破壊力を制限する」[13)]。
2. 「地下に吸収されずに地表面を流れる水がより深い場所にある水と混じり合う前に、汚染物質を捉え、吸収するので」、乾燥湿地は特に濾過システムとして有用である。科学的研究は、多くの乾燥湿地が最も効果的な水質処理機能を提供していることを確かめた[14)]。
3. 特定の動物は、「より湿度の高い」湿地の水深が深すぎる状態になった場合、より浅い湿地帯で生き延びることができる。「これらの土地が失われることで、こうした動物たちの高水位時の逃げ場がなくなることになる」[15)]。
4. 乾期の間、大量の植物や樹木が成長する。そして、季節的もしくは一時的に水飽和が生じている期間中、特定の植物性物質は水深の深い場所に運ばれる。そこはやがて、多様な魚種に重要な食糧供給を行う場所になる。要するに、大抵の期間、特定の湿地は「乾燥」しているように見えるのである。それにもかかわらず、それら特定の湿地の水飽和状態は、湿地と非湿地を区別するような、有益な生態学的機能を促進するのに十分である。

「湿地」の具体的な定義は、この用語が最初に普及した1960年代後半においては、州ごとに多少異なっていた。1970年代半ばになるまでは、全国規模で使用可能となるような、標準化された定義を作成しようとする努力がなされていなかった[16)]。実質的に最初から、「湿地」の定義で最も関心を持たれたのは、湿地が持つ生態学的機能の同定と保存であった。厳格な学問の場においては、相反する定義は、（たとえば、競合する教科書の間で）深刻な問題を引き起こすことなく共存していた。競合する定義の間で十分な重複があるために、厳密な一貫性の欠如によって生じる害は全くないと推定されている。加えて、通常、学問の場に身を置く者で、ある学問領域内の誰もが従わなければならないような、**唯一**の具体的な定義を宣言する権限を有している者など、誰もいないのである。他方、公法ではまさにこの類の外延的調和を目指している。1977年の水質浄化法の404条（f）は、広範な湿地の破壊を停止するよう設計されている。その後、関連する連邦機関によって策定された次の定義は、連邦法の権限によって裏付けを得た。1979年には、合衆国魚類野生生物局（US Fish and Wildlife Service, FWS）によって、標準的な生態学的定義が刊行された。

> 湿地とは、水の飽和が、土壌発達の性質及び土壌中並びにその表面に生息する植物群落並びに動物群集の種類を決定する支配的要因となる土地である。ほとんどの湿地に共通する一つの特徴は、少なくとも周期的に飽和状態になるか、又は水で覆われる土壌若しくは基層である。水は、水中又は飽和土壌中での生活に適応しているものを除く、全ての植物及び動物に深刻な生理学的問題を引き起こす[17)]。

このような定義は、既に言及した三つの要素、すなわち水文学、湿性土壌、水生植物を全て用いている。一時的もしくは永続的な水の存在が、所与の土地を湿地生態環境にする一方、土壌**上**もしくは土壌**中**の水の総量は季節ごとに凄まじく変化するし、それらを直接的に記録に残すことも極めて難しい。したがって、1979年の定義は、ほとんどの人が従うように、「湿地」とは、以下の三つの特徴――湿地植生、土壌、もしくは水文学――のうちいずれか一つを持つ土地であると定義している。

> 本分類において、湿地とは以下の三つの特性のうち、一つ以上を備えるものとする。(1) 少なくとも周期的に、顕著な水生植物を維持するような土地であること、(2) 基層は、大部分が排水されていない湿性土壌であること、(3) 基層は、各年の〔植物・穀物等の〕栽培期間中のいずれか

において、土壌の状態ではなくなること、及び飽和状態になるか、又は浅水で覆われること[18]。

湿地を生み出すために必要な水量は大いに変化し、定量化が難しいため、1980年代の「湿地」を定義しようとする努力の多くは、湿性土壌や水生植物に焦点を当てていた。湿性土壌は、嫌気状態——土壌上もしくは土壌中において生存可能な植生や動物の生態を極端に制限するような状態——を生み出すのに十分な飽和を得ていることであると定義されてきた。水生植物とは、そのような嫌気状態に適応した植物のことである。水生植物の具体的なリストは、1977年に合衆国魚類野生生物局によって起草され、それ以降度々再検討の上、更新されてきた[19]。

これらの初期の生態学的定義に基づき、隣接した州にある湿地は、自然または人的要因によって、毎年およそ30万エーカーが破壊されつつあると見積もられてきた。現在の傾向が続くならば、1990年から2000年までの間に、さらに425万エーカーの湿地が失われるだろう[20]。過去2世紀にわたって湿地の約56パーセントがすでに失われていることを考えると[21]、治水や生息地保護、水質の喪失という点において、潜在的な累積的影響は非常に大きい[22]。

1980年代、湿地の規制に関しては、四つの連邦機関が管轄権を有していた。すなわち合衆国魚類野生生物局、環境保護局（Environmental Protection Agency, EPA）、陸軍工兵部隊（Army Corps of Engineers, CE）、農務省の土壌保全局（Soil Conservation Service, SCS）である。四つの機関全てが、それぞれのニーズと関心に沿って定義された「湿地」に対する立法権もしくは行政権を有していたのである。国際魚類野生生物局のマックス・ピーターソンは次のように指摘する。「かつて合衆国魚類野生生物局は**生息場所**分類を持っていた。土壌保全局は**土壌**分類、そして他の機関には**水の存在**に基づく定義があった」[23]。それぞれの規制当局は、特定のエリアを「湿地」として明示し、それに従って人々の行動に影響を与えるような、制定法上の権限もしくは行政権を有していたのである。たとえば、1985年の食品安全法における、いわゆる「スワンプバスター」条項〔湿地を農地に転用することを制限する条項〕に従って、湿地を商業開発業者に売却したいと考える農場主は、最初に連邦政府からの許可を取得しなければならなかった。もしその土地が連邦政府の定義に従って、「湿地」として分類されるならば、許可申請は承認されない可能性がある。

1989年以前において、それぞれの規制当局の「湿地」の定義が、果たしてどの程度異なるかという点については、議論が分かれるところである。それぞれの機関が「非常に類似したアプローチ」[24]を用いていたと熱心に主張する者もいれば、標準化された方法の欠如が、「湿地境界に関して一貫性に欠ける決定をもたらした」[25]と不満を漏らす者もいる。理に適った統一性を確保するために、四つの責任ある連邦機関は、湿地を正確に言葉で描写するための標準化されたマニュアルを作成するべく、1988年初頭より一連の会議を開始した。1989年1月、政府関係諸機関による湿地の描写のための委員会（Federal Interagency Committee for Wetland Delineation）は、『湿地管轄権の同定および描写のための連邦政府マニュアル（以降『マニュアル』)』を出版した。天然資源科学分野の教授であり、20年以上にわたって湿地研究に携わってきたフランシス・ゴレットによれば、「1989年のマニュアルは、国内の湿地科学者、土壌の専門家、土地管理者達による、ここ17年の努力が成就したことを象徴している。また湿地の管理・規制に関して国内を代表する4機関の間での、意見の一致も象徴しているのである」[26]。

多くの連邦規制同様、1989年の『マニュアル』は直接的に影響を受ける多くの人々から、称賛と批判の両方をもって迎え入れられた。批判者は『マニュアル』が「湿地」の定義を著しく拡大し、以前は「湿地」と考えられなかった数百万エーカーの土地が、現在ではそのように指定されるようになってしまったと非難した[27]。『マニュアル』を擁護する者が指摘するのは、『マニュアル』は「既存基準の顕著な改訂の口火とはなら」なかったということであり、「それは他のマニュアル同様、土壌分類および植生の証拠や、土壌や植生によって供給される証拠を立証する主たる手段として限定的に利用可能な（湿気に関する）水文学の証拠を用いることについて、最も力を割いて強調している」ということである[28]。『マニュアル』の擁護者は、関連する連邦規制の実施に関する問題があることを認めているが、「湿地」の定義そのものは過去の経験と調和しており、改訂の必要は全くないと主張している[29]。湿地に関する連邦規制を実施しようとすると、全ての公共政策の手続き同様、規制する側とされる側との間での絶え間ない交渉や相互調整の過程が要求される。もし1988年の大統領選挙中に、ジョージ・ブッシュの選挙活動上のレトリックがなかったとしたら、「湿地」の適正な規制に関する定義の詳細について、一定の合意に至るということは、単に専門家にとっての関心事のままに止まってしまっていただろう。（公約はブッシュ就任後も繰り返されたのであるが）1988年秋になされた選挙公約の結果として、「湿地」をどう定義するかは国家的論争となったのである。

ブッシュ政権時の「湿地」の再定義

「環境大統領」として知られる取り組みの一部として、ブッシュ〔ジョージ・H・W・ブッシュ米国第41代大統領（1989–1993）〕は1988年の大統領選挙において、ブッシュ政権は湿地の「ノー・ネット・ロス」*2という目標に取り組むことを公約に掲げた。1988年10月、『スポーツ・アフィールド』誌上での大統領候補者による公開討論において、ブッシュは次のように述べている。「湿地に関する私の立場ははっきりしている。たとえそれが小さいものだとしても、存在する全ての湿地は保存されるべきである」[30)]。選挙を追ってみると、1989年6月にダックス・アンリミテッド〔湿地保全を目的としたアメリカのNPO組織〕のメンバーの前で行ったスピーチの中で、ブッシュは「優しく親切なアメリカについてのいかなる理想像も、そして生活の質に関心を持ついかなる国民も、今後未来永劫にわたって、保全に関心を持つべきである」と公言している[31)]。「我々の湿地は、1年でその50万エーカー近くが失われつつあるのだ」と言及し、ブッシュは彼の「ノー・ネット・ロス」という公約について、再び次のように主張している。

> あなたがた国民は、我々の国の目的は湿地のノー・ネット・ロスであるという、私の誓約を覚えているだろう。ともにこの（湿地）回復の誓約を果たそう。（…）耕作や開発に場所を明け渡さなければならない湿地があったとしても、それらの湿地はどこか他の場所に置き換えられるか、拡張されるであろう。今こそ湿地の破壊の歴史を、根本的に覆す時である。今年以降、湿原からの排水を試みるいかなる者も、アリゲーターの中で身動きが取れないようにする[32)] *3。

ブッシュは、環境保護が「道徳的問題」でもあると述べている。「現在世代の思慮の浅さによって汚染された世界を、将来世代へと受け渡すことは間違っているからである」[33)]。将来世代の評決に照らして聴衆に自身の行動を判断させるよう促すことで、ブッシュは現在世代に対して、今から40年後に何を言われるであろうかと想像するよう問いかけたのである。

> 将来世代の人達は、何百万エーカーあるいはそれ以上の湿地の損失や、種の絶滅、野生動物や原生自然の喪失を報告してくるかもしれない。もしくは他の何かかもしれない。将来世代の人達は、1989年前後に物事が変化し始めたとか、我々の世代が公園や保護地区を死守し始めたとか、種を守ったとか、あるいはその年に価値のある湿地に関する新しい政策の種が蒔かれ、そしてその政策は簡単な三語の言葉、すなわち「ノー・ネット・ロス」として要約されるのだとかいったことを、報告するかもしれない。私はアメリカの環境の未来に関して、後者の将来像を好ましく思う。

「湿地」に関する異なる定義を集成しようとする努力は、ブッシュが大統領に選出されるよりずっと以前の、1988年初頭から始まった。それにもかかわらず、ブッシュ政権の環境政策の最重要項目であった「ノー・ネット・ロス」の作成によって、ブッシュは湿地を保護する政府の取り組みに弾みをつけた。国会議員のゲリー・スタッズはこう記している。「これは選挙活動上のレトリックが制定法のレベルにまで引き上げられた、私が知る最初の例である。湿地のノーロスという考えは、選挙演説に遡ることができる。私の知る限り、法律に由来するものではない」[35)]。1990年の決算報告書において、ブッシュは「ノー・ネット・ロス」の目標について繰り返し述べている。内務省ならびに合衆国魚類野生生物局は1990年に『湿地――大統領目標の達成』と題する「湿地行動計画」を刊行している。この出版物は、以前ダックス・アンリミテッドに向けて行った、前出のブッシュの演説の一節を、目立つように引用している。湿地に関する大統領の「ノー・ネット・ロス」目標を達成する方法を探ることを一つの理由として、議会公聴会が開催された。責任ある連邦政府機関は既に、国家の湿地の保護を要求するような既存の法規制を必ず執行すると誓っていた。「湿地」を正確に描写するための統一された『マニュアル』を作り出そうという、こうした連邦政府機関の努力は、現在も継続している努力の一環である。ブッシュの「ノー・ネット・ロス」

政策は、湿地保護が他の政策目標との間で衝突を引き起こした時に、公開討論が事実上回避できないように、このような連邦政府の努力に対する意識を高めたのである。

「ノー・ネット・ロス」目標は、柔軟であると同時に専制主義者的でもあるように感じられるため、おそらく政治的に実現可能な約束であるように思われる。つまりそれによって、コミットメントを要求する環境保護主義者と、柔軟性を求める開発推進派の開発業者の両方を懐柔するのである。したがって、環境保護主義者は約束の**ノーロス**の部分を強調する傾向にあるが、一方で開発業者はノー・ネット・ロスを強調する*4。しかしながら実際問題として、双方の支持者を懐柔しようとしても、それは不可能であることが分かっている。1989年、1990年、1991年に開催された議会公聴会は、双方向から圧力がかかったことを証明している。一方では、ブッシュの「ノー・ネット・ロス」の呼びかけは、湿地の保護のためのかなりの熱意を生み出した。ほとんど全ての政策決定者は、目標を支持した。ただ問題は、どうやってそれを履行するかということであった。たとえば、別の湿地が他の場所に作られることを期待しながら、ある場所に存在する価値のある湿地から水を排出するのは、いつ行うのが適切なのだろうか。「ノー・ネット・ロス」に関する大統領の目標をいかにして達成するかということを明確にするために、様々な規制当局に対して圧力がかけられた。他方、偶然にも「ノー・ネット・ロス」に関する誓約への支持および、湿地を正確に描写する公式『マニュアル』の出版は、連邦の環境規制反対者に衝撃を与えた。湿地保護に関する反対意見はほとんどの場合、土地を売却したい農場主と、湿地を購入後、排水した上で開発したいと望む開発業者から寄せられる。両者はともに、規制当局は「湿地」というラベルを極めて広い対象に適用するなどしておかしくなってしまっているとか、規制者は地域経済のニーズに対する適切な配慮を欠いていると主張する。

ブッシュ政権はジレンマに直面していることに気づいていた。彼が「ノー・ネット・ロス」へのコミットメントを減らし、それによって大いに世間の耳目を集められかつ有用な選挙公約を反故にするか、もしくは公約を守り、企業や開発業者寄りの有権者を遠ざけるという危険を冒すか、そのどちらを選ぶのかというジレンマである。ブッシュの「解決策」はシンプルで、政治的に巧妙なものであった。1990年1月、米大統領報道官のフィッツウォーターは「大統領の意向により、湿地に関するタスクフォースを創設した国民政策審議会は、大統領のノー・ネット・ロス目標をどのように達成することが最善であるかを検討している段階です」と発表した[36]。「大統領のノー・ネット・ロス目標をどのように達成することが最善であるか」とは、結局は「湿地」の**再定義**の提案であった。規制当局による湿地の定義の範囲を注意深く狭めることで、ブッシュは自身の公約をしっかり守ったと主張できただろう。

1991年8月、湿地保護の任を課せられた四つの機関は「湿地管轄権の同定および描写のための連邦政府マニュアル——修正案」と題する文章を、『連邦官報』にて公開した[37]。関連規制当局の名前を冠してはいたものの、その文章は副大統領直属の湿地に関するタスクフォースの指揮下で作成されており、法的効力を持つ大統領令としての成文化を意図したものであった。「修正案」は1989年の『マニュアル』を明晰化し洗練したものであると説明されていたが、実際には、その修正は主に、湿地の正確な描写のために『マニュアル』に示された手続きからの脱却を意味するものであった。再定義案の実際の結果、もしそれが実施されるなら、保護湿地に指定されうる土地面積の量を劇的に減少させることになるだろう。最も控えめな見積もりは、「下位48州における3840万ヘクタール（951万エーカー）の三分の一程度の湿地が、最早湿地とは見なされなくなり、したがって開発に対して脆弱になる」というものである[38]。『マニュアル』に対して提案された変更の効果に関する、環境防衛基金の広範囲にわたる研究は、以前は「湿地」に指定されていた陸地の50パーセント——おおよそ5000万エーカー——よりもさらに大きな割合の土地が、提案された再定義によって、〔「湿地」という定義から〕除外される可能性があると提言している[39]。これらの見積もりは、「独立した湿地科学者」[40]達の集団である、全米湿地専門協議会（National Wetlands Technical Council）による研究結果とも合致している。

（湿地の正確な描写に関する伝統的慣行の象徴であった）1989年の『マニュアル』と、ブッシュ政権の再定義案との間には、二つの主要な違いがある。第一に、1989年の『マニュアル』では、いくつかある規準のうちの一つでも満たされた場合、あるエリアを湿地として指定することができたが、1991年の再定義では、水文学と湿性土壌、そして水生植物という三つの規準全てが満たされていなければならず、それぞれを独立に証明することが求められるようになった。第二に、各規準の審査の際に用いられる特定の基準は、格段に厳格に作られた。たとえば、1989年の『マニュアル』は「表面上もしくはその付近」が浸水もしくは飽和した、連続した7日を必要としていたが、一方1991年の再定義では、必要な時間の長さを2倍以上（15日から21日）に引き延ばし、また水がただ表面付近にあるのではなく、**表面上に存在すること**という条件を明示した。

1989年の『マニュアル』における「湿地」の定義の成文化は、関連連邦機関によって実施されたが、そこにはホワイトハウスや連邦議会による追加の公認もなく、またパブリックコメントの募集もなかった。『マニュアル』は「行政手続法によって定められた法制化手続きを踏むための、法律によって要求されたわけではない、技術指導書」と見なされていた[41]。換言すれば、近年の連邦法のもとで既に湿地を規制する力が与えられていたがゆえに、関連連邦機関は、他からの公認がない状態で『マニュアル』における「湿地」の定義を強要する**権能が与えられた**のである。湿地規制の反対者達は、二つの方法で反応を返した。第一に、1992年のエネルギー・水資源開発歳出法に、これ以上1989年の『マニュアル』を用いて「湿地」を描写できないようにする付帯条項が、成功裏に付与された。こうした動きは、連邦機関から一時的に、『マニュアル』の定義への服従を義務づけるような**力を奪った**。第二に、反対者達は連邦機関に対し、パブリックコメントを募集することなく「新しい」定義を作りだし、それを強要することについて批判を行った。ブッシュ政権は大統領令、もしくは1989年の『マニュアル』が採択された時と同じく、外部からの意見を取り入れる機会が全く設けられていないプロセスによって、1991年の再定義を強要**していた可能性がある**。しかしながら、パブリックコメントを募集することなく行動した連邦政府機関への批判を受け、ブッシュ政権はこうした再定義案に関するパブリックコメントを募集せざるを得ないと感じていた[42]。反応は圧倒的だった。1万を超える文書が、環境保護局に送付されたのである。提供された情報を分析するために、連邦機関は外部のコンサルティング会社を雇う羽目になった。

支持者もいなかったわけではないが、再定義案は大抵、極めて激しい反対や非難に遭うこととなった。『シエラ』誌は、ブッシュ政権が「既存の湿地に関する政策を骨抜きにしたことが——この領域における以前の取り組みよりも、より如実に——、「ノー・ネット・ロス」公約を放棄したことを実証している」と主張した[43]。ブッシュ政権において再定義案は「彼の最も特徴のある選挙公約を台無しにした」のである[44]。再定義はひねくれた策略と見られている。「何が湿地を構成するかという極めて小さな再定義であるが、なんと、それによって時の政権は、ニューヨーク州の大きさに相当する300万エーカーの湿地を危険に晒しているのだ」[45]。AP通信は「政府の湿地の専門家はブッシュ政権によって提案された語の再定義が使いものにならず、非科学的であり、「多くの明らかに湿地である場所」が保護されないままになってしまうであろうと結論づけた」と報じた[46]。1991年の11月下旬までに、競争審議会〔米国政府の諮問機関〕のスポークスマンが、再定義案は「ブッシュ大統領の1988年の選挙公約を履行するために」[47] 改訂されなければならないだろうと認めるほど、政権内外からの批判は激しさを増していた。

利害の競合、定義の競合

政権に対して寄せられる具体的な反論について論じる前に、私は特に関連の深い批判の中に浮かび上がった、修辞的戦略に注目してみたい。再定義案は近年の「科学的」定義とは対照的に、「政治的」と見なされた。国会議員のリンゼー・トーマスは、政策決定者は、「湿地」を定義することに関して出る幕はなかったと不平を漏らした――「問題はどのように湿地を定義するかではない。それは科学の問題だ」[48]。同様に、科学者のフランシス・ゴレットは、「湿地の定義は完全に科学の問題なのです」と述べている。政治的な情報は避けては通れないが、「湿地の定義のような科学上の問題では、科学的な議論が支配的でなければならない」[49]。客観的で、価値中立的な科学というイメージは、ブッシュ政権の再定義案とは反対に、1989年の『マニュアル』における定義の継続を正当化するために、頻繁に引き合いに出された。環境防衛基金相談役のジェイムズ・トリップは、連邦議会での証言を以下のように締めくくっている。

> マニュアルの改訂案は、科学に対する極端で無情なアプローチを象徴している――非科学者が、自分達自身は有用なマニュアルを作成することができるし、大して重要な機能を果たしていない湿地の曖昧なカテゴリーをリストから厳密に抹消できると信じているように。より公平で偏見のない

> 科学の必要性は、いかなる環境問題においても、滅多に重視されることはなかった。私は本委員会に、正確な科学がこの問題に関する公共政策を導くという確信に対して、重要な優先順位を与えることを、強く勧めるものである[50]。

環境研究に関与している科学者で、政権の再定義案を進んで支援するような者は滅多にいないという事実を踏まえると、**政治**（主観的、情緒主導、偏見がある）対**科学**（客観的、理性的、偏見がない）というシンプルな用語で、この論争を解釈したくなる。『ニューヨークタイムズ』紙の社説に次のように書かれている――「ブッシュ氏の下にいる科学者は、何が湿地であるかということについてある定義を持っているが、政治顧問はそれとはまた違ったものを持っている」[51]。しかしながら、現代のプラグマティズム同様、私はこのような二分法がなければ、我々はよりうまくやれると信じている[52]。

プラグマティズム的には、「湿地」の定義を巡る論争は**利害の競合**に関する問題として理解される。科学と政治が完全に異なるものとして扱われた時、私達の意識の傾向は「真の定義」というレトリックへと滑り落ちていく。ある環境保護主義者が言うには、「湿地とは湿地であり、湿地以外の何物でもない」[53]。その存在を信じている人たちのために、真の定義は、定義された一片の真実について精通している人々によって提供されるべきである。真実は専門家によって定義されるべきなのである。政治科学者のピーター・シーダバーグは「研究の意味と目的に関する学術的合意が当たり前のようにあることを考えると、自然科学はしばしば理性的かつ理想的な定義に近づいているのである」と述べている[54]。もし我々がこの固定観念を受け入れるならば、その次には、高級技術官僚へ定義づけに関する主導権を与えることへと、容易に歩みを進めることになるだろう。湿地保護についての議会公聴会に出席していたある証人は「1991年の改訂は、改訂理由というよりは政治的圧力に対する「お決まりの反応」であった」と断言している[55]。別の証人は、湿地の定義は「独立した客観的基準を用いる必要があるため、おそらく全米科学アカデミーに引き渡す必要があるだろう」と提案した[56]。このような解決法の問題は、「専門家」が支配層の地位にある高級技術官僚へと変化してしまうことだ。シーダバーグは、「これらの技術官僚は、哲人王〔プラトンが唱えた理想国家における理想の君主像〕と機能的に同等のものであろう」と述べている[57]。真実を定義するという課題を哲人王に委ねるのではなく、私はより生産的で倫理的なやり方とは、個別の事例において、ある利害が他のそれよりも優れているという議論を要求するような、利害の競合問題としての定義に関する論争の特徴をしっかりと述べることであると、信じている。したがって、問うべき問いはこのような形式になる――特定の定義は誰の利害に貢献するのだろうか。そして我々はそのような利害を同定したいと感じるだろうか？

「湿地」の事例では、対照的に、競合する利害の同定と対比はまずまず容易であった。最も単純化して言うならば、1989年の『マニュアル』の定義は生態学者の利害関心を象徴していた。その一方、批判者達は湿地の再定義案は「道路局や製材会社、開発業者達によって作成されたものである」と主張している[58]。そのような単純な対比がどの程度公正で正確であるか否かは、再定義案への賛否の議論において同定される、より具体的な利害を見ることで説明される。最も徹底的な批判は、環境防衛基金（Environmental Defense Fund, 以降「EDF」）によってなされたものである。世界自然保護基金とともに、EDFは1992年1月に『湿地はどれほど湿っているのか――連邦政府による湿地概説マニュアル改訂案の影響』を出版した。EDFによれば、40人の科学者および専門家が、175頁の報告書を準備するために参加したという。EDFは「アメリカに残された湿地の、推定でおよそ50パーセント」が、再定義案によって〔「湿地」という定義から〕除外されうる[59]。その長期的結果は、「環境および経済に深刻な影響」をもたらす可能性がある。報告書は、危害をもたらす五つの具体的な領域を同定した。すなわち、洪水、水質、生物多様性、水鳥、水産業である。それぞれの領域において、「湿った」湿地のみが保護されるに値するという政府の信条に対して、EDFは異議を申し立てている。既に言及したように、「乾燥」湿地は時として、湿地によってもたらされる最も重要な生態学的利益を保護する働きがある。EDFは再定義案において、水文学を決定するための規準は、「実質的に治水とは何の関係もない」と特筆している。事実、「より長期にわたって永続的に冠水した湿地と比較すると、マニュアル案によって除外される湿地は、洪水以前に水で満たされることがより少ないため、実際のところ洪水の水を留めておくためのより大きな容量を有しているのである」[60]。以下に示す通り、具体例が新たな定義のコストを実証している。

> イリノイ州ドページ郡の東部において、湿地の喪失は度々深刻な洪水をもたらした。1987年の損害額は1億2000万米ドルにも及び、さらに救済費用として損壊した家屋一軒ごとに最大5万米ドルがかかる。マニュアル案は、同郡の西部——現在でも多くの湿地が維持されており、洪水にもほとんど悩まされていない土地である——にある、似たような種類の湿地の86パーセントを〔「湿地」という定義から〕除外している[61]。

報告書は続けて、水質、生物多様性、水鳥、水産業における、類似の損害に関する証拠を提供している。それぞれの危害領域において、もし新たな定義が利用された場合に発生しうる損害について、報告書は具体的に詳述している。そこで述べられている問題は、内務省による『湿地——大統領目標の達成』のような文書において正確に認識されていたものであるし、また1989年にダックス・アンリミテッドに対して行った呼びかけなどにおいて、ブッシュ自身によって議論されていた。再定義案が除外するよう指定していたいわゆる「乾燥」湿地の喪失に応じて、湿地の喪失からもたらされる被害の程度が決まるということを、EDFは証拠資料をもとに詳細に立証した。この点が、EDFが批判する立場との違いである。

EDFによって提唱された議論は、あからさまにプラグマティックなものであった。「真の定義」に付きものである、典型的な循環論的レトリックを引き合いに出すような試みはほとんど、もしくは全くなかった。第1章のタイトルは「湿地とは何か」であるが、その答えはプラグマティックかつ機能的なものである。EDFは「湿地とは多様なものであるため、それらに関して一般化できることはほとんどないということは常に真である」と言及している[62]。不変の性質や湿地の根本的本質を探し求める代わりに、EDFは湿地がもたらす種々の価値ある生態学的機能を特定した。再定義案の影響が望ましいものではないため、最初から生態学的利益によって生み出された現在の定義は、保存されるべきなのである。EDFは自分達が「長期間表面が水に覆われたエリアのみが「真の」もしくは「価値のある」湿地であるという誤解」と呼ぶものを拒絶する[63]。「水量がより豊富な湿地がより良い湿地であるというわけではない」という主張を擁護する過程で、EDFは見かけだけの湿地に対して本質的な湿地があるという立ち場を採用しない。しかしその代わりに、EDFはそのような土地が発揮する、多くの価値ある機能に着目した上で、地表水文学――改訂案をよく表している主要な特徴――がそのような機能にほとんど関係していないということに言及している。

興味深いことに、湿地の定義に関する論争を巡る、このような二つの陣営は、ともに湿地を正確に、一貫して、予測可能なかたちで描写できるような定義を作成することに関心を抱いている。換言すれば、双方ともに、湿地に関する目下の法律に効力をもたせるために、「湿地」という言葉に関しての**外延的調和**を求めているのである[64]。正確性、一貫性、そして予測可能性はしばしば「科学的」価値と見なされる[65]。確かに、再定義案において、環境保護局は「我々にとって最も重要なのは（…）我々の描写法の科学的妥当性を維持改善することである」と主張している[66]。一般的な意味で、両陣営は自分達の定義が「科学的」であると見なされるようになることに、関心を抱いている。再定義案の批判者達が、しばしば彼らがそうしたように、再定義案を「非科学的」と呼ぶ時、一体何を参照しているのだろうか。「非科学的」であると主張した科学者は、**単に**正確性、一貫性、予測可能性に関心があるだけではない。科学者達は**また**、生態学的意義のために湿地を研究し、保護し続けることを望んでいる。この文脈において、「非科学的」であるということは、「湿地に関して科学者がこれまでやってきたことの放棄」と解釈される。したがって、フランシス・ゴレットのような科学者が、再定義は「15年以上にわたる科学研究を軽視している」[67]と非難する際、彼の批判は、再定義に対する不服申し立てとして理解することが最善であると、私は信じる。不服の内容は、再定義が、湿地の生態学的重要性に関する我々の理解に対し長年にわたって責任を負う人々への背信行為であり、また現行の法律がまさにそれらを保護するために起草されたというような価値観や利害を放棄することになる、というものである。湿地保護の喪失量に関するEDFの研究は、事実上、EDFが湿地を正確に、一貫して、予測可能なかたちで描写するために、新しい定義を利用できることを示唆している。新しい定義の問題は、一般に「非科学的」ということではなく、むしろとりわけ湿地研究に長年携わってきた科学者達の価値や利害を放棄したため、という点にある。

再定義案を支持する者が追求する利益は、極めて単純である。沿岸建設者協会、森林農業協会、全米住宅建設業従事者協会、ウェアハウザー社〔米国の木材加工メーカー〕、建設・請負業協会、全米不動産仲介業者協会といった組織が、連邦議会よりも前に、ブッシュ政権の再定義案の支持を公言した。実際、全米不動産仲介業者協会は1989年のはじめ頃には「(水生植物、湿性土壌および水文学を含む) **三つの要素全て**が、湿地の正確な描写に利用できる」として、政策――正確には、ブッシュ政権による政策案――を支持していたと証言している[68]。そのような組織が提出した議論は、ある基本的な不服申し立てへと帰着する。すなわち、1989年の『マニュアル』は、人々が自分自身で選択した方法で土地を開発することを妨げている、というのである。結果として、自身の財産を有益に活用する権利が、これらの開発事業者が「度が過ぎる」と感じたような連邦規制によって、阻害されたのである。沿岸建設者協会の代表者は、「およそ500億米ドル」もの不動産が、湿地に関して『マニュアル』が定めた規準を潜在的に満たしており、それゆえに開発に着手できないとして、不満を漏らした[69]。ジョージア州の郡政委員は、1989年の『マニュアル』によって「経済成長が徹底的に抑制されている」と主張した。「技術者、建築家、住宅建設業者、開発業者、請負業者、そしてそこで雇われている従業員が影響を受けるのである」[70]。

再定義案に関して繰り返される弁明は、1989年の『マニュアル』が湿地として制約を受ける土地の量を徹底的に拡大した、というものである。議論は論争の余地がある。既に言及したように、官僚と同じく環境保護主義者もこうした非難は根拠に乏しく、後に明らかにされた〔長期間表面が水に覆われたエリアのみが「真の」もしくは「価値のある」湿地であるという〕誤解の結果、もたらされたものであると主張している[71]。それにもかかわらず、再定義案の擁護は一貫して、1989年の『マニュアル』が「本当の」湿地ではないあまりにも多くのエリアへと保護を拡大したと主張する。ノースカロライナ州森林協会のロバート・スローカムは、「**本当の**湿地生態系とは似ても似つかない乾燥地を「湿地」として特定することは、ただ公衆と土地所有者を混乱させるだけで、それこそ**本当の**湿地の保護を妨害することになる」と主張している[72]。スローカムは、「**本当の**湿地生態系」を保護するような「より**現実的な**定義」を与えるものとして、ブッシュ政権の提案を賞賛している[73]。同様に、全米不動産仲介業者協会は「ブッシュ政権が到達した保護湿地に関する調和した定義、すなわちより正確かつ明確に**本当の**湿地を定義したことに、満足している」と述べた[74]。大抵は、再定義案の擁護は「本当の」とか「真の」湿地が今でも保護されているだろうという考えを表現していた[75]。

明示的にしろ暗黙的にしろ、1989年の『マニュアル』は「本当」かつ「真なる」湿地というわけではない土地を保護することになるという理由で、糾弾されたのである。

私は以前から、定義の擁護におけるそのような解離的主張は循環論的であり、役に立たないと長らく主張してきた[76)]。「本当かつ真なる」湿地とは何かということを捉えているがゆえに、ある定義が他のものよりも優れていると主張することは、連邦規制の目的であった、**何を湿地とみなすべきか**というプラグマティックな問いを、回避することにすぎない。典型的には、再定義案の擁護は「より湿っていた方がより良い」という論理に依拠している。たとえば、デラウェア州農業団体委員会は「一般に、農業従事者は湿地の保護に反対というわけではない。保護されるべき湿地とは、**本当に湿った**土地のことである」と主張している[77)]。このような議論の問題は、いわゆる「乾燥」湿地の価値に関する生態学者の提案と衝突しないことである。「本当の」湿地対「偽の」湿地、あるいは「科学的」定義対「政治的」定義という二分法を引き合いに出すのではなく、より生産的な議論は、1989年の『マニュアル』では包含され、再定義案では除外された土地を保護することの相対的な費用便益に焦点を当てることになるだろう。そのような議論はEDFが『湿地はどれほど湿っているのか』の中で明確に示したものである。最も重要な問いは、論争の渦中にある土地を保護することで得られる利益が、そうした土地を所有し、開発によって利益を得たいと望む者達の財産権を維持することよりも、重要もしくは価値があるかどうか、というものであるべきだ。これまでのところ、既存の法律によって示唆あるいは明示される価値や利益は、答えが「イエス」であるという結論を保証するだろう。

どのような利益を保護することがより重要かという問いを脇に置いたとしても、ブッシュ政権の再定義の試みは、論理的に矛盾していただけではなく、倫理的に疑わしいものでもあった。「環境大統領」としての役割において、湿地に関するブッシュ大統領の初期の宣言は、伝統的な湿地の定義に依拠している。たとえば、毎年失われている湿地の量に関する彼の声明では、1989年の『マニュアル』で成文化された「湿地」の定義を利用した統計に頼っている。しかし、彼は後の声明において、標準的な定義から明らかに後退している。ブッシュ大統領は、「私は湿地のノー・ネット・ロスを約束している」と主張する一方で、「生産から生産的な土地を奪う決断には同意していない」とも主張した。彼は「トップダウン式の」制御が必要な、「様々なレベルの官僚政治に、あなた方は熱心になり過ぎている」とこぼしている[78)]。ブッシュ大統領は、「湿地」の一貫した定義に向けて12年以上働いてきた、湿地保護の任に当たっていた機関との同意を、事実上放棄した。そうすることで、それらの機関が代表する利害との、それ以前の提携を否定したのである。1992年の間に、ブッシュ大統領は繰り返し湿地の「ノー・ネット・ロス」を必ず実現させると誓うと主張したが、伝統的な定義を撤回した。「私はいつの間に何が起こったのかと考えている。規制当局の官僚の一部が、過剰に範囲を限定するような方法で、湿地問題の定義付けに取りかかったのである。そこに、我々が保存しようとしているような正真正銘の湿地はなかったのである」[79)]。驚くほどのことではないが、ブッシュ大統領は改訂された政策を擁護するために、真の定義というレトリックに依拠している。開発推進派の農業団体と話し合った際、ブッシュ大統領は彼の関心を明らかにしている。

> クウェール副大統領を代表とする競争審議会に対する私の指示は、環境に影響を受けやすい湿地を保護し、土地所有者の財産権を保護せよというものであった。この公聴会期間中に具体的な勧告を送るよう、私は〔米国農業会連合の〕委員会に要請した。我々の新しいガイドラインは、保護に値する**正真正銘**の湿地と、**あなた方の農地を含む他の**土地類とを区別することになるだろう[80)]。

新しい湿地政策について、「極端な環境保護主義者が満足していない」ことに留意して、ブッシュ大統領は、解決策になるのが「これらの利害のバランスをとるよう努めること」であると主張した[81)]。しかし、湿地の標準的な定義を劇的に狭めることで、ブッシュ大統領は明らかに、そうしたバランスを環境的利害から遠ざけた。「工兵隊と、規制当局側の環境保護局の間にはあまりにも距離がある」と再び嘆くと、ブッシュ大統領は「我々は極端な状況に警戒しなければならない」と警告した。彼自身の定義は簡潔で直接的なものだ――「私は湿地に関してラディカルな見方をするようになった。湿地は湿っているべきだと考える」[82)]。再定義案において採用された「より湿っていた方がより良い」規準に自分自身を照らし合わせることによって、ブッシュ大統領は明らかに、彼の環境尊重宣言が拠って立つ、伝統的な定義に反映された環境的利害から、自らを遠ざけていた。ダックス・アンリミテッド――ブッシュ大統領が最も重要かつ影響力のある湿地への取り組みを演説した、まさにその組織である――が、再定義案に反対するようになったのはもっともであるが、皮肉なことである[83]。利害のバランスを取るためのブッシュ大統領の試みに説得力がなかったということは、彼の環境問題の取り扱いに関する、支持率の着実な低下によって示唆されている。1991年3月、大統領としての人気が最高潮に達していた時に、ブッシュ大統領は環境問題の取り扱いに対して52パーセントの支持率を得た。1992年6月までに、その率は29パーセントに低下し、回答者の58パーセントが不支持を表明した[84]。

結論

湿地論争に関して、二つのコメントとともに結論を述べる。第一に、定義がいかに利害主導的であり、また権力と説得の問題に溢れているかということを際立たせるために、この論争は有用なケーススタディである。「湿地」を特別なものにするのは、この論争に関する報道機関による報道量である。しかし、定義の**問題**――すなわちそこには、我々の定義の選択に関するプラグマティックかつ政治的な結果があるという問題――が重要であるという事実は、〔「湿地」のケーススタディに限られたものではなく〕全く特別なことではない。定義する力は、行動に影響を及ぼす力である。全ての定義案は、特定の目的のために――当該目的が提唱する利害に沿って評価可能なかたちで――作成されている。そして、いかなる定義の成功も、その提唱者が特定集団の構成員に対して、いかに効率的にその用語に従い、「適切に」使用するよう説得するか（または強要するか）ということに拠っている。「湿地」の事例においては、ブッシュ政権は規制当局と国民が再定義案を支持するよう十分に説得することができなかった。また支持するように強要する気もなかった。政府による規制の範疇に関するこうした論争は、至るところに存在する――私はそう信じている――定義の政治的側面を際立たせる。

第二に、これまでに特定された利害の中で、完全に「科学的」もしくは完全に「政治的」なものとして分類される必要があるものは、何一つとしてないということに注意されたい。科学者は、共通の利害や価値観によって、ある程度同一視できるような、社会の特定の部分集合を構成している。しかし、利害と価値観を科学者達は確かに持つのであり、それゆえそうした利害と価値観を「非政治的」と記述しても、ほとんど何の意味もない。特定の言葉に関して、外延的調和を達成することによって、様々な社会的利益が向上する。このように政治家と科学者は、湿地に関する外延的調和の目標を共有しているのである。完全に政治を脱するとか、「専門家」が我々にとって厄介な概念を定義してくれるとかいう夢は、強力ではあるが、場合によっては悲惨な結果に終わることになりかねない。もしもある人が湿地論争の結果生じた事態をハッピーエンドであると考えるならば、それは勝者の利害に共感を覚えているからである。結果はまた違ったものになる可能性もある。**政治**は、現在我々が「湿地」と呼ぶものと、今後40年間湿地として取り扱うものとに責任を負う。利害は常に定義によってもたらされる。唯一の問いは、**どの**利害かということだ。社会全体として、（ただ科学者集団に影響を及ぼすだけの結末という意味で）完全に「科学的」な定義に関する論争と、科学者を含む我々全てに影響を与えるそうした論争との違いを見分けることを学ぶよう、思慮深さは要請する。どちらの種類の衝突も政治的である。そのような認識が、現実を定義するという社会的かつ政治的なプロセスに対して、より大きな責任を負うように、我々を促すのである。

注

1)　Edward Schiappa, “Arguing About Definitions,” *Argumentation* 7 (1993): 403–417.

2)　Peter C. Sederberg, *The Politics of Meaning: Power and Explanation in the Construction of Social Reality* (Tucson: University of Arizona Press, 1984), p. 56.

3)　Ibid., p. 7.

4)　Thomas S. Kuhn, “Dubbing and Redubbing: The Vulnerability of Rigid Designation,” *Minnesota Studies in the Philosophy of Science* 14 (1990): 298–318.

5)　私は、形而上学ではなく、社会学がどの集団による定義かによって（その定義を）区別するということを強調するために、通常の「科学的定義」に関する注釈を使用するよりもむしろ、特定の社会集団によって定められた定義を参照する。ここで断言した立場に関する、より周到な擁護については、私の近刊書*Defining Reality*を参照せよ。

6)　Richard Rorty, *Objectivity, Relativism, and Truth: Philosophical Papers Volume 1* (Cambridge University Press, 1991).

7)　Thomas S. Kuhn, *The Structure of Scientific Revolutions*, 2nd edn (Chicago: University of Chicago Press, 1970), p. 50.〔『科学革命の構造』中山茂訳、みすず書房、1971年〕

8)　定義の問題というよりは、湿地に関する連邦規制を巡る論争により深く関連している。たとえば、私的に所有されている湿地の開発を禁じることは、連邦政府による補償がなされない「召し上げ」に相当するだろうか。開発の許可を得るために必要とされる費用と遅延は、正当なものだろうか。本節において、私はこうした問題を一旦脇へ置く。それらは重要ではあるが、「湿地」はいかに定義されるべきかという問いに直接関係しない。

9)　Francis C. Golet, "A Critical Review of the Proposed Revisions to the 1989 *Federal Manual for Identifying and Delineating Jurisdictional Wetlands*." In US Congress, *Wetlands Conservation*. Hearing Before the Subcommittee on Fisheries and Wildlife Conservation and the Environment of the Committee on Merchant Marine and Fisheries, House of Representatives 16 October 1991 and 21 November 1991. Serial No. 102–150. (Washington, DC: Government Printing Office, 1992), p. 635.

10)　James T. B. Tripp, "Comments of the Environmental Defense Fund on National Wetlands Issues." In US Congress, *Wetlands Conservation*, op. cit., p. 203.

11)　Ibid., p. 195.

12)　Ibid., p. 201.

13)　Ibid.

14)　Ibid.

15)　Ibid.

16)　Golet, op. cit., p. 635.

17)　L. M. Cowardin, V. Carter, F. C. Golet and E. T. LaRoe, *Classification of Wetlands and Deepwater Habitats of the United States* (Washington, DC: US Fish and Wildlife Service, 1979), p. 3.

18)　Ibid.

19)　Golet, op. cit., p. 637.

20)　US Department of the Interior, *Wetlands: Meeting the President's*

Challenge (Washington, DC: US Fish and Wildlife Service, 1990), p. 13.

21) Thomas E. Dahl, *Wetland Losses in the United States 1780s to 1980s* (Washington, DC: US Fish and Wildlife Service, 1990).

22) US Department of the Interior, op. cit., p. 15.

23) In US congress, *Wetlands Conservation*, op. cit., p. 43 強調筆者.

24) Tripp, op. cit., p. 199.

25) Environmental Protection Agency, et al. "Federal Manual for Identifying and Delineating Jurisdictional Wetlands'; Proposed Revisions," *Federal Register* 56 (14 August 1991): p. 40449.

26) Golet, op. cit., p. 639.

27) Environmental Protection Agency, et al. op. cit., p. 40450.

28) Tripp, op. cit., p. 199.

29) Environmental Defense Fund, *How Wet Is a Wetland?: The Impact of the Proposed Revisions to the Federal Wetlands Delineation Manual* (NY/Washington, DC; Environmental Defense Fund/World Wildlife Fund, 1992).

30) Tom Paugh, "Sports Afield and the Candidates," *Sports Afield* 200 (October 1988): p. 15. にて引用

31) George H. W. Bush, "Remarks to Members of Ducks Unlimited at the Sixth International Waterfowl Symposium," *Weekly Compilation of Presidential Documents* 25 (1989): p. 860.

32) Ibid. p. 861.

33) Ibid. p. 862.

34) Ibid.

35) In US Congress, op. cit., p. 31.

36) "Statement by Press Secretary Fitzwater on the Development of Wetlands Conservation Policy," *Weekly Compilation of Presidential Documents* 26 (1990): p. 73.

37) Op. cit.

38) Michael D. Lemonick, "War over the Wetlands," *Time* (August 26, 1991): p. 53.

39) Op. cit., p. x.

40) In US congress, *Wetlands Conservation*, op. cit., pp. 661–663.

41) Environmental Protection Agency, et al. op. cit., p. 40446.

42) Ibid.; Philip J. Hilts, "U.S. Aides Retreat on Wetlands Rule," *The New York Times* (November 23, 1991): p. A10. も参照せよ。

43)　Carl Pope, “That Question of Balance,” *Sierra* (November/December, 1991): p. 22.

44)　Ibid. p. 23.

45)　Tom Dworetzky, “Promises, Promises: What Did Bush Say? What Did He Do?” *Omni* 14 (1992): p. 9.

46)　Associated Press Release, “Papers Chastise Bush’s Wetland Proposal,” *The Daily Collegian* [Pennsylvania State University] (November 22, 1992): p. 7.

47)　Hilts, op. cit., p. 1.

48)　In US congress, *Wetlands Conservation*, op. cit., p. 24.

49)　Op. cit., pp. 640, 654.

50)　Op. cit., p. 208.

51)　Editorial, “Back in the Bog on Wetlands,” *The New York Times* (26 November 1991): p. A20.

52)　Rorty, op. cit., pp. 46–62.

53)　Jean Seligmann, “What on Earth Is a Wetland?” *Newsweek* (26 August 1991): p. 49.

54)　Sederberg, op. cit., p. 94.

55)　In US congress, *Wetlands Conservation*, op. cit., p. 244.

56)　Ibid., pp. 62–63.

57)　Sederberg, op. cit., p. 57.

58)　Pope, op. cit., p. 23.

59)　Environmental Defense Fund, op. cit., p. x.

60)　Ibid.

61)　Ibid., pp. x–xi.

62)　Ibid., p. 2.

63)　Ibid., pp. xiii.

64)　Cf. Schiappa, op. cit.

65)　Thomas S. Kuhn, *The Essential Tension* (Chicago: University of Chicago Press, 1977), pp. 320–339.〔『科学革命における本質的緊張：トーマス・クーン論文集』安孫子誠也／佐野正博訳、みすず書房、1998年〕

66)　Environmental Protection Agency, et al. op. cit., p. 40446.

67)　Golet, op. cit., p. 639.

68)　In US congress, *Wetlands Conservation*, op. cit., p. 368; 強調原文。

69)　Ibid., p. 60.

70)　Ibid., p. 226.

71)　Environmental Defense Fund, op. cit., pp. 13–18.

72)　In US congress, *Wetlands Conservation*, op. cit., p. 109.

73)　Ibid., p. 113.

74)　Ibid., p. 366.

75)　Ibid., pp. 336, 367, 386.

76)　Schiappa, op. cit.; Edward Schiappa, “Dissociation in the Arguments of Rhetorical Theory,” *Journal of the American Forensic Association* 22 (1985): 72–82. も参照せよ。

77)　In US congress, *Wetlands Conservation*, op. cit., p. 409.

78)　George H. W. Bush, “Remarks and a Question-and-Answer Session with the National Association of Agriculture Journalists,” *Weekly Compilation of Presidential Documents* 26 (1990): p. 632.

79)　George H. W. Bush, “Remarks and a Question-and-Answer Session with the Agricultural Community in Fresno, California,” *Weekly Compilation of Presidential Documents* 28 (1992): p. 971.

80)　George H. W. Bush, “Remarks to the American Farm Bureau Federation in Kansas City, Missouri,” *Weekly Compilation of Presidential Documents* 28 (1992): p. 83; 強調筆者。

81)　George H. W. Bush, “Remarks and a Question-and-Answer Session with the Agriculture Communicators Congress,” *Weekly Compilation of Presidential Documents* 28 (1992): p. 1177.

82)　Ibid.

83)　を参照せよ US Congress, *Wetlands Conservation*, op. cit., pp. 88–90, 311–327. を参照せよ。

84)　Lydia Saad, “Bush Stance on Environment Unpopular,” *Gallup Poll News Service* (10 June 1992): 1–2.

訳注

*1　水文学とは、「地球上の水の状態や変化を水の循環の観点から研究する学問」(広辞苑第六版) である。

*2　ノー・ネット・ロス (no net loss) とは、「開発行為などによる湿地の消失 (loss) を、実際の面積 (量)、またできる限り生態系の機能 (質) を含め、湿地の獲得 (gain) によって埋め合わせること」を指す。(U.S. Fish and Wildlife Service Manual, 660 FW 1, Wetlands Policy and Action Plan: U.S. Fish and

Wildlife Service https://www.fws.gov/policy/660fw1.htmlなお引用は、田中章・磯山知宏「自然生態系の「ノー・ネット・ロス」政策の起源と変遷に関する研究」『都市計画論文集』第46巻1号、2011年を参照した）

＊3　英語には、「アリゲーターのことで手いっぱいになると、自分の当初の目的が湿地から水を抜くことだったことを忘れてしまう」といった言い回しが存在する（e.g. Fulcher, L. C. (1994). When you're up to your neck in alligators, it's hard to remember that the original aim was to drain the swamp: Some lessons from New Zealand health sector reform. *Australian Social Work*, 47 (2), 47–53.）。すなわち、目の前の、当初の目的と関係はするが目的そのものではないことに気を取られると、当初の目的自体を忘れてしまうという意味である。湿地保護に関する自身の姿勢をより強調するために、ブッシュはこの言い回しをさらにアレンジしたものと推測される。なおこの言い回しには、多数のバリエーションが存在する。

＊4　環境保護主義者は湿地の損失をゼロにすること（ノーロス）を強調することで環境の保護を求め、開発業者は代替地の獲得によって湿地の損失を埋め合わせること（ネット）を盾に、湿地の開発を求めるのである。

第11章

自然資源管理に対する、多元的で、プラグマティックかつ進化的なアプローチ

エメリー・N・キャッスル

序論

筆者は近年、自然資源政策の問題に関する学際的コミュニケーションの欠如のために、ますます心を痛めるようになってきた。一部の経済学者ではない人々が、この課題について経済学を用いることの可能性を、見たところ軽々しく否定する傾向について、私は経済学者として懸念してきた。同時に私は、多くの経済学者が自分達の学問領域の哲学的基礎について考えることを不本意に感じているということにも、当惑している。その結果は大抵、経済学の否定もしくはその厳密な適用のいずれかであった。どちらのアプローチにしても、政策策定に関する見方を極めて狭くするものである。他の学問領域の代表者もおそらく同様の懸念を抱いている。私は、もし自然資源のための公共政策に必要な特性についての対話が行われなければ、上記の状況が改善されることはないだろうと結論づけた。こうした対話のもとでのみ、私達は特定の科学的学問領域に固有の規範や価値を理解できるのである。もしこれらの規範や価値がオープンなものになれば、政策規範としての役割とは対照的に、科学的構成物としてのそれらの寄与をより正当に評価することができる。

過去数十年にわたる環境への懸念が、自然資源管理を当時の主要な政策課題の一つにしてきた。この懸念への反応は多様であり、また注目に値するものであった。この複雑な舞台での意思決定を導くか、もしくは支配するような環境倫理を要求する者もおそらくいる（Nash, 1989)。つい最近になって、この問題を扱う有望な方法として、持続可能な発展が唱道されるようになっ

た（環境と開発に関する世界委員会、1987年）。

本稿の目的は、自然資源管理に関して成功したアプローチの必要性と、そうしたアプローチに言外に含まれる意味について述べることである。特に、現代の文献の多くに欠けているように思われる、二つの基本的条件に注意が払われている。一つは、自然環境と社会システムは絶えざる変化の中にあることを認識する必要性である。管理に関する多くのアプローチは、管理されるシステムは定常状態またはある均衡状態へと導かれるべきであると仮定している。そのような仮定は事実に反している。もし変化が明示的に認識されないのであれば、信頼性の高い管理システムの開発は不可能である。もう一つの基本的条件は、いかなる人間社会であろうと人々の選好は著しく異なるということである。たとえば、少数派の意見や権利を認めることなく、多数派の見解が押し通されるという意味において、民主主義は滅多に純粋ではない。したがって、もし複数の視点が尊重されるにふさわしいとみなされるのであれば、自然資源管理は、意思決定の過程に対して明示的に注意を払わなければならない。上記の考察を自然資源管理へと結合するために、哲学面においては多元的で、また応用面においてはプラグマティックで、変化する状況に適応可能であるようなアプローチが必要とされる。

本稿において、ある種の資源管理に関する課題の一例として、森林管理を取り上げている。たとえ打ち出された原則が森林管理よりも幅広い範囲に適用されるものであったとしても、この仕事は、一歩進んだ、一般化のための具体的な標点を提供するために行われる。先進国と発展途上国の双方において、適切な森林管理を巡って激しい衝突が起きている。しばしば、伝統的なアプローチは、副産物と見なされる他の利益を伴った、木材の持続的な生産を供給するものとして記述される。これがステレオタイプ化され、過度に単純化されたものの見方かどうかは、ここでは大した問題ではない。林業は、望ましい林産製品に関する社会的合意があるとか、専門家に森林管理を委託することができるといった暗黙の前提に基づいて、一般的に認知された専門職になっている。望ましい公共政策と見なすことができるような、「科学的資源管理」と呼びうる何かがあるという考えは、もはや一般的には受容されていない。なぜだろうか。

経済学者は、伝統的な森林管理が経済学を無視したことを非難してきたし、その主張の妥当性には疑いの余地がほとんどない（Clawson, 1984; Bowes and Krutilla, 1989)。しかし、森林管理に経済学を結合することで、「科学的資源管理」が、かつての地位を取り戻すことになるかは、まったく明らかではない。経済学はこの点では貢献している一方で、しばしば慣例的に用いられるような管理のための道具としての経済学には限界がある。自然資源管理では、経済発展も経済学も無視されるべきではないが、しかし現在の慣例において頻繁に行われているよりも、もっと広い文脈のもとでそれらを見通し、利用する必要がある。

現在の世界は、林業が最初に専門領域として出現した時のそれとは大きく違っている。先進国の経済発展は、生産手段と消費パターンの両方の変容に関係している。先進国以外の多くの国々も、劇的な速度で、経済的に発展してきている。繁栄から最も遠い国々でさえ、乳幼児死亡率の低下と寿命の延長により、人口は劇的に増加した。この桁外れの経済成長および人口の増加は天然資源の利用に重大な影響を与えてきている。採取産業――農業、林業（木材）、（化石燃料を含む）鉱業――による生産物は大幅に増加しており、それらは採取手段の技術的変化に付随して起きたものである。採取物の量の増加とともに、自然環境をアメニティとして利用することに関する需要は高まっている。増加した需要の一部はより大きな数字に由来する。すなわち所得の増加の結果である。これらの発展には、地球上の全ての生命を制御するような物理的・生物学的システムに関して、多くの人々の関心が高まりつつあることが関係している。高まった関心のいくらかは、自然のシステムに関する情報を観察し、計測し、そして伝達する能力が向上したことに起因している。

もし自然資源管理が上記の変化に適応しようとするならば、四つの要件が満たされなければならない。

1. それは、経済的および社会的な変化をもたらさなければならない。現代の経済と社会は時間の経過とともに変化し、進化する。多くの経済分析は、部分的にせよ、均衡概念に自身の基盤を置くことから生じる、この現実を無視している。
2. それは、人間と自然環境の相互依存性と同じように、生態学的な相互依存性も認識しなければならない。
3. 現在の人々の厚生は未だ生まれていない人々の厚生と比較して考えられ

なければならない。自然資源管理は非常に長い期間を扱い、世代間の公平性は考慮されるべき正当な課題であるが、いかなる時代においても、国家の内外において所得と健康に莫大な格差が存在する。これは具体的に、現在のそれほど恵まれていない人々の厚生が、世代間の公平性と同様に考慮に入れられなければならないということを意味している。

4. 上記の要件1、2および3に関して、集団による意思決定のプロセスは重要な問題であり、明示的に注意を払うことが求められる。プロセスは、時間を超えて生じる結果と同様に、ある所与の時に存在する条件に影響を及ぼす。社会的順応は決して完全ではないので、プロセスに対する懸念も同じように継続されなければならない。

経済的変化と帰結主義者の方針

結果が重要である――この場合は、経済的結果のことである。自然資源管理の目的は、経済的価値を有する生産物を生み出すことであるということが、本稿では「与件である」。市場と民間企業を活用する資本主義は、先に描写した経済的変化の多くについて、広く信用されている（もしくは非難されている）。経済活動を形成するこの方法は、自然環境と同様、生活条件についても極めて大きな影響を与えた。膨大な量の消費財の生産と消費は、描写された経済的変化の特徴であった。

功利主義はしばしば、資本主義に哲学的基礎を供給するという点において功績を認められる。そのような帰属性は、完全に正しいというわけではないかもしれない。功利主義の哲学が十分に発達する前に、アダム・スミスは『国富論』を著した。さらに言えば、近代資本主義の落とし子であった物質主義は、必ずしも功利主義に固有のものではない。功利主義はこの点については寛容である――望ましい結果とは、満足度に関して最も高いネットバランス〔純残高〕を生み出すような結果のことである（Rawls, 1971, p. 22）。個人の熟慮に高い価値を置く功利主義的な社会は、基本的な生活必需品が獲得された後には、余暇の時間を提供するだろう。それにもかかわらず、資本主義が生み出した成果が評価もしくは判断される時に、しばしば何らかの訴えが起こされるのが功利主義なのである。実際には、いつ満足度に関するネットバランスが最大限達成されたのかを知ることは不可能である。それを知ろうとすると、ある人物の効用と他者のそれとの比較が必要になってくるが、それをどうやって行えばよいのかは誰も知らないのである。もし人と人との間の効用が一般的な測定単位で比較できるとすると、功利主義は強力な政策のための手段を持ち、功利主義的な倫理説に従って経済が機能するのはいつなのかが決定されるであろう。

パレート最適*[1]と費用便益分析を思い浮かべよ。ビルフレド・パレートはイタリア人の経済学者および社会学者である。彼は序数的、もしくは相対的な効用概念を利用した。この線で行くと、政策行動（policy action）が誰かの暮らし向きを悪くすることなく、また別の誰かの暮らし向きをより良いものにするならば、その場合に限り、社会的な進歩が起こりうるのである。文字通り受け取れば、これは、政策行動が取られる前に、満場一致の同意がなければならないだろうということを意味している。実際には、費用便益分析は、所与の政策行動が誰かの暮らし向きを悪くすることなく、また別の誰かの暮らし向きをより良いものにすることを可能にするかどうかを測定するために用いられる。経済効率はこのように定義されるようになり、経済学の下位区分として、費用便益分析のための理論構造を提供するような、厚生経済学が興ったのである。もし適切なかたちで実施されれば、正の費用便益比率をもたらした費用便益分析は、そうした条件を満たすだろう。実際には、暮らし向きが悪くなった人々に対して、補償はほとんど支払われないが、理論的には、正の費用便益比率はそうすることを可能にするだろう（Kneese and Schultze, 1985）。

たとえ厚生経済学が功利主義から生じたものであっても、古典的功利主義と厚生経済学を区別することが重要である。社会への満足度に関するネットバランスを最大化することは、誰かの暮らし向きを悪くすることなく、また別の誰かの暮らし向きをより良いものにすることを可能にすることと同義ではない。それにもかかわらず、いずれも帰結主義であり、経済的パフォーマンスを重要視している。経済効率を定義すること、および現代の多くの政策文書において政策行動案から厚生がどれだけ増加もしくは減少したかを測定することに用いられてきたのはまさに、厚生経済学およびそれに関連する費用便益技術なのである。

自然資源政策における費用便益分析の使用に関して、おびただしい数の懸念が表明されてきた。本稿の文脈においては、以下の3点が特に重要である。

割引率*2問題

自然資源政策は非常に長期間に及ぶものである。膨大な数の文献があるにも関わらず、長期間にわたる不確実性や世代をまたいだ公平性を反映させるためにどの割引率が用いられるべきかが、全くもって明確化されていない。この課題に関して、ある研究者は「正しい割引率を探すことは、鬼火を探すようなものだ」と書き記している（Page, 1988）。

なぜ誰の暮らし向きも悪化させるべきではないのか

実際上、公共政策に費用便益分析を適用すると、通常どこかが悪化する。もし仮にダムが公的資金によって建設されているとしたら、ダムの建設を可能にするために犠牲を払った全ての人々に対して、補償を行おうとするような試みは、通常は全くなされない。たとえ我々がこのカテゴリーに属する全ての人々を特定したいと望んだとしても、そうすることは極めて困難である。しかし効果的な基準は、もしそれが知られている場合には、そうすることが可能であろうということである。換言すれば、もし費用分析比率の値が正である場合、国民総所得はより大きなものになり、理論的には、誰かの暮らし向きを悪くすることなく、また別の誰かの暮らし向きをより良いものにすることが可能になるだろうということである。しかしこれは、なぜ現在の所得と富の分配が、他に実行可能な分配よりも道徳的に優れていると考えられるべきなのか、という問題を提起することになる。全ての実行可能な所得と富の分配のために、経済効率（最適性）がそれによって判断されうるような、別の根拠があるだろう。

大抵与えられる答えは、もし社会が現在の分配に対して不満を抱いているならば、社会はそれを変えることができるので、そうした現在の分配は規範的意義を有しているとみなされる、というものである。これは、問題となる唯一の歪みは、現在研究がなされているような種類のものだというのと同じことであり、別の言い方をすれば、社会は資源の配分において誤るかもしれないが、所得の分配において誤りを犯すことはないと言っているのと同じである。

経済は進化もしくは均衡化をもたらすシステムなのか

費用便益分析は、規範的意義が現在の状況に起因すると考えるだけではなく、経済は長い時間をかけて均衡を保っているものだという暗黙的で予言的な仮定も伴う。技術的には、競争市場および（その市場）規模に関する収益一定が経済において広く普及していることを要求する。近年の理論的および経験的研究は、現代の経済が実際にそのような仮定に沿って振る舞うのかどうかという問題を提起する。競争市場を不可能なものにする多くの産業のために、長期間にわたって、収益一定よりも収益逓増が優勢になるであろう（Lucas, 1990; Romer, 1990; Grossman and Helpman, 1990）。さらに、アーサーによる最近の研究（Arthur, 1990）は、経済は時間の経過とともに、ランダムな事象によって影響を受けるであろう準最適軌道上をそのつど移動することを示唆している（Anderson et al., 1988も参照せよ）。もしこのような条件が優勢であるとすれば、費用便益分析を使用するための規範的な基盤は、控えめに言って、深刻な影響を受けることになる。

これらの懸念は明らかに些細なものではなく、軽々しくさっさと終わらせてしまうべきではない。もしも政策の舞台において、経済効率の基準は、制御的であるべきと主張されているのならば、哲学的な責務は実に重い。このような環境派閥、もしくは唯一の基準を掲げるアプローチに抗議する人々は、自分達の武器庫に大量の弾薬を用意している。しかし、費用便益分析と同じようなそうした技術に賛成か反対かといったことを主張する場合、正確であることが肝要である。もし人間中心（主義）的な目的が重要であると考えるのならば、帰結主義者の議論を完全に拒絶することは困難である。有形財が重要ではないといって、誰もがそれで納得するといったようなことは、ありそうもない。費用便益分析は様々な強度で用いることができるだろう。そしてその結果は、意思決定プロセスを制御するというよりはむしろ、情報を供与するためのガイドとして用いることができるだろう。経済学における帰結主義の枠組みからこそ、機会費用という強力な原則――行為はどのような方向であれ、犠牲または機会の見逃しを要求する――が現れる。この概念は、本稿の後半で利用されることになる。それは、自然資源管理のための不可欠な道具なのである。

環境的挑戦

特にこの過去20年の間に、環境活動は何ら拘束されない状態で野放しになっていた経済的物質主義に挑戦してきた。その挑戦はしばしば、種の消失や荒廃した森林、汚染された空気が人間の状態に及ぼす影響について注意を喚起することによって、帰結主義的な文脈のもとで、明確に表現されてきた。そのような開発に要する実際のコストが過小評価もしくは無視されていると言われているため、進歩が生じていることを示す経済指標は、誤解を招きかねないものであるとして、正当性が疑われてきたのである。

環境的挑戦は、完全に統制されていたとは言い難いものであった。世紀が変わってから間もなく、何の制約もない市場に（功利主義の）倫理が反映されているという程度には、自然資源管理における功利主義の倫理に関して、米国内で反応があった。この見方では、自然資源は人間の使用のために管理されるべきものであったが、市場は、自然資源の価値の唯一の決定要因であるとまでは信頼されていなかった。結果として、市場のパフォーマンスを向上させるための試みとして、非常に多くの政府のプログラムが導入された。たとえば、国有林は市場が生産すると見込まれるよりも、より広範囲にわたって生産高をもたらすよう、管理されていた。極端な多重使用が行われた。市場が、最初の伐採の後に、商業用木材の生産が不経済であるとして見切りを付けるであろうような場所で、商業用木材が伐採された。しかし、そうしたプログラムにおいて功利主義的な倫理は優勢であり、多重使用は、それが経済的であろうがなかろうが、商業的価値を有するような用途に関して組織化されていたのである。

最近の環境運動は、功利主義に基づくのではなく、環境倫理の徹底的な調査に立ち会うようになっている。最近の膨大な数の文献は、ヘンリー・デイビッド・ソローやジョン・ミューア、アルド・レオポルドの初期の著作によってもたらされたインスピレーションから生み出されている。ロデリック・ナッシュ（Nash, 1989）やホームズ・ロルストン三世（Rolston, 1988）の著作が、最近の文献の動向について優れた助言を与えてくれるだろう。

自然における相互依存性についての妥当な理解が、環境保護主義の根底にある。これは、環境保護主義を、直ちに経済発展と相容れないものとして位置づけてしまうように見える。アダム・スミスは、特化と貿易は、富を増大させるために国家が取るべき路線であると主張した。科学技術は、自然において結合していたものを分離することに成功した。つまり、自然物は商業目的により適したかたちに作りかえることが可能になったのである。表面上は、これは自然における相互依存性についての妥当な理解やそれに対する（強い）関心を無視して行動しているように見える。自然の不可逆的な変化について、環境保護主義者の間にひろがる懸念には、二つの主たる源泉がある。一つは、そのような変化は人間が抱いている期待——人間中心主義的な環境保護主義——を減少させるかもしれないという信念に由来する。もう一つは、自然界における内在的美しさや道徳的な善さ——生命中心主義的な環境保護主義——に関する信念を反映している。

人間中心主義の立場に立つ人々は、古典的功利主義もしくは経済効率の提案者と共通点が多い。どちらも長期的な人間の展望に関して懸念している。双方ともに自然において不可逆性を引き起こす発端となる人間に関して、懸念するのだろう。実践的な文脈において、人間中心主義的な環境保護主義と功利主義はしばしば、証明の義務を果たすための弁論を任意に終えるところに落ち着く。経済的帰結主義に傾倒する人々は、提案されている自然システムへの介入が、実際に人間の展望を減少させるだろうということの証明を、経済活動を妨げるような人々に要求することを望むだろう。反対に、人間中心主義的な環境保護主義者は、提案された経済活動が、時間の経過とともに人々にとって不利益となるような、環境への危害を及ぼさないことの証明を要求することを望むだろう。これら二つのグループは、現在の政策の舞台において中心的な役割を果たしている。またこの種の相反をオープンなものにするために、特定の政策課題がしばしば立案されている。たとえそうだとしても、伝統的な主流派の環境保護団体や民間企業の唱道者達は、帰結主義者であり、また人間中心主義的でもある。これらの異なる視点の唱道者達は社会階級やライフスタイルの点に関して、多くの共通点を持っているだろう。主に環境保護団体は、「合理的な」環境活動を支援することが会社自体の利益となると信じている企業に対して頻繁に支援を請い、また実際に支援を受けている。

生命中心主義的な環境保護主義は、それとはかなり異なっている。文字通り、生命中心主義は自然の他の部分に比して、人間がより重要であるというわけではないことに同意するだろう。その論理的帰結のもとでは、狩猟採集社会のみが許されることになるだろう。しかし実際のところ、そのような極端な立場は生命中心主義の持つ複雑さを正当に取り扱っているとはいえない。手つかずの状態の地球はないのである。人間は文字通り地球を一変させ、そして多くの不可逆的変化が生じた。たとえもし他の時や他の条件下では自然への介入に反対していなかったとしても、譲れない一線を示す時がやってきたのだと結論づける人もいるかもしれない。戦略か戦術のいずれかに関して、生命中心主義者達は一心同体というわけではないということは、驚くべきことではない。たとえば自然の事物のために法的保護を獲得するなど、人間の法制度の中で働きたいと望む者もいる。それとは別に、既に存在する法制度は反道徳的であり、目的を達成するためには法律の外に出ることが適切であると信じている者もいるかもしれない。

本稿の文脈において、環境保護主義は多くの重要なやり方で、公的な議論に貢献してきたことを認識することが重要である。自然における相互依存性が、公共政策において配慮されることは必須である。人間の厚生が自然のシステムの保存に依存していると考えられてきた。自然資源の定義に向けて、市場よりももっと先を見据えることは必須であり、それにより我々は功利主義によってもたらされるもの以外の観点から、自然について熟慮せざるをえない。

世代内および世代間の公平

自然資源は概して複数の目的のために管理される。森林は木材や野外レクリエーション、そして生物多様性をもたらすだろう。森林の世話をしているか、もしくはそれとは別に森林に依存している人々の厚生もまた、森林管理の明確な目的になりうる。たとえば、管理面において木材生産と森林の保存に与えられた相対的な重要性が変化する時には、そのような変化によって直接的に影響を受ける現在世代の人々の厚生を考慮に入れる必要があるだろう。森林管理における保存の価値が高まることに由来する、地域社会的影響に関わる多くの人々の関心が、そのよい例である。大局的には、これは、公有地管理と企業システム双方の所得と富の分配が、森林土地管理における真っ当な関心であるということを意味している。しかし、配慮を現在世代に限定することはできない。長期間にわたるがゆえに、世代間の公平は自然資源政策における重要な問題であった。本節のタイトルが示すように、世代内における公平は世代間におけるそれと関係している必要がある。

哲学者のジョン・ロールズの著作（Rawls, 1971）は、世代内および世代間の公正に関する複雑さと矛盾とを説明するために使用することができるだろう。ロールズを導く基本的な道徳原則は、生まれながらに恵まれた立場にある人々は、それほど恵まれていない人達が自分達の置かれた状況を改善することを許すという場合に限り、自身の幸運に基づいて利益を得ることが許されるべきである、というものである。ロールズは、これを達成するための正しい出発点は、社会の基本構造に沿ったものであると信じている。この構造は無知のベールの背後から出てくるものである。無知のベールは、社会構造を決定する人々が、自分達が属するであろう世代を含む個人的な状況に言及することなく、そうすることを認める。ロールズは二つの原理を開発している*3。

第一原理　各人は、平等な基本的諸自由の最も広範な〔手広い生活領域をカバーでき、種類も豊富な〕制度枠組みに対する対等な権利を保持すべきである。ただし最も広範な枠組みといっても〔無制限なものではなく〕他の人々の諸自由の同様〔に広範〕な制度枠組みと両立可能なものでなければならない。

第二原理　社会的・経済的不平等は、次の二条件を充たすように編成されなければならない――（a）そうした不平等が各人の利益になると無理なく予期しうること、かつ（b）全員に開かれている地位や職務に付帯する〔ものだけに不平等をとどめるべき〕こと。(ibid., p. 60)

彼は、「それ故、不正義は、全ての人にとっては便益とならない不平等であるにすぎない」(ibid., p. 62）と述べている。本稿の目的にとって、公正としての正義の三つの特徴が重要である。

1. 社会構造は将来を生きることになる世代のことを何も知らない人々によって決定されるために、将来世代の厚生は社会構造によってもたらされる。
2. 社会の幸福の向上の規準とは、それほど恵まれない多くの人々の処遇を改善することである。
3. 国家による介入はただ容認されるだけではなく、上記の二つの正義の原則が満たされることを確実なものにすることが求められる。国家は正義の実現のために必要なのである。

ロールズは社会契約理論および「無知のベール」という概念装置を利用した初めての人というわけではないが、彼の問題の論じ方が、自然資源管理に特に深く関係する二つの課題を、議論の場に持ちだした。一つは世代間の公平に焦点を当てるものである。もう一つは、公正さの判断に際して人々が置かれる状況に関して、特別な注意を払うものである。

世代間の公平に関する課題が徐々に認知されつつあり、またそれらの課題は自然資源政策における世代間の公平との関連を深めつつある。自然資源採取産業に依存するようになった人々はしばしば、地理的に辺鄙な場所で生活し、働かなければならない。採取産業が衰退した時、その人達が暮らすその場所において、代替となるビジネスチャンスはほとんどないだろう。もしこの問題に関して明確に認識されていないのだとすれば、将来世代の利益は、現在世代のそれほど恵まれていない人々を犠牲にして増進させられるようになるかもしれない。これは、誰かの職業やライフスタイル、居住地が自然資源政策によって保証されるべきであると主張するものではない。最重要課題が木材生産から生物多様性の保存へと移行した場合、公正は、利益を得る人々の置かれた状況とそのような政策転換によって利益を失う人々の置かれた状況との比較を要求する、ということを述べているのである。平均すると、近い将来、環境運動に携わる人々は、それによって不利な影響を受ける人々よりも、経済的に有利になる（Mitchell, 1979）。さらに、実質所得が時間の経過とともに上昇する傾向にあることを鑑みるに、将来世代において最も恵まれない人々は、現在世代の最も恵まれない人々よりも暮らし向きが良いかもしれない。

プロセスの重要性の増大

上に掲げた哲学的立場のどれとして、それ単体で採用された場合、適切に、または一般的に受け入れられるであろう資源管理のフレームワークを提供することができない。しかしながら各々の立場は、一部の人々が関係するような目的や価値観を組み込んだ視点を提供してくれる。民主主義の本質は、目的や価値観が選択され、実行されるプロセスに関係がある。自然資源管理に公衆の参加は必須である。参加に関係するプロセス問題には、明確に注意を払う必要がある。自然への適応はプロセスである。一度成し遂げれば、後は忘れてしまうといった類のものではない。

環境に関する文献には、プロセスに対する広範囲な論じ方が欠けている。幾人かの論者（たとえば、Baden and Stroup, 1981を見よ）は、環境目標の達成という点における、政府の能率の悪さや反生産性について強調している。伝統的な功利主義は、政府のことを、目的それ自体というよりはむしろ、各個別の目的を達成するための手段と見なす。サゴフ（Sagoff, 1988）は、人々は、個人として抱くものとは異なり、集団的もしくは社会的な目標を持っているかもしれないと述べている。彼に従えば、自由主義は、社会の目標を達成するために政府を利用することの、哲学的な正当化を提供する。公正としての正義は、プロセスに大した重要性を与えない。プロセスは、目標を達成するための社会の基本構造に依存するのである。

既に書かれていることであるが、世界の多くの人々は、巨大な中央政府の権威に挑んでいる。そのうちどの程度が、政府が非効率的で無駄であると信じられているがゆえに生じるのか、またどの程度が個々人の自律に対する欲求によるものなのか、はっきりとしたことはわからない。この点において、ネイチャー・コンサーヴァンシーおよびアメリカ農地保全協会が事例を提供してくれるが、任意団体にとって、最大の役割および最大級の自由を提供する政治環境について熟考することは、有益である。ロバート・ノージックの研究（Nozick, 1974）は、この点において有益である。それは、最小国家や個々人の自律のための最大限の役割に関する事例を作ることを目指している。序文において、ノージックは次のように述べている。

> 国家についての本書の主な結論は次の諸点にある。暴力・盗み・詐欺からの保護、契約の執行などに限定される最小国家は正当とみなされる。それ以上の拡張国家はすべて、特定のことを行うように強制することによって人々の権利を侵害し、不当であるとみなされる。最小国家は、正当であると同時に魅力的である。ここには、注目されてしかるべき二つの主張が含意されている。即ち国家は、市民に他者を扶助させることを目的として、また人々の活動を**彼ら自身の**幸福（good）や保護のために禁止することを目的として、その強制装置を使用することができない*[4]。

ノージックは、もしこのような哲学を実装するならば、どのようにして資産が保有されるべきかということを、特定している。三つの要件が重要である。すなわち、1.保有物の原始取得、2.保有物の移転（譲渡）、そして3.保有の不正の匡正（きょうせい）、である。保有物の原始取得では、保有物が正義の原則に従って――つまり、窃盗や詐欺、奴隷化、武力行使がない状況下で――取得されたものである場合に、正当と見なされる。保有物は何か価値のあるものと引き替えにして、または自発的な贈り物として、移転させられるだろう。もし保有物が不法な手段によって取得されたものであることが示された場合はいつでも、過去の不正義を正すことが適切である。したがって保有物が使用され、移転されるような方法において、最小限の干渉しかない状態の私的な保有物は、リバタリアニズムの教義と一致する。どのようなものであれ、パターン化された配分もしくは再分配システムは拒絶されるべきである。資産の取得や移転、再分配は最小国家の法律に沿って行われるべきものである。「勤労収入への課税は、強制労働と変わりがない」のである（Nozick, 1974, p. 169）。

人間の振る舞いに関する二つの原理が、リバタリアニズムに備わっている。一つは、それぞれの人間が、自身にとって最善の利益に恵まれていること、そして個人から独立した社会的もしくは集団的な善など存在しないということが判断できるということである。第二に、最小国家によってもたらされるものを超えたいかなる協力も、自発的でなければならない（全会一致の同意を必須とする）。各個人の行動に足りないところは、相互の合意によって心を動かされ、問題に取り組む個人によって認識されるだろう。反対にそうしなければ、個人の権利と資格を侵害することになる。各個人の自由は、集団行動がそれによって判断される物差しになる。このような哲学は、政府を中立的なやり方でみることができない。政府は可能な解決策ではなく、まさに問題なのである――ただし最小国家によって取り組まれる様々な課題を除く。

リバタリアニズムは、任意団体にとって最大限の自由を提供することになるだろう。ここでは、異なる社会構造のもと、国家によって行われるであろう自発的な活動を切り分けるのに役立つ、限定的な事例として提出されている。それは、システムの結果もしくは成果物というよりはむしろ、社会構造に関する「権利」に基づく哲学である。たとえ一般的に、理論面ではプロセス志向と考えられていないとしても、実践面では、リバタリアンたちは、政府の役割を最小化することに対して、継続的に関心を示している。個々人の自律が強調されている場合に選択されるであろう方向性に関して、一つの見方を提供してくれる。

もちろん任意団体はリバタリアニズムではない他の政治システムにおいて栄華を誇るかもしれない。確かに、現在のアメリカにおける事例が示すように、任意団体は政府によって他の形態の奨励を受けるのと同様に、法律による保護を受けることもある。先述の通り、任意団体は環境分野と資源分野において最も急速に成長している、集団行動の方法になっている。自発的集団行為に関する古典的な研究は、マンサー・オルソン（Olson, 1965）の研究において見られる。将来的に大きな影響力を持つであろうこの独創的な研究は、政治科学および経済学の学問領域から発達した、公共選択に関する文献の形成に多大なる貢献をした。公共選択のような分野の存在は、一般的には公共政策において、具体的には自然資源管理において、プロセスの継続的な重要性を強調する。

自然資源管理に対する、多元的で、プラグマティックかつ進化的なアプローチがなぜ必要なのか

ここまでで、経済発展や環境の保存と増進、世代間および世代内の公平、そして相反関係が解決されるプロセスについての、哲学的な基盤は示されている。本概説は、やむをえず簡潔なものとせざるをえなかった。自然資源管理に関連する全ての哲学的立場が特定された、などというごまかしは、ここにはない。しかしながら、ここまでの説明によって、本稿の最後の部分のための枠組みが確立できた。最後の節において、私はなぜ適切な自然資源管理が、哲学の面では多元的で、プロセス面ではプラグマティックで、自然界においては進化的もしくは適応的であるのかについて、はっきりと示したい。このような管理のための枠組みは、アカデミックな学問領域の内部におけるコミュニケーションに重きを置く。多くの民主主義において、自然資源管理はもはや、あらかじめ設定されたガイドラインや特定の目的と調和の取れた資源管理を依頼された、テクノクラートに委託されてはいない。アメリカでは、政府の三つの部門全てが、地方、州、〔州よりも広い範囲の〕地域、連邦のレベルで参加している。この幅広い関わり合いは、我々の政府の形態だけ

ではなく、望ましい成果に関する市民の間での異なる選好から生じる結果である。それはまた、代替となる管理システムによってもたらされる、有望な成果についての根本的な意見の相違を反映しているのかもしれない。この視点の多様性を網羅するための、十分に幅広くかつ柔軟な哲学的システムは存在しない。環境哲学分野において卓越したある論者は、同じような趣旨で議論を展開している（Stone, 1988）。彼は、全てを網羅するような環境倫理学を発見しようとする試みが、実りが多いものになるとは到底思えないと結論づけている。しかしながら多元論は、紛争解決の保証ができず、また矛盾を禁じないため、多くの人々の目から哲学的に尊敬を集めるような地位にいるわけではない（Callicott, 1990）。当然、政治システムの主要機能の一つは、紛争を解決することである。紛争解決のための手段を受容する以上のことに、人々は同意する必要はない。政治システムは、自然資源管理におけるプラグマティズムに、明確な認識および定義を与える。これによって、自然資源管理における異なる哲学的立場の役割を縮小する必要はない。たとえもし全ての状況、あるいは特定の状況においてさえ、必ずしも一つの哲学的立場が優位に立つことがないとしても、多くの人々は重要な洞察力をもたらすような能力を有しているかもしれない。

自然資源管理に関する多元的性質同様、進化的性質も、正当に評価される必要がある。自然システムは、人間による攪乱がない時でさえ、静態的ではない。また（経済的なものも含む）社会システムも、高い確率で予測できるわけでもない。収益逓増と、新しい知的発見である非排除性に関する経済学の文献が充実してきている（Romer, 1990; Grossman and Helpman, 1990）。経済が最適軌道というよりはむしろ、準最適軌道に沿って進むかもしれないという可能性は、経済学内部での調査研究の対象でもある。これらの考え方は、一般に競争市場や収益一定、市場の衡平化といった仮定に基づく資源環境経済学の文献に、適合していない。現在実施されている自然資源経済学の基礎を成す理論は、進化生物学よりも静学的な物理学によく似ている。

時間の経過とともに準最適軌道に沿って経済が進行するかもしれないとか、長期の平衡状態が成り立たないかもしれないといった可能性は、遠い未来に影響を与えるような決定に関係する費用便益分析にとって、極めて重要である。そのような状況下において、既存の経済システムの予測的基盤も、規範的基盤も、ともに大した関連性をもたない可能性がある。経済は、現在の軌道に基づいて予測されないようなやり方で発展する可能性があり、それは現状に基づく経済モデルの予測能力を減少させる。既存の経済システムに影響を与える、収益逓増や偶発的事象の可能性は、そうした（経済）モデルの規範的内容にも、同様に損害を与える。これは、現代の資源環境経済学が、自然資源管理と何の関連性もないと主張するものではない。その限界に沿って利用されるべきだと言っているのである。

持続可能な発展に関する最近のレトリックのいくつかにおいて、自然および社会システムの双方が有する進化的な性質が、十分に認識されていないように思われる。持続可能な経済システムの、アプリオリに際立った特徴とは一体何だろうか。たとえば、非逓減平衡フロー*5が、森林のためのこのようなシステムにおいて、かつて進められたことがある。問題は、この目論見において顧みられなかった森林システムの特質が、システムが維持しようとしている特質よりも、さらに制限的であることが明らかになったことである。進化的アプローチは、自然資源に関する問題の大観に基づく技術が、自然資源管理のための十分な基盤を提供するという概念を拒絶している。たとえばノルガード（Norgaard, 1984）は、自然資源の政策決定に関する共進化的アプローチについて、長い間賛成意見を述べてきた。ノルガードについての我々の理解とは、彼は社会的および生物学的システムは、それらの適応と変化において相互依存的であるべきだと信じている、というものである。

進化的アプローチは、自然および社会システムに潜む膨大な不確実性が認識され、適応がなされるよう求める。この適応の一部は、新しい情報が経営における意思決定に反映されるように求める。異なる哲学的システムの正統性を広げるようなアプローチは、複数のシステムにおいて受容されうる知的構築物を重視する。40年ほど前、シリアシイ・ウワントラップ（Ciriacy-Wantrup, 1952）は、保全政策のための道具として、安全な最低基準（Safe Minimum Standards, SMS）を提案した。安全な最低基準は、進化的および多元的な両方の観点からも、魅力的である。ウワントラップが提案するように、SMSは驚くほどシンプルである。それは、そうするためのコストが「法外に高い」場合を除き、資源は保存されるべきだというものである。「過剰なコスト」を構成するものとは何か、といったことについて質問が上がるが、それぞれの資源ごとの費用便益分析に比べると、保全の規準は厳密性に欠けるということは明らかである。その概念は、あからさまに人間中心主義的である。それは、実行されることのなかった選択肢の機会費用を認識するのである。

大気中の炭素の増加による恒久不変の気候変動の可能性に対する、最近の懸念は、本稿において提唱されるアプローチの利点を説明するために用いることができる。ほとんどの科学者は、長期にわたって温暖化の傾向が進んでいるかどうかという点について、不確実性があることに同意する。しかし、この不確実性に対して、科学者集団から主に二つの反応が示されているように思われる。一方の反応は、地理学的な基盤に基づいて気候変動に対処できるような、経済的および社会的調整による解決を強調する。このアプローチは、気候変動は、経済的および社会的生活を形作るような他の外因的な力と比較可能なものと見なしている。自然界の不可逆性によるところはほとんどない。この一般的な反応から引き出される結論は、大気中の炭素蓄積を減少させるような政策行動には、それほど高い優先順位が与えられるわけではないということを再確認し、示唆するものである。たとえば、調整の大部分は、農業に負担としてのしかかってくると言えるかもしれない。農業は経済全体の中では比較的小さな部分であるため、不可逆的な気候変動のコストもおそらく小さい。残るもう一方の反応は、経済的推論にほとんど頼らずに、気候変動を最小限にするような政策に賛成意見を述べるものである。幸運なことに、これら二つの反応は可能性について徹底的に論じ尽くしたものではない。経済システムは神聖視されるべきではない。もし経済がいかに気候変動に適応するかを予測することが可能であるとすれば（自然の不可逆性）、経済がいかに大気中への炭素排出量の減少に適応するかを予測することもまた、可能であるはずなのだ（自然の不可逆性の予防）。そうした調整のコストとはどのようなものであるかを知ることは、適切である。技術的な意味では、結局のところ、もしコストが疑いようのないものであれば、一定の期間、財貨とサービスが減少することになる。もしこうしたコストが極めて高いようであれば、社会は炭素排出の継続を許可するという結論を合理的に下すだろう。しかしもちろんながら、これは、大規模かつグローバルな不可逆性の可能性がある時に、経済効率への配慮が優位を占めるべきだという主張とはかなり異なるものである。そうした議論は、経済学に悪評をもたらすには十分であろうが！

要約と結論

本稿のメッセージは次のようにまとめることができる。

1. 唯一の環境倫理学もしくは哲学システムは存在しないし、また自然資源と環境政策に指針を与えてくれるようなものが発見されるということもありそうにない。いくつかの哲学的アプローチは、そうした政策に固有の選択肢や価値観を解明し、開かれたものにするための助けになる。自然資源政策は必然的に多元的にならざるをえない。
2. 多元論は矛盾を禁じるわけではないため、受け入れ可能な包括的哲学体系ではない。したがって、自然資源政策はプラグマティックなものでなければならない。すなわち関連する哲学が矛盾する時、なんらかの選択肢をもたらさなければならない。民主主義の制度は、そのようなプラグマティックな装置なのである。もちろん実際に、民主主義は多数派の規則をはるかに超えて、たとえおそらく不完全なものだとしても、少数派の権利や視点を届けるものである。
3. 時間の経過とともに、社会システムと自然システムは共存するようになる。それらの生き残りおよびパフォーマンスに影響を及ぼす力は、ずっと先の未来においても安定的か、予測可能であるかのいずれかである、ということは疑わしい。そうしたシステムは、もしそれらが潜在能力に基づいて仕事を成し遂げるか、おそらく生き残るかした場合、調整と適応が求められるだろう。したがって、自然資源と環境政策は進化的である必要がある。

もし自然資源と環境政策に関する、これら三つの特性が一般的に受け容れられたならば、政策対話と科学研究はより生産的になるだろう。哲学において、到達不可能な一貫性に関する主張は放棄されることになるだろう。多くの知的な学問領域において、暗黙の政策規範に関する明示的な認識が現出するだろう。未来は本来的に予測不可能なものとして認識されるだろう。また政策は、新たな情報を考慮に入れ、それによって順応と変化をもたらす能力に基づいて評価されるだろう。

多元的で、プラグマティックかつ進化的なアプローチが明らかにしたのは、多くのアカデミックな学問領域が自然資源管理に貢献しうるが、どれもそのための適切で十分な知的基盤を全く提供しないということである。アカデミックな学問領域は、どれが科学的に到達可能なものかということに関する、それ自身の根幹を成す予想を有している。シリアシイ-ウワントラップ（Ciriacy-Wantrup, 1956）は、そのような構成概念に「科学的フィクション」というラベルを貼って分類した。それらはたとえ科学研究において有用であったとしても、事実に反するかもしれない。完全な真空、完全な競争と生態的極相の共通形態がその例である。そうした構成概念に基づく学問領域が、政策課題もしくは管理上の問題に適用される際、誘惑と傾向性が政策規範もしくは政策目標になる。結果、派生した政策規範と一致するような哲学的視座もしくは価値に関する視座を偶然有しているような人々だけが、政策に含まれる言外の意味が、受容可能であることを知るかもしれない。一部の人間は、学問領域から生じたように見える政策に含まれる言外の意味に抵抗するため、そのような人々は学問領域それ自体を拒絶するだろう。これは、遺憾なことだ。アカデミックな学問領域は、特定の目的を達成するために役に立つかもしれない人間中心主義的な道具である。別々に考えると、それらの学問領域は現実世界の一部に関する特定の視点をもたらす。ひとまとめにして考えると、独立して使用された時に比べ、より多くの現実を浮かび上がらせてくれる（たとえば、Hyman and Wernstedt, 1991を参照せよ）。

ここで提出された枠組みの実践的意味は非常に多くあるが、本章の主要なメッセージを具体的に示す際、具体的な事例は役に立つ。そのいくつかについては本章の中で既に言及されているが、締めくくりに、木材の伐採を犠牲にして生態系を保存するための行動に対する評価について考えてみよう。功利主義的な倫理を適用すると、その結果は、生態系を「用いた」費用便益分析と、それを「用いない」費用便益分析を開発するといったものになるかもしれない。遠い未来の生態系を保存することの便益の決定は、極めて複雑な仕事となる。これは、現在世代の人々に対して、将来世代の便益のための環境保存に関する支払い意思額を尋ねることを含むだろう。

人間中心主義と生命中心主義の両方を含む環境保護主義者は、他の立場同様、このようなアプローチを拒絶するかもしれないが、それによって、そのような困難な意思決定において、経済学の助力を失うリスクを冒すことになるかもしれない（Norton, 1987; Sagoff, 1988）。また別の立場は、生態系の保存から、現在世代の犠牲と犠牲に付随する出来事を評価するために、経済学を利用するかもしれない。これは、経済学の能力の範囲内で、十分に成し遂げうる課題である。その際、使用されたプロセス同様、世代内および世代間の公平についてなされた判断を、より良いものとすることができる。これらの公平に関する配慮は、生物学に携わる科学者からの助力を明らかに必要とするような、生態系の独自性およびその長期的な重要性に関して考慮されなければならない。この種の研究が、現在多くの機関で進行中であることは、励みになる。

謝辞

「自然資源管理に対する、多元的で、プラグマティックかつ進化的なアプローチ」は、『森林生態学と管理』誌の第56巻（1993年）に収録された文章を再掲したものである。この問題に関する私の思考に、多くの人々が貢献してくれた。以下の文献リストはスティーブン・ダニエルズ、ブライアン・グリーバー、カール・ストーテンベルグ、リチャード・フィッシャー、ダグラス・ブロディ、アンドレア・クラーク、ロバート・ベレンズ、ピーター・リスト、アレン・クニース、リチャード・ストロープ、ディヴィッド・ブルックス、そしてケネス・ゴッドウィンの名前を含むが、必ずしもこれに限定されるものではない。オレゴン州立大学の森林研究所からの支援に心から感謝する。

参考文献

1)　Anderson, P. W., Arrow, K. J. and Pines, D (eds), 1988, *The Economy as an Evolving Complex System: Proceedings in the Sante Fe Institute in the Sciences of Complexity*, Addison-Wesley Company, Redding, Ma, 336 pp.

2)　Arthur, W. B., 1990, "Positive Feedbacks in the Economy," *Scientific American*, February 1990, pp. 92–99.

3)　Baden, J. and Stroup, R., 1981, *Bureaucracy Versus the Environment*, University of Michigan Press, Ann Arbour, Fl, 238 pp.

4)　Bowes, M. D. and Krutilla, J. V., 1989, *Multiple-Use Management: The Economics of Public Forestlands. Resources for the Future*, Washington DC, 357 pp.

5)　Callicott, J. B., 1990, "The Case Against Moral Pluralism," *Environmental Ethics*, 12: 99–124.

6)　Ciriacy-Wantrup, S. V., 1952, *Resource Conservation: Economics and* Policies, University of California Press, Berkeley, Ca, 393 pp.〔『経営環境論：資源保全とその経済学』改題再版（旧題『資源保全その経済学と政策』)、小林達夫編訳、文雅堂銀行研究社、1996年〕

7)　Ciriacy-Wantrup, S. V., 1956, "Policy Considerations in Farm Management Research in the Decade Ahead," *Journal of Farm Economics*, XXXVIII (5): 1301–1311.

8)　Clawson, M., 1984, *Forests for Whom and for What? Resources for the Future*, Baltimore, Md, 175 pp.

9)　Grossman, G. M. and Helpman, E., 1990, "Trade Innovation and Growth," *American Economic Review*, May 1990, pp. 86–91.

10)　Hyman, J. B. and Wernstedt, K., 1991, "The Role of Biological and Economic Analysis in the Listing of Endangered Species," *Resources*, 104: 5–9.

11)　Kneese, A. V. and Schultze, W., 1985, "Ethics and Environmental Economics," Chapter 5, in A. V. Kneese and J. L. Sweeney（eds), *Handbook of National Resource and Energy Economics*. North Holland, Amsterdam, 755 pp.

12)　Lucas, R. E., 1990, "Why Doesn't Capital Flow from Rich to Poor Countries?" *Pap. Proc. Am. Econ. Rev.*, May 1990, pp. 92–96.

13)　Mitchell, R. C., 1979, "Silent Spring/Solid Majorities," *Public Opinion*, 2（4）: 16–20, 55.

14)　Nash, R., 1989, *The Rights of Nature: A History of Environmental* Ethics, University of Wisconsin press, Madison, Wi, 209 pp.〔『自然の権利：環境倫理の文明史』松野弘訳、TBSブリタニカ、1993年〕

15)　Norgaard, R., 1984, "Coevolutionary Development Potential," *Land Econ.*, 60: 160–173.

16)　Norton, B. G., 1987, *Why Preserve Natural Variety?*, Princeton University Press, Princeton, 281 pp.

17)　Nozick, R., 1974, *Anarchy, State and Utopia*, Basic Books, Totowa, NJ, 418 pp.〔『アナーキー・国家・ユートピア：国家の正当性とその限界』嶋津格訳、木鐸社、1992年〕

18)　Olson, M., 1965, *The Logic of Collective Action*, Harvard University

Press, Cambridge, 176 pp.〔『集合行為論：公共財と集団理論』新装版（Minerva人文・社会科学叢書 8）依田博／森脇俊雅訳、ミネルヴァ書房、1996年〕

19)　Page, T., 1988, "Intergenerational Equity and the Social Discount Rate," in *Economics: Essays in Honor of John Krutilla*, Resources for the Future, Washington, DC, 293 pp.

20)　Rawls, J., 1971, *A Theory of Justice*, The Belknap Press of the Harvard University Press, Cambridge, Ma, 607 pp.〔『正義論』改訂版、川本隆史／福間聡／神島裕子訳、紀伊國屋書店、2010年〕

21)　Rolston III, H., 1988, *Environmental Ethics: Duties to and Values in the Natural World*, Temple University Press, Philadelphia, Pa, 391 pp.

22)　Romer, P. M., 1990, "Are Non-Convexities Important for Understanding Growth?" *Pap, Proc. Am. Econ. Rev.*, May 1990, pp. 97–103.

23)　Sagoff, M., 1988, *The Economy of the Earth: Philosophy, Law and the Environment*, Cambridge University Press, New York, 271 pp.

24)　Stone, C. D., 1988, "Moral Pluralism and the Course of Environmental Ethics," *Environmental Ethics*, 10: 139–154.

25)　World Commission on Environment and Development, 1987, *Our Common Future*, Oxford University Press, Oxford, 400 pp.〔環境と開発に関する世界委員会編『地球の未来を守るために』福武書店、1987年〕

訳注

＊1　社会厚生を計るための基準。少なくとも一人の主体の効用を減ずることなしには、どの個人の効用をも増加しえない状態。つまり、それ以上の改善が不可能であるという意味で最適な状態。

＊2　ここでの意味は、「割引現在価値の計算、つまり、将来の価値が現在どれだけの価値に相当するかを計算するときに適用される利子率のこと」（金森久雄／荒憲治／森口親司（編著）『有斐閣経済辞典 第3版』有斐閣、1998年）である。

＊3　本引用の邦訳は、「ジョン・ロールズ『正義論』川本隆史／福間聡／神島裕子（訳）、紀伊國屋書店、2010年」p. 84を参照し、それに従った。

＊4　本引用の邦訳は、「ロバート・ノージック『アナーキー・国家・ユートピア：国家の正当性とその限界』嶋津格訳、木鐸社、1992年」を参照し、それに従ったが、一部改変した。なお強調は本章筆者によるものである。

＊5　いわば、自然資源の回復量を上回らぬように収穫量を制限すること。「国有林からの木材の売却を、それらの森林から、持続生産量の基盤に基づいて、毎

年永続的に除去されうる量と量的に等量もしくはそれ以下に制限する」ことを定めた条文に基づいている（“Forest and Rangeland Renewable Resources Planning Act of 1974, SEC. 13. (a) [16 U.S.C. 1611] https://legcounsel.house.gov/Comps/Forest%20And%20Rangeland%20Renewable%20Resources%20Planning%20Act%20Of%201974.pdf；Sample, V. Alaric. "Sustainability in forestry: origins, evolution and prospects." Pinchot Institute for Conservation, Washington DC (2004), p. 4 http://citeseerx.ist.psu.edu/viewdoc/download?doi=10.1.1.182.1386&rep=rep1&type=pdf）。前章における「ノー・ネット・ロス」概念も参照せよ。

第12章

自然の法対尊敬の法

――ノルウェーの実践における非暴力

デイビッド・ローゼンバーグ

環境プラグマティズムは、環境問題を解明し解決するという点において実際に機能する哲学を見つけることを目的としている。この観点から考えるなら、私が信じるところでは、環境哲学は基本的に応用哲学であり、抽象的な疑問を取り上げ、それがいかに現実の論争を解決するのに役立つのかを明らかにするものである。

ここで私は、ガンジーの非暴力的抗議とコミュニケーション術を利用する有効性について吟味したい。私は、ノルウェーの環境保護主義、特にアルネ・ネスのディープ・エコロジーに見られるこのガンジー的な手法の歴史を明確にし、この伝統が、ノルウェーにおける現在の捕鯨論争を解決するために適用できることを示す。このガンジー的な手法に反対するのが、ポール・ワトソンやシー・シェパードのような他のディープ・エコロジー活動家たちであり、彼らは、より対決的な戦略を選ぶ。ところが、ガンジー的な手法に賛成する側も反対する側も、ディープ・エコロジーの原理と一致した行動を取っていると主張している。そうであるとすると、私たちはいかにして、ディープ・エコロジー的観点の内側からこの事態を収拾することができるのであろうか。アンドリュー・ライトが本書で明らかにしている環境プラグマティズムによって私たちは、最も効果的に環境問題を解決できる政治的戦略を選び取ることが可能なはずだ。そして、この有効性を測る基準の一つが、その政治的戦略が、適用されている政治的文脈に適合するかどうかである。なぜワトソンの戦術がこの場合間違っているのか、そして、なぜガンジー的な手法がノルウェーの政治的文脈によりふさわしいのかを示すのは、このプラグマティスト的な観点である。さて、この小論は、環境プラグマティスト的な原理を、同じ一つの種類の環境哲学を信奉する人たちの間で生じている論争を裁定する方法として利用する試みである。

ノルウェーは、急進的な環境保護主義の哲学的本拠地と呼ばれてきた。そう呼ばれるのは、ごく最近のこととしては、ノルウェーがアルネ・ネスの母国だからである。アルネ・ネスは、環境問題についての重大で鋭く革命的な一連の見解を指すものとして「ディープ・エコロジー」という術語を考案した哲学者である。もちろん、ネス以前にもノルウェーは、伝統的に山と川を崇敬し神話化している国として知られていたのであり、国の歴史全体が土地に織り込まれているのである。ノルウェー人の国民的アイデンティティは自然なしには成り立たないのであり、彼らの天然資源はノルウェーの現在の富の基盤であり、この天然資源があることによって文明の原初的な感覚が保証されている。

そうすると、ノルウェーのすべての市民が環境保護主義者なのか。それは、あなたが誰に尋ねているかによる。近ごろでは、誰もが自らを環境保護主義者と呼びたがる。彼らが政治的地図のどこにいようと、それは変わらない。この「環境保護主義者」という術語はアメリカ合衆国においては、ほとんどの公職者にとって政治的な力の源として役立つほどに毒気のない言葉となった。カーター、ブッシュ、クリントン、おそらくレーガン以外はみんな、自分が「正しい」種類の環境保護主義者であることを一般の人々に知ってもらいたいと思っており、そうした肩書を手に入れる一方で、それが誰であろうと、自分が過激主義者であると決めつけている人から距離を置いている。ノルウェーの総理大臣グロ・ハーレム・ブルントラントは、環境と開発に関する世界委員会の創設者としての信望や、1994年のカイロ人口会議やその他類似の行事でのはっきりものを言う態度によって、「緑の女神」としての国際的な名声を築いた。しかし、本国では、彼女の名声は決して一貫したものではなかった。環境大臣として彼女は、特に有能であったというわけではないし、ノルウェーのヨーロッパ共同体への加盟を彼女が支持したことは(1994年11月、53パーセント対47パーセントの反対多数で加盟否決)、彼女の国内での威信を損なってしまった。

ノルウェーは、すべての人が環境保護主義者の言葉を受け入れたいと思っているような国では**ない**。田舎の地域では、環境保護主義者（ノルウェー語で表現するのが本当に難しい―― *miljømennesker*［環境の人々］）は、奥地の人々に生き方を教えたいと思っている南部出身の傲慢な都会人の典型と見られている。最近のノルウェーの20代は、野外生活と地域管理を伴う伝統的な山岳世界に対してと同じくらい、世界全体を包括的に見渡すという世界的文化の精神に対しても興味を抱いている。

『野外の知恵』[1)]という私たちの本において、ピーター・リードと私は、ノルウェーのエコロジカルな思考の歴史と今後の進展予測を、急進派と保守派の混合、伝統派と革新派の混合という形で描こうと努めた。この見通しに従って、私はまず、アルネ・ネスと彼の支持者たちの考え方が世界的な環境行動主義に与えた最も重要で実践的な助言について再検討したい。特に、私は、世界的なディープ・エコロジーを生み出した国がどのようにして、強固なガンジー的基盤に基づいてそれを生み出したかということ（そのことは、ディープ・エコロジーの発展に関する説明の多くにおいてしばしば忘れられている）を吟味しよう。最後に、私は、このガンジー的基盤に基づくやり方が、シー・シェパード船長ポール・ワトソンの対決的なやり方よりもうまく、捕鯨をやめるようにノルウェーの人々を説得するために、どのように応用できるかということについて論じようと思う。

環境保護における非暴力

非暴力的抵抗はしばしば、環境に関する活動の重要な部分である。非暴力的抵抗とは例えば、〔ダム建設に反対して〕ブルドーザーの猛攻撃を阻止するために道に横たわることや、せき止められた水があなたの周りに満ち溢れてきているときに、谷の底に自らを鎖でつなぐことである。これらは、効果的な抗議方法でありうる。報道機関は注目し、一般の人々はそのニュースに関心を持ち、その結果、世間の人々はあなたの事件について知るであろう。もしあなたが自分の命を賭けることをいとわないなら、あなたは、自分の意見の正しさについて全面的に確信しているに違いないと見なされる。

しかし、そうしたやり方はうまくいくのか。そうした示威運動はすぐに暴力へと、あるいは少なくとも敵意へと拡大していくように思われることがしばしばある。どのような主義に傾倒するにしても、それが激しければ、それは、過度の熱情や、反対側の見解を尊重することの拒否へとつながる可能性がある。この熱情に駆り立てられて、地球ファースト！[*1]として一時期知られたアメリカの環境運動の過激派は、自由で未開の自然を守るという名目で、人々に対してではないとしてもその財産に対して暴力をふるうということを支持したのである。より重要な公共善という名のもとに、支配階級の有する財産に対して暴力に訴えるという長い伝統がある。ノルウェーの環境保護活動家シグムント・クヴァロイは、環境面での抗議における制御された暴力の適用について次のように語った。

> 自らを守りたいという人々の意志は、たんに自らの国だけではなく、自らの生活環境にも関わっている。(…) 人は、親密であると感じるものを守らなければならない。(…) 私たちは、暴力と非暴力を分ける境界線はダイナマイトの使用にあるという考えから脱却しなければならない。**しかも、生きものは危害を加えられてはならない——１枚の草の葉でさえも。**もしダイナマイトが、生命が途絶えた場所に生命が再び生まれ出る手助けとなるなら、これは、爆発物の真に非暴力的な使用法であろうし、実際にアルフレッド・ノーベルという名を平和促進のために利用することだろう！[2)]

これは、敵対者を、相容れない見解を進んで考慮しようという意志の欠如した態度へとまさに駆り立ててしまいがちな環境保護主義の戦術である。

主流派の環境保護主義者たちは、自らをより道理をわきまえているかのように見せるために、過激主義者がいることを喜んでいるというのが一般的な意見であるが、それとは逆の側面もある。すなわち、環境保護の主張に反対する人たちは、すべての環境保護主義者に、道理をわきまえない扇動家という烙印を押す傾向にあるだろう。(ブッシュ政権時の) アメリカ合衆国テロ対策特使であったポール・ブレマーは、環境テロリストと他の種類のテロリストの間にほとんど違いを見ていない。すなわち、

> 政治的なテロリストと同様に、環境テロリストは、妥協することのないユートピア的な——救世主的でさえある——理想像を中心とした強力な信念体系を持つことから始まる。そうしたテロリストたちは自らの役割を、「パレスチナの人々の抑圧」であろうと「母なる大地の破壊」であろうと、自分が不正であると感じたことを正すことにあると見る。しかし、その後、

> これらの立派な目標は、イデオロギー的過激主義によって歪められてしまう。(…) 彼らは、傷つけられる人にほとんど気遣うことなく、最大限の注目を自らの主張に向けさせるための暴力行為を行おうとする[3)]。

環境テロリズムを他の政治的テロリズムの行為から区別するために、環境テロリズムは、これらの他の行為から本質的に分離できる道徳律を支持するということを強調する必要がある。すなわち、たんにものを傷つけるだけにし、人々を傷つけないように、と。文学的な感情を引き起こすようなその言葉を言い換えて、エドワード・アビーは次のように述べている。決して逮捕されないように。決して有名になろうとしないように。ただ仕事を完遂するように。自分が誰であるかを誰にも知られないように。行為を見れば、それがどういうものか明らかである。

この抗議の綱領は、問題解決のための手順を十分提供してくれるだろうか。これは、暴力的な市民的抗議に関する最も重大な問題である。この綱領は、改革と革命の間の不安定な場所を占めている。それは、実際の困難な問題の解決へと向けた協力的な精神を鼓舞しない。それは、現実的なものというより象徴的なものであるように思われる。暴力の誘惑に屈することによってその運動は、目に見える硬い刃を獲得するかもしれないが、今後も意見が対立するような陣営の間で建設的な会話を促進する機会を失う。

非暴力を政治的な力として支持する人たちは、マハトマ・ガンジーの行為と言葉に最も大きな心の支えを見出す。自然保護は、ガンジーの主要な動機ではなかったが、彼は、環境行動主義に相応しい明確な洞察を提供している。ガンジーは、個人個人が一見無私の仕方で行為しつつ、その間中、最も広い意味での自己実現という目標を追求する方法について全体的な見通しを与えている。

アルネ・ネスに深い感銘を与えたのは、この広い意味である。エコロジカルな問題へと向かう前にネスは、ガンジーの一連の格言、生活上の試み、抗議行動、沈思黙考は、矛盾した主張と行為の寄せ集めではなく、首尾一貫した哲学をなしているということを論証するために長年にわたって努力した。ガンジー的な意味での自己実現は、ネスのディープ・エコロジー哲学全体の根本であり、その哲学は、自然の中での人間の居場所を尊重することに賛同する人格哲学だと考えられると私は主張したい。それゆえ、ネスにとってのディープ・エコロジーは、理論上も実践上も、ガンジーの見解と一致するはずである。

非暴力の力は、すべての生命が本質的に一つであるという信念を基礎としている。「海から引き離されたしずくは、何の利益ももたらすことなく消えてしまう。もししずくが海の一部のままでいれば、それは、海の真ん中で巨大な船の集団を運んでいくという栄誉を分かち持つ」[4]。自己の満ち溢れた潜在能力を実現させるということは次のことを意味する。すなわち、1人の人間の個人としてのアイデンティティは、まずはあなた自身がいる特定の場所に近い所に存在する生命、それからその場所から遠く離れて存在する生命、そのような多様な生命にとっての関心事を受け入れることによって拡張されるという点を認めることを意味する。私心なく、公平に、とりわけ**行為の結果を顧みずに**行為しなさい。これは、『バガヴァッド・ギーター』〔ヒンドゥー教の聖典〕そのものから直接引いてきた考え方であり、その叙事詩の中で英雄アルジュナが、降伏すべきか戦うべきか考えながら戦場から神クリシュナに呼びかけている。選択は不可欠であるとその神は言う。ただし、行為は、正しいがゆえに行われるべきであり、公的であろうと私的であろうと、個人的であろうと政治的であろうと、何ら利益のために行われるべきではない。

これらの精神的原理は、問題解決を目的とするどんな運動のための戦略からも程遠いものであるように思われる。これらの精神的原理が、ゲームに勝つことよりむしろ真実に関係しているのはまさに、〔問題解決を目的とする運動のための戦略からの〕この縁遠さのためである。そのように定義された非暴力は、環境保護の主張に注意を向けさせるための戦術以上のものになるが、そのうえ多くの多様な信念を持っている人々に、事態は深刻であるということを納得させるための強力な足場にもなる。ガンジーは非暴力を、すでに確信していることのために戦う方法というよりむしろ、哲学的な探究、真実に対する使命と見なした[5]。非暴力の行為は、答えを前もって描くことではなく、答えを探し求めることを意味するはずである。

非暴力の行為が探し求める真実は、差し迫った状況にとって最も適切な答えである。以下は、1919年にハンター委員会によって裁判にかけられた際のガンジーの発言である。

審議委員会：人がいかに誠実に真実を探し求めることに努力したとしても、

その人の真実の概念は他の人たちの真実の概念と異なっているかもしれません。そうすると、誰が真実を特定することができるのですか。

被告人：個人個人が自分自身でそれを特定するでしょう。

審議委員会：個人個人は、真実に関して別々の見解を持っているでしょう？　それは混乱を引き起こすのではありませんか。

被告人：私はそう思いません。

審議委員会：誠実に真実を求めて努力する行為は事例によって異なっているでしょう？

被告人：それが、なぜ非暴力が必然的な帰結となるのかの理由です。非暴力でなければ、混乱が生じるでしょうし、さらに悪いことになるでしょう[6)]。

多様な真実、多数の正しい生き方と正しい自己実現法があるが、それぞれはその時の状況によって決定づけられている。ガンジーは、当事者たちが、それぞれ異なった見解を**誠実に**抱いている状況——敵対する人たちが、それぞれ異なった意見を心から信じ、誰も、政治的理由、あるいはその他の理由から嘘を言ってはいない状況——においてのみ非暴力は有効に機能すると信じている。敵対する人たちは、相手の信用を傷つけるために安易に考え出された、論点のすり替えに基づく風刺的表現や、感情的な言葉遣いで互いを攻撃すべきではない。批判は、事実に即していて率直なものであり、かつ意見が一致しない人たちとのコミュニケーションを目指しているものでなければならない。事実について誇張したり感情的になったりすることはまったく不適切である。行為が〔単なる手段とされるのではなく〕、まさにそれ自体が目的としてなされることで、非暴力は、すべての関係者たちの間でお互いを尊敬する気持ちを呼び起こすであろう。

人々は、誠実に真実を求めて努力したとしても、その真実の内容について別々の見解を抱くかもしれない。それぞれの状況に特有な真実という概念は相対主義からくる対立を回避するだろうか。そうした相違に対する解決策は、様々な観点が提示される際の誠実さにある。その誠実さは、それぞれの状況の十分広い範囲に注意を払うという原理に対する敬意によって導かれて、文脈を考慮するプラグマティズムという形を取る。今この場で、行為そのものに従うように。事実の様々な側面についてできる限り多くのことを学ぶように。もしあなたの原理に反する情報を発見したなら、その原理を捨てる覚悟をするように。しかし、それでも、もし自分が正しいとあなたが依然として確信しているなら、その信念の揺るぎなさはさらに、より多くの知識を得ることで持続していくであろう。とりわけ、反対する側と対面するとき、彼らが思うがままに振る舞えるように努力すること。もしあなたがこうしたことすべてを実行するなら、あなたは、非暴力的な環境行動主義の要求を満たしているであろう。

この手法はうまく機能する。それは、環境保護主義者の信念を明らかにしており、私たちと意見が一致しない人々を進んで説得しようという気持ちを示している。しかしながら、まず第一に、私たちは、この不一致を尊重する必要があり、別の見解を中傷して改善不可能な邪悪な「敵」にしてしまう必要はない。

これらの原理は、非常に冷静に検討されていて、非常に洗練された、非常に思慮深いもののように思われ、政治的な声明において予想されるのが常となっている仰々しい独断的な話しぶりとは程遠いように思われる。非暴力はインドにおいて驚くべき成果を上げたかもしれないが、それはまた、思いつきがずる賢く見栄えをよくして売りに出されているこちらの欺瞞の世界にとってはあまりにも理想主義的すぎるであろうか。私は、非暴力がうまくいくことを願っている。というのも、それは、非常に多くの他の社会批評とは異なり、私たちの時代と場所の全体的な停滞を冷笑することから出発したりしないからである。それは、別の観点が存在するような状況から出発する。個人的な利害の相違よりもむしろ、仲間であるすべての人々にとって適切な目標・願望との深い一体感の方が重要である。憎しみは存在しなくてよい。

暴力によらない環境保護のための抗議においてさえも次の側面が欠けていることが非常に頻繁にある。すなわち、抗議の相手と実際に進んでコミュニケーションを取ろうという意志を持ち、そうしようと努力する側面である。示威運動は、マスメディアの注意を不正な状況へと向けることを意図して行われるが、不満の対象である人々との面と向かっての個人的な接触が重要であるということを忘れている。アメリカ合衆国森林局は初めのうちは、すべての木を伐採する彼らの慣行を攻撃する人々の声に耳を傾けることを嫌がるかもしれない。彼らは、職務上の必要性を引き合いに出して、かわいそうな西アメリカフクロウを過度に強調するやり方を批判するだろう。どんな真の闘争であっても、その解決は、〔フクロウのような〕あなたの主張の味方をするよりよい象徴を見つけ出すことほど単純では決してない。ガンジーは、彼の伝記作家に、「私は本質的に妥協の人である。なぜなら、私は決して、自分が正しいと確信していないからである」[7]と述べた。そこには、たゆまず努力し、同時に自らの運動全体を疑うことができる人がいた——そのように寛大であることは活動する哲学にとって不可欠である。

非暴力は、効力があるとしても維持するのが難しい道徳的規範である。それが、環境保護のための闘争にとって特に適切である理由が何かあるのだろうか。自然そのものが非暴力の主要な舞台であり、そこでは、すべてのものについて、何事においても節度という精神によって譲り合いの均衡が保たれていると信じている人が大勢いる。しかし、節度を持つことを勧めることにおいても節度がなければならない。自然は穏やかかもしれないが、激しい姿も見せる。すなわち、最高の売り上げを誇る新しいビデオは「自然の暴力」という題名であり、それはどうも、オマハ相互会社が「野生の王国」*2なら決して見せないようなことを描いているらしい。今は、近代的な慣習が覆されるべき時代であり、穏やかな自然というような理念の時代はすでに過ぎ去ってしまった。自然は、人間に有利な観点からの歴史を通して変化する。それは、すべてを含んでしまうものであったり、到達できないものであったりし、他方で、恐ろしいものであったり、あらゆるものを包み込んでくれるものであったりもしたが、その中間には多くの曖昧な側面があった。自然は相変わらず、自然を、一つの価値あるいは別の一つの価値に限定しようとする私たち人間のあらゆる試みにとっての引き立て役のままである。

自然は常に、私たちが配慮の視点を拡張して、譲渡できない権利あるいは固有の価値を持っていると見なすことでは捉えられないものであろう。自然は、私たちが知ることができる範囲を超えている。この未知のものが持つ目的を限定することは哲学の危険な誤りである。このことが、非暴力というガンジー的な手段でもって私たちの自然の住み処を保護することに意味がある理由である。それは、非暴力というガンジー的な手段が、人間から独立した自然界そのものの過程をそのまま映し出すと称しているからではなく、そうした手段が、自然についてのこれまでの捉え方を疑っている間でも確かで揺るぎない方法でありうるからである。

非暴力的な環境行動主義は、利他主義という動機からではなく、私たちのアイデンティティの基礎部分を広げていきながら自己実現を進展させていく活動の一部として、抑圧された人間性**あるいは**自然に対する敬意のために断固として戦う。私たちは、真実を、相対的にではなく、それぞれに特有な状況に対して絶対的かつ正確に定義することを学ぶ。私たちは、多元主義者になるが、相対主義者にはならない[8)]。しかし、ディープ・エコロジー主義者として私たちは全体論者である。すなわち、私たちは、個々の権利を要求する前に、より大きな全体に対する責任について考える。私たちは、威嚇などせずに対立する立場と向き合おうと努力する。そして、私たちは、私たちのイデオロギーを無効にするような事柄についての新たな知識が現れれば、自分たちの方針を変えることを恐れないであろう。

非暴力は、誰一人傷つけないことを真に目指す場合にのみ、環境を守るのに適している。なぜなら、人間的観点からして人間よりも重要であるものとして自然が考えられるとき、そこに現れてくる唯一の自然は、すべての人がよく理解し合えば、結局は、まず尊敬に値し、次に配慮に値すると認めるような種類の自然だからである。このことは、世界に固有の最も重要な真実であろう。

必要ならいかなる手段を用いても？

ディープ・エコロジーでは、環境保護主義者は自分たちの感情や信念を公の議論で明確に主張すべきだとされる[9)]。アルネ・ネスは、敵対する者に、「この川は私自身の一部である」と恐れることなくはっきりと語り掛けよと主張した。あなたがその川の水をせき止めるとき、あなたはまた私を分断し、閉じ込めてしまう。ノルウェーはこの問題に、1970年に初めて直面した。その時、マードラ滝が——高さ1000メートルを超える壮観な滝であるが——、その上流の流れを妨げる水力発電事業計画によって脅かされた。国中から人々がデモに集まり、ヨーロッパにおける最も水の落差がある滝の一つに対するこの不正行為に抗議した。アルネ・ネスとシグムント・クヴァロイを含むデモ参加者たちは、ブルドーザーが山を踏み荒らしていくのを阻止するために地面に自らを鎖でつないだ。市民の不服従によって、環境保護主義は国民的論争の的となった。数年後に環境省が設立され、今日では、1960年代からのデモ参加者の多くがそこの職員として働いている[10)]。

今日、ノルウェーにおける環境をめぐる雰囲気はこれとは異なっている。

ノルウェーの人々は、国際捕鯨委員会による世界的な禁止令にもかかわらず捕鯨を再開した。彼らは、ミンククジラという一つの特定種は絶滅の危機にさらされておらず、持続可能な仕方で捕獲できると主張している。世界の環境保護主義者たちはそれに同意しておらず、ノルウェーは食料や産業のためにクジラを必要としてはいないということを理由として挙げている。

しかし、ノルウェーの人々にとって、捕鯨を縮小することはまた、自己の働きを停止させてしまうことでもある。この国の北部ではいくつかの村が、何世紀もの間捕鯨をすることで生き延びてきたのであり、この慣行は、ノルウェー特有の国民性の象徴として文化全体にしみ込んでいる。ある程度、先住の北アメリカ人の間で見られる捕鯨の慣行と同様に、ノルウェーの人々は、たんなる食料や産業を上回ることのために捕鯨に従事している。それは、生き方の一部である。もし私たちが持続可能なかたちで捕獲できると信じるなら、そして、狩猟が持続していけるほどに、一つ以上のクジラの種が十分な量生息していることが判明すれば、シカ、ムース、熊の狩猟期とちょうど同じように、制限をして捕獲を許可したらどうだろう。

私が考えるところでは、捕鯨反対の最も強力な主張は神聖なるものの領域に見られる主張であり、その主張は、伝統を持ち出すことをすべて差し控えるよう要求する何か崇めるべきものがクジラにはあるという信念を支持する。しかし、私はここで、この主張について詳しく述べるつもりはない。ノルウェー的な生活様式もまた、真剣に受け止められなければならないし、伝統的な生活様式は容易にすたれてしまうかもしれないが、なかなか変化しないかもしれない。環境に関する懸念がますます多文化的なものになるにつれて、課題となってくるのは、世界的な合意の枠組みの中で文化的多様性を存続させていくための方法を見つけ出すということであり、特に国境をまたいでの自然の管理に関してはそうである。ノルウェー的伝統は、現在の全世界的問題に対するそれ自身のよく考えたうえでの返答をひとたび展開することができれば、より強固なものとなるであろう。今のところ、次のような方向で問題を抱えた慣行を弁護する傾向がある。すなわち、「クジラに関する基本的なことを知らないあなたたち外国人は、あまりにも多くのクジラを捕獲してきたのに対して、私たちノルウェー人は、決して殺しすぎず、貪欲にもならないようにする伝統を長く守ってきた」、と。

しかし、国民のアイデンティティは、たとえその伝統が変わらなければならないとしても*3、強固なままでいることはできないのであろうか。奴隷制は、重要なアメリカの伝統であったし、その地域のアイデンティティの一部を形作っていたのであり、確かになかなかなくならず、しぶしぶ放棄されたのであった。アメリカ先住民の根絶もまた、19世紀におけるアメリカ人の自己像にとって欠くことのできない「明白な天命」という思想の一部であった。これらの「制度」は、何十年もの間アメリカ合衆国を特徴づけたが、結局はより良識あるものに取って代わられざるをえなかった。そこで争点となっている根源的な関心事は、たんなる国民のアイデンティティよりも大きい問題であった。同様に、ノルウェーは、国内に収まらない事柄に関して自国中心主義的になるべきではない。これは、捕鯨に反対する哲学的主張ではなく、地域の伝統はつねに不可侵なものであるという前提について再考してほしいという懇願である。しかし、（ガンジーの方針に従えば）その際、伝統主義者の主張を真剣に受け止めることが非常に重要である。

環境保護主義はつねに急進的であったし、そのうえ保守的でもあった。それは、過去の田園風景への憧れに加えて現在の社会に対する批判を含んでいる。捕鯨に対するノルウェー人の伝統的な関心は、同じく伝統的な自然愛といくぶん調和しない。ノルウェーの人々は、自分たちの故郷の山々を愛しているが、海を資源として利用している。そして、崇敬されるべきものであり、**かつ**捕獲されるべきものでもある自然というこの二重の観念が、この国を繁栄させてきた。しかし、哲学的にはそれは二重基準であろう。進歩的なエコロジカルな思考は、たんに過去からやってくるだけということではないはずである。それは、未来への道筋の輪郭を描くために、伝統的な考え方を利用し、それを新しい発見と融合させる。

そうすると、環境保護主義者はこの問題にどのように取り組むのであろうか。より正確に言えば、ディープ・エコロジー主義者は、ノルウェー人の伝統に対する愛と、自然に関するノルウェー人の二重のアイデンティティの文脈において捕鯨問題をいかに取り扱うのであろうか。要するに、私たちはどのようにしてノルウェーに耳を傾けてもらったらいいのか。

シー・シェパードは、環境保護主義者と自認する人々の集団で、自分たちはディープ・エコロジー主義者であると主張しており、ノルウェーの捕鯨に関する論争に直接的に関わっている。地球ファースト！における彼らの同志と同様に、彼らは、（北アメリカとオーストラリアの思想家を通して翻訳された）

ネスの哲学的見解を取ってきたのであり、その見解を実践へと拡張してきたのである。しかし、シー・シェパードのような過激主義者の対決的な戦術は、ガンジーが勧めるものではないと私は断言する。彼らの見解は、ガンジーの思考に根ざしているディープ・エコロジー的行動主義についてネスがもともと抱いている考えを再現していない。

この活動家の団体は、国際的な禁止令に背いている船に対する闘争において「索敵殲滅（さくてきせんめつ）」という方法を提唱している。指導者ポール・ワトソンは、ロフォーテン諸島での、ノルウェーの捕鯨船セネト号とブレンナ号に対する攻撃を弁護して、捕鯨は、私有財産の破壊そして人間の生命の破壊さえも許してしまうくらい大きな悪であるという根拠を述べた[11]。ワトソンについての論評はほぼ一様に否定的である。彼は、妥協のない活動のために罪を犯したとして世界中で告発された。反環境保護主義者たちはワトソンを、最悪の恐怖をもたらす典型的な過激派の環境犯罪人と考えている。主流の環境保護主義者の中には、より道理をわきまえているかのように自らを見せるために、ワトソンのような人間がいることを喜んでいる人もいる。逆に、ワトソンのせいで環境保護主義は、あまりにも法律を守らないという印象を与えられてしまっているのではないかと心配している人もいる。ここに、ワトソン自身の発言がある。

> 私は、自分がまるで変人のようだとは思わない。私は、自分が正常だと思っている。むしろ、ときおり、世界の他の人たち、特に自然を略奪して回っている人たちは正常なのだろうかと思う。暴力と非暴力についての対立する哲学が私を引き裂くのはそのような時である。私は、暴力は道徳的に間違っており、非暴力は道徳的に正しいということを知っている。しかし、結果はどうだったろう。非暴力の行為だけでは、私たちの惑星に有益な変化を引き起こすことはめったになかった。私は、この点について思い悩み続けている。私は、財産に対する暴力を許すが、人間の生命であろうと、その他の生命であろうと、生命に対する暴力を決して許さない。(…)
>
> 次のこともはっきりさせておきたい。現在では、クジラを殺すことは犯罪である。それは、国際法違反であるが、より重要なことには、それは、自然に対する犯罪であり、人類の未来世代に対する犯罪である。そのうえ、捕鯨は、不快な反社会的行為であり、撲滅されるべき残虐行為である。そ

ういうわけで、私は、伝統、暮らし、あるいは［ノルウェー人の］権利についてのくだらない手紙などもらいたくはない[12]。

ところで、誰が最もよく、ここでの犯罪の定義を知っているというのか。誰に、罰を与える資格があるというのか。自らの団体の合法性についてのワトソンによる弁護は、彼の主張の最も困難を引き起こす部分であり、人間社会によって合意された規則と、私たち人間が自然界において活動する際に従ってきた原理を曖昧なものにしてしまう。

シー・シェパード環境保護協会は、法に従う組織である。私たちは厳格に自然の法あるいは**自然法**を守り、それを尊重する。私たちは、生態系の法が、共同の利益を守るために国民国家によって設計された法よりも優越するという立場を保持する。もしノルウェーの法が国際的な取り決めにもっと敬意を払っていれば、シー・シェパードが介入する根拠はなかったであろう[13]。

これは、ディープ・エコロジー主義者であろうとなかろうと、外国の環境保護主義者たちの意図を尊重する方向へとノルウェーを導くような種類の主張ではない。より重要なことには、それは、非暴力的抵抗という文脈の中でディープ・エコロジーを経験した歴史を持つ国民を説き伏せるような種類の行為ではない。ワトソンと彼の船員による襲撃は、ただ外国からの介入にすぎないと見なされており、彼らが、ノルウェーのディープ・エコロジー主義者と共有しているであろう原理は失われている。ノルウェー国全体が相変わらず愛国心から捕鯨を弁護しているということは少しも不思議ではない！概して、彼らは、世界全体の環境保護運動を暴力的な脅しであると見なすようになっている。そして、これは、ワトソンの妥協しない好戦性がもたらした悲しい結果である。

事態が複雑になればなるほど、シー・シェパードの人気はなくなっていくだけである。1994年7月、ワトソンのM/Yクジラよ永遠なれ号*4（ベリーズ船籍）と、ノルウェーの沿岸警備隊の船が対峙した。沿岸警備隊は、衝突は領海内で起こったと言っているが、ワトソンは、それは領海外であったと言っている。ノルウェーの人々は、その活動家たちに向けて発砲すると脅し、活動家たちは無線を通して、アメリカ合衆国の国務省に助けを求めた。援助は何も得られなかった。その2隻の船は衝突し（それぞれの側が、相手側の責任であったと主張している)、ワトソンは、シェトランド諸島へと急いで逃げ込んだ。

両者とも自らの勝利を公言しており、誰も自らが侵略者であることを認めず、そこら中で怒りの声が沸き上がった。ワトソンが勝利したと考えたのは次のことからである。

> その作戦は、予想以上の成功であった。私たちの目標は、ノルウェー政府と政治的に対峙することであった。私たちは、ノルウェーの軍事的対応を引き起こすノルウェー領海外での捕鯨船との遭遇を予想した。ノルウェーの早まった挑発的行為によって、陸地の最も接近した地点からおよそ17マイル離れた場所で対峙することになった。私たちが黄色のQ〔検疫〕旗*5を掲げたことは、ノルウェーの領海へと入っていく私たちの意図に合法性を与えた。もっとも、ノルウェーの軍艦K/Vアンデネス号*6によって、M/Yクジラよ永遠なれ号に対して正当な理由のない攻撃がなされたとき、私たちはまだノルウェーの領海に入っていなかったが。
>
> K/Vアンデネス号とM/Yクジラよ永遠なれ号の対峙は、非暴力的抵抗の成功した適用の典型的な例であった。M/Yクジラよ永遠なれ号の乗組員は、重装備の軍艦K/Vアンデネス号の大砲と暴力に直面し、勝利した！M/Yクジラよ永遠なれ号の乗組員は、多大な勇気を発揮し、クジラ保護に対する献身と責任を示した[14)]。

その時の状況は、ノルウェー政府には全く異なって見えた。彼らは、ワトソンの中に、「環境テロリスト」――すなわち、自らを弁護するために「自然の法」を引き合いに出しながら、自然の側を守るという名目でノルウェー人の私有財産を公然と破壊した男と団体――を見ている。彼らは、ワトソンについて無罪の可能性があるとは考えなかったのであり、実際に、多くのノルウェー人は彼を、1993年のブランナ号沈没に責任がある逃亡犯と見なしている。彼らは、沿岸警備隊がとても控えめであったことに驚いている――彼らは、この犯人を自由にしてしまった！[15)]

一方で、グリーンピースは、最近の事件において、より攻撃的なシー・

シェパードによって注目をかなり奪われているが、活発な活動によって、死にかけているクジラを船から解き放った！ 捕鯨者は訴訟を起こすであろうし、捕鯨委員は、「安楽死」を妨害して冷たい海の底でクジラを不必要に苦しめたとグリーンピースを非難している。

それぞれの側がその事件を取り上げ、それを自らの見解のための宣伝にしている。私たちは、プラグマティスト的な観点からこのジレンマについてどう判断したらいいのか。私たちは、この今巻き込まれている状況に対する正しいディープ・エコロジー的取り組み方法をどう求めたらいいのか。

最初のプラグマティスト的な問いは、別にどのような選択肢がディープ・エコロジー的観点と整合的なのだろうか、というものである。ガンジーはたぶん、ワトソンとは異なった選択をするであろう。彼は言うであろう。猟師と一緒に座り、彼らと一緒に狩りに行き、彼らの生活様式について学びなさい。あなたが彼らのやり方を尊重していることを彼らに示し、彼らは変わるべきだとあなたが考えている理由を少しずつ彼らに教えていきなさい。変化への訴えを携えて外部から関わっていくことは、最も取りにくい立場であるが、それは必要な立場である。その変化は、積極的なこととして語られるものでなければならない。つまり、その変化は、クジラ、あるいは自然の他のどの部分であろうとも、それを救いたいという思いに対してと同じだけ相手民族の暮らし方に対して真摯に配慮するという態度に基づくものでなければならない。このことは、ノルウェーの伝統についての主張を真剣に受け止めることを意味する。

おそらく、このことが、アルネ・ネスが次のように書くとき、念頭に置いていることである。すなわち、捕鯨に反対するのは、「絶滅の可能性があるからでも、クジラが哺乳動物の中で特別な地位を有しているからでもない。(…) 私にとって最も重要な主張は、地球上の生命形態のこの上ない豊かさと多様性に基づいている」[16)]。私たちの文化は、発展の促進のためにクジラを狩る必要はない。世界の国々は、捕鯨を禁止することで合意した。これは、一種の環境・文化的な進歩である。ネスに従えば、そうした背景を考慮すると、捕鯨をやめる理由があるように思われるが、それは、哲学的議論によってやめる理由が示されるからではなく、伝統と国民的アイデンティティのための議論はある状況において静めることができるからである。そして、この根拠、つまりノルウェーの人々が自らの政策を弁護するために選ぶ根拠に基づいてノルウェーの人々を相手にすることは、ワトソンがしているように道徳主義の高みから威圧するような態度を取ること——つまり、自然の法に従って行為するよう要求すること——よりもずっとプラグマティズム的に、ノルウェーの人々の文化に見られる自然という背景と一致している。ノルウェーの人々が、ワトソンが受け入れているのと同じディープ・エコロジーの根本的な原理と一致しているとき、この自然の法に違反しているという理由でノルウェーの人々をなぜ有罪とするのか。私たちは、〔私たちの見解には〕ノルウェーの人々が耳を傾けてくれる見込みが〔ワトソンの見解よりも〕ずっとあると主張することができる。重要な点は、環境保護主義者の観点からすると、その慣行を止めてもらうことではないのか。そして、最終的に、たとえ行動が必要であるとしても、どうして暴力を、非暴力の美辞麗句で覆い隠したりするのか。ガンジー的非暴力の真の原理は、ネスと彼のノルウェー人の信奉者たちのディープ・エコロジーとより有機的に調和するように思われる。そして、重要なことには、この遺産はまた、ノルウェーの人々にとっての一つの伝統——つまり、海の生き物を捕獲するという遺産と同じほど豊かでありうる環境保護主義という遺産——を表している。

あなたがこの文章を読むころには*7、ノルウェーや、北極海一帯における政治的状況が変わってしまっている可能性は十分ある。ことによると、環境保護主義に対する反動によって世界はもう一度、捕鯨の商業上の実行可能性を検討するだろう。あるいは、もしかしたら、海洋哺乳類に敬意を払うことが、20世紀になってやっと広く認められた二つの考え方——人種的平等と男女平等——に匹敵する人間の普遍的な信念となりつつあるかもしれない。あるいは、妥協による解決が進められていくかもしれず、それによって、捕鯨は非常に制限された仕方で許可され、クジラ捕獲者は、国際法と地球環境の現実に敬意を表しながら責任ある仕方で行動することを学ぶであろう。アンドリュー・ライトのメタ哲学的プラグマティズムは、環境問題に対する様々なアプローチの間で熟慮するためのある種の「ゲームの規則」を認めるよう私たちに指示する。これらの規則は、多元主義と、状況の文脈に対する尊重と、他の環境保護主義者たち**および**論争における相手側の利害関係者たちとうまくやっていける根本的な解決策に到達しようとする努力とを含んでいる[17)]。ここまでで、環境保護主義の一つであるディープ・エコロジーはいかにして、それが置かれている特定の文脈に敏感でなければならないかということ、そして、その時その場で最も有効な解決策の実現に携わらなければならないかということを示した。捕鯨論争の結末がどうなろうと、環境保護主義者たちが、彼らが置かれている文脈にもっと注意を払いながら、その文脈に彼らの戦略を適用する場合にのみ、彼らは**建設的な**役割を果たすと私は信じている。プラグマティスト的なディープ・エコロジー主義者は、ノルウェーの捕鯨に対してガンジー／ネス的手法を選択し、ワトソン的手法は選択しない。なぜなら、ガンジー／ネス的手法は、ノルウェーの立場との根本的な両立主義を支持しているからである。このことによって述べられているのは、この観点に立つことによって、捕鯨に反対する決意を放棄する可能性がより高くなるということではなく、ノルウェーの人々に反対するというよりもむしろ、ノルウェーの人々**と一緒に**前進していく可能性がより高くなるということである。

終わりに、いや、新しい暮らし方を求める戦いの始まりにおいて、私たちはみな腰を据えて、お互いの意見の相違について議論し、世界がますます狭くなっていくにつれて自分たちがみな変わらなければならないということを悟るであろう。環境保護主義は、問題の根源に到達しているときにのみ根本的であり、問題が困難であることから過激に走るときには、そうではない。聡明な人々は変化を恐れない。食べ物においてであっても、考え方においてであってもそうである。非暴力の伝統は——それが、ノルウェーにおいて、環境危機に関連性を有していることが明確にされたが——、お互いの話し方についてなにがしかのことを私たちに教えてくれる。21世紀には、地球のそとではなく地球のうちで人間らしさを保ちながら存続し繁栄するために、地球の価値に対する敬意だけでなく紛争の解決においても大変革がもたらされることを期待しよう。

注

1)　Peter Reed and David Rothenberg, eds., *Wisdom in the Open Air: The Norwegian Roots of Deep Ecology* (Minneapolis: University of Minnesota Press, 1993).

2)　Ibid., p.115.

3)　Paul Bremer, “Eco-terrorism: The Rise of the Green Revolutionaries,” *CEO/International Strategies*, 5 (3), 1992, p. 79.

4)　ガンジーの言葉。Arne Naess, *Gandhi and Group Conflict* (Oslo: Scandinavian University Press, 1974) より引用した。

5)　次の文献を参照せよ。Joan Bondurant, *Conquest of Violence* (Berkeley, CA: University of California Press, 1971) [1958].

6)　Naess, *Gandhi and Group Conflict*, op. cit., p. 43.

7)　Ibid., pp. 50–51.

8)　この区別にまつわる込み入った事情については次の文献を参照せよ。Gary Varner, "No Holism without Pluralism," in *Environmental Ethics* 13:2, Summer 1991. ヴァーナーは、私ほど多元主義を推し進めてはいない。

9)　次の文献を参照せよ。Arne Naess, *Ecology, Community and Lifestyle*, tr. and ed. David Rothenberg (Cambridge: Cambridge University Press, 1989).

10)　次の文献を参照せよ。David Rothenberg, "Individual or Community: Two Approaches to Ecophilosophy in Practice," in *Ecological Prospects*, ed. Christopher Chapple (Albany: SUNY Press, 1994), pp. 83–92.

11)　*Norway Times*, "Norway calls on the US to take action against whaling activist group," 104 (6), 1994: 1–2.

12)　Paul Watson, "Goodbye to Greenpeace" and "Raid on Reykjavik," *Radical Environmentalism: Philosophy and Tactics*, ed. Peter List (Belmont, CA: Wadsworth Publishing, 1993), p. 170.

13)　Paul Watson, "An Open Letter to Norwegians," *Sea Shepherd Log*, First Quarter, 1993, p. 5.

14)　Paul Watson, et al., 1994, "NEWS: Report on Norwegian Attack," downloaded from the internet. [シー・シェパードの電子メーリングリストに登録するには、dcasmedic@aol.com に連絡のこと]

15)　*Norway Times*, "Norway lets Watson go!" 104 (28), 1993: p. 1.

16)　Arne Naess, "Hvem er hvalsakens tapere?" [Who loses in the whaling debate?], unpublished manuscript, University of Oslo: Center for Environment and Development, 1993. また、次の文献を参照せよ。David Rothenberg, *Is It Painful to Think? Conversations with Arne Naess* (Minneapolis: University of Minnesota Press, 1993), pp. 137–139.

17)　本書に掲載された次の文献を参照せよ。A. Light, "Compatibilism in Political Ecology."

訳注

＊1　地球ファースト！(Earth First!)：1979年に、アメリカ合衆国南西部で生ま

れた急進的な環境擁護団体である。

＊2　野性の王国：オマハ相互会社提供によるドキュメンタリーのテレビ番組で、野生生物と自然を取り上げたものである。1963年から1988年まで制作され、2002年に再放送された。

＊3　本文では、even throughとなっているが、正しくは、even thoughであると考えられる。そのような解釈に従って訳した。

＊4　M/Y：艦船名の前に置く略語であり、「モーターヨット」を表す。

＊5　黄色のQ旗：船舶の通信のための国際海事信号旗の一つで、検疫上の問題がないので入港許可を求めることを示す黄色い旗のこと。黄旗（yellow flag）とも言われる。

＊6　K/V：艦船名の前に置く略語であり、「沿岸警備隊」を表す。

＊7　本書刊行時の1996年ごろには、ということ。

第13章

環境倫理学を紛争管理の方法として教えること

ゲーリー・E・ヴァーナー
スーザン・J・ギルバーツ
ターラ・ライ・ピーターソン

「私たちは、何を何のためにやろうとしているかわかっているのだろうか」
「いいえ」
「どうでもいいよ」
「やっていくうちに分かるよ。実践によって原理を構築していこう。そうすることで理論的整合性は厳密に保たれるよ」
エドワード・アビー『モンキーレンチギャング（*The Monkey Wrench Gang*）』*1

環境活動家は一般に、専門の環境倫理学者に対していらだちの色を隠さない。デイブ・フォアマンは、「ニューメキシコの保全主義者の中の主導的な穏健派論者」から地球ファースト！の共同創設者への自らの転向について述べながら、次のように考えた。すなわち、「行動は、哲学的に、重箱の隅をつつくように、あるいは終わりのないような仕方で独断的な考えを洗練することよりも重要である（急進主義者は、こうした考え方をすることで非常によく知られている）。私たちの行動によって、私たちの哲学のより細かい部分を定めていこう」[1)]。そして後に、次のように付け加えた。

> 哲学者は、ばかばかしいほど事細かにあらゆることを分析せずには行動でき［ない］がために無能な存在となっていることがあまりにも多い。本能を信じ、自然の力の流れに従って行動することこそが、根底にあるべき哲学なのである。おしゃべりは安っぽい。行動は価値が高い[2)]。

クリストファー・メインズはさらに踏み込んで、「最も急進的な環境保護主義者は体系的な哲学を」、解決の一部というよりむしろ「問題そのものと見る」と述べた[3)]。

現実世界の論争に対するアカデミックな環境倫理学の重要性を疑っているのは、たんに活動家だけではない。ジョン・レモンズは——環境倫理学に強い関心を抱いている科学者であり、数本の論文を『環境倫理学』誌に自ら投稿したが——、1985年の論評で、「[その専門誌の] あまりにも多くの論文が環境情勢との関連性を欠いているのではないか」と不満を述べている。

> 環境科学者として私は、経験的データについての問題は、メタ倫理学的な問題や規範的な問題とちょうど同じくらい重要であり、環境倫理学の分野は、この点の妥当性を認識するまではあまり実践的な進展を遂げないだろうと思う[4)]。

本書の何本かの論文が証明するように、多くの環境哲学者が、環境倫理学における理論偏重について同様の懸念を表明してきた。

しかしながら、『モンキーレンチギャング』による理論の完全な拒否とは対照的に、レモンズと、プラグマティズム志向のより強い哲学者たちは理論の役割を理解している。例えば、ブライアン・ノートンは、理論を現実世界の論争に先行させ、後からその論争に適用するのではなく、そうした論争から理論を立ち上げていくようにと私たちを促している。彼は、このようにして立ち上げられた理論を、通常の「応用哲学」から区別するために、「実践哲学」と呼んでいる[5)]。ポール・トンプソンは、水の権利論争のような環境論争の「診断」に理論の役割を見ている[6)]。そうしたプラグマティズム志向の哲学者たちがいらだっているのは、人間中心主義対全体論、内在的価値対道具的価値、等々についての非常に抽象的な論争への執着が哲学的な環境倫理学に典型的に見られるということである。

私たちは、理論的論争に執着することは現実的な環境問題を何ら解決しないということを認める一方で、これらの論争は、いまだ気づかれてはいない仕方で有益ではないかと考えた。人間中心主義対全体論と内在的価値対道具的価値の論争のような、哲学的な抽象的観念についての議論は、私たちが判断したところでは、冷静で思慮深い雰囲気を高めるために利用することができる。この雰囲気は、論争の的になっている問題に関するマスコミの取り扱いや、おそらく〔公の機関によって開かれる〕公聴会によって生み出される雰囲気とは正反対のものである。後者の雰囲気は、立場表明を簡略化し過激なものにすることを促す。それと対照的に、伝統的に哲学的な議論は、共通の語彙を使いながら長時間にわたる慎重な熟考を促す。そこで私たちが期待したのは、伝統的に認められた理論上の区別をすることから開始されるワークショップを経験することによって、参加者が、自分自身の見解と他者の見解のよりよい理解に到達し、ことによるとその結果、対立を和らげ、環境問題の建設的な取り扱い方を促進できるようになる、ということである。

私たちは、環境倫理学に関する標準的な大学哲学課程を手本にして環境倫理学についての2日間のワークショップを実施するためアメリカ合衆国環境保護庁の基金[7)]を利用した。それは、実際の世界的な環境論争に関わっている人々が、環境倫理学の文献に特有な議論と分析に接することによっていかに影響を受けるかについてよりよい理解を得ることが目的であった。それから、テキサス地方のロックポートとブラウンズヴィルに存在する意見が異なる利益団体の代表者たちを募集した。ロックポートは、伝統的に農業に依存してきたが、石油化学産業と観光産業が成長しつつある地帯に位置している。近くにあるアーカンソー国立野生生物保護区は、絶滅の危機に瀕したアメリカシロヅルの冬の間の生息地である。ブラウンズヴィルは、1991年中に神経管先天性欠損症の患者が多数発生したときに、全国メディアの脚光を浴びた。その時の論争の中心は、これらの先天性欠損症の原因についてであり、様々な団体が、農業、多国籍の製造業、医療制度に責任があるとした。私たちは、農業、商業・産業、観光業、環境団体、医療専門職、州および連邦の監督官庁、教育者（教員のほかに農業指導員を含めた広い意味での）の代表者たちをワークショップの参加者に含めるよう努力した[8)]。

ワークショップは、倫理学一般におけるいくつかの基本的な概念、すなわち、功利性、権利、内在的価値対道具的価値と、特に環境倫理学におけるいくつかの基本的な理論的枠組み、すなわち、人間中心主義、動物の福祉／権利、生命中心的個体主義、全体論を紹介することから始まった。次に、環境倫理学における二つの話題領域、すなわち、私有財産「収用」問題と、環境政策の決定における費用便益分析の利用へと進んだ。ワークブックは、参加者に、ワークショップで使用される視覚教材のコピーが添付された概略的な解説を提供することを意図して作られていた。さらに、そのワークブックは、参加者が協同で行う多様な課題を含んでいた。その課題は、次の3つの目的

にかなうように考案された。すなわち、

1. 課題は、参加者が様々な概念を理解することを促進する。
2. 課題は、類似した利益団体の構成員間の相違点と類似点をはっきりさせる。
3. 課題は、他の利益団体からの参加者が取っている立場を理解することを促進する。

参加者はときどき、提示されている概念によって自らの考えをそれぞれ説明するよう要求された。別の課題は、同じ利益団体の構成員たちに、それらの概念を使って自らの団体の見解を特徴づけるよう要求し、さらに別の課題は、見解を比較するために、見解が異なる利益団体の構成員たちを引き合わせた。（ワークショップの資料のコピーが必要な人は、著者に連絡のこと。）

ワークショップの3ヵ月前と後に参加者とのインタビューが行われた。その目的は、参加者による利害関心についての表現と、対立する団体が抱く利害関心についての参加者による特徴づけの両方に対して、あるいはそのどちらかに対してワークショップが何か重要な影響を与えたのかどうかを明らかにすることであった。ワークショップの有用性を評価する際に重要となるのは、情報提供者は、特定の論題について、あるいは倫理学一般についてさえ議論するよう決して求められなかったということを覚えておくことである。また彼らは、ワークショップの後、それについて議論するよう求められなかったし、そこで提示された概念のどれも使用するよう求められなかった。ワークショップとその2度のインタビューは、環境問題に関する参加者の思考に対するワークショップの影響を評価する試みであるというよりもむしろ、情報を集めるという私たちの側の課題のために行うものであると参加者に説明された。情報提供者が倫理学的概念を使ったり、ワークショップの問題点を提起したりした場合にのみ、インタビュアーは説明を求めた[9)]。それにもかかわらず、ワークショップ後のインタビューにおいて、多くの参加者は、ワークショップで提示された概念を、環境問題に関する自分自身の観点の説明に組み入れた。これほど明確ではなかったが、それでもはっきりと参加者に見られたのは、他の参加者の観点についての理解と、協力関係を構築する機会に関する認識の高まりの両方に対するワークショップの影響であった。

効果的であった課題の特に顕著な例は、いわゆる「収用」問題に関して考案したものであった。この問題は概念上非常に複雑である。「収用」、「規制的収用」、「土地収用権」、「規制権限」はすべて、アメリカ合衆国の法学における変化に富んだ歴史を持つ重要概念である。それにもかかわらず、私たちは、参加者の見解を明らかにし、その結果として生じる議論を建設的な仕方で組み立てるための簡単な課題を考案することができた。

参加者はまず個別に、短いアンケートに記入することを求められた。アンケートには、「補償がない場合、政府が、次に述べる事例のいずれかあるいはそのすべてにおいて、財産を収用することあるいは使用権を制限することは正当化されるであろうか」という質問があった。最初の2事例——（1）雨水汚染の原因となる農業慣行を禁止すること、（2）幹線道路を建設するために財産を収用すること——は、私たちの法律が伝統的に、補償なしに収用する政府の権利を（それぞれ）認める・認めない模範事例として選ばれた。アメリカ合衆国最高裁判所が最近の訴訟で述べているように、慣習法は、他人への危害をもたらす仕方で自分の財産を使用する権利を認めないのだから、政府は、事例（1）で述べられているような他人への危害を引き起こす慣行を禁止するときには、なんら使用権を奪ってはいない。しかしながら、事例（2）におけるように、収用が正当化できないときは、補償が必要とされる。これらの事例はときには、それぞれ**規制権限**と**土地収用権**の行使として区別されている[10)]。さらに、別の2事例——（3）私有地一面を占めている湿地の埋め立てを禁止すること、（4）絶滅危惧種の生息地に手を入れることを禁止すること——が選ばれた。なぜなら、この2事例を事例（2）と類比的にとらえて、もし収用が行われれば、それは補償されなければならないだろうと論じる参加者（「賢明な使用」あるいは私有財産保護グループに賛同している人たち）もいれば、その2事例を事例（1）と類比的にとらえて、ここでは補償なしに収用を行うことができるだろうと論じる参加者（より環境保護主義的な傾向を持つ人たち）もいるだろうと私たちは予想したからである。

一人一人アンケートに記入した後、参加者は無作為に、4人～6人からなるグループに分けられ、グループの書記が任命され、四つの事例について議論するために15分～20分が与えられ、書記は、参加者がそれぞれの事例において「はい」あるいは「いいえ」と答える理由のすべてを記録した。小グループによって議論が行われている間に、最初の二つの事例に関して全員の意見の一致が生まれた。すべての人が、土地所有者への補償なしに、雨水汚染の原因となる慣行を政府は禁止することができるという点で意見が一致し、政府は少なくとも土地所有者に補償することなく、幹線道路を建設するために財産を収用できるとは誰も考えなかった。しかしながら、事例（3）と事例（4）の取り扱い方においては参加者間で意見が異なった。予想通り、それらの事例を事例（1）と類比的にとらえて、土地所有者が絶滅危惧種あるいは生態系の過程に悪い影響を与えるとき、他の人々に危害が生じると主張する人もいたが、一方で、それらの事例を事例（2）と類比的にとらえて、そのような事例では他者に対する危害は何も引き起こされないと主張する人もいた。

およそ20分後に、小グループの各々は、それぞれの事例における「賛成」の理由と「反対」の理由をワークショップ全体で報告することを求められ、そこでの議論は、アメリカ合衆国の慣習法と憲法の文脈に収用論争を位置づけることによって円滑に行われた。その議論の時点で（その前ではなく）、参加者には、事前に準備された解説文書が配付された。その解説文書には、進行役による概要説明において使われたスライドのコピーが添付されていた。

この課題はワークショップの間中、活発だが集中的で建設的な議論を生み出した。他者に対する危害を防ぐための収用（**規制権限**の行使）と、公的な利益を守るための収用（**土地収用権**の行使）とを区別し、それから、環境保護諸規制を両者のはっきりした事例と比較するという私たちの手助けによって、参加者たちは、財産権一般について組織化されていない仕方で議論する場合と比べてより正確に自分たちの意見の相違点を表現できるようになった。この課題が持続的な影響を及ぼしたということは、政府の収用に対してとりわけ反感を抱いていた2人の参加者についての筆記録において印象深い形で裏付けられている。

ビル・ブレークとエリザベス・ブレーク[11]は、ロックポート地域のワークショップの参加者であった。ブレーク一家は、マタゴルダ島——テキサス沿岸沖の防波島——に第二次世界大戦より前から1万9000エーカーの土地を所有し、農場を経営していた。彼らの土地全体が1940年に、空軍パイロット訓練基地建設のために収用された。その土地は、元々の約束とは違って大戦後に返還されることは決してなく、1975年に、野生生物保護区として非常に異なった使用がなされることになった。ブレーク家の人々は、大戦の後に政府から牧草地を賃借することを許されたが、徐々に規制が強化され、最終的に1990年代初期に、そこが野生生物保護区と位置づけられていることと両立しないという理由で、牛の放牧はその島において全面的に禁止された。ブレーク家の人々は遅ればせながら自分たちの土地に対して補償がなされたけれども、彼らは、自分たちの土地が永遠に、とりわけ野生生物保護区としての使用に充てられたという事実についてだけでなく、その地域の別の土地所有者たちは、彼らの土地が同様の目的のために収用されたとき、より高額の補償がなされたという事実についても今でも憤りを感じている。

私たちのインタビュー手順書の最初の質問は、「あなたは、この地域に住んで何年になりますか」と、「あなたはこれまでにどんな変化に気づきましたか」であった。ブレーク氏の回答は次のようであった（ブレーク家に対するインタビューではほとんどすべての質問にブレーク氏が答えた）。

> 最大の変化は、私的な権利に対する政府の干渉です。そして、この政府の干渉は、自分たちが何について話しているのか何も分かっていない人々――言い換えれば、過激主義者――によって弁護されているこの環境をめぐる度を超した振る舞いについて私たちが最も懸念していることです（回答21）[12]。

そして、彼は、「過激主義者」に責任があるこの「干渉」の「最大の事例」として彼ら自身の状況を挙げた。

> では、マタゴルダ島を最大の事例として挙げましょう。〔そこには〕空軍が、第二次世界大戦時のパイロットを訓練するための空軍基地を建設する目的で〔私たちから〕収用し取り上げた1万9000エーカーの土地があります。そして、彼らは考えを変え、ついにはそこを野生生物保護区にしてしまったのです。言い換えると、野生生物保護区の確保は、少しも収用の目的ではありませんでした。その土地は、野生生物保護区の確保という目的で取り上げられたのではなかったのです（回答22）。

明示的ではないが暗黙のうちに相互に関係している三つの主題が、インタビューの初めのほうで述べられたこれら二つの文章の中に現れている。一つ目は、あまりにも多くの収用が環境の名のもとに行われているということである。二つ目は、これらの収用の支持者たちは科学的に単純であるということである。上に引用した最初のほうの一節でブレーク氏は、「この環境をめぐる度を超した振る舞い」の支持者たちは、「(…) 自分たちが何について話しているのか何も分かっていない」と述べている。この見解――環境政策を決定する際に、関連する科学による情報が与えられないことがあまりにも頻繁にあるということ――は、最初のインタビューにおいて繰り返し現れている。彼は、例えば、マタゴルダ島での牛の放牧は、絶滅の危機に瀕したアメリカシロヅルが冬の間存在することと両立しないことはないという点を指摘した政府機関委託の研究に何度も言及している。三つ目の暗黙の裡に関係する主題は、もしブレーク家の人々の土地が、大戦中にパイロットを訓練するという元の目的のために収用され、その後返還されたなら、それは正当であっただろうということである。ブレーク氏が他の所で述べているように、「その当時の人々は愛国心が強かった」(回答54) のであり、ある一定の目的のために政府機関が自分たちの土地を使用することを許しただろう。

しかしながら、ブレーク氏は、彼が引き合いに出している科学的研究がいかに収用問題と関連しているかを説明する原則について最初のインタビューのどこにも明確に述べてはいない。そして、彼は、戦時の訓練施設として使用するために彼らの土地を一時的に収用することは正当であっただろうと信じているように見えるが、戦争後にもその土地の収用が維持され、非常に異なった土地使用（野生生物保護区としての使用）がなされたとき、その収用は正当化できなくなったということを含意する一般的原則についてどこにもはっきりと述べていない。

それと対照的に、ワークショップ後に行ったインタビューでブレーク氏は、一般的原則について明確にそして繰り返し述べている。その原則は、彼の信じるところでは収用の決定を制限すべきものであり、これらの三つの主題を明瞭に相互に関係づけるものである。インタビューの初めで彼は次のように言っている。

> 人が、環境かあるいは他の何かに危害を加えていることを当局が示せないならば、人は、自分の財産に対して自分がしたいことをすることができ

なくてはなりません。もし人が、隣人かあるいは他の誰かに危害を加えているなら、当局はすでに、それを禁じる法律を手にしています（回答36）。

彼が後に述べているように、「私に対して、私が何かに危害を加えている——実際に危害を加えている——ということを当局が示せないなら、私は、それ［放牧を阻止すること］は正しくないと思います」（回答44）。それに加えて、「もしある機関が、人が何かに危害を加えようとしているということを示すことができるなら、それが［一部不明瞭な語］調査等々をする十分な理由があります。しかし、当局は［一部不明瞭な語］（…）進歩を阻害しています」（回答62）。

ブレーク氏は、土地の私的使用は、他者に対する危害を引き起こすことを示すことができる場合にのみ制限されるのが正当であると言っているように見える。これは、アメリカ合衆国慣習法の立場と比べてより厳しく限定する立場である。政府は他の目的のために土地を収用してよいかどうか、いつしてよいかという問題についてブレーク氏は積極的に取り組んでいるわけではないが、もし文字通りに解釈するなら、彼の原則は、土地収用権の行使のすべてを禁止するであろう。それでも、彼は、補償なしの収用を規制権限によって正当化することを認めている。ブレーク氏に対するワークショップ後のインタビューにおいてはっきりと述べられている原則の哲学的な意義は、それが、先に特定された三つの主題を明確に相互に関係づけているという点にある。彼が示そうと苦労しているのは、農場経営のために自分の家族がマタゴルダ島を使用することは誰にも危害を与えなかったのであり、このことは、彼の見地からすれば、その土地の収用は度を超していたということを意味しているという点である。

誰も（…）私たちがこれまでに、何らかの汚染あるいは環境上好ましくないことを引き起こす一因となったことがあったと（…）言うことなどできません。当局は決してそう言いませんでした——牛の飼育をしていたその島においてさえ。私たちが、環境［一部不明瞭な語］マタゴルダ島に害を及ぼすようなことを何かしたとこれまでに言った機関は一つもありません。皆無なのです（回答92）[13]。

ワークショップ後のインタビューにおいてはまた、環境保護主義者たちの科学的な単純さと言われるものがいかに収用問題と関係しているかということが明らかとなっている。すなわち、ブレーク氏は、その島を管理していたまさにその機関によって委託された科学的調査を引き合いに出して、自分たちの畜牛業は、絶滅の危機に瀕しているアメリカシロヅルに危害を加えていなかったということを示している。一方で、環境保護主義者たちは、規制的収用をもっと推し進めるよう主張している。なぜなら、(ブレーク氏の意見によれば) 彼らは、関連する科学的調査の結果を知らないからである。

要するに、ブレーク氏の立場が変わったということではないのである。ワークショップの前と同じように、彼は、マタゴルダ島のブレーク家の土地を野生生物保護区のために収用したことは不当であったと信じている。しかし、ワークショップの後では、彼は、私有地の使用は、他者に危害を与えることが示されうる場合には当然制限してもよいという原則について繰り返しはっきりと述べた。その原則は、彼が引き合いに出している科学的調査の収用問題に対する関連性を明確にし、彼の意見によれば、収用にかかわる「環境をめぐる度を超した振る舞い」がなぜ生じているのかを明確にする。つまり、彼は、自分自身の立場をより適切に表現しているのである。しかし、こうした仕方で自らの立場を説明する際に、彼はまた、環境保護主義者たちに対する明確な抗議を差し控え、建設的な仕方で自分たちの間の意見の不一致に焦点を合わせている。実際彼は、次のように要求している。「どのようにしてマタゴルダ島における農場経営が私たちの公共の環境に危害を加えていたかを私に示してください。もしあなたが他者への危害を証明できないなら、私の家族の財産を差し押さえたことは憲法違反だったのであり、不当だったのです」。

私たちが提示した財産権に関する課題は、現代のアカデミックな哲学に特徴的な概念分析によって参加者がより明確に問題を表現できるようになる仕組みを説明するよい例となっている。私たちの課題は性質上非常に概念的なものであったけれども、認められているように、収用問題は、多くの参加者の実際的な問題と非常に密接に関係している。しかしながら、私たちのワークショップは、倫理学におけるいくつかのかなり抽象的な概念 (内在的価値と道具的価値の区別を含めて) と、環境倫理学における見解の非常に抽象的な分類 (人間中心主義、動物の権利／福祉の見解、全体論あるいは生態系中心主義を含めて）を参加者に紹介するセクションから始まった。ワークショップ後に行ったインタビューで多くの参加者は、強制されることなくおそらくワークショップを経験した結果として、自分たち自身の見解と他者の見解を表現する際にこれらのかなり抽象的な概念や区分を援用したか、あるいはそれらの見解をより明確に表現した。

ハル・ケッチャムはその顕著な例である。ケッチャムは、ブラウンズヴィル地域に設置された連邦機関に所属する野生生物学者である。ケッチャムは、彼に対するワークショップ前のインタビューの多くを、その地域の大変珍しい植物と動物のことに充てた。インタビュー記録の共同執筆者の1人は、（彼女が行った）ケッチャムに対する11月のインタビューに関する彼女の分析の中で、「彼は、この［ワークショップ前の］インタビューではそれほど明確には決して述べていないけれども、これらの植物と動物をそれら自身のために［すなわち、内在的に］評価していると私は考える」と書いた。ワークショップ後に行われたインタビューにおいてケッチャムはより明確にはっきりと、非−人間中心主義的見地の側についた[14)]。彼は、次のように述べている。

> 私は、何しろこのことすべてが相互に関係しているという点で、どちらかというと全体論的な型の思考をしていると思うんです（…）それで、なぜ保存すべきか、あるいはなぜ保護すべきかとかそういったことを人々が理解できるよう手助けするための方法を提案することに私は反対しないんですね（回答79)。

「全体論者」と「全体論的な」という専門用語は、ケッチャムに対するワークショップ前のインタビューにおいては現れていない。しかしながら、この引用された発言は、それだけを取り上げると、曖昧である。「全体論的な型の思考」は、**倫理学的な**全体論（生態系自身が道徳的地位を有しているという見解）のことを表しているのかもしれないし、あるいはただ全体論的な**管理戦略**のことを表しているのかもしれない。この**管理戦略**は、人間中心主義者だと自ら認める人たちなら受け入れることができるようなものである。実際、最もはっきりと人間中心主義的な立場に立つ参加者の中の2人、ネッド・ホールデンとマイク・ジャクソン（両者は土地管理者であると同時に教育に従事している）は、共に土地管理に対して体系的な手法を用いる必要性を強調した。

商売からの類推がここでは役に立つ。ある人が、商売は、株主にとっての道具的価値のみを有していると信じているとする。すなわち、ある人が、商売に関する自分の唯一の道徳的義務は商売の利益を受ける株主に対するものであると信じているとする。その商売を管理することに対して体系的な手法を用いても、株主への義務のほかに、その商売それ自体に対して何らかの義務があると考えるよう求められることなどないであろう。同様に、ホールデンとジャクソンは両者とも、倫理について考える際に明らかに人間中心主義者である。彼らは、生態系に対する義務という観点からではなく、生態系を自分たちが管理することに関連して生じる人類に対する義務という観点からのみ考えている。それにもかかわらず、両者は、管理についての決定を下すときに、「全体論的な型の思考」を利用すると述べている。ケッチャムも同様の思考をしているのかもしれない。

しかしながら、ケッチャムは人間中心主義的な議論を、人々を説得するうえで有益なものであると繰り返し述べている。彼がこのことを述べる際に示唆されているのは、もう一方の非-人間中心主義的な議論はより重要だとは言えないとしても、少なくとも関連があると彼が考えているということである。絶滅危惧種が有する役割――生命系の健全性の指標としての役割と、人間の問題に関する警告としての役割――は、彼に対するワークショップ前のインタビューにおいても言及されてはいたが（回答142）、その役割は、彼のワークショップ後のインタビューにおいて見られるような仕方では、いかなる倫理学的枠組みにも結び付いていなかった。ワークショップ後のインタビューで彼は、「おそらく絶滅危惧種は、人々が理解するのを手助けしてくれる大切なものであり」（回答73）、「なぜあることをしたいと望むべきであるのかを人々が理解するのを手助けしてくれる大切なものであり（…）たとえその望むべきあることが、あなたの特定の目標であるもの、あるいは、えーと、責任と考えられるものとは異なっていても、そうなのです」（回答79）と述べている。ここでケッチャムは、別の所で述べているように、これが最も重要な主張であるという点で私たちが一致しようがしまいが、これが、「私たちが用いる主張」（回答72）であると認めている。同様に彼は、絶滅危惧種は、「人間の必要にもまた」応えてくれるのであり、「（…）おそらく絶滅危惧種は、えー、人々が、ほら、何が問題かを理解するのを手助けしてくれる大切なものなんです。おそらく、このように主張するなら、少しは望ましい形で〔人々の〕心に響くことでしょう」（回答73）と述べている。

特に、「[自分] 自身の観点」はどのようなものかと尋ねられてケッチャムは、「ええとですね、それは、いつあなたが私に尋ねているかによるんです」（回答80）と述べており、彼は続けて、自分の仕事の能力という点で、「美的感覚か何かそういったもの」が重要であると述べている。このことは、彼が実際、人間以外の自然は道具的価値以上の何かを有すると信じていることを示唆している。それから彼は、「個人的に私は、それをすべきであると信じています。なぜなら、私たちは人類としてその義務を有していると私は考えるからです。しかし、私はまた、私たちが、[私たちの] 仲間の人間のためにそれをする必要があるとも信じているんですね」（回答83）と付け加えている。「私たちは人類としてその義務を有している」と述べることは、人間中心主義の表現かもしれないが、その後に、「しかし、私はまた、私たちが、[私たちの] 仲間の人間のためにそれをする必要があるとも信じているんです」――これは明らかに、人間中心主義的な推論を表現したものである――という言葉が直接続いているのを考えると、「私たち人類」の義務は、地球上の他の類 [種] への義務のように聞こえる。

ケッチャムは、ワークショップ後のインタビューで、自分自身の見解と他者の見解を説明する際に、ワークショップ前のインタビューの場合と比べてより明確にそれらの見解について述べている。ケッチャムより複雑なのは、ロックポート地域から来た短期大学の生物学の教師であるトニー・ジョーダンの事例である。ジョーダンは、ワークショップでの概念的分析に接した結果として自らの見解を変えたように見える。彼に対するワークショップ前のインタビューにおいてジョーダンは次のように述べている。

> それ以外に私が大嫌いなことは、「地球を救え」といったやつなんですね――なぜなら、私たちが自らを核兵器で攻撃して消滅したとしても、地球には都合がいいでしょうからね。地球は、数千年後には回復するでしょうね。しかも、前よりもよくなっているでしょう。それで、「人々を救え」であるべきなんですね（回答64）。

彼は続いて、自らが菜食主義者であり、その理由は、「動物の権利や何かそのようなこと」よりもむしろ資源利用の観点から、「菜食主義者であることは人々にとってよりよいことであり、環境にとってよりよいことであるという点にあります」（回答72）と述べている。ここでのジョーダンの言葉は、彼が人間中心主義的な立場を受け入れているということを含意しているように思われる。生態系も動物も、彼にとって直接的な関心事ではない。彼にとって、この両者を私たちがどう取り扱うかは、人間にとってのそれらの有用性によって決まるべきものである。

ワークショップ後のインタビューにおいてジョーダンは、自分自身の見解を前とは違った概念の枠組みでとらえたようである。自分自身を環境保護主義者だと見なすかどうか尋ねられたとき、彼は、「環境保護主義者という言葉が含み持つ意味」（回答37）が嫌いであると述べているが、好意的な言葉でワークショップに言及し、そこでの「議論」は、「実際、ええと、私に考えるきっかけを与えたんです」（回答38）と述べている。しかも、このことは、彼が自分自身を今は全体論者ととらえることにつながったと述べている（回答39）。彼によると、彼が今では自分自身を何と見なしているかというと、それは、

> 環境保護主義者であり、私は、地球がある程度自己保存的なものであると見たいという観点からするとそうなのです、そういうことなんです。まさに地球というシステムの保存のためであり、人々のため（…）というほどではないのですが、その結果として、人々にとって有益でしょうし、将来の世代にとっても有益でしょう（回答38）。

これは、ワークショップ前のインタビューとは劇的な対照をなしており、ワークショップ前のインタビューで彼は、環境運動のスローガンは「地球を救え！」ではなく、「人々を救え！」であるべきだと述べていた。

変化の証拠は決定的ではないが、一方で全体論的見解あるいは生態系中心主義的見解と、他方で個体主義的見解の間の比較がワークショップでなされたことに促されて、ジョーダンは自らの見解を表現し直したのかもしれない。彼は、「私は、一部の人たちほど大衆に関心があるわけではありません。そして、私は、個々の動物にもまたあまり関心がありません」（回答38）と述べている。ワークショップ前のインタビューでジョーダンは、個々の動物は

必要もないのに虐待されるべきではない、あるいは危害を被るべきではないと考えているとしても、個々の動物をあまり気にかけていないと述べていた。このワークショップ後のインタビューにおいて彼は、この個体を強調しない態度を人間へと一般化したように思われる。もしそうなら、そのひらめきを与えたものはおそらく、ワークショップの第1部で行われた比較、つまり、倫理学的全体論によってなされるような生態**系**の強調と、人間中心主義的見解と動物権利論の両者によってなされるような**個体**の強調との間の比較であった。ワークショップの前ではなく後においてジョーダンは、人間中心主義の主張と動物権利擁護の主張を含めて、一方で全体論的見解と、他方で個体主義的見解の区別をしている。この区別が明々白々であることが、ワークショップの後に、人間中心主義者というよりむしろ全体論者として自分自身を自ら表現し直すことを可能にしたのであろう。

他の事例では、ワークショップ後のインタビューの際、参加者による自分の見解と他者の見解についての説明に、ジョーダンほど劇的ではないが、それでも違いが見られた。その違いは、ワークショップの経験に帰することができると考えるのがもっともらしい。ビル・コイニングは、ロックポート地域の牧場経営者であるが、敵対者だと思っている人たちを完全に邪悪な人々と表現することをやめて、彼らを、意見が一致しないままであるけれども、理解することはできる意見を持っている思慮深い人たちと考える立場へと変化したようであった。インタビュー記録の共同執筆者の1人が自らの筆記録の分析で述べているように、彼に対するワークショップ前のインタビューでコイニングは、「実際、ただ一つの主題——善対悪、あるいは正対不正という主題——を抱いている」。そのインタビューでコイニングは、敵対者だと思っている人たちを悪と決めつけ、ある1人の行政機関の代表者を次の言葉で表現した。すなわち、「彼は〔私たちのことを〕気にもかけなかったのです」(回答42)、「彼は冷酷で、無慈悲なやつなのです」(回答51)、そして「彼は、自分の魂を（…）圧力団体に売り渡すでしょう（…）彼はあなたたちを売り渡すでしょう」(回答52)。同様に、彼は、ある一つの企業の経営者たちを、「絶対的に悪い人々（…）冷酷な人々」(回答72）と表現した。コイニングは、ワークショップ後のインタビューの間中、これらの特定の個人の誰についてもそうした表現を撤回しなかったけれども、敵対者だと思っている人たちを分別ある人たちと表現するようになったのである。ワークショップ後のインタビューにおいてコイニングは、アメリカシロヅルの管理に関わっている行政機関を、自分が必要だと考えている以上のお金をただ費やしているだけだと表現した（回答24と48）。そして彼は、以前から知っていたある1人の環境保護主義者のことについて、ワークショップでの彼女との交流が、倫理学における非-人間中心主義的見解に関する入門的な資料と一体となって、彼女に対する自分の理解を変えたかのようだと述べた。

> あなたは、アップルソープ［フラン・アップルソープ］さんが私に言ったことを知っていますよね。私は、あそこで［ワークショップで］彼女に決断を迫って、フクロウと人間の間で選択をしようと試みていたんですね。そして、本当にそういうことになったら、彼女はそのフクロウと一緒にやっていくつもりだと思います。そして、私が言ったように、誰も、私ほど野生生物に気を配ってはいません。私は、あなたにそのことを保証します。しかし、もし本当にそういうことになれば――「ビル、あなたは、シカを自由にしなければならないか、あなたたち皆を自由にしなければならない」と言われた場合のように――そういうことになったら、私は人類を助けなければならないだろうということをあなたはお分かりですよね。それは、本当にとても単純なことです（回答30）。

ここでコイニングは、自分自身と環境保護主義者の違いを、倫理原則を持っている人と反道徳的あるいは無道徳的な人の間の違いではなく、非常に異なった倫理原則を持った人々の間の相違だと述べている。この態度は、私たちが信じるところでは、ワークショップの成果である。

同様に、ロックポートでのワークショップの後、牧場経営者であるビル・ブレークとエリザベス・ブレークは、政府の機関と役人を単純に悪いあるいは不快な人々と表現することをやめて、彼らを、思考において比較的非-人間中心主義的であると表現する立場へと転じた。ワークショップ前のインタビューにおいてブレーク家の人々は、政府を、嘘つきである（例えば、回答22、53、62、63、202）、不公平である（例えば、回答44と188）、権力に飢えている（例えば、回答202と205）と繰り返し表現した。ワークショップ後のインタビューにおいてブレーク家の人々は、政府機関を嘘つきであると表現し続けているが、これらの非難は、規制を、「曖昧である」、あるいは十分に説明されていないと表現することで（例えば、回答11～12、63、69）、そして、より反人間中心主義的でない立場を行政機関の思考に求めることで和らげられている。すなわち、「行政機関は実際、大衆に対抗して、反人間中心主義的立場を環境へと持ち込んでいるのです。それは、あるべき姿ではありません。（…）行政機関は人々を関係者の立場へと引き戻さなければならないでしょう」（回答62と95）[15]。

このようにして、環境倫理学の大学哲学課程をモデルにしたワークショップは、参加者が、自らの見解と、彼らが敵対者だと思っている人たちの見解を表現する方法を改善することができるという仮説の正しさが筆記録によって裏付けられている。本書への寄稿論文においてポール・トンプソンは次のように心配している。

> 哲学的分析の実際の効果は、論争している人たちに自分の以前の意見について強固な説明を提供すること、すなわち、実際の政治的議論を停滞させることである。（…）もしこれが、応用哲学がもたらすことであるなら、私たちには、弁護士がいたほうがいいのかもしれない！[16]

しかし、ワークショップが、参加者による自分自身と他者の見解についての表現を明確なものにすること以上の成果をもたらすであろうと私たちは期待した。対立する利益団体の構成員たちを哲学的議論へと引き込むことは、彼らがお互いを論理的思考のできる個人と見なす手助けとなり、それによって、対立を緩和し協力を促進するであろうと私たちは期待したのである。

このこと〔期待したことが実現したこと〕は、自分の見解を表現する仕方に対するワークショップの影響と比べて明白なものではないけれども、まさしくワークショップを経験した成果であるように見える。上で詳しく述べたように、ワークショップ前のインタビューにおいて、政府機関と、敵対者だと思っている人たちを完全な悪と表現した何人かの参加者は、ワークショップ後のインタビューにおいてはその代わりに、彼らを極度に非-人間中心主義的と表現した。これらの参加者は依然として、政府機関を、一緒にやっていくのが難しいものと考えたけれども、言語表現上の変化は取るに足らないことではない。行政機関あるいは個人を倫理について異なった考え方をしていると見なすことは、行政機関あるいは個人が反道徳的あるいは無道徳的と見なされ全く信用できない場合と比べて、協力できる機会がより多く存在するようになるという点を理解することである。

さらに、ブラウンズヴィルでのワークショップが、それまでは認識されていなかった提携と協力の機会を参加者が理解する手助けとなった明白な事例があった。野生生物専門家ハル・ケッチャムは、ワークショップ前のインタビューではそうではなかったが、ワークショップ後のインタビューにおいて、土地管理専門職集団は医療団体との橋渡しができることを認めた（回答74）。そして、エンリケ・ゴンザレス（医者）とスザンヌ・ラミレス（養護教諭）は、医療専門職集団は、環境団体との橋渡しをする必要があるという同様の論点に気づいた（ゴンザレス：回答21～23、ラミレス：回答50、52、71）。

これと関連して、インタビュー筆記録において繰り返し出てくる主題は、対立する利益団体の構成員たちが、落ち着いてじっくり考えるという状況で正確に意見を交換し、交流する必要性であった。同様の趣旨で、ワークショップ後のインタビューにおいて何人かの参加者は、ワークショップと関連する資料とにはっきりと言及した（繰り返しになるが、インタビュアーからの働きかけなしに）。例えば、ハル・ケッチャムは、「よりよい理解――なぜそれら［様々な利益団体］は、ええと、なぜそれらは、それらが考えるように考えるのかということについての全般的理解」（回答122）の必要性と、「誰でも与えることができて、あの、私たちであろうと彼らであろうと第三者であろうと」、利益団体間の相互理解を促進する仕方で教育と支援活動を「組み合わせるような教育プログラム」（回答133）の必要性を挙げた。それから彼は、ワークショップ後のインタビューの最後に、彼と同僚が、「［彼らが企画班］から受け取った資料のすべて」がいかに価値あるものであるかが分かったということと、彼らが他の人々とその資料のすべてをいかに共有しているかということについて述べた（回答158）。すなわち、「私は、自分が学んだことの一部と、入手した後、他の組織の人たちばかりでなく、私が所属する連邦機関の他のメンバーで人たちと議論した情報の一部を利用できるようになりました」（回答156）。参加者は、私たちがワークショップに備えさせようとしたまさにその特徴の点において当のワークショップを評価したように見える。

私たちがこの企画に着手したのは次の理由からである。すなわち、特定の意見に固執する人々が、手に負えないほどに対立した立場にはまり込んでいるとき、高いレベルの抽象性へと一時的に退くことによって、対立についての建設的な取り扱い方に貢献するという仕方で利益団体間の意思疎通を促進することができると私たちは信じていたからである。私たちのワークショップは、環境倫理学における哲学的討論に関する研究を、うわべだけの態度や対決ではなく、対話を通した冷静な熟考を促すための手段として利用した。筆記録分析は次のことを示している。すなわち、これらの討論に関する研究は、参加者が自分自身の見解と他者の見解をより明確に、そしてより正確に組み立てるのにまさに役立ち**うる**ということ、そして、その研究は、参加者が対決ではなく協力と提携のための機会を理解するのにまさに役立ち**うる**ということである。私たちの研究は小規模の参加者に基づくものであったけれども[17)]、この手法はさらに注目され、発展させられるに値すると私たちは考える。

環境活動家たちには、人間中心主義対全体論、内在的価値対道具的価値などに関する終わりのない哲学的討論に我慢できないと感じるもっともな理由がある。フォアマンは、「細事にこだわる哲学的議論」と「独断的な考えの終わりのない洗練」はそれだけでは決して環境問題を解決しないだろうという点で正しい。他方で、環境問題に関するマスメディア発表や公聴会の場に見られる政治的圧力を加えられた状況は最適なものだとは言えない。なぜなら、一つには、その状況は、環境倫理学における基本的な問題についての哲学的な熟考を抑圧する傾向にあるからである。というのも、私たちの研究が示しているように、そうした理論的な熟考を促進するワークショップは利益団体の相互理解を高めることができるのであり、対立ではなく協力に基づく問題解決を促すのに役立ちうるからである。私たちの中の1人（ヴァーナー）は、近刊の著作において環境倫理学のある特定の理論を擁護している[18)]。しかしながら、私たちが、ワークショップの参加者に、環境倫理学におけるアカデミックな討論を経験させたとき、それは、参加者全員に対してある特定の理論を擁護するためではなかったし、参加者にそれを擁護するよう促すためでさえなかった。私たちは理論を、地域の環境論争についてのより衝突を招かない議論のための手段として使ったが、アカデミックな哲学的討論の総合的な見通しを立てることのほうは私たちの役割として残しておいた。このように私たちの手法は、アンドリュー・ライトが「メタ哲学的プラグマティズム」[19)]と呼んでいるものとほぼ同じものであった。私たちの研究が示しているのは、環境をめぐる論争の建設的な解決のための最適な状況は、基本的な理論的問題について哲学的に熟考することで行動主義の思いつきを抑制するような状況である、ということである。

注

1)　Dave Foreman, "Earth First!" *The Progressive* (volume 45, October 1981), pp. 39–42, at pp. 40 and 42.

2)　Dave Foreman, "More on Earth First! and The Monkey Wrench Gang," *Environmental Ethics* 5 (1983), pp. 95–96, at p. 95.

3)　Christopher Manes, *Green Rage* (Little, Brown and Company, 1990), p. 21.

4)　John Lemons, "Comment: A Reply to 'On Reading Environmental Ethics'," *Environmental Ethics* 7 (1985), pp. 185–188, at pp. 186, 187.

5)　ノートンは、次の文献において、「応用哲学」と「実践哲学」を区別している。"Urging Philosophy to Become Practical," in Frederick Ferré and Peter Hartel, eds., *Ethics and Environmental Policy: Theory Meets Practice* (Athens, GA: University of Georgia Press, 1994), pp. 235–241. また、彼の次の文献を参照せよ。*Toward Unity Among Environmentalists* (Oxford: Oxford University Press, 1991).

6)　Paul Thompson, "Pragmatism and Policy: The Case of Water." この文献は本書に掲載されている。

7)　EPA支援ID番号MX822144-01-0「環境倫理教育による海岸チャレンジの取り組み」。

8)　難しかったのは、両地域にある監督官庁からの参加者と、ブラウンズヴィルにおける多国籍の製造業からの参加者を確保することであった。また、参加者は、週末の大部分をワークショップに充てることは難しいと考えた。実際は、60人以上がこの企画に参加することに同意し、およそ40人がワークショップの前にインタビューを受けたにもかかわらず、全2日間のワークショップを修了し、その後のインタビューに参加したのは、16人だけであった。この理由から、将来のこの種の企画では日程の選択肢を検討すべきであり、企画全体への参加を効果的に促すための報奨金を利用すべきである。

9)　私たちは、マクラッケンの「長時間インタビュー」技法を利用した（G. McCracken, *The Long Interview* [Thousand Oaks, CA: Sage Publications], 1988)。この技法は、おおまかで指図的でない仕方で表現されたいくつかの質問に基づいていて、その一連の質問は情報提供者の回答に応じた質問となっている。比較的形式ばらない体裁は、情報提供者が自分なりの言葉で自らのことを語るよう仕向ける。この手法は、この企画のために招集された利益団体と類似の利益団体の内部で機能している意味体系を明るみに出すために様々な研究者によって利用されてきた。例えば、以下の文献を参照せよ。Tarla Rai Peterson, "Telling the Farmers' Story: Competing Responses to Soil Conservation Rhetoric," *The Quarterly Journal of Speech* 77 (1991), pp. 289–308; Peterson, Kim Witte, Ernesto Enkerlin-Hoeflich, Lorina Espericueta, Jason T. Flora, Nanci Florey, Tamara Loughran and Rebecca Stuart, "Using Informant Directed Interviews to Discover Risk Orientation: How Formative Evaluations Based in Interpretive Analysis can Improve Persuasive Safety Campaigns," *Journal of Applied Communication Research* 22 (1994), pp. 199–215; and Cristi Horton, *An Interpretive Analysis of Texas Ranchers' Perceptions of Endangered Species Management Policy as Related to Management of Golden-cheeked Warbler Habitat*, master's thesis in Speech Communication, Texas A&M University.

10)　次を参照せよ。Gary Varner, "Environmental Law and the Eclipse of Land as Private Property," in Frederick Ferré and Peter Hartel eds., *Ethics and Environmental Policy: Theory Meets Practice* (Athens, GA: University of Georgia Press, 1994), pp. 142–160.

11)　匿名性を保つためにすべての情報提供者の名前が変えられている。[　] でくくられた語あるいは句で示されている場合を除いては、回答は、文法的あるいはその他の訂正なしにそのまま引用されている。

12)　回答番号は、本論文執筆者の保管するインタビュー筆記録に対応している。

13)　ブレーク氏は、もし他者に対してかなりの危害が**あるなら**、問題となっている慣行は禁止しうる、しかも補償なしに、ということを自らの見解が含意していることを認めている。というのは、「私は除草剤、殺虫剤、あるいは [一部不明瞭な語] など少しも使っていません。何も使っていないのです。(…) しかし、農場経営者たちは使っています、しかも彼らはとても多量に使っているのです。(…) しかし、彼らは、そうするように育てられたのです。そして、そうあるべきだと私は思うのですが——彼らはすでに、もちろん、そのことに対して規制を受けています。そして、それは——米生産者たちを廃業に追い込んでしまうかもしれません。なぜなら、彼らは、水を作物に使った後、その水を放流しなければならないのであり、その水は直接あなたたちの川の流域、沼状態の水域や入江へと流れているからです」(回答37～40) と語りながら彼は、自分自身の害のない牧場経営の慣行を、そうした農場経営の慣行と比較しているからである。

14)　私たちのワークショップでは、「人間中心主義」は、道徳的に言えばただ人間のみが重要であるという見解として定義された。「内在的価値」は、あるものが、他のものにとっての有用性から独立に持っている価値として定義された。さらにまた人間中心主義者は、人間以外の自然は道具的価値のみを有していると信じている人と見なされた。

15)　マイク・ジャクソン（土地管理者）とエンリケ・ゴンザレス（医者）とのインタビューの筆記録もまた、何に価値を置くかということに関する彼ら自身の説明の仕方に変化が見られたという点で注目に値するが、紙幅の都合上ここで議論はできない。

16)　Thompson, “Pragmatism and Policy,” pp. 199–200. この文献は本書に掲載されている。

17)　上記注8を参照せよ。

18)　ある本（*In Nature's Interests? Interests, Animal Rights, and Environmental Ethics*, Lanham, MD）の草稿においてヴァーナーは自分の立場を「生命中心的個体主義」と呼び、非–全体論的な理論および比較的人間中心主義的な理論の両方、またはそのいずれかが、環境保護主義者の行動指針に不適切な哲学的基礎を与えるという広く支持されている見解に異議を唱えている。すでに出版された関連業績の中には次の文献が含まれている。“Biological Functions and Biological Interests,” *Southern Journal of Philosophy* 27 (1990), pp. 251–270; and “Can Animal Rights Activists be Environmentalists?” ［招待論文］ in Donald Marietta and Lester Embree, eds., *Environmental Ethics and Environmental Activism* (Rowman & Littlefieldから近刊予定). 両論文は次の本に再録されている。Donald VanDeVeer and Christine Pierce, eds., *People, Penguins, and Plastic Trees*, second edition (Belmont, CA: Wadsworth, 1994).

19)　Andrew Light, “Compatibilism in Political Ecology.” この文献は本書に掲載されている。

訳注

＊1　エドワード・アビ　『爆破：モンキーレンチギャング』片岡夏実訳、築地書館、2001年。

IV

環境プラグマティズム
――論争

第14章

内在的価値を超えて

――環境倫理学におけるプラグマティズム

アンソニー・ウエストン

1 はじめに

「プラグマティズム」という言葉には、近視眼的で人間を中心に据えた道具主義、という響きがあり、環境倫理学がまさに反対している当のもののようにも思える。広く用いられている語法では、確かにそのような含意はある。しかし、**哲学的**プラグマティズムが提示する価値の理論は、決してそんな粗雑な人間中心主義に肩入れするものでもないし、そもそもいかなる人間中心主義にも忠義を立てたりはしない。確かにプラグマティズムは、目的–手段の区別を否定する結果、固定された最終目的が人間の追い求める分野全体に客観的な土台を与える、という考えを斥ける。確かにプラグマティズムは、価値づけという行為が欲求の一種であり、おそらく人間だけがそのような仕方で欲求を持つ、と考える。しかし出発点となるそのどちらの考えも、本来の環境倫理というものを排除しはしない。真実はむしろその正反対に近い、と私は主張したい。つまり上の二つの出発点こそが、使いものになる環境倫理学、というものを可能にするのだ。

人間中心主義、という批判ひとつに足を取られてはならない[1]。その批判によれば、プラグマティズムは主観主義の一形態である、だからそれは価値づけという行為を主観の、おそらくは人間という主体のみによる活動の一つにしてしまう。しかし、主観主義は必ずしも人間中心主義ではない。たとえこのような意味で価値を与えるのが人間だけだとしても、だからといって人間だけが価値を**持つ**のではない。つまり、人間だけが価値を賦与される唯一で最終的な客体でなければならない、というわけではないのだ。主観主義は、いわゆる主観-**中心主義**というものを必ずしも意味しない。私たちにとっての現実の価値は、もっとずっと複雑で外の世界に向けられたものでありうるのだ。

プラグマティズムは、私たちが抱く価値が**相互にかかわりあっているとい**うことをその主張の中心に据える。固定された目的、という考えは、もろもろの価値がダイナミックに他の価値やら信念やら一つ一つの選択やらお手本となるものやらと相互に依存し合っている、一つの俯瞰図に置き換えられる。つまりプラグマティズムが与えるのは、少なくとも比喩のレベルでは、価値の「生態学」のようなものだ。そのように捉えられた価値は、ストレスに対して回復力がある。なぜなら、ある価値が疑問に付された時には、それをより大きなシステムの中に位置づけるような他の価値なり信念なりに頼ることができるからだ。しかし同時に、いかなる価値も批判と変化を免れない。というのもどんな価値にしても、別の時なら力を与えてくれるかもしれないまさにその関連する他の価値や信念等々と、**利害対立しうる立場**にあるからだ。このように私たちは価値の多元性という状況に置かれており、そこではさまざまな種類の価値とそれを生んださまざまな種類の源泉が、それ自身で重要で深遠なものと認められ、何らか単一の「目的それ自身」へとそれ以上還元されるよう求められることはない。でありながら〔環境倫理学一般で重視されるような〕他の生命体への尊重や自然環境への配慮が、重要な価値の中に数えられる余地も十分にある。問題とすべきなのは、環境の価値の擁護のためにますます空想的で突飛な正当化の議論をひねり出すことではない。プラグマティストなら次のように言うだろう。私たちにはこれらの価値を**基礎づける**必要などない、むしろ大事なのは価値をそれが支えられている文脈に置いて、他の価値とどのように対立しているかを見きわめていくこと――最初はたぶんあまりに些細なことに見えるかもしれないが、実際は哲学的な考え方の根本的な変化――なのだ。

2　内在的価値と現代の環境倫理学

環境の価値について考えはじめると、とたんに手段と目的の区別を立てなければならないような気がしてくる。自然には誰の目にも明らかな、いくつか心に訴える特徴がある。リクリエーションや美的な満足、「生態系の安定」

に果たす価値（一見すると役に立たない動植物が害虫を抑制したり窒素を固定化したり、といった役割を持つように）、研究や教育上の意義、端的に生き残りの実例としての自然の事物や生命体の持つ魅力、等々[2]。しかしそうした特徴を打ち出す際に、私たちは自然に対して「それ自身のため」ではなく、その先にある目的のために価値を与えている。それが**私たち**にとって必要であったり、役に立ったり、満足を与えてくれたりするものであるから、というわけである。美的な価値評価と言っても、自然をそれ自身として評価しているわけではない。そこで言いたいことは、単に美的な**経験**に内在的な価値が認められる、ということだけかもしれない。美は観照するものの精神の内に存在し、美的対象はただその手段に過ぎない、というわけだ。

そうしてその次に来るのが、おなじみの「自然はそれ自身として価値があるだろうか」という問いである。自然は**内在的な**価値を持つであろうか、目的それ自身として、つまりは人間の目的に役立つということではなしに価値を持つであろうか[3]。言うまでもなくこの問いは、現代の環境倫理学における議論の多くの基本的枠組みとなっている。もし人間が、あるいは何らかの人間に特別な独自の特質が（例えばある種の意識の経験が）唯一の目的それ自身であるならば、良い悪いはともかく私たちは「人間中心主義」の立場をとることになるだろう。内在的価値を持つ存在をもう少し広くとって、といっても生物のあらゆる種類が内在的価値を持つというのではなく、おなじみの議論で感覚を持つ存在や、（さらに広くとって）生を持つ存在すべてに広げたとすれば、我々は「有感主義」と呼ばれたり（もう少し広く）「生命中心主義」と呼ばれたりするだろう。生を持つか否かは別にして、もし**すべての**（「自然」の？）存在が内在的価値を持ち、単なる手段として扱われてはならないとしたら、私たちは「普遍主義」と呼ばれることになるだろう。つまり、自然に対する倫理的な関係には連続的な幅があり、内在的な価値の所有者を厳密に人間のみに限定する立場から、徐々にその権限を広げていき、最終的に（ほとんど？）普遍的な立場に至るまで、さまざまにありうるのだ[4]。

ここまでの議論は、どこをとっても特に罪のないもののように思われる。結局どの立場も最終的なお墨付きをもらえず、ただきまざまな〔議論の〕可能性の幅が示された、というわけだ。しかし実際には私は、この「枠組み」にこそ罪があると考えている。この見たところ特定の立場に立たない広い範囲の可能性は、実際のところは内在的な価値そのものという観念によって、狭い範囲に押し込められてしまっているのだ。

そもそもその可能性の幅がどのように決定されてしまっているかをよく考えてみよう。結局のところ、どの選択肢も「どの存在に内在的価値を与えるか」という問いによって厳密に限定されている。たとえばリチャード＆ヴァル・ラウトリーは、人間中心主義を道徳的な「偏愛主義」として、利己主義者が自分の利害を超えた価値に目を向けられなかったり、人種差別主義者が自分の人種を超えた視点を持てなかったりすることと同様に非道なことである、と主張する[5)]。その主張の中心にあるのは、人間の意識的な経験と並ぶ、**他の**内在的価値の存在である。トム・リーガンは、少なくともいくつかの人間以外の自然物に「固有の善」を与えられる立場として、環境倫理を**定義**する。その場合、「固有の善」とは客体の「客観的な性質」であり、私たちはその保有者に敬意を払わなければならないのだ。

しかし内在的価値、あるいは「固有の」価値、という概念は、それ自身あまりにも特殊すぎ、要求が多すぎる。哲学的にあまりに重すぎるお荷物がそれについて回る。リーガンについては、イブリン・プルーアーが指摘しているように、固有の価値を「付随的な」、「非自然的な」性質と解釈することで、その一端に加わってしまっている。そうした概念がムーアの、今日ではその形而上学的な前提が議論の余地のあるものになっている概念に由来することは、誰の目にも明らかである[7)]。しかし話はそこでは止まらない。ここで「内在的価値」に伝統的に突きつけられている事項を、もっと 体系的に羅列してみよう。

(1) ある価値が内在的という資格を持つためには、**自己充足的**（self-sufficient）でなければならない。内在的価値の守護聖人ともいうべきG・E・ムーアの著述によれば、「ある種の価値が内在的である、と言うことは、(…) ある事物がそれを持っているかどうかという問いの答えが、その当の事物の内在的な本質にかかっている、ということを意味する」[8)]。『倫理学原理』における有名な思考実験においてムーアは、どの事物が内在的価値を持っているか決定するためには、「その事物が、**単独で**まったく他と切り離されて存在していても、なおその存在が『良い』と判断すべきものは何か、ということを考える必要がある」と述べる[9)]。他のものはすべて、自分以外のものに依存しているか、それ自身としては無価値であるのに対して、内在的価値は自らの価値の十全な根拠を内部に持っているのだ。

ムーアは、どんなものでも内在的に価値を認められる可能性がある、という考えを支持しているように見える。しかし実際のところは、自己充足性はそのような公正中立な要求であるわけにはいかない。ムーア自身が結局は、経験だけが内在的に良いものでありうる、という結論に至っている。もろもろの経験だけが、「まったく単独に存在したとしても、持つに値する」ものたりうる、という主張に彼の議論は向かうのだ[10)]。ここでムーアは根本においてデカルト的な見解に訴えかけている。意識は、世界における実際の事物や状態から離れて存在しており、その中にからめ取られてはいない。デカルトの議論によれば、私の信念は世界の何らかのものに対応していたり対応していなかったりするが、少なくとも私がそうした信念を持っている、ということだけは確かなことだ。たぶんムーアは同様に、世界における私の行為は不完全だったり害を与えたり不確かなものであったりするが、少なくともその行為を意識において享受することは、それ単独では確固として疑いのないものだ、と主張しているのだ。デカルトが知識の問題を立ち上げる際に、意識を懐疑論に対する自然で必然的な基準の担い手としたのと全く同様に、内在的な価値は自己充足的なものでなければならないという要求のせいで、意識が内在的なものの自然で必然的な基準の担い手にされてしまったのかもしれない。こうしたタイプの哲学的な「パラダイム」を引き受けてしまうことにこそ、W・F・フランケナのような慎重な論者でさえ、「内在的な価値を持つのは、意識と感覚を持つ存在者の、活動や経験や生活以外にはありえない」[11)] といった文言を、驚くほど**議論の余地ないもの**として綴ってしまうことの理由が求められる。フランケナにとって、「意識を持たない動物や植物や岩石等々を道徳的に考慮しなければならない」という考えは、どうしても「わからない」のだ[12)]。

(2) 哲学的伝統はまた、少なくとも暗黙の内に、内在的なものは**抽象的**でなければならない、ということを要求している。内在的価値は結局のところ特別なもので、どんなものでも内在的に価値あるものになれるわけではない。しかし、特別な目的と日常的な手段との区別は、おそらく最初は罪のないもののように見えるが、要求がだんだんと過激になる事態を引き起こしてしまう。日々のあれやこれやの価値は、より少数の、何らか一般的な目的の下の手段として取りまとめられる。すぐ上の段にはさらに近接する目的があり、それがまた自身手段となって、さらに少数のより一般的な目的の下に統一される。こういった事態がすでに「すべりやすい坂道」の一種に、いわば坂道を上る議論になってしまっている。次々とすぐ近接する目的に入れ替わることによって、どの目的からも独立した価値というものが完全に奪い去られてしまう。どの目的もより高い段に乗っている目的に対する手段にすぎない、というわけだ。しかしその目的もまた取って代わられてしまうかもしれない。こうした進行を止めるには、最も一般的な、それ以上取り替えのきかない目的それ自体しかない、と考えてしまうことになるだろう。伝統的には、「幸福」や人格に対する尊重、といった価値がそう考えられたように。ここに至るとさらに、最高位にある**たった一つの**目的を打ち立てたい、というおなじみの強力な衝動を誰しもが抱く。伝統的な価値理論は、ある種の一元論（monism）へと向かう。こうした価値のピラミッドの頂点に、たった一つに集約できる可能性があるのに二つやら五つやらの価値を置いたままにしておくなど、私たちにはとてもできない。私たちが統一を求めるのは、最も一般的なレベルにおいて、なのだ。人格に対する尊重が幸福の源泉の一つとして解釈し直されるかもしれないし、逆に幸福が、アリストテレスやロールズがそうしたように自律的な人格の自己実現ということを意味する限りで、価値あるものと解釈し直されるかもしれない。しかしいずれにせよ、ケネス・グッドパスターが述べる通り、「私たちが熟慮のうえで下す道徳的な判断や原理には何らかの統一された説明が」、つまりある種の「共通の分母」が、「与えられなければならない、ということはまったく**論じるまでもないことだ**、という印象を人は持っている」[13)]。

　こういった一元論の立場もまた、実際のところはそれほど公正中立ではないかもしれない。デカルト的な前提の下では、意識における経験のみが唯一の統一されたものであり、内在的価値の担い手と認められるに十分なほど抽象的で自己充足的なものとされている。そこに別のものを内在的価値の担い手として付け加えると、そうした固い統一を打ち壊してしまうかもしれない。こうして内在的価値を単一の分母へと還元しようとする暗黙の要求は、環境倫理学が取りうる主義主張の範囲の中から、人間中心主義‐有感主義という一方の立場へと私たちを再び追いやってしまうかもしれない。例えばグッドパスターは次の点に注意を喚起する。哲学者の多くは、環境の価値に保証を与える際に、彼らにおなじみの「利害」の倫理か「尊厳」の倫理か、つまりはヒューム的な倫理かカント的な倫理かどちらかから出発して、それを拡張しようとする誘惑に駆られてきた。どちらも一元論的なモデルであり、少なくとも歴史的には人間をお手本とする考え方と結びついている。そのためどちらの立場も、まったく同じ議論のやり方から自説のもっともらしさを獲得する一方で、「自らひねり出したパラダイムの範囲内に道徳的な感性を制限してしまう」という危険を冒しているのである[14]。

思弁という観点からは、なんらかの形而上学的な意識の一元論は魅力を持ってきた。環境倫理学者の中には、意識における経験を一見したところ生命を持たない世界にまで持たせようとする者もいる。例えばポー・クン・イップは汎心論的なタオイズム（道教）の教説を用いて、自然の内在的価値を立証しようとしている。ジェイ・マクダニエルは、ホワイトヘッド流の量子力学の解釈を援用する[15]。クリストファー・ストーンは、地球全体を意識を持った存在とみなすべきだと主張する[16]。こうして自然自体に生命が賦与されることで、私たち皆が目的の王国に参入できることになる。この極論において、内在的価値のある種の一元論はとにもかくにも有力な環境倫理説と合致するものにおそらくなっている。しかしその代償は、私たちの形而上学の根本的な書き換えである。そうした書き換えは、たぶんそれ自身魅力がないわけではないが、その過程で私たちは再び、倫理学において感覚がどれほど絶対的な中心性を持つかを、回避するのではなく確認し直さなければならないのである。

(3) 内在的価値は**特別な種類の正当化**を要求する。それが言い立てるところの自己充足性を認めると、他の価値を頼りに自らを正当化することができない。その抽象性を認めると、内在的価値はあまりに特殊なものに、あまりに哲学的に脆いものになってしまい、議論の余地なくこの世界に存在することができない。といってその存在を断定するだけでは不十分である。そんなことをすれば内在的価値は恣意的なものになり、それについて何も語れなくなり、結果として私たちが作り上げた価値の体系全体はただ中空を漂うだけのものになってしまうだろう。そこで、正当化とは何らか特別な種類の形を取らなければならない、つまりは内在的価値の「基礎づけ」(grounding)が要求される、ということになるのだ。価値そのものは、存在論的には他のものから派生したものでなければならない。そこで内在的価値は、神の命令だったり、直観によって開示される特別な種類の道徳的世界についてのアプリオリな真理だったり、純粋理性の解放だったり、「人間本性」の基礎にあるような希求だったり等々、様々に解釈されてきた。だからリーガンが自ら唱える「固有の価値」を基礎づけようとする際に、「非自然的な諸性質」の存在論というものへの衝動に駆られたことは、なんら驚くべきことではない。他ならぬ**自然の**価値を立証するために、「非自然的な」性質に訴えかけなければならない、というこの逆説！　そのような存在論の中には、必要なものもあるように思われる。デイビッド・エーレンフェルドは、宗教的伝統のみがその役に立つ、と考える。この世界を超越した視点があってこそ、自然は「とてつもない悠久の時の重みと荘厳さをまとった今なお続く歴史の継続が、眼前に現れ出た姿」[17)]へと変貌させられる、というのだ。

しかし哲学者の多くは、もはやそんな伝統的な価値の存在論なぞ受け入れたりはしない。結局のところまた、何らかの人間中心主義や有感主義だけが今も通用する唯一の選択肢になってしまうのだ。人間が抱く関心は、動機づけとしていつでも当てにでき、したがって意識を伴う経験が内在的価値を持つことはほとんど争うことなく受け入れられている。こうして、伝統的な存在論を回避してこの手近な人間中心的な出発点から理論を「組み立て」ようとする誘惑が生まれる。例えばブライアン・ノートンが提唱する「弱い人間中心主義」は、たまたま生じた人間の欲求だけではなく、自然と調和して生きたい、といった**熟慮に基づく**欲求の一定の型式を意味する「理想」にも支持を与える。ノートンははっきりと「自然に内在的価値を賦与することを避ける」。なぜなら、それが意味することになる「存在論への加担には、問題がつきまとう」からだ[18)]。「強い」人間中心主義者たちはしばしばそのような動機に突き動かされている。功利主義者の一部は、費用便益分析がこれまでより効率的に環境の価値を提示できると主張する[19)]。ここでも、人間の利害関心のみが考慮に入れられているために、疑わしい存在論的な主張は避けられている。功利主義は、存在論的に冒険的ではない価値理論の典型である。マーク・サゴフは、私たちが生活において内在的にその価値を認めるもの、例えば自由や高貴さ等の表出を、自然において価値づけるだろう、と考える[20)]。同様にトーマス・ヒル・ジュニアは、人格に対する最良の道徳的態度、例えば謙虚であることやありのままに自分を受け入れること、感謝の気持ちで接すること等が、敬意を払うべき自然の価値の中に反映され推奨されている、と主張する[21)]。しかしサゴフもヒルもどちらも、依然として人間を中心に据えた価値体系から、つまり自分や他人の**人間としての**生活の中で価値が認められる、態度や感情の表出や人格的な資質から、理論の「組み立て」を行ってしまっているのだ[22)]。

リーガンの議論が効果的に示しているように、私たちが納得ゆく程度にまで環境の諸価値を立証できるような強い人間中心主義は、一つもない[23)]。サゴフやヒルや他の論者たちはそれに賛同しないだろうが、しかしその彼らとて、自分たちのやり方も何か「次善のもの」にすぎないと考えている趣が、しばしば文章から伝わってくる。ヒルはある箇所で次のように述べる。「たとえ［環境に］破壊的な行為が間違っている、ということを示す説得的な方法がないとしても、(…) そんな行為に喜んで身を投じようとする気持ちは、私たちが称賛し道徳的に重要だとみなすような人間的特質の欠落を反映している、と私たちは思うだろう。」[24)]「**たとえ** (…) **ないとしても**、(…) と私たちは思う**だろう**」、という表現に込められているのは、修正された人間中心主義は私たちが得たいと願う最良のものでないことははっきりしているが、それでもなしうる最善のことだ、ということのように見える。一方でプルーアーによれば、リーガンは同じ前提から正反対の結論を導き出している。彼女に言わせるとリーガンは、「属性〔動物の権利のこと〕についての疑わしい議論に加担し、そうすることで彼が望むある種の倫理的正当化の可能性を救い出すことの方が、より好ましいと考えているように思える。その可能性はわずかだが、ゼロよりもましだと判断しているのかもしれない」[25)]。というわけで、「ゼロよりもまし」というのが両者に共通する最低線である。まったく、私たちは残念な状態にあるものだ。

ごくまれに、何か本当に別種のものの兆候が現れることがある。自然の中の価値に新しい言葉を当てはめようとするいくつかの試みが、それである。例えばホームズ・ロルストンの論文「野生に還った価値」はこの点で、「源泉」と「資源」(resource)、「隣人」(neighbor) といった語の自由な用法で目を引くものになっている[26)]。後で私は、ロルストンのこの見込みのある出発点も、内在的価値の要求と折り合いをつけようとする試みによって部分的に後退させられている、と論じることになる。思うに、現に見込みのある部分で**ある**のは、そのような足かせから自由に考察されたまさにその箇所なのだ。ここまでは私は、これらの足かせがどれほど私たちを縛りつけているか示そうとしてきた。要約すればまず、環境倫理学は哲学的倫理学からきわめて特殊で要求の過大な内在的価値という概念を引き受けたのだが、それは様々な仕方でデカルト的形而上学と、長く哲学において敬意を払われてきた抽象化と特別な正当化への欲望に根づいている、ということ、それだけではなくさらにその根っこそのものが、自然に内在的価値があることを立証しようとするいかなる試みにも、とてつもない制約を与えていること、以上である。最も深いレベルで考えれば、非-人間中心主義的な環境倫理学は、受け継がれてきた内在的価値の枠組みの中では端的に不可能なのかもしれない。このこと自体はもちろん、必ずしもその伝統への異議申し立てということを意味しない。たぶん最終的にはむしろ、環境倫理学が不可能**である**、ということになるのだろう。しかしその前に、その伝統を何らかの説得力をもって擁護できないかどうか、考えてみなければならない 。

3　内在的価値に抗って

ムーアは、「それ自身のために価値がある」とか「それ自身として価値がある」とかいった類の観念は、単に「他のもののために価値がある」という、日々私たちが当然視している道具的価値の観念を**理解する**ために必要とされている、と主張する。もし手段について口にすれば、論理的に目的が思い浮かべられなくてはならない。なぜなら、目的は手段という概念そのものに含意されているように思われるからだ。こうしてムーアは、「手段として良い(good)」という言い回しを「良きこと（good：善）のための手段」と同等のものとして理解する。そこで二番目の「良い」は、内在的であるように思える[27)]。

この解釈はしかし、ある単純な理由によって失敗する。道具的価値の観念は、次のさらなる、とはいっても内在的ではない価値を挙げることでも、理解することができる。もろもろの価値は、何らかの自己説明的でなければならない価値を決して必要とせずに、自ら以外の価値を指示することができる。森で日中ハイキングをすることの価値は、私が森の素晴らしさを評価することの内在的な価値や森自身の内在的価値によって説明される必要はない。その代わりに、私の評価も森もさらに別の理由のために価値を持つかもしれないし、同じことは**その別の**理由にも当てはまるかもしれない、以下同様。ヒルが指摘するように、あるものへの評価に価値が与えられるのは、一つにはそれが他のものへの感受性をより広げてくれるからだ。しかし他のものへのより広い感受性が今度は私たちを動物や嵐などのより良い観察者にしてくれるかもしれない。森は自由や高貴さの表出としてだけではなく、生き物の隠れ場所としても価値が認められる。そしてそのどちらの価値もさらに別の、必ずしも人間中心的ではない価値によって今度は説明が与えられるかもしれない。

そのような説明もいずれどこかに終着点がなければならない、と言い返す人がいるかもしれない。もしXが、Yを必ず結果としたりYを強める効果があったりするという理由で価値を持つならば、Xの価値はYから「受け渡されている」と言わなければならないように思われるかもしれない。Yの価値はさらにZから受け渡されているかもしれない。しかし――とその議論は続く――、そのように「受け渡され」続ける価値には何らか元になる出どころがなければならない。火事場でのバケツリレーのように、バケツの水は他のバケツではないどこかの貯水池から始まったはずである。モンロー・ビアズリーは、この種の議論を神の存在につながる第一原因の議論になぞらえる。「(…) いかなる道具的価値の存在も何らかの内在的価値の実在を証明している（とされている）が、それはちょうど、いかなる事象の発生も第一原因〔神のこと〕の実在を証明している、とされているのと同じである。」[28)]

ビアズリーの類比はしかし、異議申し立てとして手始めのものにすぎない。「第一の価値」の議論は、おそらく答えようとする論点そのものを先取してしまっている。第一原因の議論が、原因という言葉に促されるその連鎖が無限ではありえない、と想定しなければならないのと全く同様に、「最初の価値」の議論も、手段から目的へと辿る長い道のりがどこかで最終的な終着点を迎えねばならない、という想定に立っている。ところが現実にはこの想定こそ、そうした議論が証示しなければならないものなのだ。

しかしもっと重要なことは、終着点を持たずに済む多くのやり方がある、ということだ。ドミノ倒しの長い列のように、ある手段が次の手段を必要にして、という果てしのない連続を考える必要はない。まったく違った文脈で考える方が事態により即している。もっと全体論的な、諸々の価値が網の目のようにつながり合い、どの価値を正当化するにもすぐ「隣接する」価値を挙げればよい、というような構図を考えてみよう。このモデルでは、究極的な指示もなければ終着点もない。その理由はただ、正当化の連続は究極的にはある意味で循環的である、からだ。つまりある価値を正当化したり説明したりすることとは、他の価値の中でのその有機的な地位を明らかにすること、なのだ。こういった正当化は、一つの方向性やたった一種類の価値へとうねりながら進む必要はない。私が山の空気を、その中にいると健康を感じられるから（あるいは本当に健康**になる**から）という理由でその価値を評価することもあれば、別の時には健康を、それがあるから山登りができる、という理由で価値評価することもあるだろう。もの憂さを誘う秋の輝きを、自分にとってのこの1年の終わりを映し返してくれるから価値があると思うこともあれば、また別の時には毎年の年中行事のリズムを、それが四季それぞれの輝かしさを反映しているから価値がある、と思うこともあるだろう。網の目、というイメージは同時に、たいていの価値が持っている**多層的な**「隣接性」を強調してくれもする。例えば、なぜ私は山を登るのかを説明することは、それだけで長大な時間を必要とするだろう。ヘンリー・ベストン*[1]は、ケープ・コッドにたった一人で過ごすことの豊かさを記録するために、まるまる本1冊を必要とした。その考えを押し広げると、多層的な循環性やフィードバックする円環、いく重もの円に至ろうとする弧が集まって、ある人の価値の体系全体の大まかな見取り図になっているような姿を思い浮かべることができる。なぜ私は山を登るのか、を説明するには膨大な時間がかかるかもしれないが、終わりのない仕事ではない。確かにその物語には終着点もなければ究極的な魅力にも欠けるが、私の自己を形成する様々な価値や信念と山登りとのいく重にも折り重なった連関をくっきりと描き出すことができたなら、それは**完結した**物語になるだろう。

こうした全体論的なやり方で諸々の価値を考えることは、伝統的な内在的価値の概念のまさに中核部分を切り崩すことになる。まず自己充足性という考えからして、私たちが価値に求めるべき**ではない**ことそのものである。ビアズリーは「内在的価値」という観念が、価値を「ただそれ自身として」考えるために他の価値との関係の切断を要求する、というまさにその理由から、ほとんど**矛盾した**表現である、と主張する。「Xは望ましい」という文が意味するのはおおよそ「Xを望むことは正当化される」といった類のことである、というリチャード・ブラントの提言を引きながら、ビアズリーは次のように主張する。

「望まれている（desired）」という表現に「望ましい（desirable）」という

語が付け加えているのは、この正当化の要求である。しかしこの要求が達成される唯一の方法は、Xを他の事柄とのより広い文脈の中で、自分や自分以外の多くの人生のある部分との関係で考慮することによってでしかない。こうして「内在的な望ましさ」という用語は二つの方向に引っぱられている。名詞〔「望ましさ」〕は遥か彼方に目をやるように求め、形容詞〔「内在的な」〕はただXそれだけに注意を向けるように命じる[29]。

結局のところ、意識内の経験に単独で「絶対的に隔離して」価値を与える、ということは、現実にはどういうことになるのだろうか？　明らかに、その言い立てが額面通りとなるのは、ただデカルトが言う夢や幻覚の自己充足性に近づく場合に限られるだろう。というのもそこでは、経験が世界の他の何かと関連を持つかどうかは関係ないからだ。しかしこの自己充足性によってある一つの経験が、内在的に良いかどうかはもちろん、そもそも良いものになるかどうかさえ明らかではない。その理由となるのは、自己充足性の基準が私たちに排除を要求している、というまさにその考察だ。他の何ものからも切り離されて存在でき人を引きつけられるものは、その理由だけで**悪しき**ものだろう。それは薬物使用者の夢の世界のように、私たちを日常生活の複雑さから遊離するよう誘い、人づきあいの代わりに独我論を与え、生活のあれこれの断片を他の部分から切り離してしまう。それよりも私たちは価値をその置かれた文脈につなぎ止め、分離性よりも関係性と相互依存性に重きを置く価値の考え方を選ぶべきだろう。

ビアズリー自身は「第一の価値」議論への返答に、若干違った路線を取る。彼の議論の目標は、内在的価値が主張する自己充足性よりも、その抽象性に向けられる。まず彼は、第一原因の議論に対するヒュームの返答を思い起こすところから始める。ヒュームの指摘によれば、日常生活で私たちは特定のあれこれの因果関係を熟知しているだけではなく、それを具体的に処理する能力にまったく事欠かない。対照的に因果性の究極の本性などというものは、知ることもできなければ重要でもない。ヒュームに言わせれば、それは議論を際限なくさせてしまうという意味と、実用上の目的に無関係であるという両方の意味で、「単なる思弁」に過ぎない。ビアズリーはまさにこの議論を内在的価値について立てる。彼が述べるには「私たちは道具的価値についての健全な知識を十分なだけ持っている」、「しかし内在的価値については深刻な疑念を抱いている」[30]。日常生活では私たちは特定のあれこれの価値を熟知しているだけでなく、それに具体的に対処する能力にまったく不足はない。私たちは病気であるより健康である方が良いことを知っているし、単調さや醜さよりも美しさに囲まれて生きる方が良いことを、州間道84号線〔ペンシルベニア州とマサチューセッツ州、あるいはオレゴン州とユタ州をつなぐ高速道〕の中央分離帯を歩くよりも人手が入らない森を歩く方が良いこと等々を知っている。しかし、こういったことが純然たる快楽の質を最大化するから良いとか、善行への意志を育むから良いとか、あるいはまた他の理由のためかどうかといったことは、私たちにはわからない。究極的な目的を求めることは、価値のどんな哲学理論にとっても絶対的な中心課題であるどころか、「単なる思弁に過ぎない」ように思われる。価値をもっと具体的に、そのあらゆる豊かさと多元性において考える方が良いことなのだ。

さらに言えば、なぜあらゆる価値が共通の何かを持た**ねばならない**のだろうか？　むしろ、他の目的がそこを源流とするような、そして他のすべての手段に終結を告げるような最終目的なるものが**確かにある**、ということを否定する方が理にかなって見える。それに代わって私たちには、もろもろの欲求が他に還元されることなく多元的に存在するような体系がある。欲求のなかには直接的に生物学的なものもあれば、文化に根差したものもあれば、もっと個人的な欲求もあるが、多くはそのすべてを混ぜ合わせたものである。いずれにせよ私たちの欲求はどうしようもなく**互いに対立しあう**定めにある。私たちの生物学的な素質も文化的に受け継いだものも、他方と完全に両立できるものでないのはもちろん、それぞれ自己完結したものでもない。

この最後の論点によって、私たちは内在的価値を擁護する三番目で最後となる議論へと導かれるだろう。以上から、内在的価値とは実際には具体的で複数のもので、論理的一貫性を欠くものですら**ありうる**、という主張が成り立つかもしれない。まさにこれこそホームズ・ロルストンの見解であり、その修正版はC・I・ルイスのようなプラグマティストたちさえ主張してきた。私たちには、価値を具体的かつ直接的に、その認識のために目を遥か遠くに向けたり未来に向けたりする必要もなく把握できる時がたまさかある、とロルストンやルイスなら言うだろう。ルイスはこうした価値の認識を、〔赤色の〕赤さや〔金切り声に表れる〕露わな感情をそれとして見たり聞いたりする仕方になぞらえることで、ムーアの教説を復唱している[31]。ロルストンは、春の日差しの暖かさのような「ポイントとなる経験」の内在的な価値に言及し、それを「他のどんな種類の価値とも同じように、やがて消え去る複数のもの」と言い表す[32)]。そうなるとロルストンの言う内在的価値は抽象的なものである必要はなくなり、「特別な種類」の正当化はもちろん、正当化そのものが 一切必要なくなる。日中の森のハイキングは、たとえそれが心の平穏や動物観察の能力や翌日の仕事の効率に貢献することはなくても、価値がある。経験というものは、森が私個人の経験を度外視してもそれ自身として良いものであるように、「それ自身としてあるそのありのままの姿によって」良いものなのだ[33)]。

ルイスもロルストンも、生(なま)な現実の経験に言及しようとしていることは疑いがない。しかし問題となるのは、この種の経験が示しているものは何か、ということだ。少なくともそれは、**直接的な**価値と呼ばれるものの経験の一つである。しかしジョン・デューイは、「享受の直接性から「内在的価値」と呼ばれるものへの移行は、根拠をもたない飛躍である」と論じた[34)]。デューイによれば、私たちが何かを直接的で推論を経ない仕方で支持する際には、たいていは価値についての判断など一切行わないし、内在的価値についての判断は**なおさら**そうだ。そのような支持はむしろ、「どんな価値の対立もそこにないし、さらに熟慮して選択をするという余地もないので、どんな判断も要求されない、ということを意味する言明」なのだ[35)]。実は誰の目にも明らかなことだが、皿洗いをしたり高速道で車を走らせたり、といった道具的な活動も、時にはこうした直接的で推論を経ない形で価値評価されている。さらに言えば、ウイルスや竜巻といった破壊を行うものも時には、心を捕えるほど美しくなることがある。**心を捕える**という言葉もここでは適切だ。そういった対象に対する私たちの反応は、価値の問いがそもそもそこで生じるような参照枠との**連結を断ち切って**しまうからだ。

あれやこれやの価値がやっかいな問題となって選択が求められる時に、必要となるのはその価値について詳細を明確に示してそれを擁護することだ。しかしロルストンの言う意味でそれを「内在的」と呼ぶことは、もはや何の助けにもならない。そこでは対象物と行為をただ「それ自身としてのありのままの姿によって」価値づけるために、その置かれた文脈から断ち切らねばならないので、他のあらゆるものとの関係性が視野から締め出されてしまうのだ。もし私が竜巻の美しさに心を奪われていたら、シェルターへの避難に間に合わないかもしれない。ロルストンは、直接的な価値も他の価値と同様に文脈の中に置かれなければならないと言い、もし文脈化されないならばそれらは曖昧であったり端的に悪しきものになったりすることもある、と主張する。しかしそれはつまり、彼の言う意味で内在的価値を何ものかに帰することには現実世界では何の特別な影響力もない、ということだ。価値についてのあまたの「ポイントとなる経験」なるものは、あれこれの価値が日々常に私たちの上に押し寄せ続けているように、あらゆるところから押し寄せて来ている。そして私たちがある事柄について**本心から**意図したり決意を固めたりすることは、日々いろんな価値の間でバランスを取ったり、相乗効果を狙ったり、取引をしたりしながら常に決断を下し続けていることと同様なのだ。この世界は美しくかけがえのない瞬間に満ちあふれていることに目を覚まそう、ということには何の異存もない。ただしそうした賛美の際に、私たちの実際の日々の生活からそういった瞬間を切り離さないことを忘れてはならない。

上述の箇所で私は、内在的価値には伝統的に自己充足性と抽象性が要求されていることを問題とした。ここで最後に、正当化という作業も同様に考え直される。その作業は、価値の「基礎づけ」とはならない。結局ロルストンの内在的価値概念の擁護が示しているのは、自然の価値を（あるいはたぶんいかなる価値についても）「基礎づけ」ようと企てても、その価値を結局のところは現実生活における評価や選択という作業から切り離してしまうことになる、その実例なのだ。評価や選択を行うためには、再び、価値を**関係づける**よう学ばねばならない。価値づけ（valuation）について十分と言える理論ならば、価値づけが複雑な内部構造をもったもろもろの欲求とかかわり合っていることを、他の多くの欲求や信念や範例や選択と相互につながり合い依存し合っている欲求とかかわっていることを認識しなければならない[36]。例えば愛は、「一緒にいたい」という優しい感情から性的欲求に至るまで、相手の人格についての複雑な理解から文化的な愛についてのイメージや範例に至るまで等々、広い範囲の欲求や信念と結びついている。正当化は、こういった様々な相互依存のあり方を頼りとしている。私たちがある価値を正当化する際には、それが他の諸価値についてどのような補助的な役割を果たしているか、その詳細を示すのだが、その他の諸価値の方はまた逆に正当化しようとしている当の価値を支える役割を果たしている。また私たちはある価値を自然なものとする信念を参照することによっても価値の正当化を行うのだが、しかしその信念がまた逆に、〔正当化される側の〕価値を私たちの生活と結びつけるような日々の選択やモデルを再確認することによって、自然なものとされるのだ。これこそまさに、ビアズリーが「物事のより広い文脈」と呼んだものに他ならない。

互いに依存し合う価値は、批判を締め出しはしない。実際のところ最も効果的な批判を**可能にする**ものがあるとすれば、こうした種類の相互依存性こそそれだろう。そこで批判とは、ある欲求をそれとつながった他の欲求や信念等々の配置図の中で何かの位置を変えることで、その欲求をも変えようとする試みとなる[37]。問題となっている信念の中には誤りであるものあるだろうし、欲求の中には心からではなく浅く表面的なだけのものもあるだろう。ノートンが、自然に対して搾取的な「感情的な選好（felt preference）」は「熟慮に基づく選好（considered preference）」という基盤に基づいて批判されうることもよくある、と指摘した点は正しい。私たちの思慮が単に欠けていたり十分でなかったりするのは、あまりにありふれたことである。しかし今言おうとしている批判の効力は、「理想」の弁証法の範囲をはるかに超える。私が思うに内在的価値の概念の端の方に持論を構えようとするノートンの願望は、理想に至るモデルとして「熟慮に基づく選好」を捉えることによって、それらの理想を実際よりもはるかに影の薄いものにしてしまっている[38]。プルーアーは次のように述べる。

> どれほど偏見や無知が、間違った推論以上に道徳をめぐる論争を焚きつけているか、驚くほどである。(…) 公平さや共感の欠如がどれほど動物に対する世間一般の態度の底にあることか。(…) どれほど強欲（これが不公平さの主たる原因である）や無知や混乱した思考が生態系や動植物についての一般の態度に力を与えていることか[39]。

彼女の指摘通り、食肉工場を見学しさえすれば多くの人がベジタリアンになるのだ！　奇妙なことにプルーアーはこのプラグマティックな批判を、リーガンの言う「固有の価値」を擁護する代替案と考えているが、以上の手順で生まれてくるかもしれない価値が、なんらかの意味で「内在的」だったり「固有の」ものだったりするという議論は、どこにも示されない[40]。そのような議論は無理だろう、と私は思う。相も変わらず内在的価値にかかずりあうのは、もうきっぱり止めてしまう時だろう。実践的な批判を、実践に即したものたらしめよう。

ここで根源的な批判さえも排除されているわけではない。公に表明されている私たちの欲求とその相互連関の大部分は、元をたどれば特定の文化に行き着くが、その屋根裏部屋には暗黙のあれこれの理想がぎっしりしまい込まれており、たぶんその主たる方向性は全く相反するものでありながらそれぞれが引っ張り出される機会を待っている。神は私たちに地と海の支配権を与えたかもしれないが、一方でまた聖フランチェスコ〔中世イタリアで地水火風や動物たちも含めた被造物をあまねく愛することを説き、「自然環境保護の聖人」とも讃えられたカトリック修道士〕も与えた。産業革命期のやみくもな搾取に対しては、ロマン派の詩人や風景画、ルソーやエマーソンやソローがいる。工場式畜産に対しては、土と親しむ孤高の農夫という今も根強いイメージが存在する。自然に対するユダヤ-キリスト教的な態度をめぐる最近の幅広い論争の根底には、こうした根本的な不協和音が響いている[41]。自然に対する態度について、これぞキリスト教的（あるいはアメリカ的、等々）というものを見つけようとすることは間違っている。数多くの態度、があるのだ。私が示したいのは（この点のもっと一般的な論考を別の場所で試みたが[42]）、私たちの伝統はそれ自身の内に弁証法的な対立要素を持っている、ということだ。生物学的な欲求でさえ岩のように固く不動のものでは決してない。批判が必要とするのは時に、こうした隠れた要素を明るみに引き出すための時間と忍耐だけなのだ 。

4　環境倫理学におけるプラグマティズム

プラグマティックなアプローチの真の力は、そこで語られて**いない**ことの中に、語る必要がないと取り除かれたことの中にこそある。したがって私のここでの関心は、環境の価値を擁護する新しい議論をひねり出すことでは断じてなく、反対にすでにおなじみの議論が必要もない縛りに悪戦苦闘しているのを示すこと、である。こうした試みは、新奇なものではないとしても、前進へのささやかな一歩ではあるだろうが、しかしそれでも論争を呼び寄せてしまうだろうことを予期している。もし価値が今述べた概略に沿って捉えられるならば、私が思うに、環境の価値を擁護できるすでに手持ちの論拠は――しかもきわめて素朴な言葉での――、たいていの環境倫理学者が信じているだろうよりもはるかに強力なのだ。

自然の経験が自然に対する敬意と関心を呼びさますことを私たちは知っている。またこうした感情が確かにいく人かの人生において深く強め合う欲求に変化しうることを知っている。現に私たちの前には、ミューアやソロー、レオポルド等々の生涯がそのような模範例として存在する。私たちのほとんどはそのようなひたむきさを持ち合わせてはいないが、しかし自然に還ることが時にどれほど重要なことか、ソローが市街からウォールデン湖に戻ってどんな感情を抱いたか、またなぜイエィツが蜂がブンブン飛び回る森の空き地を懐かしく思い焦がれたかは、私たちにも分かる。最近のバックパッキングや山スキー、カヌーやキャンプ等のブームの背景には様々な動機があるが、少なくともその理由の一つとして育ちつつある自然の価値への評価が、それも単に運動や息抜きのための新たな選択枠としてでなく、冬の森の静寂から春の滝の轟音まで、それぞれ固有の意義を訴えかけるものとしてその良さを認め味わい始めていることが、確かに挙げられる。

こういった感情が、環境の価値をプラグマティックに擁護する一つの仕方にとってきわめて重要な出発点である。それは「次善の策」、つまり哲学者が求めながら見つけることのできない内在的価値に対する「弱い」人間中心主義の代替案**ではない**。それは哲学的な「基礎づけ」なるものを一切必要としない。私たちの前に現れる問題は、まったく違った種類のものだ。くり返せば、私たちが知る必要があるのは、これらの価値が私たちの欲求の体系の他の部分に対してや、他の重要な物事や具体的な問題解決に対してもつ**関係**を、自分自身と他の人たちに対して明瞭に示す、そのやり方なのだ。私たちは自分自身に対しては、こういった価値を理解し強化したいと思う。他の人たちに対しては、それを育み広げたいと思う。結局のところ、環境の価値を私たちの抱く他の諸価値に集約させようとするところに出発点を置く必要など、まったくないのだ。私たちがお互いに抱く敬意や関心でさえ、環境に対する敬意や関心とはまったく異なった種類で、完全にその由来を異にするかもしれないのだ。

こういった価値を明瞭に描き出すことは、哲学だけの領分ではない。詩や伝記も同じぐらいに重要である。ワーズワースを取り上げてみよう。

われ高められし思想の喜びもて
わが心を動かす一つの存在を感得せり。
そは落日の光の中と、円き大洋と、生ける大気と。
(…)
されば、ひとり寂しく歩く汝の上に
月をして輝らしめよ。
霧深き山風をして、
思いのままに汝を吹かしめよ[43]。

これを哲学的な明確化を欠いた、汎神論の不完全な表明として読んではならない。ワーズワースはたぶん心の奥では形而上学者だっただろうが、しかし実際あったかもしれないスピノザとのつながりは、私たちに上述の風を肌で感じたいと思わせたりはしない。ワーズワースはある種の経験を記述し始める手法の一つを示してくれているが、それはここでの目的からすれば、それ以上厳密な定式化をたぶん必要とはしない方法だ。それは「基礎づけ」ではない、**生き生きとした描写**の一種なのだ。同様に『ウォールデン（森の生活)』で最終的に重要なのは、ソローの人間嫌いを反映した哲学的思索というよりも、1人の人間がどのようにしてリスたちと木陰の狭間で夕暮れ時を迎えることができるか、あるいは湖というものをどのように見やることができるか、を自らの人格において示してくれている、その手法なのだ。

湖というものは（…）風景の中で最も表情に富む部位だ。それは大地の目であり、覗きこむ者は自己の本性の深さを測ることになる。湖岸に並ぶ水辺の木々は目を縁どるか細いまつ毛だし、まわりの緑なす丘や崖は瞼にかかる眉毛だ[44]。

ニーチェは、哲学者たちは現実の価値を扱うにはあまりに不器用である、という趣旨を一度ならず指摘している。そこに彼は誇張を込めているかもしれないが、それでも確かに私たちにはわかっているのだ、哲学はあまりにも長い間、自分だけで十分に明らかにできないことが何なのかについて、真剣に考えてこなかったということを。このようにプラグマティズムは、今述べたような価値の「基礎づけ」の要求を拒否することによって同時に、哲学に特有の認識論的な仕方でそれらの価値を説明しなければならない、という要求を格下げし始めてもいるのだ。

とはいっても、哲学的議論の多くは私が問いかけている新たな問題群に関して総じてうまく対処している。実際のところその多くは、現に答えようとしている問題群と比べれば、この新たな問題群への対処という点から考えれば**よりうまく**やっている。まずロルストンの「野生に還った価値」に立ち返ってみよう。ロルストンはまず、一つの「資源」としての自然という考えを批判するところから始める。彼の主張によれば、「どんなものも資源である」という考えは、「誰もがわがままである」という考えと同じように、極端まで推し進めると当然のこととして、「あたかも人間が原生自然に対して、他の動作モードがないかのようにどんなものでも食い尽くす」ということになってしまう。実際のところは、私たちが原生自然に入るには「そちらの条件に従って」でなければならない。「質の高い経験」を得る手段としてではないし、それが第一なのでもない。こうして彼によれば、「人は資源に目を向けるというより**源泉**に目を向けて、超越的な崇高さを帯びた存在の、根源的な流れとの関係性を求めるのである」[45)]。しかしこの地点においてロルストンはさらに主張を進めて、私たちが内在的に価値を与えるどんな（他の）ものにとっても上述の意味で源泉であるが故に、自然には内在的に価値がある、と言ってしまう。これは私には、何も新たな主張を付け加えてはいないように思える。それは「源泉であること」という観念の喚起的な力を**弱めて**しまうだけである。「根源的な（…）超越的な崇高さ」は生態系の観点からは一定の意味を成すが、その価値を超越論的なものにしようとすると、私が第2節で議論したように極めて問題の多い存在論を導き入れてしまうか、第3節で論じたように現実的な道徳の思考ではなんの特別な力も持たない唯一の語り方を体現してしまうか、どちらかになってしまう。「源泉」はそれ自身で完ぺきに理解可能でありかつ有力な価値のモデルである。どうしてそれを内在的価値の型にはめ込んでしまう必要があるだろうか。

もう一つ別の例を考えてみよう。ロルストンは「直接私たちと血統のつながりがないものの価値に」――つまり動物界における私たちの「親類」と「隣人たち」の価値に、「同情心をもって向き合うこと」を論じている[46)]。これもまったく鋭い指摘だ。私たちは、動物たちと親しく接すればもたらされるだろう普段は隠された共同体の感覚を、確かに持っている。しかしここでもロルストンは、そのままにしておいた方がよい事実から内在的価値を絞り出そうとする。例えば彼は、人間と動物の反応の類似性から、動物たちの反応が〔道徳的〕命令――価値――も同時に表現しており、そこにおそらく内在的価値も含まれると考えるべきだと主張する。しかしなぜこの命令が**私たちに**同様に強制力を持つか、という理由ははっきりしない。またこの命令が確かに私たちにも強制力を持つと主張することは、心の哲学と道徳哲学の双方ですでにやっかいな問題となっている、類似した論争に私たちを巻き込むことになってしまう。くり返せば、ここで挙げられた「親縁性」や「隣人たち」であることについてのロルストンの具体的な観念は、より新鮮に直接的に、それらを内在的価値に仕立て上げる際に必要となる哲学的に疑問の余地がある類比よりも、当の諸価値をしっかり捉えているのである。さらにロルストン自身も指摘しているように、生物界においてさえ親縁性の観念は結局は限界点を超え出て広がってしまう。確かに私たちはクモとはほとんど親縁性を持たない。もしそのような「よそ者」のためにまた別種の価値が引き入れられなければならないとしたら、今度は同じことがなぜ「隣人たち」にも言えないのかがわからなくなってしまう。あらゆる価値を単一のモデルにはめ込む必要は、まったくないのだ。

これよりさらに標準的な哲学的議論は――少なくともその基底にある意図に関しては――当然この枠組みにぴったり当てはまる。サゴフの先の議論では、私たちが日々生きる中で内在的に価値があると認める自由や高貴さといった事柄が自然において表出されている時に、私たちはそれに価値を認めるだろう、と主張されていた。これに反対する人は、こうした議論では自然自体の内在的価値は証明できない、と指摘してきた[47]。しかしプラグマティストが知りたいのはただ、この価値が他の価値とどのように関係しあい、私たちの生活の有機的な一部となりうるのか、ということだけだ。これこそまさにサゴフが、自由を目指す欲求が描く軌道の一点に価値を位置づけることで、私たちに示そうとしたことに他ならない。あるいは再度、自然に直接「権利」を賦与しようとする止みがたい傾向性を取り上げれば、これもまた新たに見直され解釈し直されるかもしれない。確かに権利を与えるという行為は一つには、環境の有する価値を人々が真面目に受け取るに十分な説得力をもってそれを宣言しようとする、直接的な政治的試みである。しかしそれはまた、自然に対するある特定のよく知られた態度を、明確に説明しようとする試みでもある。ぽつんと森の中にいると、私たちは感謝や「畏怖」の感覚を、そして侵入してしまっているという感覚をついには覚える。その感覚はたぶん、他の人々に対して、彼ら彼女らに権利を与えたいと思わせるような心的反応と最も近い平行関係にある。しかしこの感情が実際にどれほど近い平行関係にあるかは、答えは出ないままである。ここでまず第一に私たちに必要なのは、注意深い現象学の試みである。このことは人間の権利を考える際にも言えるかもしれない。他者に対する本当の敬意は、具体的な経験と、結局は相手の人への「畏怖」の念を通してのみ生じるものだ。この感情の諸条件と本質をこそ、私たちは本当に理解する必要がある。いつもの演繹的な推論の道筋を正反対に向け直せば、権利をめぐる語り自体をさえ、まさにそのような現象学へ向けた手始めの、まだ粗けずり試みと見なせるかもしれない。しかしそれは確かに、よりうまいやり方だろう。

締めくくりとして、環境倫理学における実践的問題のレベルに立ち還ることにしよう。例えば、なぜ私たちは原生自然に価値を認めるべきなのだろうか。開発可能な土地や資源を自然の状態のまま守るのに、どんな種類の正当化ができるだろうか。当然のことながら、何らかの方向変換から始める必要がある。この問いがすでに、いかなる特定の状況からも抽象化されて立てられていることに注意しよう。このこと自体がすでにばかばかしい議論を生み出す可能性がある。もしその問いに答えて、原生自然は確かに内在的価値を持っていると主張すると、たぶん私たちは可能な限りその多くを、少なくとも他の内在的価値と矛盾しない限りで可能であればどんなものでも支持すべく、歩みを進めるよう求められることになるだろう。しかし特定の状況において同等の、あるいは重要性のより高い他のあまりにも多くのものは、内在的価値の階層的な図式によっては捉えきれないだろう。もちろん他の抜け道が、どんなものでも正当化できるほどに広い一般性を持った内在性の原則を持ち出すという道が、おそらくはある。しかし私が強く推している対処法は、まさにこうした問題の立て方を捨て去ることだ。プラグマティズムにとって重要な問題は、特定の状況が投げかける問いである。異なった状況それぞれに一貫する解答があるとすれば、おそらくそこに強い家族的類似性といったものが存在するかもしれないが、その答えは常に同一のものとはならないだろう。

例えばなぜ私たちはアラスカ州の新しい国立公園を保護すべきなのだろうか。もはや答えはずっとやさしいものになっている。新しい公園が特に自然状態が残されていると同時にきわめて壊れやすいから。保護に反対する人々の圧力がもっぱらエネルギー資源の開発と結びついているが、これに対してはもっと分別のある代替案がいくらでもあるという点で、少なくともこの事案ではとりわけ耳を傾けるに値しないから。これらの地域の保護がまだ可能であるから、というのもたぶん理由になるだろう。こういった議論は確かにもともとの問いを回避しているように見える。そこではなぜ原生自然そのものが保護されるべきかについて語られていない。しかしその代わり、原生自然が「そのものとして」保護される**べき**かどうかについて疑問を持つと必然的にその人は人間中心主義者になってしまう、ということはなくなる。アラスカの原生自然の**他に類をみない**性質がこの特定の事案をかくも重要なものにするのは、こういったわけなのだ。「現実に即した」こうした議論こそ、まさにシエラ・クラブやネイチャー・コンサーヴァンシー〔いずれもアメリカの代表的な自然保護団体〕や他のたいていの環境保護団体が提示するタイプの議論である。こういった議論は、もっと良い（哲学的な？）議論がないために持ち出されたものだろうか。あるいはひょっとしてこういった団体の方が結局現実的には、より理にかなった立場にあるのだろうか。

「でもそもそも原生自然なんてまったく気にかけないような人たちについてはどうなの？　今あげたような価値がまったく想定できないようなたくさんの事例については？　モーターボートの所有者には改修された河川の方が自然のままの川よりも好都合なのでは？　アラスカを開発した方が私たちの燃料代が安くなる上に、重要な資源についてアメリカがもっと自給できるようになるのでは？　それに…」こういった問いにいくつかの仕方で回答させてもらおう。まず最初に、以上の疑問においてさえ本当のところは「まったく気にかけない」というのは当てはまらないかもしれない。ほとんど誰もが自然に**なんらかの**価値を認めている。自然の風景がどれほど頻繁に壁のカレンダーや教会の会報に掲げられているか思い出してみよう。モーターボート乗りでさえ、森を目にするのを好む。ただ原生自然の価値が彼らには、特定の状況で問題となっている他の価値よりも重要ではないように思われただけなのかもしれない。互いに共通の土台は残っている。もし私たちが最初から他人を絶対主義者として扱うと、その人を私たちが恐れる当のものに変えてしまう恐れがある。しかしこれは戯画化された姿にすぎない。私たちはそれに代わって、複雑な相互関係という視点からその人たちに接することができる。そうすると、もし何らかの共有された価値について合意が得られるならば、現実的な問題は複数の代替案をめぐる問題へと移り、どちらの側にとっても了解可能な事実をめぐる問題となって、交渉も可能となる。モーターボートはいたるところに入り込む必要はないのだ。

ここで擁護されるプラグマティックな手法は、自然の価値が大事だということをどんな人にも絶対的に納得させるような、相手を一撃で倒すような論法の探求をきっぱりと断念する。私たちは時おりお目にかかる、自然に一切の価値を認めないような極論の持ち主を打ち負すことはできない。しかしもしこれが欠点だとしたら、それは確かにプラグマティストに特有のことではない。他のどんなアプローチも一撃必殺の論法なぞ提示できはしない。もしそれができていたら、環境倫理学はそもそも一つの**問題**とはなっていなかっただろう。本当の相違点は、プラグマティストが一撃で相手を倒す議論を探し求めないところにある。私たちはもっと別のやり方で環境の価値の擁護に取り組むよう提案しているのだ。実際のところ印象深いのは、自然の内在的価値を証明しようとする探求が、ほとんど常に**後付け**の議論である点である。たとえ誰かがようやく相手を一撃で倒す証明を発見したとしても、そうした証明を求める人ほとんどにとって、それが今現に**私たち**が自然に価値を認めていることの理由になることはないだろう。というのも自然の価値について私たちが現在している説明は、あまりにはっきりと相互に食い違っているからだ。私たちが自然の価値を学んだのは、経験や努力を通して、失敗や災難、詩や天体観測を通してであり、もし幸運に恵まれたならいく人かのすばらしい友人たちを通して、である。そこに近道があるなどと何が保証してくれるのだろうか？　むしろ同時代を生きる人たちの多くが、その中でもっとも思慮に富んだ人たちでさえ理想の世界について相互に根本的に異なった、たぶん和解不可能な見解を抱いている、という事実を受け入れた方がより賢明だろう[48)]。プラグマティズムは確かに、広く開かれた多様な文化というものを称賛する。それはデューイにとって中心となる徳、すなわち知性、自由、自律、成長といった徳すべての必要条件である。さらに私たちが受け入れなければならないのは、その文化には結論がなくいかなる方向にも開かれていること、その文化が私たちに求めているのは、他人の抱く価値や希望に閉塞することなく、自分自身が認める価値を目指して闘わなければならないということ、以上である。内在的価値の探求は、常に見応えある力戦でなければならないものを、シャドーボクシングの類に置き換えてしまうことに他ならない。

謝辞

「内在的価値を越えて——環境倫理学におけるプラグマティズム」は最初に『環境倫理学』誌、第7巻、第4分冊（1985年冬号）に掲載された。この論文の初期草稿に長文のコメントを寄せてくれたことについて、私はホームズ・ロルストンⅢ世と『環境倫理学』誌の匿名の査読者に感謝している。またヴァサール大学哲学科における学会セミナーでの討論と、ジェニファー・チャーチの数回にわたる丁寧な論評からも大いに恩恵を受けている。

注

1)　主観主義と「主観-中心主義」との混同は、この文脈とは異なるとはいえ、リチャード＆ヴァル・ラウトリーの下記文献の中で詳細に分析されている。Richard and Val Routley, "Against the Inevitability of Human Chauvinism," in K. E. Goodpaster and K. M. Sayre, eds, *Ethics and the Problems of the 21st Century* (Notre Dame: University of Notre Dame Press, 1979), pp. 42–47.

2)　より広範なリストについては下記文献を参照のこと。David Ehrenfeld, *The Arrogance of Humanism* (Oxford: Oxford University, Press, 1978), Chap. 5; Holmes Rolston, III, "Valuing Wildlands," *Environmental Ethics* 7 (1985): 24–30.

3)　私は内在的価値を目的それ自体と、道具的価値を目的に対する手段と、それぞれ同一視している。それらの概念の間の微妙な差異については、当面の趣旨に関しては無視できると考えている。

4)　下記文献を参照のこと。W. K. Frankena, "Ethics and the Environment," in Goodpaster and Sayre, *Ethics*, pp. 5–6 and pp. 18–9; and J. Baird Callicott, "Nonanthropocentric Value Theory and Environmental Ethics," American *Philosophical Quarterly* 21 (1984), pp. 299–309.

5)　Routley and Routley, "Against the Inevitability," pp. 36–62.

6)　Tom Regan, "The Nature and Possibility of an Environmental Ethic,"

Environmental Ethics 3 (1981): 30–34. フランケナやC・I・ルイスなどの論者は、ある対象や行為についてその「固有の (inherent)」価値に言及する際、それについて深く考えることが内在的に価値ある経験につながるような対象や行為に対して用いている。しかしリーガンははっきりと「固有の」という言葉によって、フランケナとルイスが「内在的 (intrinsic)」と呼ぶものを指して言っている。「もしある対象が固有に良いと言えるならば、その価値は対象そのものに固有のものでなければならない」、と彼は述べる (p.30)。その価値は、経験には一切依存しないのだ。

7)　Evelyn Pluhar, "The Justification of an *Environmental Ethic*," *Environmental Ethics* 5 (1983): 55–58.

8)　G. E. Moore, *Philosophical Studies* (London: Paul, Trench, Trubner, 1922), p. 260.

9)　G. E. Moore, *Principia Ethica* (Cambridge: Cambridge University Press, 1903), p. 187.〔『倫理学原理』泉谷周三郎他訳、三和書籍、2010年〕

10) G. E. Moore, "Is Goodness a Quality?" in *Philosophical Papers* (London: Allen and Unwin, 1959), p. 95.

11) Frankena, "Ethics and the Environment," p. 17.　プルーアーはこの主張に対して、下記の箇所でいくつか鋭い指摘をしている。"The Justification of an Environmental Ethic," p. 54.

12)　Ibid., p. 15. 強調は引用者による。

13)　K. E. Goodpaster, "From Egoism to Environmentalism," in Goodpaster and Sayre, *Ethics*, p. 25 and p. 34. 強調は原著者による。厳密に言えばここでの主張は、ヒューム的な伝統における倫理学についてのみ語っているのだが、彼はすぐ後の箇所でカント的伝統はもっと強い一元論的な傾向を持っていることを認めている。

14)　Ibid., p. 32.

15)　Po-Keung Ip, "Taoism and the Foundations of Environmental Ethics," *Environmental Ethics* 5 (1983): 335–44, and Jay McDaniel, "Physical Matter as Creative and Sentient," *Environmental Ethics* 5 (1983): 291–318.

16)　Christopher Stone, *Should Trees Have Standing*? (Los Altos: William Kaufmann, 1974), pp. 52–53.〔「樹木の当事者適格　自然物の法的権利について」岡嵜修／山田敏雄訳／畠山武道解説、『現代思想』1990年11月号、58–98頁〕

17)　Ehrenfeld, *Arrogance of Humanism*, p. 208.

18)　Bryan Norton, "Environmental Ethics and Weak Anthropocentrism,"

Environmental Ethics 6 (1984): 131, 136, 138.

19)　J. V. Krutilla and A. C. Fisher, *The Economics of Natural Environments* (Baltimore: Johns Hopkins, 1975).

20)　Mark Sagoff, "On Preserving the Natural Environment," *Yale Law Journal* 84 (1974): 205–267; 以下に再録 Richard Wasserstrom, *Today's Moral Problems* (New York: Macmillan, 1979).

21)　Thomas E. Hill, Jr., "Ideals of Human Excellence and Preserving Natural Environments," *Environmental Ethics* 5 (1983): 211–24.

22)　以下を参照のこと。Hill, "Ideals," p. 233, or p. 220.「私たちがどのような種類の存在か、ということを考えると、**人を前にした**謙虚さを学べば（…）必ず［他の］多くのものをそれ自身として慈しむ一般的な能力を発達させることになる、ということがおそらく言えるだろう。」(強調は引用者による）サゴフは自然に対する私たちの義務について、究極的には「私たちの国家的な価値、私たちの歴史、したがって私たち自身に対する」義務として語っている (Wasserstrom, *Today's Moral Problems*, p. 620)。

23)　Regan, "Nature and Possibility," pp. 24–30.

24)　Hill, "Ideals," p. 215.

25)　Pluhar, "Justification," p. 58.

26)　Holmes Rolston, III, "Values Gone Wild," *Inquiry* 26 (1983): 181–207.

27)　Moore, *Principia Ethica*, p. 24.

28)　Monroe Beardsley, "Intrinsic Value," *Philosophy and Phenomenological Research* 26 (1965): 6. この部分の批判はビアズリーのこの優れた論文に負っている。

29)　Ibid., p. 13.

30)　Ibid., p. 7.

31)　C. I. Lewis, *An Analysis of Knowledge and Valuation* (LaSalle, Ill.: Open Court, 1946), pp. 374–75.

32)　ロルストンは寛大にもこの論文の初期草稿に長文のコメントを寄せてくれ、ここはそのコメントからの私の引用である。もちろん厳密にこれらの言葉についての責任を彼に負わせられないが、ここで言っている彼の立場は、すでに出版されているものの中で彼が述べてきたことの当然の帰結だと考える。下記を参照のこと。Rolston, "Values Gone Wild" and Holmes Rolston, III, "Are Values in Nature Objective or Subjective?" *Environmental Ethics* 4 (1982): 125–52; 以下に再録。 Robert Eliot and Arran Gare, eds, *Environmental Philosophy* (University Park: Pennsylvania State Press, 1983), pp. 135–165.

33)　Rolston, “Are Values in Nature Objective or Subjective?” in Eliot and Gare, *Environmental Philosophy*, p. 158.

34)　John Dewey, *Theory of Valuation* (Chicago: International Encyclopedia of Unified Science, 1939), 2:41.

35)　Beardsley, “Intrinsic Value,” p. 16.

36)　下記文献を参照のこと。Anthony Weston, “Toward the Reconstruction of Subjectivism: Love as a Paradigm of Values,” J*ournal of Value Inquiry* 18 (1984): 181–194.

37)　Ibid, and R. B. Brandt, *Theory of the Good and the Right* (Oxford: Clarendon Press, 1979), part I.

38)　ノートンの議論は結局、理想を抱くことは必ずしも理想化された状態や状況の内在的価値を前提としない、というところに落ち着く。以下を参照のこと。Norton, “Weak Anthropocentrism,’ p. 137.

39)　Pluhar, “Justification,” p. 60.

40)　Ibid., p. 58.　この奇妙な推論は、普段なら優れたJ・ベアード・キャリコットのサーベイの欠陥部分にもつながっている。下記を参照のこと。Callicott, “Non-anthropocentric Value Theory,” p. 305.

41)　下記文献を参照のこと。Robin Attfield, “Western Traditions and Environmental Ethics,” in Eliot and Gare, *Environmental Philosophy*, pp. 201–230.

42)　下記文献を参照のこと。Anthony Weston, “Subjectivism and the Question of Social Criticism,” *Metaphilosophy* 16 (1985): 57–65.

43)　William Wordsworth, “Lines Composed a Few Miles above Tintern Abbey,” lines 93–98 and 134–37. 〔『ワーズワース詩集』田部重治訳、岩波文庫、1966年、「ティンタン寺より数マイル上流にて詠める詩」26頁、28頁〕

44)　H. D. Thoreau, Walden (New York: Signet, 1960), p. 128.〔『ウォールデン　森で生きる』酒本雅之訳、ちくま学芸文庫、2000年、283頁。ただし訳文の一部に変更を加えた。〕

45)　Rolston, “Values Gone Wild,” pp. 181–183.

46)　Ibid., pp. 188, 191.

47)　例えば下記文献を参照のこと。 Louis Lombardi, “Inherent Worth, Respect, and Rights.” *Environmental Ethics* 5 (1983): 260.

48)　その印象的な実例として、下記文献を参照のこと。 Steven S. Schwarzchild, “The Unnatural Jew,” *Environmental Ethics* 6 (1984): 347–362.

訳注

＊1　アメリカの作家、ナチュラリスト（1888–1968）。その著書『ケープ・コッドの海辺に暮らして（“*The Outermost House*”）』は自然随想の古典の一つとされている。

第15章

内在的価値を求めて

――プラグマティズムと環境倫理学における絶望

エリック・カッツ

1　はじめに

環境倫理の発展において内在的価値の概念はどのような役割を果たしているのだろうか。環境倫理説というものが持つ諸原理は、自然物の内にある自己充足的で、抽象的で、独立した価値の存在とその認知の上に**基礎づけ**られねばならないのだろうか。あるいは、自然における内在的価値の存在とその説明に関心を奪われているのは誤りであり、間違った方向性であり、環境倫理学の領域における袋小路なのだろうか。『環境倫理学』誌の最近の論文、「内在的価値を超えて――環境倫理学におけるプラグマティズム」[1)] の中でアンソニー・ウエストンは、「内在的価値」の誘惑は根本的に方向を誤っており、環境倫理学の基礎を与えるよりもむしろ、環境保護を支持するのに役立ちそうな道徳的議論の発展の未来を閉ざしてしまっている、と論じる。彼の主張によれば、内在的価値の必要性の上に議論を組み立てている環境哲学者たちでさえ、そのような道徳的価値の理論の正当化がほとんど不可能であることを認識している。しかしこんなやり方よりも私たちはもっとうまくやれる（と彼は主張する）。必要なことはただ、価値のプラグマティックな考え方に目を向けて、それをある一つの環境倫理説の発展に用いることだ。その倫理は、倫理学一般と特殊には環境倫理学の両方を本当に実践的なものとして理解することを概念上妨げている、伝統的な価値理論の二元論――目的／手段、内在的／道具的、といった――を除去してくれるだろう。そうすることで私たちは、環境倫理の諸原理というものが相互に連関した多元的な価値の全体的配置（あるいは網の目）の一部である、ということを発見するだろう。

プラグマティストが倫理理論の中核だと唱えているのは、そうした価値の配置なのだ。

環境倫理学の議論の構造に対するこのウエストンの異議申し立ては、力強い。確かに私自身も彼の懸念の多くを共有する。しかしにもかかわらず、彼の環境倫理学の「残念な状態」に対する解決案は、まったく受け入れられるものではない。プラグマティックな価値理論と倫理は――たとえそれ自体として正当化されうるとしても――救い難いほど人間中心的で主観的な環境倫理説を生み出してしまうだろう。使いものになる環境倫理説にはプラグマティズムと共通する考え方が多く見出されるだろう――例えば具体的な状況を強調することなど――。しかしそれがプラグマティズムの諸価値の上に成立することは究極的にはありえない。なぜならその価値は、人間の欲求や利害と分かちがたく結びついているからだ。

2　内在的価値と環境倫理学におけるプラグマティズム

内在的価値の概念は環境倫理学においてどれだけ重要であろうか。それは本当に、自然環境に対する倫理的義務すべてがそれに拠って立っている基礎なのだろうか。ウエストンは、自然物の価値を正当化しようとする環境哲学者たちの試みを概観しながら、絶望と無益さ、という絵図を描き出す。結局、トム・リーガンのように非・自然的な存在論的属性という疑わしい理論を立てることになるか、トーマス・ヒル・ジュニアやマーク・サゴフやブライアン・ノートンのように、人間的な徳目や理想に訴えるという「次善の」策に頼るか[2)]――。誰も人間以外の自然物の内在的価値について、うまくいきそうな説明や正当化を与えることはできないように思える[3)]。この絶望的な失敗からウェストンは、環境倫理学が「まったく、残念な状態」にある、という結論に至る（359頁）。

しかし、環境倫理学が直面するこういった困難が内在的価値を正当化しようとしてきたことの結果だ、というのが**そもそも**正しくない。ウェストンは諸文献におけるこの概念の重要性を強調しすぎている。環境哲学者たちは確かに、内在的価値の概念について多くを語っている――私自身もその罪の一端を担っている[4)]――。しかしその概念の使われ方はウェストンが指摘しているような形ではない（352–354頁）。内在的価値は、環境倫理の**土台**として求められているのではない。その解明は、環境に関わる方針の正当化として追究されているのではない。したがってそれを明確に説明できないからといって、環境倫理学が失敗したということにはならないのだ。

ある環境倫理説を正当化しようとする最初の試みは、道具的なものである。そこでは環境保護の背後にある目的を明らかにして、その目的がなぜ恩恵をもたらし道徳的であるかを示すことが試みられる。しかし1人の環境倫理学者にとって、すべての道具的価値が受け入れられるわけではない。そこで環境倫理説の主要な目標の一つは、人間ばかりを中心に据えた目標では環境保護の方針を正当化できない、と示すことだ。このような正当化の企ての範囲内では、自然物の内在的価値は道具的価値の適用範囲を制限したり精密に定めたりするのに使えるのだ。環境政策の非-人間中心的な正当化を発展させるという基本目標は、人間以外の内在的価値が現に存在することによって**手助け**される。人間が抱く目的や欲求や利害は、行動を正当化するための唯一可能な選択肢ではない。非-人間的な内在的価値という概念のこの補助的な役割は、環境倫理説にとって中心あるいは基本となる正当化とはかけ離れている。要約すれば、環境倫理学は自然の非-人間的な内在的価値という理論の展開に依拠してはいない、単にこの内在的価値を、適切な道具的諸価値をはっきりさせるために使うだけだ。

私のここでの主張は、主として環境倫理学の**方法論**についてであって、その実質的な内容についてではない。後者についての主張は、該当文献の詳細な検討によってのみ正当化できるが、それは明らかにこの論文の範囲を超える。しかし、以下二つの手短な考察によって補強することはできるかもしれない。(1) 環境倫理学における内在的価値の本質について、ウエストンの論文で特に目立って取り上げられているホームズ・ロルストンとJ・ベアード・キャリコットの綿密な読み直し、そして (2) 内在的価値に基づくとされている環境倫理説を擁護する議論に関して、論争上で〔ウエストンが立てている〕仮説の検討。

(1) ウエストンは、ロルストンが必要のない箇所で「内在的価値」の概念を使っている点を正しく批判しているが（371頁）[5)]、そこでの特定の使い方は全体としてのロルストンの考察に典型的なものではない。ロルストンがより大きな関心を持っているのは、手つかずの自然が与えてくれる様々な種類の**道具的な**価値なのであり、それを通して彼は自然の価値を的確に分類して提示しようとしているのだ[6]。理論的レベルでさらに重要なことは、ロルストンはこれまで道具的価値と内在的価値の区別を解消しようと議論してきたことだ。内在的価値という考え全般は、生態学的な全体論の観点からはその意味を失う。なぜなら個々の自然物はどれも生態系において何らかの機能を果たしているからだ。「事物はそれぞれの本性を単に独立してそれ自身の中に保持しているのではなく、外界に直面して、より広い自然界にぴったりはまり込んでいる。それ自身の価値（value-in-itself）なるものは外部へとさらされて、他と共にある価値（value-in-togethereness）へと変わる。」[7] 概念上の二元論を解消しようとするプラグマティストならば、彼にこれ以上何を望めるだろう！

同様にキャリコットも、自然の内在的価値という概念を打ち壊して再解釈しようとしてきた。最近の一連の論文で[8]、彼はヒューム／ダーウィン的な生物共感のモデルに基づいた価値論を展開させており、さらにこのモデルが最近の量子物理学の議論といかに合致するかを指摘している。要約すれば、キャリコットは主観と客観の区別全般に疑問を呈しているのであり、それにともなって自然物が持つとされる純粋に客観的な特性やら純粋に主観的な価値やらといったものに異議申し立てを行っているのだ。存在論的に個々に分離した実体というものの実在は、他から独立した内在的性質や価値といったものの実在と同様に幻想である。キャリコットは内在的価値という伝統的な概念を「変容」させ「切り詰め」たのだと主張する。なぜならその価値はもはや完全に独立したものではなく、価値を与える者の意識が存在することを必要とするからだ[9]。

私のここでの目的は、内在的／道具的価値の概念的構造に関するどれか特定の見解を支持することではない。私自身は、ロルストンやキャリコットが――そして他ならぬウエストンも――試みたように、「内在的」と「道具的」というカテゴリーを解消しようとしているのではない。くり返せば、私の論点は形式的で方法論的な問題に、つまり環境倫理学における「内在的価値」の概念の**使用法**に向けられている。ここで手短に振り返った、2人の代表的な環境倫理学者――ロルストンとキャリコット――の主要な思想が示しているのは、内在的価値の概念が（ウエストンが考えているように）環境に関わる道徳的義務のすべてがそれに基づくような究極の基礎ではない、ということだ。環境倫理説の展開においてその概念は、もっとずっと複雑で微細な役割を果たしているのだ。

私の方法論上の主張に対しては、次のような反論があるかもしれない。確かにウエストンが想定している通り基礎となる仕方で内在的概念を採用しているような、**それ以外の**環境哲学者たち——例えばトム・リーガンやポール・テイラーのような[10]——が、そこでは意図的に無視されているではないか、と。しかしこの反論から得られるものはない。(i) まず第一に、私の論点はウェストンが環境倫理学における論争の本質を誤って解釈しているということ、彼が内在的価値という概念の目的を誤ったものと決めつけていること、にある。確かに内在的価値の概念を採用する哲学者が存在するからといって、ウエストンが指摘する仕方では内在的価値を用いてはいない重要な環境哲学者を私が挙げることさえできれば、私の主張は損なわれない。すでに私は、先のロルストンとキャリコットの手短な検討によって、これを果たしている。(ii) リーガンやテイラーのような環境哲学者を無視する、より論争を呼んでしまうかもしれない理由が一つある。それは、彼らの価値についての根本的な想定が非実践的で不完全な環境倫理学の立場につながる、という点だ。リーガンは持続的な意識をもつ生の主体に価値を置く。テイラーの生命中心的な見解は生を有する存在の価値を強調する。どちらの見解も、〔カッツのような〕包括的な環境保護を考える人ならば保護したいと願う、全体論的なシステムや生命を持たない存在をも包含するほどの広がりを持ってはいないのだ。

(2) 実際のところ、リーガンとテイラーに対するこの手短な批判は、環境倫理学に関する私の方法論上の主張を支持する二番目の考察に直接つながっている。繰り返すと、ウエストンは内在的価値の探求が環境倫理学の主要な焦点になっていることを懸念しているが、その心配は見当違いである。自然の内在的価値の探求は環境倫理説の究極の基礎ではないし、そんなことが**ありえるはずもない**。なぜなら、自然の内在的価値の詳細な説明に基づく環境倫理説を擁護しようとする、どんな議論も根本的には誤りとなるだろうからだ。

環境倫理説の源泉としての内在的価値、という概念は次の二つの理由から失敗する。〔第一の理由は〕その概念が意味しているのは、個々の存在が——システム全体ではなく——価値の保有者である、ということ。そして〔第二の理由は〕その概念が、感覚や合理性といった人間中心的な価値に注意を集めてしまう傾向にある、ということ。ウエストン自身が後者の点に言及している。「内在的価値を単一の分母へと還元しようとする暗黙の要求は、環境倫理学が取りうる主義主張の範囲の中から、人間中心主義-有感主義という一方の立場へと私たちを（…）追いやってしまうかもしれない」（356頁）。もっと直接的に、リチャード・シルヴァンはアルネ・ネスのような「ディープ・エコロジスト」たちが展開した内在的価値の理解——つまり「自己実現」という観念に反対して次のように論じる。「ある存在の最高の可能性を——それが人間であれ動物であれ植物であれ——発展させるという考えは、価値の観念を**生を有する**存在の方に誤って傾けてしまうだけではなく、人間と類比的な存在の方へと歪めて理解してしまうことにもなる。」[11] 要は私たち人間である哲学者は、人間の経験の何らかの側面の中に価値を成り立たしめる本質的な性質を見出すようだ。私たちはこの種の価値を私たちの生に内在的なものとして理解することができ、そうして次にそれを人間以外の存在にも価値あるものとして考える。しかし内在的価値の概念のこうした説明は、偽装された人間中心主義に他ならず、本当の環境倫理説の基礎たりえない[12]。

内在的価値の探求はまた、環境倫理説を個体主義の立場に偏らせることになる。こうした考え方全般が、ばらばらの個体が持つ他から独立した属性へと向けられている[13]。しかし最も有力な形の環境倫理説は（例えばロルストンやキャリコットの理論は）、本質的に**全体論的**である。環境倫理説は環境を扱うが故に、その道徳的な関心を生態系全体の相互依存的な働きへ向けなければならず、生態系の一部を成す（概念の上で）孤立させられた個体にのみ向けてはならない。内在的価値の観念は、全体論的なシステムにおいてその意味を失う。実際にも内在的価値の強調は、全体論的な環境倫理説の発展の妨げになるだろう。ロルストンが記すように、「**内在的**という語に込められた「それ自体として存在するもののために」という側面は、全体論的な網の目の中では問題の種となる。それはあまりに内向きで初歩的である。つまりそれは他との関わりや外部性を忘却している。」[14]

以上の考察が示しているのは、非個体主義的で非-人間中心主義的な環境倫理説を生み出すためには、道徳的義務の基礎となるような内在的価値の探求を基盤とすることはできない、ということだ。しかしこの結論は何も目新しいものではない。ロルストンやキャリコットのような環境哲学者は、もうずいぶん前からこのことに気づいている。彼らの方法論、つまりは環境倫理学の主要な方法論は、ウエストンが批判するような方法論ではない。

以上が意味しているのは、価値をプラグマティックな方向性に向け直そうとするウエストンの呼びかけは、間違った方向に――典型的とはいえない個体主義的な環境哲学者の方に向けられている、ということだ[15)]。しかしその一点だけで、彼の考察の多くが無効となるわけではない。価値に関するプラグマティックな考え方を環境倫理学に応用することには、多くの真実が含まれる。ここまでで争われていたのは、単に用語をめぐる論争であったのかもしれない。というのも、環境倫理学が主として環境保護における**道具的な**価値に関わっているのであり、ウエストンが考えるように自然個体の内在的価値に関わっているのではない、ということがわかりさえすれば、道徳理論に関するプラグマティックな要素の多くが活動場所を得るからだ。

ウエストンの内在的価値に対する批判と、それに付随する「プラグマティックな転換」が、単に用語をめぐる議論に過ぎないということの証拠は、ロルストンが言う「源泉性」の価値の議論に見出すことができる。ロルストンが主張してきたのは、自然は利用するための単なる資源としてではなく、私たちが価値を認めるものの源泉として扱われるべきである、ということであった。「人は**資源**に目を向けるというより**源泉**に目を向けて、超越的な崇高さを帯びた存在の、根源的な流れとの関係性を求めるのである。」[16)] したがってロルストンにとって価値の源泉としての自然は、それ自身内在的に価値のあるものとなる――しかしウエストンは、この後の方の主張は原生自然についての私たちの理解と価値づけに何も付け加えてはいない、と考える。ここで本当に重要なことは、価値および価値を有する体験の**源泉**として私たちが自然を見ていることなのだ、とウエストンは言う（371頁）。しかしロルストンが言っているのも同じことなのだ！　ウエストンはただロルストンの表現の仕方に論争を挑んでいるだけで、その**内容**については賛同している。ウエストンは内在的価値という概念の架空の重要性にこだわりすぎているために、「内在的価値」という概念のいかなる**用語上の**使用からも距離を置くことが必要だと感じている。彼は味方を探し求めながら、敵を見出しているのだ。

いったんこの用語上の泥沼を取り除けば、ウエストン流のプラグマティックな価値理論は道具的-全体論的な環境倫理学の支配的な形式ときわめてよく一致する。まず第一に、ウエストンはプラグマティストにとっての価値は多元的で関係的である点を強調し、数多くの価値が自然に見出され、それらはさまざまな仕方で私たちが抱く他の価値や利害や欲求と影響を与えあっている、と言う。しかし理論として十分な環境倫理説なら、これを否定したりはしない。そこで主張されるのは、全体論的な生態系では多くの種類の価値が——例えば、多様性や安定性や美が——見出されるという点、そしてそれらすべてが環境保護を擁護する議論に役立つという点である。包括的で**たった一つの抽象的な**「内在的」価値が、環境保護を正当化したいと願う哲学者によって探し求められているのではない。実生活上の価値——自然生態系の、と限定がつくが——の多元性は、哲学者と環境科学者によって詳細な解明がなされている。そこでの多様な価値とは、生態系の健全な働きに貢献するもの、である。

第二の〔ウエストンと全体論的な環境倫理学が合致する〕点は、プラグマティックな価値が具体的な状況と不可分に結びついている、とされる部分である。それ自体で良いものなどない。現実の世界では、ただ良い状況というものがあるだけだ。こうしてウエストンは「なぜ原生自然を守らねばならないのか」という問いの意味を否定する。実践的な方針〔政策〕に関する問いとしてはそれはあまりに抽象的すぎる。プラグマティストにとって現実的な問いとは、「なぜ**この**原生自然を守らねばならないのか」——この特定の自然区域で、多元的に関連しあっている私たちの持つ諸価値と、相互に影響を及ぼしあっているものは何か、というものだ（373–374頁）。しかし使いものになる環境倫理説ならどんな理論でも、同じ問いを立てている。生態系の有する正確な価値を解明することは、自然保護論者の方針決定にとって欠かせないことなのだから、環境哲学者は特定の環境の生態系がどの程度の価値を持つかを確定するためには、その生態系をよく調べなければならない。環境哲学者は科学としての生態学から情報を得なければならない。この科学は抽象的原理では決してない。具体的な諸問題を分析することに特化された科学である[17)]。

こうしてプラグマティックな価値の鍵となる要素のいくつかは、ある種の環境倫理説の理論内部にまぎれもなくうまく適合する。しかしだからといって環境倫理学は——ウエストンが考えるような——プラグマティズムへの**転換**を必要とはしない。というのも、最も適切で正当化可能な形をとった環境倫理説は、すでにプラグマティックな要素の多くを採用しているからだ。ここまで私が議論してきたのは、ウエストンの「内在的価値」に対する批判は、環境倫理学の方法論の——その形式的な論証構造の——歪められた描像を用いている、ということだった。いったんその歪められた描像を取り払えば、適切な環境倫理説とプラグマティックな倫理との基本的な類似点を見て取ることができるようになる。しかし、締めくくりの節で私が主張するのは、環境倫理学はプラグマティズム**それ自体**の下には包摂されえない、ということだ。両者の類比的な関係には説得力もあり対立を和らげる効果もあるが、プラグマティズムと環境倫理学は、価値の確定における**人間の**利害関心の役割をめぐって、袂を分かたなければならない。

3　プラグマティズムと人間性

ウエストンは、プラグマティズムが「粗野な人間中心主義」に加担することをはっきり否定するが、その否定にもかかわらず彼はプラグマティックな価値を「ある種の欲求」に結び付けて、「おそらく人間だけがそのような仕方で欲求を持つ」と付け加える（351頁）。さらに続けて、彼は「環境の持つ価値の擁護」にあたってまず、「きわめて重要な出発点」として自然体験によって目覚める「感情」に焦点を当てる（369頁）。そしてプラグマティックな議論の企て全体が、「（環境の）価値が私たちの欲求体系の他の部分に対してや（…）具体的な問題解決に対してもつ関係を（…）明瞭に示す」ことを目指している、とする（369頁）。

ある種の自然体験に対する人間の欲求は、そして確かに人間のある種の自然の経験は、こうしてプラグマティックな環境倫理説の**土台**〔基礎〕となる。しかしこれは明らかに危うい土台である。個々人の生活それぞれを成り立たせている、相互に関連しあうもろもろの欲求や価値や経験の網の目は、すべての人間にとって共通のものではない。要は、合理的な交渉を始める上での**共通の土台はない**ということだ。原生自然について人が「まったく気にかけない」場合など実際には存在しないとか、「互いに共通の土台は残っている」とかいうウエストンの一方的な主張は、誰もいない場所に響くうつろなかけ声だ（374頁）。彼は自然の経験などまったく気にかけない人もいるという事実を、明らかに見のがしている。

するとなぜ、人は確かに自然を気にかけているなどと主張しなければなら

ないのか？　なぜ環境に関する一つの倫理学説が――あるいはこの論点については、どんな倫理学でも――、ある種の好意的な経験に基づかなければならないのか。真実を告げることの道徳的義務は、真実を告げる主観的な経験にも、嘘をつく経験の忌避にも基づいてはいない。人は不倫が正しくないことを学ぶために不倫を経験する必要はない。するとなぜ、自然環境を保護する道徳的義務というものが――**そんな義務がそもそも存在するとして**――自然に好意的な経験に基づかねばならないのだろうか。もし自然保護が道徳的に正しいならば、自然との交わりによって生まれる経験なぞに関係なく、それは正しい。もし環境保護主義的な「肯定的な」仕方で自然に反応しない人がいたとしても、それは彼らが環境を保護する義務を破ることの言い訳にはならない。同様に、一夫一婦制の結婚を嫌っていることは、手当たりしだいの不倫を正当化することにはならない。真実を告げることが嫌だからといって、嘘をつくことは正当化されない。道徳的義務は、その強制力を好意的な経験なぞから得るのではない。

環境倫理説というものは自然との交わりの中で感じられる経験の上に基礎づけられている、と言い張ることは、必然的にある種の主観的な相対主義につながる。つまり自然に対して「畏怖」や「敬意」や「驚異」を感じないような主体は、自然を保護する十分な理由などを――そもそも理由なぞまったく！？――持たないということになる。これは、ウエストンが言うような自然に関する人間の経験についての「注意深い現象学」の必要、といった問題ではない（373頁）。実際に、自然を肯定的に経験しない人もいるのだ。そういった人たちはどこへでも行けるように、モーターボートやバーベキュー用コンロや分譲リゾートマンションを**まぎれもなく**欲しがっている[18)]。ウェストンも認める通り、多くの人は「理想の世界について相互に根本的に異なった、たぶん和解不可能な見解」を抱いている（375頁）。しかしそれはプラグマティズムの強さの源泉であるというより――デューイ的な道徳的自律の表現というより――、むしろ主観的な相対主義という沼地（swamp）に自らを引き込んでしまうことになる。個々の主体が自らに有益だと経験することなら何でも価値あるものになり、道徳的になすべき義務となる――手つかずの自然物や生態系を破壊することさえも――。

ウエストンは、プラグマティックな環境倫理説が主観主義であるというこの批判を予期して、「主観‒中心主義」から「主観主義」を区別する短い主張から論文を始めている。彼はプラグマティズムが**主観的**であることを認めている――それは「価値づけという行為を主観の、おそらくは人間という主体のみによる活動の一つにしてしまう」(351頁)。しかしそれは必ずしも主観–中心主義を意味しない。主観――つまりは人間――は、必ずしも「価値を賦与される唯一で最終的な客体」ではない (351頁)。人間の主観は、「世界へと向けられた」価値、つまり人間存在の外部にある価値を認識できる。「主観主義は、」とウェストンは論を結ぶ、「主観–中心主義を (…) 必ずしも意味しない」。

主観主義と主観–中心主義を区別した点については確かにウェストンは正しいが、残念ながら私のプラグマティズムに対する批判がそれで軽減されるわけではない。ここで問題となるのは、昔懐かしいおなじみの主観主義である。プラグマティズムが自然環境の価値をどこに置くかと言えば、一も二もなく自然と交わる人間存在の**経験**に対して、つまり人間の主観が抱く欲求と感情に対してである。プラグマティックに価値を評価する人は、自分本位ではなく「世界へと向けられて」いるかもしれないが、それはつまり直近の自己の範囲を超えて外の世界と関係を持って交わることで生じる、経験や欲求や感情に価値を認める、ということに過ぎない。プラグマティックな自然の価値は――すべてのプラグマティックな価値と同じく――人間の経験と不可分に結びついている。このような価値は安定した環境倫理説の基盤たりえない。というのも人間が違えば、違った自然の対象や経験や対象に価値が与えられるからだ。プラグマティズムは価値に関して「粗野な人間中心主義」に基づきはしないかもしれないが、結果として価値の**相対主義**の一種を招き入れてしまう――誰もが自然界について環境保護主義的に「正しい」経験に、価値を認めるわけではないのだ。

この議論の要点は、人間の欲求や利害関心や経験は環境を保護する道徳的義務の源泉たりえない、という点だ。人間の欲求や利害関心や経験は、手つかずの自然がそれとして存在し続けていくことにただ偶然に関係するにすぎない[19]。もし環境保護の方針が、人間的な価値の多元的なあり方に関連した人間の欲求や経験を「明瞭に示す」ことに基づくならば、**誰が**その価値を説明するのか、ということがきわめて重要になる。いったい**誰の**欲求と経験が道徳的義務の源泉として使われているのだろうか？　環境保護の方針は、その方針が立てられた特定の時点の意思決定者の「感情」に依存することになるだろう。自然環境に関してたえず移り変わる人間の感情が、一つの環境倫理説を打ち立てる上での確実な、あるいは信頼にたる「共通の土台」になるとは、私には思えない。

環境倫理説の発展の過程で人間の経験を利用することへのこうした批判は、もちろんプラグマティズムにだけ当てはまるのではない。人間の利害に基づくいかなる環境倫理（例えばある種の功利主義の立場）についても、同じ説得力をもって当てはまる。しかしプラグマティズムの場合に特に悩みの種となるのは、価値理論の非-人間中心主義的な要素の多くが使いものになる環境倫理と合致する、という点である。プラグマティズムの議論の有効性を台無しにしてしまうのはただ一点、人間の利害関心の強調だ。確かに環境倫理は自然の道具的価値の多元性と具体的な生態系のあり方に特化した分析に基づかねばならないが、人間が自然を経験する際のたえず移り変わる主観的感情の上に基礎づけることはできないのだ。

環境倫理学の分野全体を見わたすと、絶望に陥る理由はたくさんある。「私たちはまったく残念な状態にある」と信じる理由はたくさんある。20世紀のメタ倫理学の現状を考えると、具体的内実を持った応用倫理学を正当化しようとするいかなる試みも、その可能性は遥か彼方にあるように思える。環境が有する価値の正当化は、事実と価値を和解させるという問題を必然的に呼び起こす。使いものになる環境倫理説は、自然システムの操作に関する詳細な科学的情報を組み込まなければならない。しかし、科学者と哲学者の間の学際的な対話がうまくいったためしはほとんどない。最終的にはその名にふさわしい環境倫理説は、私たちの価値体系の方向を転換して生物個体から種、生態系、生物社会へと目を向け直さなければならないだろう。倫理的ビジョンの根本的な変換が必要なのだ。

しかしそこで、自然物のために内在的価値を探求するという問題が絶望の原因になるわけではない。この概念は、環境に対する義務すべての基礎ではない。内在的価値は、環境倫理説を組み立てる上でごく小さな役割を果たすにすぎない。それは人間中心的な道具的価値にばかり依存するのを制限する上で役に立つのだ。内在的価値の存在は、人間中心的な道具主義を制限するのに役立つものとして認められる必要がある。しかしこの価値は完全に説明され尽くしたり正当化されたりする必要はない。なぜならそれはすべての義務の基礎ではないからだ。自然界における内在的価値の問題は、解答が与えられる必要のない問題だ。何らかの非–人間中心的な価値が存在することがわかれば、たとえその記述が不明確なままであっても、それで十分なのだ。ただしここで明確なことは、人間中心的なプラグマティズムの与える解答を私たちは受け入れることはできない、ということだ。私たちの環境に対する義務を、プラグマティックな価値理論が与える人間の「欲求の体系」という基盤の上に置くことは、「正しい」仕方で「自然を経験する」人々の偶然的な感情に環境倫理説を引き渡してしまうことになるだろう。道徳的義務を正当化する**まさにその**方法こそ、環境倫理説が発展する中で真の絶望をもたらす誤った処方箋なのだ。

謝辞

「内在的価値を求めて」は最初に『環境倫理学』第9巻、第3分冊（1987年秋号）に掲載された。

注

1)　Anthony Weston, “Beyond Intrinsic Value: Pragmatism in Environmental Ethics,” *Environmental Ethics* 7 (1985): 321–339.　本書351–380頁に所収。本論文の参照頁はすべて本書による。

2)　ウエストンは、これらの哲学者の論文をそれぞれ1本ずつ特に参照している。Thomas Hill, Jr., “Ideals of Human Excellence and Preserving Natural Environments,” *Environmental Ethics* 5 (1983): 211–224; Mark Sagoff, “On Preserving the Natural Environment,” *Yale Law Journal* 84 (1974): 205–267; and Bryan G. Norton, “Environmental Ethics and Weak Anthropocentrism,” *Environmental Ethics* 6 (1984): 131–148.

3)　ここでいささか興味深いのは、ウエストンが「内在的価値」の概念に関する環境倫理学分野での代表的論者の一人であるJ・ベアード・キャリコットの論考を、議論から省いてしまっていることである。それはキャリコットが、ウエストンの議論を損なうような仕方で内在的価値の問題を「解消」してしまうからだろうか？　この点のさらなる議論は、本論文の以下の考察を参照のこと。

4)　例えば私の以下の論文を参照のこと。Eric Katz, “Organism, Community, and the ‘Substitution Problem’,” *Environmental Ethics* 7 (1985): 241–256.

5)　ロルストンの参照は以下による。Rolston, “Values Gone Wild,” *Inquiry*

26 (1983): 181–183.

6)　例えば以下を参照のこと。Holmes Rolston, III, "Can and Ought We to Follow Nature?" *Environmental Ethics* 1 (1979): 7–30, and "Valuing Wildlands," *Environmental Ethics* 7 (1985): 23–48.

7)　Rolston, "Are Values in Nature Objective or Subjective?" *Environmental Ethics* 4 (1982): 147.

8)　J. Baird Callicott, "Hume's Is/Ought Dichotomy and the Relation of Ecology to Leopold's Land Ethic," *Environmental Ethics* 4 (1982): 163–174; "Non-anthropocentric Value Theory and Environmental Ethics," *American Philosophical Quarterly* 21 (1984): 299–309; "On the Intrinsic Value of Non-human Species," in Bryan G. Norton, ed., The Preservation of Species (Princeton: Princeton University Press, 1986), pp. 138–172; and "Intrinsic Value, Quantum Theory, and Environmental Ethics," *Environmental Ethics* 7 (1985): 257–275.

9)　Callicott, "On the Intrinsic Value of Non-human Species," pp. 142–143.

10)　例えば以下を参照のこと。Tom Regan, "The Nature and Possibility of an Environmental Ethic," *Environmental Ethics* 3 (1981): 19–34; and Paul W. Taylor, "The Ethics of Respect for Nature," *Environmental Ethics* 3 (1981): 197–218.

11)　Richard Sylvan, "A Critique of Deep Ecology," *Radical Philosophy*, no. 40 (Summer 1985): 11.

12)　以下の論考と比較のこと。John Rodman, "The Liberation of Nature?" *Inquiry* 20 (1977): 83–145.

13)　自然の内在的価値を最もうまく扱っているものの一つとして、アンドリュー・ブレナンの、内在的価値を個体と同様システムにも認める議論がある。以下の彼の論文を参照のこと。Andrew Brennan, "The Moral Standing of Natural Objects," *Environmental Ethics* 6 (1984): 35–56.　ウエストンはその批判の中で、この論文には言及していない。

14)　Rolston, "Are Values in Nature Objective or Subjective?" p. 146.

15)　再度強調しておきたいのは、ウエストンがトム・リーガンの論考を専門領域としての環境倫理学に典型的なものとして扱うのは深刻な誤りである、という点である。端的に言えばリーガンは「主流の」環境哲学者ではない。彼が解決を目指す課題は別のこと、つまり動物の（さらに言えば高等動物の）道徳的な扱いについてである。たぶんウエストンは間違った哲学者に焦点を当てたために、環境倫理学の方法論について偏った見解を持ってしまったのだろう。

リーガンの環境倫理学の扱いに対する批判的考察の好例は、J・ベアード・キャリコットのトム・リーガンを批評した論文に見出せる。J. Baird Callicott, “The Case For Animal Rights,” in *Environmental Ethics* 7 (1985) : 365–72.

16)　Rolston, “Values Gone Wild,” p. 183.

17)　しかし、あまりに具体的すぎることの危険性は常に存在する。具体的状況にばかり目を向けると、道徳について事後的で偶然的な考え方に陥ってしまいかねない。道徳的判断がそもそも議論として擁護可能なものたるべきならば、共通に受け入れられた何らかの一般原則に基づかねばならない。環境保護の場合、美や多様性や安定性がその原則に含まれるかもしれない。そこでそういった原則は、ある特定の状況についての判断が下される前にその状況の特殊性に応じて適用されねばならないか、少なくともあらかじめ用意されていなければならない。

18)　マーク・サゴフによる以下の鋭い議論を参照のこと。Mark Sagoff, “Do We Need A Land Use Ethic?” *Environmental Ethics* 3 (1981): 293–308.

19)　Eric Katz, “Utilitarianism and Preservation,” *Environmental Ethics* 1 (1979): 357–364.

第16章
沼地に対して不公正
――カッツに対する返答
基礎というものに対して不公正では？
――ウエストンに対する返答

アンソニー・ウエストン
エリック・カッツ

ウエストンの返答

最近私はこの学会誌〔論争が闘わされた『環境倫理学』誌のこと〕で、環境倫理説をその上に「基礎づける（ground）」ような自然の内在的価値を探し求めても、自滅に陥るだけだと論じた[1]。どんな場合にでも「基礎づける」ことに執着しすぎてしまうと、環境倫理学が本当に必要とする（と私が主張した）ものを、そしてたぶんそれが苦労して目指してきたものを捉え損ねてしまう。環境倫理学が目指しているのはたぶん、私たちにとって環境が持つ現実的な価値と、その可能性や相乗作用を明らかにしようとする、より繊細な探求であり、簡単に言えばそういった価値自体をきちんと理解して、ほとんど価値の「生態学」とも呼べるような仕方でそれらがダイナミックに相互依存し合っている体系として捉えること、である。エリック・カッツは私の論文に応えて[2]、その批判を認めた上で、内在的価値という概念の「位置指定（マッピング）をする」役割について語ることである程度私と似通った新たな方向性を目指しているように思えるが、やはり彼はプラグマティズムを受け入れがたいまでに人間中心的であるとして拒絶し、内在的価値の概念が非-人間中心的な環境倫理学の中心を成す概念であるという私の主張はまったく間違っている、と主張する。彼は正しいのだろうか。

最近の環境倫理学における「内在的価値の探求」に関しては、そうではない。J・B・キャリコットは――カッツが特に大事だと考える論者を1人挙げれば——、最近の主要な論文の一つの冒頭で「環境倫理学にとって中心的でもっともやっかいな問題は、人間以外の自然物と全体としての自然に内在的価値を認めるような十全な理論の構築、という課題である」と主張しており[3)]、また別の主要な論文の総括的な部分で次のように述べている。

> 非-人間中心的な環境倫理学にとって十全な価値理論は、生物個体とそれを超えた諸実体——個体群、生物種、生物群集、生物群系（バイオーム）、生物圏——の階層の両方に、内在的価値を与えなければならない。それは、人間に飼いならされた生物種および個体と、そうでない野生の生物種および個体のそれぞれに異なった内在的価値を与えることになるだろう。(…) そしてその理論は、今現在存在する生態系とその構成部分、無くてはならない生物種に内在的価値を与えなければならない[4)]。

最初に引用した論文の中でキャリコットは、そこで言われる内在的価値概念を擁護するまさにその目的のために、量子論に踏み込んで主観-客観の区別そのものに異議を唱え、ある種の心理学的エゴイズムの採用を試みている。科学や形而上学、ひいては自己そのものの基盤までが、この尋常ならざる哲学的な営為において再考されることになるのだが、そこで内在的価値の概念が中心にあることは自明視されている。私にはこれが、カッツが言うように重要度で劣る事柄とは思えない。

カッツにとっては、これは明らかに重要度で劣ることである。「生物個体、生物社会、「代替問題」」という有名になった論文の中でカッツは、個々の実体の内在的価値は、「生物個体」モデルよりも自然環境の「生物社会」モデルを選択させる十分な理由となっている、と論じている。生物社会モデルのみが、それを成立させている個々の人なり物なりの内在的価値に高い地位を与えることができる、というわけだ[5)]。こうして彼は内在的価値の概念によって、環境の価値を擁護する適切な種類の全体論を選び出すことができるようになる。私の考えではこれが、彼の言う「位置指定（マッピング）」の役割である。カッツは明らかに、自然社会そのものの価値を擁護するために内在的価値に訴える必要はない、と考えている。しかし全体論者の中にはこれに賛同しない者もいるだろう。キャリコットは上述の引用箇所では明らかに「生物個体を超えた諸実体」の内在的価値に訴えている。おそらくカッツは、キャリコットをあまりにカッツ流に読み取ってしまっているのだ。

たとえそうだとしても、カッツは正しいかもしれない。たぶん内在的価値の概念は環境倫理学において中心の位置を占めることはなくなっていくだろう。たぶん彼の考えるような全体論がその概念を追い出すのに一役買うことさえあるだろう。しかし内在的価値がまだ重要だと思っている非-全体論者を締め出すような仕方で、環境倫理学を定義づける権利はカッツにはない。ポール・テイラーやトム・リーガンのような環境哲学者が全体論者ではないから、あるいは十分にそうでないからといって（彼の言葉で）「無視する」ような姿勢は、控え目に言っても環境倫理学について狭すぎる考え方だろう。その考えだと、すぐ続いてディープ・エコロジーの大部分が締め出されてしまう（385–386頁）。たぶんカッツ流の全体論者は内在的価値の概念をそれほど根本的なものとせずと済むだろうが、自然の価値に関心を持つ多くの哲学者にとってはそうはいかないだろうし、彼らに退場を宣告しても何も生み出されはしない。

カッツの最も手厳しい批判はしかし、私が内在的価値概念の批判から導き出したプラグマティックな代替案に向けられている。例えば彼は繰り返し、「主観的な相対主義」の「沼地」に言及する。おなじみの恐ろしげな装いのお化けたちが穴ぐらから飛び出してくる。私の言葉に従えば、明らかに「個々の主体が自らに有益だと経験することなら何でも価値あるものになり、道徳的になすべき義務となる」（390頁）、とされる。明らかにプラグマティズムにとっては、「環境保護の方針は、その方針が立てられた特定の時点の意思決定者の「感情」に依存する」（391頁、彼の数少ない私の引用）、とされる。同じような論調が以下さらに続く。

しかし実際にはその恐ろしげな装いは、ただのこけおどしだ。ます初めに有益さ〔という価値〕は、確かに他の20や30もある価値と並んで価値の源泉の**一つ**ではあるが、私たちの関心事がそれで尽きてしまうことには間違いなくならない。また一方、「感情」について指摘された部分は、過度にステレオタイプ化され単純化された見解だ。真っ当な主観主義ならば（例えばデューイや、ヘーゲルのそれにしても）どれも主張しているのは、私たちの主観性が体系的に構築され、実際のところ〔言われるより〕はるかに持続的で安定した一群の価値やお手本や背景となる信念や責任等々によって構成されている、ということなのであり、意思決定者は当然それらの要素すべてに訴えかけるだろうし、またそうすべきなのだ。

さらに言えば、カッツは沼地に対して不公正であり、これは見かけよりも深刻な問題である。沼地は測り知れないほど複雑で創造的な生態系であり――エバーグレーズ湿原〔フロリダ州南部に広がる大湿地帯、フラミンゴやワニなど希少な動物種の生息地であり、早くに国立公園に指定された他、世界遺産やラムサール条約にも指定されている〕を思い起こしてみよう――、私たちが十分に注意を払い、その威力に敬意を払い、そして適切に装備を整えれば、まったく問題なくあちこち歩きまわれる場所なのだ。私たちが倫理的に実際にある種の沼地にいるとしよう。それはそんなにひどい定めなのだろうか？カッツならどんな生態系をお好みなのだろうか？

沼地は確かに保証されたしっかりした足場を欠いている。カッツが心配を抱くのはその点であり、プラグマティズムは私たちにとっての現実の価値を、そのあらゆる複雑さと多様性をそなえたままの姿で頼りとして引き合いに出す。「人間が違えば」とカッツは言う、「違った自然の対象や経験や対象に価値が与えられる」(391頁)。そしてそれは、「一つの環境倫理説を打ち立てる上での確実な、あるいは信頼にたる「共通の土台」」ではない、と彼は考える。しごくごもっとも。もし人が倫理学を、誰かが考えたり感じたりすることとは独立に本当の真理を生み出すような企ての一つだと考えるとするならば(さらに付け加えて、真理は比較的単純なものである――なぜといって真理そのものが泥沼の状態であったりするだろうか――という、あまりにも人間的な想定を抱くならば)、もちろんプラグマティズムは初めから負けを認めている立場に見えるだろう。プラグマティズムはしかし、この意味での「倫理的真理」が論理的に一貫した観念である、という考えを否定するし、そもそもどれぐらいの環境哲学者が未だにこの考えに同意しているかは怪しいところだ[6)]。もし真理がそのようなものでないなら、ある種の「沼地」こそ多かれ少なかれ私たちの現実の状況であり、プラグマティズムがその状況に対処しようとしているという事実は、欠点であるどころかただその**現実主義**を反映しているだけのことだ。

人は確かに自然の価値について大きく意見が異なっており、私たちの共通の土台は、社会全体を通じて均質であるというより、むしろつぎはぎだらけである（私はある価値をXさんと共有するが、若干異なった価値をYさんと共有している、等々)。現実の沼地におけると同様に、多くのなじみのない出来事が起こる。しかし同時に、多くのなすべきことがある。もっと多くの人に共有された土台を作ろうと試すこともできる。ジム・チェニーがキャロル・ギリガン*1の業績のある部分を押し進めて提案したように7)、例えば自然史や詩が「私たちの［理解］を豊かにして、結果として適切な配慮（ケア）の気持ちがともかくも**生まれ出る**」ことがあるかもしれない。私たちが受け継いだ価値体系の中の、私が呼ぶところの「不協和な」部分を頼りにして、支配的な部分に疑問を投げかけることもできる。私の元の論文ではいくつかその実例を引いている。私たちは多くの異なった視点を、均一なものにならせようとしつこく試みるのではなく、それらをうまくまとめ上げるような代替となる方策を考え出すことができる。例えばブライアン・ノートンは、保全-保存論争の実際の歴史に目を向けて、人間中心主義と非-人間中心主義の区別に力点を置きすぎた哲学者たちによってその議論が誤って解釈されてきた、と主張する。ノートンに言わせれば、その議論を消費的な価値と非-消費的な価値の間の対立として捉えて――本当に問題となっているのは「商業的」な動機が支配する適切な範囲なのだ――、そして「生態系の安定と健康に関する異なった基準」の間の対立として考えた方が、もっと実り豊かなものになる。これこそ「沼地」に他ならない。現実の政治と生態学をめぐる議論が闘わされる世界であり、そこでは由緒ある伝統が何かは一見すると明確ではなく、重要な論点は経験的なあれやこれやの疑問点に依存しており、その答えはまだそれほどはっきりしたものになってはない。しかしその沼地はまた、カッツが結果として私たちを再びそこに引き入れようとしている基礎づけ主義者たちによる倫理学上の議論より、はるかに興味深く将来の見込みがあるように思える。倫理学上の確かさ、という旧世界に郷愁を抱いていても、何も得るものはない（**そもそもその世界では**、自然の価値はどこにあったというのだろうか？）。代わりに私たちは湿地用の着衣を身につけて、足を踏み入れることにしよう。

カッツの返答

ウエストンと私は、環境倫理説の基礎としての自然物の「内在的価値」という観念を、段階的に廃棄していくことが大事である、という点で一致している。しかし私たちは、自然の内在的価値に取って代わるような一連の新たな概念については一致を見ない。彼は、環境と結びついた人間的な価値の目録一覧に、その「もろもろの可能性と相乗作用」とともに信頼を置いている。私はそうではない。

この中心的な部分での不一致に加えて、私たちは「基礎（foundations）」という言葉の解釈と重要性と使用法について意見を異にする。

(1) キャリコットは基礎づけ主義者だろうか？　彼の初期の（つまり1985年までの）著述に注意を向ける限りでは、そうである。彼は自らの考えを移行させており、ウエストンが引用した「量子論」論文がその転換点となっている。キャリコットはもはや、環境倫理説の土台としての非-人間的な自然の内在的価値を追い求めてなどいない。自我や主観-客観の区別や量子論をめぐる彼の「哲学的労苦」は、内在的価値の観念を「擁護する」ことを目的とはしておらず、むしろそれを乗り越えて、その観念がもはや役立たずで必要でもないことを示そうとしているのだ。

(2) カッツは基礎づけ主義者だろうか？　ウエストンと同程度にそうであると言えるし、そうでないとも言える。私たちはともに、環境に配慮する価値とそうでない価値が相争う「沼地」に足を踏み入れようとしており、そこで「共通の土台を打ち立て」始めている。この作業には基礎が必要である——それは倫理的な絶対主義という不動の基礎などではなく、環境をめぐる一貫した方策にとって確かな土台、である。「主観的な相対主義」の「沼地」に関する私の警告は、「倫理学上の確かさという、旧世界への郷愁」ではない。それは、自然のプラグマティックな有益性についての人間中心的な感情よりも、もっとしっかりした足場が欲しいという要求である。基礎というものにはたいてい、それだけの価値がある。そしてそれは絶対的なものである必要はない。人は家を建てるには、まずその基礎から始める。たとえ地震が地面を揺り動かす地域であっても、そうするのが賢明なことだ。

謝辞

「泥沼に対して不公正」と「基礎というものに対して不公正では？」は、最初に『環境倫理学』誌、第10巻、第3分冊（1988年秋号）に掲載された。

注

1)　Anthony Weston, "Beyond Intrinsic Value: Pragmatism in Environmental Ethics," *Environmental Ethics* 7 (1985): 321–339. 本書351–380頁に所収。

2)　Eric Katz, "Searching for Intrinsic Value: Pragmatism and Despair in Environmental Ethics," *Environmental Ethics* 9 (1987): 231–41. 本書381–395頁に所収。本論文の参照頁はすべて本書による。

3)　J. Baird Callicott, "Intrinsic Value, Quantum Theory, and Environmental Ethics," *Environmental Ethics* 7 (1985): 257–75. ブライアン・ノートンの言葉を借りれば、内在的価値と非-内在的価値の区別の問題は、「いちいち挙げていけばきりがないほど、環境倫理学者たちの論述において中心的な役割を果たしている」。ただし続く箇所で彼は、その中で最も重要な論者数名を挙げているにすぎない。以下を参照のこと。"Conservation and Preservation: A Conceptual Rehabilitation," *Environmental Ethics* 8 (1986): 196, note 1.

4)　J. Baird Callicott, "Non-Anthropocentric Value Theory and Environmental Ethics," *American Philosophical Quarterly* 21 (1984): 299–309.

5)　Eric Katz, "Organism, Community, and the 'Substitution Problem'," *Environmental Ethics* 7 (1985): 241–256.

6)　リーガンの客観主義については、本書所収の私の元の論文（358–359頁）でコメントを加えているので参照のこと。

7)　Jim Cheney, "Eco-Feminism and Deep Ecology," *Environmental Ethics* 9 (1987): 143.

訳注

＊1　客観性や普遍性を中心に据える男性的な道徳観に対して、共感や同情といった他者への関係性を重視する女性的な道徳観を「ケアの倫理」として最初に提唱した心理学者・倫理学者。

第17章

環境プラグマティズムは哲学かメタ哲学か
――ウエストン・カッツ論争について

アンドリュー・ライト

読者はこの論文集を通読したのちに、どうして最後にこの論争を採録したのだろうかと疑問に思うかもしれない。それはもっともなことだ。そこで提起された諸論点は、本書の他のすべてのセクションとまったく調和していない。ここでの論題は、他の寄稿者たちが出しているような発展段階にある論点と比べて、きわめて初歩的な段階の論点のように見える。

しかし、ウエストン・カッツ論争は、環境プラグマティズムに関する諸問題に対して、環境哲学の分野が行った最初の直接的な介入の一つだった。それは価値のあるものだ（もちろん道具的に！）。なぜなら、環境プラグマティズムをめぐる議論が環境哲学全体の成長の一部分として生じた経緯を説明しているからである。

この短いコメントの中で、私は、本書から見えてきた環境プラグマティズムの視点にある程度立脚して、この論争の読み直しを始めたいと思う。ここでの二人の著者の間に実際にある相違点を緩和しようというわけではない。そうではなくて、彼らの論争について読み込むことができる新しい文脈を提供するつもりである。まずは、この論争における内在的価値の役割に関する問題からとりかかる。次に、環境倫理学はすでに十分にプラグマティックであるとするカッツの意見について考えてみる。そして最後に、これら二人の理論家を、現在機能している、より成熟した環境プラグマティズムのなかに位置づけることによって、環境プラグマティズムの新たな像を描き出す。

この論争のなかで提起され、詳細に論じられた論点の一つは、内在的価値は今日の環境倫理学においてどの程度、中心的な要素なのか、あるいは中心的な要素でないのか、ということである。ここでの私の目的にとって、この問題はまったく重要ではない[1]。いかなる種類の環境プラグマティズムの擁護論も、内在的価値に関する論争に依拠する必要はない。たとえその論点の重要性を申し立てることが、ウエストンにとって、自らの論立てにとって都合のよい導入口となっているとしても、そうなのだ。結局のところ、ウエストンがカッツへの返答の中で、内在的価値は次第に流行らなくなるだろうということを認めたときに、彼は暗にこのこと〔内在的価値に関する論争の無用性〕を認めたのだと私は思う（398頁）[2]。しかしここで注意すべきは、結局のところウエストンもカッツも、環境哲学において内在的価値が重要性を失ったということを、プラグマティズム的転回の無効性を申し立てる根拠として捉えてはいないということである。

重要なことに、ウエストンは自身の返答のなかで次のことを指摘している。たとえ内在的価値が全体論者にとって時代遅れであるとしても、それは個体主義者にとっては時代遅れではなく、そこからリーガンやテイラーのような個体主義的な非-人間中心主義者を単純に無価値なものとする十分な理由はないと。これは、ウエストンが自身の返答の最初の部分で行ったおそらく最も重要なコメントであり、残念ながらカッツはそれに応えていない。私は残念ながらと言ったが、それは、この分野の文献を読む際には、環境哲学が個体主義に対してもっている偏見に注意する必要があるからである。カッツ――および他の論者――は、先のウエストンの指摘を取るに足らない問題だと単純に仮定している。そしてこの指摘に取り組む代わりに、カッツは最後の返答の半分を割いて、内在的価値に対するキャリコットのコミットメントに関する問題に答えることを選んでいる。このようなカッツの見過ごしの重大さについては、この後ですぐに論じたい。

しかしまずは、二人の理論家の間で交わされた、キャリコットが内在的価値にコミットしている（あるいはしていない）という点に関するここでの論争はほとんど重要ではないということを示してみたい。ウエストンは内在的価値に対して優れた批判を行い、それゆえに、理論家のなかの最も主要な人々が支持している、この分野の構成要素に深刻な疑問を投げかけることができ、少なくともその点で、環境倫理学に対するプラグマティストのアプローチの価値を示した。しかしおそらく、この論争がキャリコット（あるいは他のあらゆる個別の理論家）に関する釈義に陥ることを防ぐためにも、真の標的は初めから、内在的価値というよりも、環境倫理学における道徳的**一元論**であるべきだったのだ。

キャリコット、リーガン、およびこの論争の両当事者〔ウェストンとカッツ〕によって言及されているその他多くの理論家たちは全員、道徳的一元論者である。しかしブライアン・ノートンが本書の第Ⅱ部に寄せている論考のなかで論じているように、一元論はこの分野において群を抜いて発展してきたので、環境哲学が多元論とプラグマティストの立場を受容する際のおそらく最も大きな障壁となっている。そう、キャリコットは自己流の量子力学によって克服しようとしているけれども、依然として、彼の立場の基礎となっているのは、レオポルドの土地倫理に対する彼の特定の解釈なのだ。土地倫理は、具体的な問題に対してあらゆる解答を生み出す単一の基礎を提供する、一元論的な理論なのである。

この一元論に対する攻撃こそが、環境倫理学の主流に対するプラグマティストの諸批判の中心部分をなしている。そしてこの一元論に反対する人々は、内在的価値に対するウエストン独自の反対論から助けを得ることができる。しかし、この一元論への疑念に焦点を合わせる動きが進む一方で、ウエストンが明らかにしたこの分野における差別、特にリーガンやテイラーといった個体主義者に対する差別に反対する積極的な動きはまったくない。さらに、環境プラグマティストにとって最も重要なことは、環境哲学に関する正統な枠組みとして、いくつかの弱い形態の人間中心主義を復活させようとしている人々に対して、同じような偏見が引き続き存在するということである。

私は人間中心主義的な哲学の遺産を擁護するつもりはない。というのも、それは確かに、今日、我々が住んでいる環境を「残念な状態」にした主な要因だったからだ。むしろ私は、環境哲学のコミュニティのなかにより多くの寛容が存在するようになることを切に望む。環境問題を解決するために必要となる思考と行動に重要な変化をもたらすことに真剣に取り組むことのできる枠組みを提供するために、人間中心主義の伝統のなかで真摯に仕事をしようとする人々に対して、我々は寛容にならなければならない。我々はまだ「すべての答えを発見」してはいない――それゆえに、非-人間中心主義的な全体論者とみなされない人々による、価値ある仕事を認めることを、どうして拒否できるというのか。このことはとくに、「答えの発見」が意味するものについて考察する機会を妨げる。環境哲学は知識人たちによる一つの応答として生まれたものだが、その際に彼らは、哲学者たちには今日のどうしようもない環境問題を回避するために何らかのことを試みる責務がある、と考えた。答えの発見は、興味深いパズルを解くことや、知的なゲームに勝つことによっては達成されない——それはむしろ、十分な環境政策を発展させることによって達成される。環境プラグマティストは、自己を表現するとき、また彼らの学問分野の下位区分のなかで、**環境の**という述語を真剣に捉える。単に我々の仕事の対象としてではなく、その主題に対する我々の義務のために、我々の主題に献身する。知的な不寛容は、これらの問題を解決するために哲学者が果たしうるどのような貢献に対しても妨げとなるものだ。そうして不寛容はこれらの問題のほうに貢献してしまう。

もし私がそのような懸念を誇張しているように見えるならば、環境倫理学の入門書を熟読してもらいたい。この点がとてもよくわかるだろう。レオポルドを非-人間中心主義的な全体論者とするキャリコットの解釈は、ほとんど支配的と言えるほどの力をもっている。今や我々、環境倫理学者は、これまでのすべての環境倫理学の明白な継承者としての、非-人間中心主義的な全体論にたどり着いたのだという想定がそこにはある[3)]。この分野が公的に表明しているテーゼのなかには、明白な偏見がある。それは時には、環境倫理学の正統性に反対する主流派の哲学に存在する偏見と同様に、悪いものになる。

このような情勢をふまえて、エリック・カッツの議論、すなわちプラグマティズムの道徳理論の諸要素は、第一には道具的価値の探求とみなされるものであり、それはすでに環境倫理学において非常に重要なものとなっているとする議論（387頁）から、我々は何を引き出せるのか。第一に、今日の環境哲学は、プラグマティズムと同様に、多元論的で関係論的なものであると彼は主張している（388頁）。ここでカッツが述べている多元論が意味しているのは、環境倫理学者は「数多くの価値が自然に見出され、それらはさまざまな仕方で他の価値と影響を与えあっている」ということを否定しない、というものである。「多様性、安定性、美」といった、これらのいろいろな価値のすべてが環境の保存を支持する議論に貢献する。

しかし、これこそウエストンが擁護している多元論の意味である、と主張することは誤りであると私は思う。ウエストンの多元論は、我々が用いることができる、自然の価値に関するいろいろな**種類**の記述法が存在する、ということではない（そのことに異議を唱える人は誰もいないだろう）。そうではなく、自然を**価値づける**単一の方法はない、ということである。ここでの区別はまた、一元論と多元論との間の論争のなかにより鋭く描かれている。キャリコットの多元論批判に対するゲーリー・ヴァーナーの応答を考えてみよ。

生態系はそれ自体の福利をもっていないので、全体論的な環境倫理学は多元論的にならざるをえない。もし――そしてこれは非常に大きな**もし**だが――、生態系（またはいきものの集まりそのもの）に直接的な道徳的重要性があると述べることが説得力をもつとしたら、それは、個々の人間（および、場合によっては高等動物、あるいはすべての生きている個々の有機体）には直接的な道徳的重要性があると述べるために通常与えられている理由よりも、非常に多様な理由のためにちがいない[4]。

たとえ、全体論の立場（おそらくカッツの議論もそうだろう）は必然的に多元論的になるというヴァーナーの強力な結論を認めないとしても、ここで述べられている価値づけの多元論と、カッツによる価値の多元論に関する観念との間の違いは明白であろう。

我々はまた、関連はあるがやや異なる、多元論のもう一つのレベルに注意を向けることができる。それは環境哲学一般に対するアプローチに関するメタ理論的多元論である[5]。カッツは個体主義や人間中心主義が擁護可能な環境倫理学の正統な候補であるということを認めたくないのである。プラグマティズムの陣営から論じているウエストンは、これらの候補を認めたい、またはあらためて認めたいと思っている。ヴァーナーの主張、すなわち（価値づけるべき複数のものに複数の要求があるという全体論の主張をふまえて）あらゆる種類の価値づけを一様に扱う議論は疑わしいと考える十分な理由があるという主張に、一部の理があるとすれば、価値づけの方法に関して、さまざまに異なる複数の重なり合う理論を用いるよう奨励することを我々は望まないだろうか。望むだろう。ただし、これらの理論が相互に打ち消されない限りにおいて。このことは、私が後に行うことになる理論構築のなかで、寛容に関するいくつかの原則を要求するものである。

第二に、カッツは次のように論じる。ウエストンが述べていた環境倫理学の試みを具体的な状況に結びつけることに対するプラグマティストの関心事は、「何らかの使い物になる環境倫理学」がいずれにせよ行うことである

(388頁)。しかし疑いなく、ここでの「使い物になる」は、この立場において巨大な重みをもっている。環境哲学のすべてが、この種の具体的な言葉で表されているわけではない。実際には環境哲学者たちはかなり抽象的な言葉で生き生きとした環境論争を繰り広げてきた[6)]。ここでの「使い物になる」は、カッツが述べているよりも哲学的な負荷をかけられているのだろうか。

同様にカッツは次のように結論づける。「最も適切で正当化可能な形をとった環境倫理説は、すでにプラグマティックな要素の多くを採用している」(388頁)。しかし、もしウエストンが要求するものが環境倫理学におけるさらなる適切さと正しさであるとすれば——プラグマティズムがこの分野にもたらすものに関する彼の記述の核心部分であるが——カッツの議論は中身のない分析として聞こえ始めるだろう。つまり、環境倫理学の最も適切で正しい形態は、適切で正しい、というように。カッツがウエストンの望み、つまりある種の環境倫理学のメタ哲学的な改善が見たいという望みに同意する程度に、またカッツが、すべての環境倫理学者がウエストンの要求にかなうわけではないと暗に認めている程度に、カッツはいくつかの記述の背後で、まさにウエストンが提案しているプラグマティズムのある部分に同意しているのかもしれない。しかし、彼がこの形態のプラグマティズムに同意していることを、なぜカッツはあくまで認めないのか。なぜならウエストンはまた、学問領域の一般的な改善を支持する議論と並んで、プラグマティズム哲学の直接的な利用を支持しているからである。カッツはそれゆえに、彼が学問領域のなかで見ることを望んでいる種類の改善を正当化するために、「プラグマティズム」という名称を拒否するにちがいない。なぜなら「プラグマティズム」という名称は、彼が加わることを望んでいない環境倫理学の論争の、新しい「陣営」に結びつけられるように思われるからだ。少なくとも何人かの非プラグマティストが十分な環境倫理学を行っている限りにおいてカッツは正しいが、それと同程度に、プラグマティズム**のみが**、適切で正しく、使い物になる環境倫理学を生み出すことができるとウエストンが述べるなら、彼は実際のところ間違っているだろう。また、ウエストンが環境倫理学において行おうとしている一般的な改善はプラグマティズムと見なされないと主張する点で、カッツは間違っている。

私が本書の最初のほうで行った区別、すなわち哲学的プラグマティズムとメタ哲学的プラグマティズムという二種類の区別をウエストンが行っていたら、カッツは、ウエストンの議論に同意していただろう。メタ哲学的環境プラグマティズムは、環境哲学の導きとなる諸規則と諸原則を与えるものとしてプラグマティズムを扱う。この諸規則と諸原則は、カッツの言う、まさに最善の環境哲学のなかですでに働いている種類の諸徳を促進する。しかし、メタ哲学的プラグマティズムの最も重要な点は、ある形態の理論化に対する過去の偏見を進んで放棄することにある（カッツはこの論争のなかでそのような偏見を依然として抱いている）。またそれは、環境問題における規範的な諸論点の評価とコミュニケーションにおいて、ある種の多元論を進んで受け入れることにある。しかしこれは、道徳的実在論や基礎づけ主義のいかなる**可能性**もないことを認める、ある種のポストモダンの相対主義にコミットする、独断的な多元論ではない。それはメタ哲学的なのであり、それゆえに環境倫理学のなかで豊かな基礎づけ主義を定式化するという考えを、必ずしも排除するものではない。しかし、メタ哲学的プラグマティズムは、基礎を見出すプロジェクトにほとんど携わっていない。基礎を見出すプロジェクトは、基礎が確保されるその時まで、環境問題に取り組む活動家や学者のコミュニティに対して哲学が貢献することをためらわせるものだ。それゆえに、この形態の環境プラグマティズムは寛容の原則を与えるのだ。それは、価値づけに関する重なり合う理論の間の調停不可能な衝突を避けるために必要となる。また寛容の原則は、例えば、ヴァーナーが全体論を軌道に乗せるために不可欠だと主張する多元論を与えるためにも必要になるだろう[7)]。完全に多元論的なバランスが達成されるその時まで、そしてこの形態のプラグマティズムに**環境の**という述語がついているために、メタ哲学的な諸規則は、**少なくとも**、生物相、個体の集合、他の人間たちに関する価値づけの全体像がどうしたらバランスのとれたものになるかに関して、理論家たちの間での意見交換を必要とするだろう。

他方で、**哲学的な**環境プラグマティズムは、古典的なアメリカ哲学の伝統にのっとって仕事をする学者たちの寄稿論文を通じて本書にも登場しているが、自分の陣地で既存の環境倫理学の理論としっかりと闘って、新しい立場を生み出そうとするものである[8)]。この立場へのコミットメント——環境問題に伝統的なプラグマティズムを直接的に適用すること——は、カッツが避けようとしているものである。彼はウェストンの議論にあるメタ哲学的プラグマティズムの要素に明らかに惹かれているのだが。

私は自分自身をメタ哲学的環境プラグマティストだと考えている。そして時に、問題によっては、ひそかに哲学的な環境プラグマティストになる。しかし重要なことは、メタ哲学的プラグマティズムに対する私のコミットメントは、私の哲学的なプラグマティズムを適用する時と場所を選ぶ能力を私に与えるということだ。したがって、いくつかの環境倫理学の教科書の方向性に対して私が抱いている反感は、環境哲学の実際の後継者が非-人間中心主義的な全体論ではなくプラグマティズムであるということをそれらが認めていない、ということに由来するのではない。そうではなくて、そのような教科書が、環境倫理学の将来が**一つの**アプローチに委ねられているという実質的にメタ哲学的な立場を鼓吹しているということに由来する。いくつかの論点に関しては、直接的なプラグマティズムがあまりにも限定的であること、また不幸なことにあまりにも実質的すぎて、行為を導く道徳的諸原理を定式化する助けにはならないということに私は気づいている。この論争の当事者たちはどうなのか。彼らはこの分裂についてどのように応えるのか。

ウエストンは確かにメタ哲学的プラグマティストであり、そのことは倫理的な「沼地」へのコミットメントから非常に申し分なく理解できる。倫理学がいかに環境問題に関わるべきかについての像は鮮明ではない。我々はどのような種類の一元論の運動にも疑いの目を向けることができる。それはおそらく価値づけの多様性をこの上なく認めつつも、それにもかかわらず、一つの価値づけのシステムを生み出す試みである。ウエストンが言うように、「私たちは多くの異なった視点を、均一なものにならせようとしつこく試みるのではなく、それらをうまくまとめ上げるような代替となる方策を考え出すことができる」(400頁)。これは、「重要な論点は経験的なあれやこれやの疑問点に依存しており、その答えはまだそれほどはっきりしたものになっていない」(400頁) ような領域へと進んで行く場合に、我々が進んで取るべきアプローチである。この文脈において、我々は、内在的価値に対するウエストンの攻撃が、彼の哲学的プラグマティズムというよりも、彼のメタ哲学的プラグマティズムと結びついていたことを理解することができる。内在的価値の追求は、日常世界の環境に関する政策決定に表れている道徳的沼地のなかを哲学者たちが歩いていくことを妨げる。内在的価値、非-人間中心主義、道徳的一元論へのコミットメントは、ウエストンが引用している、保全論者-保存論者の論争に関するノートンの分析の例からも分かるように、重要な環境問題のさまざまに異なる側面を寛大に解釈することの妨げとなるだろう。

しかし、ウエストンが自身の実質的な哲学的プラグマティズムの視点を通してメタ哲学的プラグマティズムの視点に到達した、ということを忘れてはならない。その視点によって、彼は、「誰かが考えたり感じたりすることとは独立に本当の真理」(399頁) を探究することに懐疑的になったのである。しかし、倫理的ジレンマという沼地に対する現実主義者のアプローチの内部では、基礎づけへのコミットメントは表明されえない、ということを信じる理由はない。カッツが指摘しているように、基礎づけは、たとえそれが完全なものではないとしても、行う価値のあるものだ。また**少なくとも**、基礎づけの発見法的な理想は、異なる価値づけのしかたの間で、一見したところ手に負えなそうなジレンマに直面しても、我々を働かせ続けるのに十分なほど重要である。そうした異なる価値づけのしかたは、この上なく異なる種類の価値の認識を通して明らかになる[9)]。カッツが基礎づけへのコミットメントのなかで探している「しっかりとした足場」を、人間中心主義は原理的に与えることができないという主張は疑わしい (401頁)。とはいえ、メタ哲学的プラグマティストは基礎づけの理解をカッツと共有できる。それは単なる郷愁へと貶められるものではない。

メタ哲学的プラグマティストはまた、いくつかの事例のなかでの抽象化にもコミットできるかもしれない。そしてある抽象化の方策は、公共的な政策決定の沼地のなかにいる環境運動家に利益を与えるかもしれない。私はウエストンの議論、すなわちプラグマティズムは一般原則に関する道徳的思索を行うのではなく、その代わりに具体的な状況について理論化する——それゆえに原生自然を「そのものとして」守るべきだというような主張を避ける (374頁) ——という議論に同意できるけれども、それにもかかわらず、私はまさにそのような主張を擁護したくなる状況を思い描くことができる。原生自然とは何かについての確固たる共通理解があり、また原生自然地域が明白に特定されている場合には、基本的な倫理的枠組みに基づいて原生自然の抽象的価値を主張するための重要な場所が少なくともあると私は見込んでいる。原生自然の重要性を単に抽象的に議論するだけで、その保存を導くことができるだろうと、無理なく主張できる人はいない (原生自然は誘惑的な概念であるが、それについてあまりロマンチックにならないでおこう)。しかし同様に、そのような議論はなされる価値がないと主張できる人もいないのだ。そして確かに、原生自然の重要性を抽象的に明らかにすることは、一つの場所を提供できる。そこは、同じくらい重要な社会問題に関して相異なる利害関心をもつ人々が交渉の基盤を見出すことができる場所である[10]。

カッツは確かに哲学的なプラグマティストではない。しかしメタ哲学的プラグマティストとはかなり整合的である。ここで「かなり整合的」と言ったのは、環境倫理学における適切さ、正当性、具体性に対する彼の献身がメタ哲学的にプラグマティックなことであるにせよ、時おり彼はこの見解と調和しない立場を受け入れているからである。例えばカッツの非-人間中心主義に対する強い執着は、彼のメタ哲学への共感として私が捉えているものの助けにならない[11]。

それでもなお押し進めていけば、カッツが以下のことに同意するだろうと私は期待している。人間中心主義への訴えが、結果的にカッツが心に抱いている自然の道徳的考慮を達成するということが判明したらどうだろうか。例えばもし、米国議会が環境に関する一連の公聴会を要求し、そしてある哲学者が、人間と自然との関係性に関するカッツの政策をすべての人に実行させるために、人間中心主義的な根拠に基づいて政府を説得することができるとしたらどうだろうか。議会がこれらの見解を採用する理由は、人間中心主義的な用語で表現されたときに、その議論をよりよく理解することができるからだと考えてみよう。たとえそれが間違った理由のためになされたとしても、人間中心主義が非-人間中心主義的な意味での自然の利益に寄与したということに、カッツは同意しないだろうか。おそらく彼は同意するだろう。もちろんこうしたことがこの先起こる可能性は低いだろう。しかし、重要なことに、より小さな規模においてだが関連する同様の事例において、きわめてありそうなこととして想像できることがある。それは、自然の利益に寄与することを人間中心主義的に支持することが、非-人間中心主義的に捉えられた自然の利益によりよく寄与するかもしれないということである。たとえ人間中心主義が役に立つのは、倫理原則についてのコミュニケーションのレベルのみだとしても、「使い物になる」環境倫理学のためには、それを完全に拒否するのは避けるべきだ。

カッツは何も述べていないが、もう一つの重要な課題は、ウエストンが最初の論文とその後の応答のなかで行っている主張、すなわち環境哲学者は自然のなかに見出された価値を明晰化するために、伝記や詩に目を向けるべきだという主張である。あらためてカッツに直接聞いたなら、カッツはおそらくその通りだと言うだろう。しかし、論争のなかでこの点に直接に賛意を示していたら、カッツのメタ哲学的プラグマティストとしての信用を固める助けとなっていただろう。ここでウエストンが出している論点は決定的に重要である。すなわちそれは、もし我々が自然を価値づける際に多元論に開かれているならば、「哲学に特有の認識論的な仕方」（371頁）だけが、自然の価値を明らかにすることができる方法ではないだろう、ということだ。他のやり方で価値を表現することを、メタ哲学的プラグマティズムが広く認めているということは、それが環境の価値に関するコミュニケーションにおける多元論にコミットしていることをあらためて明らかにするものだ。もし我々が排他的な道徳的一元論者でなければ、自然の価値の表現は哲学者の独占的な領域であり、それゆえに非哲学的な言葉での自然の価値に関するコミュニケーションには欠陥があるという立場をとろうとはしないだろう。再び、我々はカッツに関しても同様の思考実験を行うことができる。自然のなかの多様な価値についてのコミュニケーションを行う場合に、詩はより効果的であるということが判明した場合、カッツのメタ哲学への共感から考えれば、カッツはおそらくそれを問題のないものとみなすことだろう[12]。

それでは、この論争で言及されている他の理論家についてはどうだろうか。キャリコットの現在の立場を瞥見することは適切だろう。ウエストンにとってもカッツにとってもキャリコットの仕事は重要なものなのだから。これらの理論家〔ウエストンとカッツ〕とは対照的に、キャリコットは今日でも依然としてメタ哲学的プラグマティストでも哲学的プラグマティストでもない。直近でも、キャリコットが哲学的プラグマティズムの理論的な多元論と、メタ哲学的プラグマティズムのメタ理論的多元論をどちらも拒絶していることを、我々は見ることができる。このことは、彼の近著『地球の洞察』のなかで明示された、**文化的**多元論に対するキャリコットの明白なコミットメントからすると驚くべきことだ[13]。この書では、世界中の膨大な知的伝統のなかで機能している環境哲学についての非常に有益な調査が行われているが、依然としてキャリコットはレオポルド流の非−人間中心主義、全体論、一元論にコミットしている。

多様な文化的伝統における、生態学的な意識に関する非常に印象的な調査結果を示した後で、『地球の洞察』の最後から2番目の章で、彼はレオポルドに立ち返る。そしてその時にキャリコットは、「生態学のなかに確固たる基礎をもち、新物理学によって支持され」るであろう「ポストモダンの」環境倫理を手に入れる。

そのような倫理は、キャリコットが「一と多の問題」と呼ぶものの「一」のほうである。すなわち彼は、生態学と新物理学に基づく単一の文化横断的な環境倫理をもつ必要があるとする。その一方で、同時に「そのような国際的で科学的な基盤をもつ環境倫理に共鳴し、それを明確化させるのに役立つ、伝統文化的な環境倫理」[14] が多数あることの重要さを認めてもいるが。一と多は、世界規模の危機に直面している一つの種であるという我々の性質と、多くの文化やさまざまに異なる場所を出自とする多くの人々がいるという歴史的現実をそれぞれ代表している。キャリコットにとって、人間の経験に関するこれら二つの側面は相反するものではなく、その各々が、現れつつある世界的な生態学的意識の一部になるものなのだ。

ここで機能している一元論によって、キャリコットは哲学的なプラグマティストから除外される。それは、1988年からノートンによって異議を申し立てられてきたが、それにもかかわらず支配的なものとして表れてきた彼のレオポルド解釈が、キャリコットを哲学的なプラグマティストから除外するのと同じことである[15]。またメタ哲学的にも、この文化的多元論に向かう動きは、適切で正しい環境倫理学と見なされるものに関するカッツとウエストンの見解の中核にあると私が主張してきた、豊かなメタ理論的プラグマティズムの多元論を我々にもたらしはしない。キャリコットのなかにあるこれらの競合する世界システムはすべて、土地倫理の非–人間中心主義的全体論版のレンズを通して読まれる。この理論は明らかに、キャリコットが「環境哲学のロゼッタストーン」と呼ぶものになる。「もし我々が環境哲学の分裂を避けようとするならば、一つの土着の環境倫理をもう一つへと翻訳」する必要があるからだ[16]。しかし、環境哲学の尺度として非–人間中心主義的な全体論を用いることは、多様なアプローチに対するメタ哲学的な寛容を行使することにはならず、むしろ分裂への路線を引くことになる。

私は本書で論じられているいろいろな伝統についてもっと詳しく知ることを要求しているのではない。そうではなくて、メタ哲学的プラグマティズムの立場から、キャリコットが調査している諸見解の比較研究の妥当性にそれでもやはり疑問があるのだ。これらのさまざまに異なる環境倫理への彼の評定は、生態学に基づく非-人間中心主義的な倫理にどれだけ匹敵するのかしないのかの程度に基づいてなされていることが多い。しかし、もしこの目標に関する単一のビジョンに疑問を呈するならば、我々はこれらの評定のいくつかにも疑問を呈することになるだろう。したがって、もし人間中心主義的な環境倫理のために十分な議論がなされうるなら、多様な知的かつ宗教的な伝統において、人間中心主義が優越していることを理由に、「土着の環境倫理を描いた世界地図のなかで、アフリカは大きな空白地帯として現れる」[17)] というのはまったく事実と異なるものかもしれない。メタ哲学的プラグマティストは、そのような一つの倫理に抵抗する。あるいは少なくとも、異なる環境倫理のどれが有効なのかを判断するための他の根拠を探す。

本書では、私がここで輪郭を描いた環境プラグマティズムの多様な例を提供してきた。また、多様な方法を用いて、これらの理論のさまざまな部分に焦点を当ててきた。とくにメタ哲学的環境プラグマティズムに関しては、例えばメタ理論的多元論の受容（トンプソン）、問題を文脈化することの重要性(ローゼンバーグ)、そして不確定な事態に対する備え（ヴァーナーほか――具体的には、いくつかの環境倫理学はいくつかの論点にとっては実際に適切であることや、哲学的プラグマティズムは環境論議に関する問題を解決する手段として、いつも適切とは限らないという不確定性）を、我々は理解することができる。これらの要素の多くが、ウエストン・カッツ論争において働いている。そしてそのすべてが、環境倫理を――環境問題の使い物になる解決法の重要な探求者として――次の世紀にまで届けるのを助けるために重要なものであり続けるだろう。

注

1)　このことによって、内在的価値に関する論争がもはや重要ではないとは言わない。内在的価値への訴えの誘惑は、依然として十分に生きている。そうではなくて、私の主張の力点は、内在的価値がこの論争の焦点を成す必要はないというところにある。

2)　本章における頁数の記載は全て、本書の頁数を表している〔訳書では訳書の頁数に改めた〕。

3)　一つの例はジンマーマン他による *Environmental Philosophy: From Animal Rights to Radical Ecology*（New York: Prentice Hall, 1994）のなかに

見られる。キャリコットが編者となった環境倫理学のセクションは、明らかに、人間中心主義的な個体主義から非–人間中心主義的な個体主義へ、そして当然ながらキャリコットのレオポルド解釈による非–人間中心主義的な全体論へと至る確固とした進歩の流れが鮮明な像を描くように紹介され組み立てられている。このセクションの構成は、我々はこれらの悪く古い理論を後ろに追いやって、正しい理論にたどり着いた、という論立てである。もちろん、注意深い教員なら、科目のなかでこうした印象を避けるようにこの教科書の講読を行うことができるだろう。ここでは詳細は省くが、他の理由で私はこのジンマーマンの本を用いるし、他の人々にもこの本を心から推奨する。

4)　Varner, “No Holism without Pluralism,” *Environmental Ethics* 13:2, Summer 1991, p.179.

5)　理論的多元論とメタ理論的多元論の間の区別については、本書の序論（4頁）でなされている。

6)　本書の213頁以降に収録されている、カッツとエリオットの復元生態学論に対する私のコメントを参照。

7)　確かにこの寛容には限界がある。そのいくつかは本書に収録されている私の前の論文のなかで論じている。メタ哲学的プラグマティストはすべての理論や理論化の行為に等しく開かれているわけではない。

8)　すべてのプラグマティズムがメタ哲学的であり、学問における純粋に応用的な解釈形態の外側にある、と論じることも可能である。しかしそうであっても、私がここで行った区別は、我々が環境プラグマティズムと呼ぶ一群の理論に表れている多様な**プロジェクト**の間の差異を理解する方法として役立つ。哲学的プラグマティズムが環境倫理学の論争の中に新しい「陣営」（反理論の陣営を含む）を生み出すことを禁ずるものは原則的には存在しない。その一方で、これはメタ哲学的環境プラグマティズムにとっては許せないことだろう。この懸念を指摘してくれたことに対して、アンソニー・ウエストンに感謝したい。

9)　いったん我々の理論的な目かくしを放棄すれば、おそらくこのジレンマはそれほど手に負えないものとは思えなくなるだろう。しかし、この問題はここでは解決できない。

10)　これはまさに、本書に収録されている論文〔第13章〕のなかでヴァーナーらが行いたいと思っている経験的な主張である。これは例えば、本書のなかのトンプソンの主張（ウエストンの分析にきわめて近いのだが）、すなわち抽象は益よりも害のほうが大きいとする主張は間違っている、と言うことではない。それはあらゆる状況で正しい必要はないということを思い出させるものにすぎない。

11)　ここで再び、復元生態学に関するカッツの論文を引用したいところだ。それを私は本書に収録されている私の論文〔第8章〕のなかで検討している。

12)　社会的、政治的な論争における哲学の役割に関してプラグマティストと闘ったときに、この非常に重要な立場を無視した哲学者はカッツだけではない。トマス・マッカーシーは数年前に論争の中でローティによってなされた同様のより一般的な議論の重要性を理解せずに退けている。以下のマッカーシーの論文を参照。"Ironist Theory as a Vocation: A Response to Rorty's Reply," *Critical Inquiry* 16:3, Spring 1990, pp. 644–655. 注意すべきは、ローティもウエストンも価値に関するコミュニケーションの非哲学的な様態は、哲学的な方法より**もっと良い**という、より強い立場を今も保持しているかもしれない、ということである。

13)　J .Baird Callicott, *Earth's Insights: A multicultural Survey of Ecological Ethics from Mediterranean Basin to Australian Outback* (Berkley and Los Angeles: University of California Press, 1994)〔『地球の洞察：多文化時代の環境哲学』山内友三郎／村上弥生監訳、みすず書房、2009年〕

14)　Ibid., p.12.

15)　これはノートンがプラグマティストとしてレオポルドを解釈するときに決定的に重要なものとなる。本書に再録されたノートンの論文「レオポルドの土地倫理の一貫性」を参照。

16)　*Earth's Insights*, op. cit., p. 186.

17)　Ibid., p. 158. キャリコットによる、彼の道徳的一元論の特徴に関する最近の説明の一つは、以下の論文に見られる。"Moral Monism in Environmental Ethics Defended," *Journal of Philosophical Research*, Vol. XIX,1994, pp. 51–60. ここでキャリコットは、自分はコミュニタリアニズムの一形態として環境倫理学にアプローチしていると述べることによって、さまざまな多元論者（ウェンツ、ヴァーナー、ブレナン、ウエストン、およびハーグローヴ）からの批判を切り抜けている。コミュニタリアニズムにおいては、「我々のすべての義務——人間、動物、自然に対する——は、コミュニティというよく知られた語彙によって表現される」。そしてそれゆえに「共約可能な用語として評価され、比較されることが可能となる」(53)。

私はとりわけこの部分に関するいくつかの主張について論じるための長い論文を書いているところである。ここではいくつかの点を挙げることにとどめたい。(1) キャリコットの主張、すなわち彼が言うところのコミュニタリアニズムが多元論がもつ利点の多くを同じくもっているという主張は、やや困惑させられるものだし、さらなる議論を要するものである。アヴナー・デシャリットの本格的な「環境の」コミュニタリアニズムと比較したときに、キャリコットの議論がとくに困ったものになるのを感じる。デシャリットは次のように論じる。競合する理論や価値づけの枠組みに対する寛容の段階（キャリコットが「個人内部の多元論」と呼び、後に拒絶したもの）では、多元論は力強いコミュニタリアンの理論の重要な要素であると。以下を参照。Avner de-Shalit, *Why Posterity Matters: Environmental policies and future generations* (London: Routledge, 1995), pp. 61–62. (2) メタ哲学的プラグマティズムは、倫理的な評価の競合する様態のどれが重視されうるのかに関するリトマス試験を提供する。それゆえに、キャリコットの論文を通じて批判されている「極端な多元論」（ある場合にはアリストテレス、別の場合にはカントを採用するといった考え）は、メタ理論的多元論として思い描かれるものではない。価値に関する異なる基礎を認めている私の多元論（および私が考えるウエストンの、ヴァーナーの、そしておそらくカッツの多元論も）は、**少なくとも**ある特定のタイプの価値づけの対象にとって（あらゆる点から考えて）最善の道徳理論を適用することと整合するだろう。また、それぞれの具体例の評価で理論を変えることはない。言い換えれば、私の言うメタ理論的多元論者は倫理的な状況主義者ではない。そしておそらく、彼や彼女は有能な哲学者なので、自滅的な仕方で否応なしに説得力のない理論を適用するということはないだろう（キャリコットは、自身の論文の最後で、極端な多元論者はそうするのだとほのめかしているが）。そして最も重要なことは、私の言うメタ哲学的プラグマティストは、（キャリコットがこの論文のなかで支持している）「個人間の多元論」に寛容なだけでなく、政策を擁護する際に、価値づけに関する多数の重なり合う（そして整合的な）議論を擁護もするだろう、ということだ。(3) 最後に、たとえキャリコットが、この論文の最後の段落で彼が述べているように、原則のレベルや感情のレベルにおいては多元論に反対していないとしても、彼の一元論的な理論に対する固執は、依然としてここで私が認めている形態のプラグマティズムから彼を排除する。またそれゆえに、それが一貫して適用される場合には、使いものになる環境政策をつくることに対する環境哲学の貢献を増大させるメタ理論的多元論からも、彼を排除する。そうしたことから、私は依然として次のように考えている。彼がコミュニタリアニズムと同様にコミットしている理論は、依然としていくつかの環境的価値のシステムを変容させる可能性についての彼の評価を台無しにするものだと。

この洞察に富んだ論文を提供してもらったことについてベアード・キャリコットに感謝する。また、この最後の章に対して有益なコメントをくれたエリック・カッツ、アンソニー・ウエストン、およびゲーリー・ヴァーナーに感謝する。

解説

環境哲学をアップデートするために

岡本裕一朗

本書は、ラウトリッジ社の「環境哲学シリーズ」の一冊として、1996年に刊行された論集Andrew Light and Eric Katz (eds.), *Environmental Pragmatism*, Routledge, 1996の全訳である。

そのまま訳せば、「環境プラグマティズム」となるが、日本ではおそらく、このタイトルを見て内容をすぐさまイメージできる人は、それほど多くないだろう。原著が出版されて20年以上も経過しているのに、どうして名前すら知られていないのだろうか。この時点で、本書は重要性に乏しいと速断されるかもしれない。とすれば、そもそも翻訳書を出す意義などあるのか——このように不信感をもつ方もおられるだろう。いったいなぜ、本書を出版するのだろうか。

じつをいえば、この日本の状況こそが、まさに翻訳を決意するにいたった最大の動機と言えるかもしれない。今日では、「環境」についてどんな立場から議論するにしても、「環境プラグマティズム」が提起した論点を無視できなくなっている。少なくとも、世界標準で見れば、間違いなくそうだ。

ところが、残念なことに、日本の場合その名前すら知られていないのである。(「環境プラグマティズム？何それ？」) ハッキリ言って、日本では「環境」に対する考え方が、50年前からほとんど進んでおらず、しかもその自覚さえないのである。比喩的に言えば、二周遅れて走っているのに、その遅れに気づかず走っているようなものだ。

この状況を打開するため、環境問題を考えるための必読書とも言うべき本書を、何としても日本語で提供しなくてはならない、と決断したのである。その点で、(監訳者としての立場を離れても) この訳書は、間違いなく待望の一書と言えると思う。

じっさい、翻訳の作業をご存知の方々からは、早く出版してほしいという要望が多数寄せられた。今まで何度か翻訳計画があったそうだが、なかなか実現できなかったと聞いている。したがって、本書のような基本文献を提供できて、長年の責務をやっと果たすことができたように感じている。この機会にぜひ手に取って、環境問題にアプローチするための基本的な視座をアップデートしていただきたい、と願っている。

とはいえ、本書は論集ということもあって、執筆者も多種多様であれば、その議論も多岐にわたっている。したがって、一読しただけでは「環境プラグマティズム」とはどんなもので、その意義がどこにあるのか、なかなか捉えにくいかもしれない。そこで、訳者解説として、「環境プラグマティズム」について、あらかじめ簡単な紹介をおこない、環境思想の中でそれをどう位置づけるか、明らかにしておきたい。

1　なぜプラグマティズムなのか？

最初に、「環境プラグマティズム」という名称から確認しておくことにしよう。この言葉は、「環境の（に関する）environmental」と、哲学的立場を示す「プラグマティズム pragmatism」を組み合わせたものである。用語として確立したのは1992年であるけれど、考え方としては1980年代からすでに始まっていた。

この用語で注目すべきは、環境問題をプラグマティズムと結びつけることが、当時としてはきわめて異例だったことだ。「間違った結婚」と呼ぶ人さえもいる。その点で、「環境プラグマティズム」というスローガン自体が、従来の環境保護主義に対する対抗運動であることが理解できるだろう。しかし、環境保護に対して、どうしてプラグマティズムは適切ではないとみなされたのだろうか。

この点を明らかにするために、そもそも「プラグマティズム」とは何か、前提知識としてあらかじめ触れておくことにしよう。というのも、今まで日本では、戦後のごく一部を除いて哲学としての「プラグマティズム」があまり紹介されなかったからだ。訳語としても、「実用主義」とされたり、ときには「実利主義」が使われたりして、利益第一主義の浅薄な思想のように取り扱われてきた。

しかし、この傾向も、最近では変化の兆しが見えてきた。一方で哲学の現実的な有効性が社会的に問われるようになったこともあるが、他方でリチャード・ローティなどによってプラグマティズムの復権がおこなわれたことにもよる。この事情は、本書のなかにも反映しているように思われる。たとえば、「現代のネオ・プラグマティズムの文脈を環境倫理学の分野へと拡張しようとした人々」が言及され、そのネオ・プラグマティストとして、ローティの名前が挙げられている。

こうした現代のプラグマティズムが参照されているとしても、本書で主題的に取り上げられ、再評価されているのはパースやジェイムズ、デューイやミードといったアメリカの古典的なプラグマティストたちである。古典的なプラグマティズムは、19世紀後半に成立し、20世紀の前半まで、アメリカ哲学の主流として展開されてきたが、それ以後は哲学の表舞台からは遠ざかっていたのである。その意味では、環境プラグマティズムは、ローティと同じようにプラグマティズムを現代的な文脈で復権しようとする哲学運動と理解することも可能であろう。

それにしても、なぜプラグマティズムなのだろうか。プラグマティズムはいったい何を主張していたのだろうか。一口で「プラグマティズム」といっても、それぞれの哲学者によって具体的な内容は違っている。それでも、環境問題とのかかわりの中で、共通の方向性のようなものは示すことが可能である。それをここでは大別して、二つの点を指摘しておきたい。

第一に指摘したいのは、自然を考えるとき、人間から切り離された自然を想定するのではなく、人間がたえず交渉し、人間の実践と関係している自然を取り扱うことである。人間と自然が実践において結びつくわけである。たとえば、パースは「プラグマティズムの格率」をこんな風に表現していた。

> ある対象の概念を明晰にとらえようとすれば、その対象が、どんな効果を、しかも行動に関係があるかもしれないと考えられる効果をおよぼすと考えられるか、ということをよく考察してみよ。そうすれば、こうした効果についての概念は、その対象についての概念と一致する。（『パース・ジェイムズ・デューイ』世界の名著59）

やや複雑な表現であるけれど、行動を介して、人間と対象とを相互に関連づけようとすることは、読み取ることができるだろう。こうして、自然を人間の実践との関係の内で考慮するという点から、プラグマティズムは自然を道具化する思想として、道具主義と表現されることもある。ただし、誤解すべきでないのは、目先の利益のために自然を道具化することではない。むしろ、人間と自然を切り離すことなく、その全体的連関のなかで捉える態度こそが、プラグマティズムの基本的な視点と言えるのだ。

第二に注目すべきは、プラグマティズムにとって理論を評価する基準が、その理論の実効性にあることである。この点も、「プラグマティズムの格率」から出てくることであるが、どんなに素晴らしい理論を形成したとしても、その理論が自然に対して有効に使えるようにならなければ、ほとんど意味がないのである。理論の真理性と実効性の関係をどう考えるか——これは重要な問題ではあるけれど、少なくともプラグマティズムにとって使いものにならない理論は、評価できないのである。

しかし、環境問題について考えるとき、どうして「プラグマティズム」が必要だったのだろうか。これを理解するには、「環境プラグマティズム」の前段階について、触れておかなくてはならない。

2 環境倫理学＝環境哲学1.0

ここで、環境プラグマティズムの前段階を表現するために、新たな用語を導入することにしたい。環境プラグマティズムは「環境哲学2.0」と位置づけることが可能なので、それに先立つ思想は「環境哲学1.0」と呼ぶことにしよう。

そこであらためて問い直せば、「環境哲学1.0」とはいったい何であり、そのどこが問題だったのだろうか。本書の序論において、次のように語られている。

> 30年が経とうとしている今、環境倫理学は奇妙な問題に直面している。一方でこの学問分野は、人間性と非人間的な自然世界との間の道徳的な関係性の分析という点で、大いに進展した。(…)。他方で、環境倫理学の領域が、環境政策の形成にどのような実践的な影響を与えたかを見て取るこ

とは難しい。環境哲学者たちの内輪向けの討論は、(…) いかなる現実的な影響も与えてこなかったように思われる。(本書1頁)

1967年に、科学史家のリン・ホワイトが『サイエンス』誌上で、「現在の生態学的危機の歴史的根源」を発表して以来、地球規模での環境問題が認識されるようになって、「環境倫理学」が形成された。その後、この「環境哲学1.0」は、アカデミズムの内部で活発な議論を展開したものの、1990年代には「奇妙な問題」に直面したわけである。それは、「環境倫理学（環境哲学1.0)」が、じっさいの環境政策に対して、ほとんど役に立たなかったことだ。そこで新たに提唱されたもの（「環境哲学2.0」）が、「環境プラグマティズム」なのである。

参考のため、「環境倫理学」が日本にいつ導入されたかといえば、おそらくヘーゲル哲学研究で著名な加藤尚武氏の『環境倫理学のすすめ』(1991年) からだろう。もちろん、「公害問題」はそれよりずっと以前から社会的に取り組まれていたが、「地球環境問題」を取り扱う環境倫理学が日本で始まったのは、ようやく90年代になってからと言ってよい。ちょうどその頃、シュレーダー・フレチェット編集の『環境の倫理』が1993年に邦訳され、私も含め多くの研究者たちが貪るように読んだのを記憶している。その意味で、『環境の倫理』は「環境哲学1.0」の基本文献の役割を果たしたと思う。

このとき、日本に環境倫理学が紹介された年代に注目してほしい。この学問が始まったアメリカでは、「環境倫理学」の問題点が指摘され、「ポスト環境倫理学」が模索されていたちょうどその頃、日本ではやっと、この学問の本格的紹介が始まったのである。少なくとも、この時点で20年は遅れている。このタイムラグについては、ぜひとも忘れないでいただきたい。

しかしながら、どうして「環境倫理学（環境哲学1.0)」は行き詰まったのだろうか。それに代わるもの（「環境哲学2.0」）として、環境プラグマティズムが提唱されるのはなぜなのか。

序論によれば、「環境哲学1.0」が実効性に乏しく、じっさいの環境政策に何ら影響を与えることができなかったからである。この点で、「環境哲学2.0」がどうして「プラグマティズム」を標榜するのか、明らかだろう。理論の実効性を最も重視するのが、プラグマティズムだからである。

とはいえ、どうして環境倫理学は、じっさいの環境政策には使えなかったのだろうか。その理論の、どこに問題があったのだろうか。

環境倫理学といっても、必ずしも一枚岩ではなく、その立場もさまざまである。しかし、リン・ホワイトの論文以降、環境破壊の原因を人間に見る点では、基本的に一致している。人間の利益にもとづいて、自然を支配する「人間中心主義」が、環境倫理学の主要なターゲットになっている。

この「人間中心主義」を批判するため、環境倫理学はいろいろな代案を提唱してきた。たとえば、「自然の内在的な価値」もその一つである。そのため、「生命への畏敬」が語られたり、「生態系（エコシステム）」が重視されたりした。極端な場合は、あらゆる生命が平等であるという「生命圏平等主義」や、環境のために人間の生命を犠牲にしてもよいとする「環境ファシズム」まで唱えられたのだ。グリーンピースやシーシェパードなどの、過激な環境活動家たちの行動を念頭に置けば、現在でも容易に理解できる。

ところが、環境倫理学のこうした主張を、じっさいの環境政策にどう反映させるかといえば、ほとんど方針が立たないのである。そのため、環境倫理学の主張も1970年代には魅力的に見えたのに、80年代になるとその輝きを失ってしまい、色あせたものになっていったのだ。「環境」にかんする学問として、環境倫理学はいったい何の役に立つのか分からなくなったわけである。

こうした状況のなかで提唱されたのが、「環境プラグマティズム」なのである。しかし、注意しておきたいのは、従来の「環境哲学1.0」では、「プラグマティズム」が環境保護に対立するとみなされたことだ。「プラグマティズム」は「道具主義」として、いわば人間中心主義の典型であり、環境破壊を推進するものと考えられていたのである。したがって、環境倫理学はプラグマティズムを批判することはあっても、擁護するなどあるはずがない、と想定されていたのだ。

したがって、環境プラグマティズム（「環境哲学2.0」）の登場は、環境倫理学（「環境哲学1.0」）の信奉者たちにとって、まさに想定外の事件だったと言えるかもしれない。それなのに、環境プラグマティズムは、多くの賛同者を獲得しながら、新たな環境哲学の中心的な役割を担うようになっていく。

3 環境プラグマティズムは何を主張するか？

では、「環境哲学2.0」としての環境プラグマティズムは、どんなことを主張するのだろうか。環境倫理学が直面した問題に、はたして有効な答えを提出できたのだろうか。

この問いには、もちろん本書全体が答えるはずなので、もしかしたら屋上屋を架すことになるかもしれない。それでも、全体はかなりの分量があり、一気に通読するのはかなり大変なので、読者の便宜を図って入門的な視点から補足しておきたい。

環境プラグマティズムとして、ここで確認しておきたいのは、三つの論点にわたっている。その一つは自然観であり、旧来の環境倫理学の自然観がどう転換されたのか、明らかにする。もう一つは道徳原理にかかわり、一元論から多元論への移行について、簡単に説明する。さらに三つめは実効性の問題を取り扱い、じっさいの環境政策にどう参加するか、考える。これら三つは、「環境哲学のプラグマティズム的転回とは何か」を理解するうえで、きわめて重要な問いと言えるだろう。以下において、それぞれ一つずつ取り上げることにしよう。

①環境プラグマティズムの自然観

まず、環境プラグマティズムの自然観について考えることにしよう。すでに明らかにしたように、「プラグマティズム」の基本的な立場は、人間と自然・環境とを分離せず、それぞれ独立した存在とは考えないことにある。この観点はもちろん、環境プラグマティズムでも貫かれている。たとえば、本書のパーカー論文では、次のように語られている。

> われわれは、どこまでも環境とつながっているのであり、また環境はわれわれとつながっているのだというこの教えは、環境に関するプラグマティズム的な思想のアルファでありオメガなのである。（本書42頁）

これを、デューイのプラグマティズムについて主題的に論じたのが、ヒックマン論文である。彼は、デューイの自然観を「文化としての自然」と呼び、次のように規定している。

デューイのプラグマティズムにとって、「自然は、人間との相互作用と無関係にそれ自体で成立するわけでも、人間を超えたものの思考においてあるわけでもない。(…) 自然は、何千年もの人類の歴史を通して、(…) 徐々に、そして入念に積み上げられてきた多面的な構成物なのだ。(本書65～66頁)

このように、自然を人間との連関のもとで理解するかぎり、環境倫理学によってしばしば主張された「自然の内在的価値」は、批判に晒されることになるだろう。その一方で、環境プラグマティズムが、極端な場合には、「人間中心主義」を唱えるように見えるのも、この自然観にもとづいている。
「人間中心主義」という言葉には、さまざまな意味を込めることができるので、誤解を招きやすいのだが、少なくとも「人間からまったく独立した自然」を批判する点では、環境プラグマティズムは一貫していると言ってもよい。

②道徳的多元論へ

つぎに、道徳原理について考えてみよう。ここで「原理」というのは、環境にかかわる行動を導くような「原理」であるが、問題となるのはそれが一つなのかどうか、という点である。
その原理をただ一つと考えると「一元論」、二つと理解すれば「二元論」、それ以上とみなせば「多元論」となる。ジェイムズの『多元的宇宙』という著作からも分かるように、プラグマティズムは基本的に、一元論を排して多元論を取っている。というのも、プラグマティズムは一つの原理から、演繹的に導出することを拒否するからである。
この路線は、環境プラグマティズムでも積極的に引き継がれている。たとえば、本書でも次のように語られている。

道徳的多元論の要請 (…) は、環境プラグマティズムという考え方の中心的特徴である。(序論5頁)
社会問題に対するプラグマティストの態度に影響を受けて、複数の原理を適用する環境倫理を素描することになる。(第6章131頁)

環境プラグマティズムによれば、旧来の環境倫理学は「AかBか」という二者択一の問題を設定し、いずれか一方を選択するように迫ったのである。たとえば、「人間中心主義か、非-人間中心主義か」とか、「自然の道具的価値か、自然の内在的価値か」という対立である。そのとき、環境倫理学はたいてい、前者を否定して後者を擁護した。こうして、環境倫理学は「非-人間中心主義」・「自然の内在的価値」といった道徳的一元論につき進んだわけである。

環境倫理学の道徳的一元論に対抗して、環境プラグマティズムは多様な価値の多元論を提唱することになる。この点は、本書の最後を飾る「ウェストンーカッツ論争」、そしてライトの総括論文を見れば、そのあたりの事情が了解できるだろう。ここでは、まさに「多元論」をどう理解するかをめぐって展開されているからだ。いかなるタイプであれ、多元論を取ることなくして、環境プラグマティズムは不可能である。

③どうすれば理論は使えるようになるか？

最後に、理論の実効性の問題に触れておくことにしよう。プラグマティズムにとって、理論が現実的に有効かどうかということは、その成立からずっと死活にかかわる問題であった。じっさい、ジェイムズは理論の真理性を測る基準として、「有用性」に言及したことがあった。

ただし、理論の真理性と有用性の関係をどう規定するかは、プラグマティズムの内部でも必ずしも一致しているわけではないが、少なくとも理論が現実に有効かどうかを抜きに、プラグマティズムを語ることはできない。プラグマティズムの訳語として、「実用主義」が使われたのも、使えるかどうかにかかわっていたからである。使いものにならない理論は、およそ意味がないと言ってもいい。

この原則を環境倫理学に適用すれば、どうなるのだろうか。現実の環境問題に対して、環境倫理学は有効な理論を提供できたのだろうか。本書の序論で、次のように述べられている。

> （環境倫理学の討論は、）環境科学者や実務家や政策立案者たちの審議にいかなる現実的な影響も与えてこなかったように思われる。環境倫理学内部の諸概念は（…）見たところ生気を欠いている。（本書1頁）

とすれば、無力な環境倫理学とは違って、現実的に有効な環境哲学を作るにはどうすればいいのだろうか。これが環境プラグマティズムの根本的な課題だったのである。そのため、本書の多くの論文で、理論がじっさいに有効かどうか、つまり現実的に使えるのか、が繰り返し議論されている。この観点から、たとえば、ノートンは具体的な環境政策において、環境プラグマティズムの理論として「収束仮説」を提唱している。

現実の環境問題にかかわる場合、それに関与する人々の考えや価値観は多様であり、しばしば対立することさえある。この状況で、旧来の環境倫理学のように価値の一元論を唱えれば、おそらく具体的な政策を実現できないだろう。それに対して、環境プラグマティズムは多元論の立場から、人々の価値観の対立を容認しつつ、しかも実践的な目的や具体的な環境政策の場面では、一致団結を提唱したのである。

ところで、この実効性については、理論がじっさいに役立つかどうか、という問題にとどまらない。さらには、過去の理論の再解釈にまでもかかわるのである。そのために、環境倫理学の父とされるアルド・レオポルドの環境思想が、あらためて検討されることになる。

レオポルドといえば、従来まで「自然の内在的価値」を主張する道徳的一元論者（つまり「環境哲学1.0」の代表的人物）として理解されてきた。この解釈が正しければ、おそらくレオポルドの環境思想は使いものにはならなくなるだろう。ところが、環境プラマティストによれば、レオポルドはプラグマティックな志向をもち、人間的な観点で自然を管理するという思想をもっていたのである。こうして、レオポルドの環境思想も、旧来の環境倫理学とは違って、現実的な有効性をもつわけである。

以上、環境プラグマティズムの主張について、三つの側面から解説したが、もちろんこれで網羅したわけではない。ここで取り上げたのは、その基本的な姿勢であって、個々の具体的な論点については、それぞれの論文にあたって確認していただければ幸いである。

4 環境哲学3.0に向けて

この解説を始めるさい、環境哲学の現状について、世界標準から見ると、日本の状況を「二周遅れ」と表現した。その理由は、日本では「環境哲学

1.0」である環境倫理学は紹介されたけれど、それ以後の議論がほとんど進んでいないからである。環境保護思想と言えば、一般的にはいまだに牧歌的な自然生活を提唱するようなアナクロニズムと誤解されることがある。産業主義を否定し、動植物との素朴な触れ合いを求めることが、環境保護主義だとみなされている。

しかし、環境倫理学が始まっておよそ30年を迎えるころ、環境保護主義は大きく転換し、「環境哲学2.0」として環境プラグマティズムが台頭してきたのである。ところが、日本では、1990年代のこの潮流が一般的にはほとんど紹介されなかったこともあって、環境保護思想の変化について、いまだに知られていないのだ。

したがって、本来ならば、この翻訳はもっと早くお届けして、その論争がじっさいに展開されているときに、紹介すべきであったのだろう。ところが、原著が出版された1990年代から、社会的状況は再び大きく変わったのである。環境問題の主要テーマが転換したのである。当然、環境に関する哲学もまた、変わり始めている。環境プラグマティズムを「環境哲学2.0」とするならば、今日では「環境哲学3.0」が必要になっているのではないだろうか。

今日、「環境哲学3.0」が必要とされているのに、日本の環境哲学は2つ前のバージョン「環境哲学1.0」のままなのである。日本の状況を「2周遅れ」と表現したのは、まさにこの状況を言い表すためだったのだ。

しかしながら、「環境哲学3.0」の課題を考えるためには、環境プラグマティズムは無視できないのである。環境プラグマティズムの議論を踏まえて、「環境哲学3.0」がどこに向かうのか、展望してみたい。

まず、自然観の変化について考えてみよう。環境プラグマティズムの基本的な視点は、人間の活動と自然環境のあり方を、切り離すことなく一体的に捉えることである。この視点は、今日の地球温暖化問題を考えるときも重要なヒントになるだろう。IPCCの第4次報告書では、温暖化という自然環境の変化が、人間の活動と密接にかかわっていることが表明されている。

また、オゾンホールの解明でノーベル賞を受賞したパウル・クルッツェンは、最近「人新世（Anthropocene）」という考えを打ち出して、自然に対する人間の関与の影響を強く主張している。たとえば、2002年の『ネイチャー』誌に掲載された「人間の地質学」で次のように述べている。

過去の3世紀で、人間が地球環境におよぼす影響力が高まった。二酸化炭素を人間が排出したために、世界の気候は、これからの何千年、自然な運行からとてつもなく逸れていくだろう。現在の、多くの点で人間が支配する地質時代に「人新世」という言葉をあてがうのは、適したことのように思われる。それはこれまでの1万年から1万2000年の温暖な時代である完新世にとってかわる。

IPCC報告書や「人新世」という概念が、どこまで妥当かどうかは別にしても、人間の活動と自然の変化を一体的に捉える観点は、環境プラグマティズムが強調してきた自然観でもあった。とすれば、今日の「環境哲学3.0」を構想するためには、環境プラグマティズムを無視できないのである。

地球温暖化問題のほかに、今日きわめて重大なテーマとなっているのは、環境リスクの問題であろう。その中でもとくに、原子力発電所をめぐる環境リスクは、もっとも中心的な問題と言ってもよい。チェルノブイリ（1986）やスリーマイル島（1979）、そして東日本大震災（2011）における福島の原発事故を経験した人間にとって、原子力発電所や核廃棄物処理は、緊急の問題となっている。それに対して、どのようなアプローチが可能なのであろうか。

このとき確認しておくべきは、人々の考えや価値観の多様性であり、どれか一つだけの道徳的一元論は通用しないことである。さまざまな人々の利害や立場、ライフスタイルの多様性を認めながら、現実の環境リスクをいかに取り除くかという点で、問題解決を図っていかなくてはならない。これはまさに、環境プラグマティズムが提唱した思想だったのである。

とすれば、今日の「環境哲学3.0」を構想するには、環境プラグマティズムで議論された問題を、じっくりと検討しておく必要があるだろう。もちろん、環境プラグマティズムによって環境問題がすべて解決された、などと考えるのは間違いである。環境プラグマティズムが残した問題は少なくはない。それでも、環境理論の有効性を求めて、環境哲学を刷新した試みは、大いに評価しなくてはならない。その試みは、私たちが「環境哲学3.0」を構想するときも、役立つはずである。

さらに言えば、「環境哲学3.0」を考えるとき、環境科学や環境経済学をはじめとして、他の学問分野との領域横断的な研究も必要になるだろう。日本では、「環境哲学1.0」の影響のため、「環境保護主義」はともすると感情的な意見に傾きがちであった。しかしながら、地球環境の持続可能性を理解するには、科学的方法とともに経済的な視点も導入しなくてはならない。そして、まさにこうした考えを環境哲学に導入したのが、環境プラグマティズムであった。そうした問題意識を示すものとして、ここでは本書の執筆者でもあるブライアン・ノートンが出版した大著『持続可能性』(2005) を挙げておきたい。

5　本書のトリセツ

本書の構成について、簡単に触れておくことにしよう。

目次を見ていただければ分かるように、本書は序論から始まって、全体として17の論文から構成されている。それぞれの論文は、テーマも論じ方も多様であって、必ずしも統一されていない。論文内部で細かく番号をふって区切っているものもあれば、ほとんど区切りもつけず、議論しているものもある。長さもまちまちで、短いものは数ページで終わるものもあれば、長大な論文もある。

この外観からすると、一冊の本というより、雑誌と考えた方がいいかもしれない。しかし、外見的な形式は不ぞろいであっても、編集者の意図のもとで、全体として「環境プラグマティズムとは何か」がおよそ理解できるようになっている。この点では、論集とはいえ、明確な方向性をもった一つの本と取り扱うことができる。したがって、読者としては、外見上の不統一に惑わされることなく、著作としてのメッセージをぜひ読み取っていただきたい。

そこで、全体の内容について、どんなことが論じられているか、明らかにしておこう。これについては、序論でも書かれているが、それとは違った観点から説明しておきたい。いわば簡単な読書案内として読んでいただきたい。

全体はまず、序論から始まり、4部構成になっている。序論では、二人の編集者ライトとカッツが、「環境プラグマティズム」がどうして必要なのか、今までの環境倫理学の問題点を明らかにしながら、コンパクトにまとめている。そのため、「環境プラグマティズムとはどんなものか」、ともかく急いで知りたい人にはこの序論だけでも読むことをおススメする。

次に第Ｉ部であるが、ここではアメリカの「古典的なプラグマティズムと環境思想」が論じられる。具体的には、パースから始まって、ジェイムズ、デューイ、ミードと続くプラグマティズムが、どうして環境思想として再評価できるのか、それぞれの哲学者に対する新たな理解を交えながら、説明されるのである。また、レオポルドの土地倫理に対する、ノートンの新たな解釈も見逃せない。レオポルドをプラグマティストと位置づける解釈は、その後に大きな影響を及ぼした。

第Ⅱ部は、「環境プラグマティズムの実践論」とでも名付けることができるだろう。ノートンとウエストンとライトという、環境プラグマティズムの最も中心的な哲学者たちが、環境政策に対していかなる有効な戦略を打ち立てるのか、論争的に議論している。この部分は、内容的には本書の中心をなす、と言ってもいい。環境プラグマティズムの主張を詳細に検討したいときは、第Ⅱ部をじっくり読み解かなくてはならない。逆に言えば、手っ取り早く環境プラグマティズムの特徴を知りたい人は、ここは後回しにした方がいいかもしれない。かなり本格的な論文なので、この手の論文になれていないと、途中で躓くことにもなる。

第Ⅲ部は、具体的な環境問題に分け入って、環境プラグマティズムをじっさいにどう進めていくか、詳細に論じられる。読者はおそらく、それぞれの論文で問題になっている事例について、あまり知らないかもしれない。そのときは、訳注などを参考にして、議論の背景などを理解すれば、多方面にわたる細かな内容にも、興味が持てるのではないだろうか。環境プラグマティズムは、机上の一般論ではなく、具体的な実践活動に向けられた理論であるから、この部で問題になる個々の政策にも、注意が払われなくてはならない。それでも、理論として環境プラグマティズムを知りたいときは、この部は後で読むことも可能である。

第Ⅳ部は、この書の中で最もスリリングな部分である。環境プラグマティズムを提唱したウエストンの初期の論文と、それに対するカッツの批判は、本書のなかで最も面白い論争になっている。相互のリプライの後で、ライトによる論争の総括、そして新たな環境プラグマティズムの提唱という流れは、本書全体の白眉をなしている。この論争を読むだけでも、本書の価値はあると言っていい。

そこで、本書の読み方として私が個人的におススメするのは、まず序論を読んで環境プラグマティズムがどのようにして形成されたのか頭に入れた後で、第Ⅳ部の論争と総括に移り、環境プラグマティズムの問題点を確認することだ。つぎに第Ⅱ部を読んで、それぞれの哲学者の議論をじっくりと読み解くのがいい。第Ⅰ部と第Ⅲ部は、興味ある哲学者や具体的問題から入るのをおススメする。もちろん、これは一つの読み方であって、他の読み方も可能である。ただ、大部の本でもあり、論集ということもあって、最初からずっと読み進めなくてはならないわけではない。面白そうな論文から読んでいただけたら、監訳者としては幸いである。

6　環境プラグマティズムの参考文献について

本書を読むための参考文献について、ブックガイド風に触れておくことにしょう。まず、環境哲学1.0について一つだけご紹介するとすれば、その歴史的な展開にそってコンパクトにまとめたロデリック・F・ナッシュの『自然の権利』（松野弘訳）がおススメである。アメリカで始まった環境倫理学という学問が、文明史的な観点から整理されているので、環境プラグマティズム以前の状況を知るだけでなく、環境哲学2.0が新たに主張される背景をも理解できるだろう。

つぎに、環境プラグマティズムの参考文献であるが、本書の編集者であるライトの邦訳論文「方法論的プラグマティズム・多元主義・環境倫理学」（斎藤健訳）が『応用倫理——理論と実践の架橋』（Vol.1）から刊行されている。これはWeb版もあるので、簡単に読むことができる。また、本書の執筆者の一人トンプソンの『<土>という精神』（太田和彦訳）が刊行されている。この原著は、ラウトリッジ社の本書と同じシリーズ「環境哲学」の一冊として出版されているので、環境プラグマティズムの具体的な主張をより詳しく知るには、おススメである。

本訳書以前に、環境プラグマティズムについて精力的に紹介した重要な文献について、若干掲載しておこう。まず、環境プラグマティズムの重要性を日本で早い時期に注目した論文は、白水士郎「環境倫理学はどうすれば使いものになるか——「環境プラグマティズム」の挑戦」（『倫理学サーベイ論文集1』に収録）である。また、同じ著者（本書の訳者の一人）の「環境プラグマティズムと新たな環境倫理学の使命——「自然の権利」と「里山」の再解釈へ向けて」（『岩波　応用倫理学講義（2）環境』所収）も参照していただきたい。

また、本書の訳者の論文として、吉永明弘「「環境倫理学」から「環境保全の公共哲学」へ――アンドリュー・ライトの諸論を導きの糸に」(『公共研究』第5巻第2号)および、寺本剛「環境倫理学の二極化とブライアン・ノートンの環境プラグマティズム」(『応用倫理――理論と実践』Vol.2)を紹介しておきたい。いずれもWeb上で読むことができるので、ライトやノートンの議論を広い文脈から理解するには必読のものである。

この場をかりて、私と環境プラグマティズムとのかかわりについて、その一端を書かせていただきたい。

私は2002年に『異議あり!生命・環境倫理学』を出版したが、それは従来の生命倫理学と環境倫理学に対する異議申し立てをおこなったものである。その当時、私は環境プラグマティズムとはまったく独立した形で、旧来の環境倫理学を批判したのだが、私の主張に対する反発は意外と大きかったように記憶している。今から考えると、2002年の著作は、環境プラグマティズムの主張として展開することもできただろう。そうした形で叙述していたら、もしかしたら学会での反発も少なかったかもしれないが、いずれにしても当時の日本のアカデミズムは、まだ環境哲学1.0が優勢であったように思われる。

私が、「環境プラグマティズム」を著作の中で本格的に紹介したのは、『ネオ・プラグマティズムとは何か』(2012年)であるが、その中で環境プラグマティズムをアメリカで進行中のネオ・プラグマティズム運動の一環として位置づけたのである。その前年、『政治経済学の規範理論』(田中愛治監修、須賀晃一・斎藤純一編)に、「環境保護は経済と対立するか:環境倫理学の展開」という論文を寄稿して、環境プラグマティズムを紹介しつつ、環境保護と経済との関係について新たな視点を導入している。この視点は、環境哲学3.0を考えるうえで、重要になるかもしれない。

さて最後になるが、「環境哲学3.0」についても触れておこう。それについては、2018年に出版された『未来の環境倫理学』が、問題を考えるときの糸口を与えてくれるだろう。また、環境哲学の最近の動向を知るには、雑誌『環境倫理』(吉永明弘・山本剛史・寺本剛・熊坂元大編集)が好便である。その編集には、本書の訳者たちも携っている。

さらに、『環境倫理』第2号でも紹介されているが、環境倫理学の現状を世界的な観点から理解したい人には、オクスフォード大学出版から2016年に刊行された『環境倫理学のハンドブック』(*The Oxford Handbook of Environmental Ethics*, S.M.Gardiner & A.Thompson (eds)) をおススメしたい。残念ながら、まだ邦訳はないので手軽に読めるわけではないとしても、その全体を眺めてみると、重大な特徴が分かるだろう。全体のトーンとして、執筆者だけでなくその内容にしても、環境プラグマティズムの主張が随所に採用されていることだ。1990年代には環境プラグマティズムは新興勢力にすぎなかったが、今日では環境哲学の中心に位置するようになったのである。

こう考えると、本書の出版は二遅れとはいえ、決して時代遅れになってはいない。本書を機縁にして、今までの周回遅れを取り戻し、環境哲学が活発に議論され使えるようになることを心から願っている。

文献

上山春平編『パース　ジェイムズ　デューイ』(世界の名著48) 中央公論社、1968年

White Jr.,Lynn “The Historical Roots of Our Ecological Crisis” *Science*, 155,1967. (『機械と神』みすず書房所収)

加藤尚武『環境倫理学のすすめ』丸善ライブラリー、1991年

シュレーダー＝フレチェット、K・S『環境の倫理』(全二巻) 京都生命倫理研究会訳、晃洋書房、1993年

Crutzen, Paul J. “Geology of Mankind,” *Nature*, 415, 2002.

Norton, Bryan *Sustainability: A Philosophy of Adaptive Ecosystem Management*, University of Chicago Press,2005.

ナッシュ、ロデリック・F『自然の権利：環境倫理の文明史』松野弘訳、ちくま学芸文庫、1999年

ライト、アンドリュー「方法論的プラグマティズム・多元主義・環境倫理学」斎藤健訳、『応用倫理：理論と実践の架橋』Vol.1、北海道大学大学院文学研究科応用倫理研究教育センター、2009年

トンプソン、ポール・B『〈土〉という精神：アメリカの環境倫理と農業』太田和彦訳、農林統計出版、2017年

白水士郎「環境倫理学はどうすれば使いものになるか―「環境プラグマティズム」の挑戦―」『倫理学サーベイ論文集I』京都大学文学研究科倫理学研究室、2000年

白水士郎「環境プラグマティズムと新たな環境倫理学の使命―「自然の権利」と「里山」の再解釈へ向けて」『岩波　応用倫理学講義 (2) 環境』岩波書店、2004年

吉永明弘「「環境倫理学」から「環境保全の公共哲学」へ―アンドリュー・ライトの諸論を導きの糸に」『公共研究』第5巻第2号、千葉大学
寺本剛「環境価値の二極化とブライアン・ノートンの環境プラグマティズム」『応用倫理―理論と実践』Vol.2、北海道大学大学院文学研究科応用倫理研究教育センター、2010年
岡本裕一朗『異議あり！生命・環境倫理学』ナカニシヤ出版、2002年
岡本裕一朗『ネオ・プラグマティズムとは何か：ポスト分析哲学の新展開』ナカニシヤ出版、2012年
岡本裕一朗「環境保護は経済と対立するか：環境倫理学の展開」、田中愛治監修／須賀晃一／斎藤純一編『政治経済学の規範理論』勁草書房、2011年
吉永明弘／福永真弓編『未来の環境倫理学』勁草書房、2018年
吉永明弘／山本剛史／寺本剛／熊坂元大編集『環境倫理』Vol.2、2019年
Gardiner, Stephen M.and Thompson Allen eds.*The Oxford Handbook of Environmental Ethics,* Oxford UP, 2016

あとがき

田中朋弘

この翻訳企画は、足掛け5年ほどのプロジェクトである。ただし、監訳者である岡本と田中の間で本書の企画が話題になったのはそれよりもさらに前のことで、岡本が『ネオ・プラグマティズムとは何か——ポスト分析哲学の新展開』（ナカニシヤ出版、2012年）を出版した頃のことである。この本の中で岡本は、最後の一章を割いて環境プラグマティズムについて詳しく論じている。当時日本語の単行本で、*Environmental Pragmatism*という本を岡本の著作ほど詳しく論じたものはほとんどなかった。それを読んだ田中との会話の中で、この本は翻訳されるべきだという点で意見が一致したのである。

その後2014年11月ごろから具体的に動き始め、これまで付き合いのあった出版社のいくつかに二人で当ってみたが、なかなか事はうまく運ばなかった。だがその後、岡本の尽力により慶應義塾大学出版会に企画を引き受けていただけることになった。そして、2017年12月には各訳者に正式な依頼をして、監訳者二人＋訳者九人＋編集者一人による共同作業がスタートした。それぞれの論者や分野の内容に精通している研究者に翻訳をお願いすることができたと思う。

『哲学は環境問題に使えるのか——環境プラグマティズムの挑戦』という邦題については、あえて*Environmental Pragmatism*という原書タイトルそのままではないものにした。監訳者解説で岡本が指摘するように、「環境プラグマティズム」という概念が存在すること自体が、——それが哲学や倫理学の概念であることはもちろん——まだ日本の一般的な読者には知られていないと判断したためである。そこで、本書全体を通した環境プラグマティズムからの重要なメッセージは、「**哲学**は**環境問題**にとって**使いものになるの**

か」という問いに答えることにあると解釈して、その意味合いを積極的に邦題に取り入れることにした。そこには、狭い意味での専門家だけではなく、環境問題に関心を持つ様々な立場の人たちにも広く読んでいただきたいという気持ちも込められている。

本書は、それぞれに関係はあるが独立した論文を集めた「論文集」である。そこで、訳語や文体については、できるだけ元の論文と訳者ごとの文体を尊重するという方針をとっている。ただそうは言っても、環境プラグマティズムの議論において鍵となる概念や、相互に言及されている頻出用語などもあるので、それらについてはある程度の表現上の統一を図っている。例えば、「内在的（intrinsic）」、「固有の（inherent）」、「使いものになる（workable）」という形容詞や、「人間中心主義（anthropocentrism）」と「非‐人間中心主義（non-anthropocentrism）」、「行動主義（activism）」、「環境保護主義（environmentalism）」、「有感主義（sentientism）」、「体験（lived experience）」という用語などがそれにあたる。

翻訳に際しては、できるだけ日本語として自然に理解できる訳文にすることを心掛けた。しかし、元の文章そのものが高度に抽象的で専門的であったり、逆に簡略すぎてそのまま訳すと意味が分かりにくかったりするような場合、思い切って意訳している箇所も多々ある。こうした方針にしたがって、例えば第7章のウェストン論文のタイトルは、「原初段階にある環境倫理学」として、原題そのままではなく内容を反映したものになっている。さらに、意訳などでも対応しにくいと思われる箇所には、本文中に簡潔な訳注を追加するか、章末に長めの訳注を追加することにした。なお、哲学や倫理学にあまりなじみのない方にも本の内容をより理解してもらいたいと思い、基本的な用語のいくつかについて簡潔に解説したファイルを出版社のWebで公開している。併せてご利用いただければ幸いである。

原書の内容について、著者に問い合わせて意味がわかったところもある。たとえば序論（本書7頁）で「さらに、論文のほとんどがこの本のために特別に書かれた原著であることにも注意を促しておきたい」と書かれているが、この本を読むと、実際には半分近くが最初は学術雑誌等に発表されている。この記述には違和感があった。アンドリュー・ライト氏にこの点について尋ねたところ、「謝辞」に書かれているように、まず学会での研究集会の企画から始まり、それぞれが行った口頭発表を雑誌論文として公表したのち、それらを本書に収録したが、それらの流れ全体が、この本のために行われていたということであった。

以下に、この翻訳書を刊行するにあたって様々な形でお世話になった方々に、お礼申し上げたい。まず、出版情勢の極めて厳しい折に、本書の企画を引き受けて下さった慶應義塾大学出版会の永田透氏に厚くお礼を申し上げたい。永田氏の粘り強い伴走がなければ、この訳書は完成に至らなかった。おかげで二年間にわたって、都合十回以上の打ち合わせ会議を重ねて、監訳者と編集者の間で緊密な意思疎通をはかることができた。

こうした打ち合わせ会議のほぼすべてにおいて、田町にある熊本大学の東京オフィスを利用させていただいた。この点について、熊本大学の関係諸氏にお礼申し上げたい。また、翻訳を進めるにあたって、しばしば英語の用法についての疑問が生じたが、テリー・ラスカウスキー先生（Terry Laskowski, Professor, Kumamoto University）に何度も助けていただいた。わたしからの質問に、テリー先生はいつも迅速かつ明快にお答えくださり感謝に堪えない。

そして最後に一つだけ個人的な謝辞をお許しいただきたい。翻訳作業が大詰めを迎えたときに家族が入院することになって、桜が丘病院（熊本市）の桂木正一先生と看護師の皆さまにとても手厚く助けていただいた。そのお陰で何とか最後までたどり着くことができたことに、心より御礼申し上げたい。

令和元年八月

『哲学は環境問題に使えるのか』基本用語集
http://www.keio-up.co.jp/tkt2019/

人名索引

【ア行】

【カ行】

【サ行】

【タ行】

【ナ行】

【ハ行】

【マ行】

【ラ行】

【ワ行】

事項索引

【ア行】

【カ行】

【サ行】

【タ行】

【ナ行】

【ハ行】

【マ行】

【ヤ行】

【ラ行】

著者紹介（＊著者情報は、原著刊行当時のままであるが、各紹介の最終行は、訳者が確認できた現時点での情報を加えた。）

［編著者］

アンドリュー・ライト（Andrew Light）［序論、第8、17章］

アルバータ大学の環境健康プログラム（Environmental Health Program）の研究員であり、哲学の兼任教授。技術哲学、環境哲学、マルキシズムの政治理論に関するたくさんの論文がある。加えて近刊 *The Environmental Materialism Reader* および *Anarchism, Nature, and Society: Critical Perspectives on Social Ecology* の編者である。彼はまた年１回発行される雑誌 *Philosophy and Geography* の共同編集者である。
現在は、ジョージ・メイソン大学の教授であり、また、世界資源研究所（World Resources Institute）の気候プログラムの特別上級研究員でもある。

エリック・カッツ（Eric Katz）［序論、第15，16章］

ニュージャージー工科大学における技術と社会プログラムのディレクターである。彼はそこで環境哲学、環境倫理学および技術哲学を教えている。カッツは、24本以上の論文と並んで、環境倫理学の領域に関する二つの包括的な注釈付きの書誌の著者である。最近彼はラウトリッジ社のために、『深い緑：ディープ・エコロジー哲学への批判的入門』という、ディープ・エコロジーに関する本を完成させた。
『環境倫理学』誌の書評編集者を長く務めた他（1996—2014年）、国際環境倫理学会（ISEE）の創設時の副代表も務めた。現在は、ニュージャージー工科大学の哲学教授、同大人文学部の学部長。専門分野は環境倫理学、科学・技術倫理、ホロコースト研究。

［執筆者、掲載順］

ケリー・A・パーカー（Kelly A. Parker）［第１章］

ミシガン州アレンデールにあるグランドバレー州立大学の哲学および一般教養教育プログラムで教えている。主要な研究関心はアメリカ哲学。環境哲学のほかに、もっぱらチャールズ・S・パースの哲学についての著作がある。
現在は、グランドバレー州立大学の哲学教授、および環境学プログラムのディレクターを務めている。

サンドラ・B・ローゼンタール（Sandra B. Rosenthal）［第２章］

ニューオリンズのロヨラ大学の哲学教授である。米国のプラグマティズムに関する100を越す論文を執筆しているのに加えて、彼女はその領域で7冊の本の著者、あるいは共著者である。彼女はチャールズ・パース協会（Charles Peirce Society）や米国哲学振興協会（the Society for the Advancement of American Philosophy）の会長を務めてきた。ローゼンタールは米国哲学会東地区の執行委員会のメンバーでもあった。そして現在（本書出版当時）は米国形而上学協会の会長である。
現在はロヨラ大学を退職している。

ロージーン・A・バックホルツ（Rogene A. Buchholz）［第２章］

ニューオリンズのロヨラ大学のビジネスエシックスのLegendre-Soule教授である。バックホルツ教授による論文は、とりわけ *Journal of Management Studies* や *Industrial and Labor Relations Review*、*Harvard Business Review* や *the Journal of Business Ethics* に発表されている。彼はビジネスと公共政策、ビジネスエシックス、環境の領域における9冊の本の著者である。彼は、経営学部の経営学部門における社会問題部門の長であった。
2002年にロヨラ大学を退職しており、現在は名誉教授である。

ラリー・A・ヒックマン（Larry A. Hickman）［第3章］

デューイ研究センター（Center for Dewey Studies）の所長およびカーボンデールにある南イリノイ大学の哲学教授である。アメリカのプラグマティズムおよびテクノロジーの哲学についての多数の論文に加えて、*Modern Theories of Higher Level Predicates*および*John Dewey's Pragmatic Technology*の著者でもある。ヒックマンは、*Technology and Human Affairs*の共同編者、および*Technology as a Human Affair*の編者である。
2015年までデューイ研究センターの所長を務め、現在は南イリノイ大学名誉教授である。

アリ・サンタス（Ari Santas）［第4章］

ジョージア州にあるヴァルドスタ州立大学の哲学の助教授であり、応用倫理学、アメリカのプラグマティズム、哲学史を教えている。彼は、専門職倫理・応用倫理センター（CPAE：The Center for Professional and Applied Ethics）のコーディネーターであり、インターネット上の電子討論集団であるCPAEのリスト・マネージャーである。
現在はヴァルドスタ州立大学の哲学教授である。

ブライアン・G・ノートン（Bryan G. Norton）［第5章、第6章］

ジョージア工科大学公共政策研究科の哲学教授である。世代間の公平性、持続可能性論、生物多様性政策についての著作がある。*Why Preserve Natural Variety?*や*Toward Unity Among Environmentalists*の著者であり、*The Preservation of Species*の編者、*Ecosystem Health: New Goals for Environmental Management*や*Ethics on the Ark*の共編者である。ノートンは生態系評価フォーラム（the Ecosystem Valuation Forum）やリスク評価フォーラム（The Risk Assessment Forum）（アメリカ合衆国環境保護庁（US EPA））をはじめとして数多くの委員会で委員を務めている。
現在はジョージア工科大学公共政策研究科の名誉教授である。

アンソニー・ウエストン（Anthony Weston）［第7章、第14章、第16章］

ノースカロライナのイーロンカレッジで哲学と学際的研究を教えている。彼は、以前はニューヨーク州立大学ストーニーブルック校やニュースクールフォーソーシャルリサーチの成人教育部門で教えていた。そしてノースカロライナのラレーにある彼の娘の幼稚園でも教えていた。彼は*A Rulebook for Arguments*や*Toward Better Problems*やもっとも最近ではBack to Earthの著書を著している。彼はまた、環境倫理学と同様に、教育の哲学、倫理学と価値論、技術の哲学においても多くの論文を発表している。
現在はイーロン大学哲学教授である。

ポール・B・トンプソン（Paul B. Thompson）［第9章］

テキサスA＆M大学の哲学と農業経済学の教授である。多くの著書のある彼の最新作は、*The Spirit of the Soil: Agriculture and Environmental Ethics*（Routledge, 1995）である。本書に収録した論文に関する研究は、トンプソンが1994年から1995年までの間プログラムフェローとして在籍していたイエール大学の農村社会研究プログラムによる助成を受けたものである。
現在は、ミシガン州立大学の哲学科教授である。

エドワード・シアッパ（Edward Schiappa）［第10章］

ミネソタ大学コミュニケーション研究学部の准教授である。古典的および現代的言語の原理に関する彼の研究は、*Philosophy and Rhetoric, Ancient Philosophy, American Journal of Philology and Argumentation*等の研究雑誌に掲載されている。シアッパは、*Protagoras and Logos: A Study in Greek Philosophy and Rhetoric*を出版し、また*Warranting Assent: Case Studies in Argument Evaluation*を編集した。
現在は、マサチューセッツ工科大学人文芸術社会科学部の比較メディア研究／著述学科（Department of Comparative Media Studies/Writing）の教授である。

エメリー・N・キャッスル（Emery N. Castle）［第11章］

オレゴン州立大学大学院経済学部の教授である。彼は数多の論文を著し、また資源と環境経済学および環境政策に関する書籍の編集を行った。1975年から1985年の間、キャッスルはワシントンD.C.に拠点を置く公共政策研究所「未来のための資源」（Resources for the Future）の副所長（後に所長）を務めた。1987年からは、ケロッグ財団（W. K. Kellogg Foundation）から資金援助を受け、アメリカの農業問題に関する研究に携わる学際的研究グループ「全米農業研究委員会（the National Rural Studies Committee）」の会長を務めた。
オレゴン州立大学名誉教授。2017年10月31日逝去。

デイビッド・ローゼンバーグ（David Rorhenberg）［第12章］

ニュージャージー工科大学の哲学准教授であり、STSプログラム（Program in Science, Technology and Society）の事務局長代理である。研究雑誌*Terra Nova: Nature and Culture*の編者であり、*Hand's End: Technology and the Limits of Nature*の著者である。ローゼンバーグは、最近出版された、ウィルダネス（Wilderness）の意味を批判的に検討した論文集*Wild Ideas*を編集した。
現在は、ニュージャージー工科大学の哲学・音楽学の名誉教授である。

スーザン・J・ギルバーツ（Susan J. Gilbertz）［第13章］

テキサス農工大学言語コミュニケーション学科の上級講師である。彼女は、紛争交渉と説得の理論を専門としている。彼女は現在、景観の文化的解釈に重点を置きながら地理学博士号の取得を目指している。
現在は、モンタナ州立大学ビリングズ校の地理学准教授である。

ターラ・ライ・ピーターソン（Tarla Rai Peterson）［第13章］

言語コミュニケーションの文学修士号と学際的な博士号を取得している。彼女は、テキサス農工大学言語コミュニケーション学科の准教授である。彼女は、政策決定への国民の参加に対する影響に焦点を合わせながら、環境をめぐる紛争への言葉巧みな批判を行っている。
現在は、テキサス大学エル・パソ校のコミュニケーション学教授である。

ゲーリー・E・ヴァーナー（Gary E. Varner）［第13章］

テキサス農工大学の哲学助教授である。彼は、環境倫理学、動物の権利、環境法の哲学的基礎における概念的、規範的問題に関する20本以上の論文の著者である。彼は現在、*In Nature's Interests? Interests, Animal Rights, and Environmental Ethics*という題名が付けられた本の原稿を書き上げるまであと一歩にこぎつけた。彼は、アメリカ法曹協会（American Bar Association）付属のNational Judicial Collegeからコロンバス動物園に及ぶ様々な場所での公開討論会において関連する主題について講演を行ってきた。
現在は、テキサス農工大学の哲学教授である。

［監訳者］

岡本裕一朗（おかもと　ゆういちろう）［監訳、解説担当］

玉川大学文学部名誉教授。九州大学大学院文学研究科単位取得退学、博士（文学）九州大学。［専門分野］哲学・倫理学。［主要業績］『異議あり!生命・環境倫理学』（単著、ナカニシヤ出版、2002年）、『ネオ・プラグマティズムとは何か』（単著、ナカニシヤ出版、2012年）

田中朋弘（たなか　ともひろ）［監訳、序論担当］

熊本大学大学院人文社会科学研究部教授。大阪大学大学院文学研究科単位取得退学、博士（文学）大阪大学。［専門分野］哲学・倫理学。［主要業績］『職業の倫理学』（単著、丸善出版、2002年）、『文脈としての規範倫理学』（単著、ナカニシヤ出版、2012年）

［訳者］

大石敏広（おおいし　としひろ）［第12章、第13章担当］

北里大学一般教育部教授。大阪大学大学院文学研究科博士後期課程単位修得退学、博士（文学）大阪大学。［専門分野］哲学・倫理学。［主要業績］『技術者倫理の現在』（単著、勁草書房、2011年）、「ブライアン・ノートンの収束仮説と説得の倫理学」（『倫理学年報』第65集、日本倫理学会、2016年）

樫本直樹（かしもと　なおき）［第9章担当］

産業医科大学医学部学内講師。大阪大学大学院文学研究科博士後期課程修了、博士（文学）大阪大学。［専門分野］倫理学。［主要業績］『自己陶冶と公的討論：J.S.ミルが描いた市民社会』（大阪大学出版会、2018年）、「高齢者医療と認知症」（霜田求編『テキストブック生命倫理』第7章、法律文化社、2018年）

紀平知樹（きひら　ともき）［第2章、第7章担当］

兵庫医療大学共通教育センター教授。大阪大学大学院文学研究科博士後期課程修了、博士（文学）大阪大学。［専門分野］哲学・倫理学。［主要業績］「環境アイコンの生成と価値の調整」（『倫理学研究』48巻、関西倫理学会、2018年）、「応用倫理学　生活の中に潜む倫理的問題」（伊藤邦武・藤本忠編著『哲学ワールドの旅』第13章、晃洋書房、2018年）

小柳正弘（こやなぎ　まさひろ）［第4章担当］

沖縄国際大学総合文化学部教授。熊本大学大学院社会文化科学研究科博士後期課程修了、博士（学術）熊本大学。［専門分野］哲学（社会哲学、倫理学、障害と支援／ケア）。［主要業績］『自己決定の倫理と「私-たち」の自由』（単著、ナカニシヤ出版、2009年）、「〈風土のエチカ〉のために―「環境」問題とオキナワ」（笠松幸一・K.A.シュプレンガルト編著『現代環境思想の展開：21世紀の自然観を創る』第5章、新泉社、2004年）

白水士郎（しろうず　しろう）［第14章、第15章、第16章担当］

近畿大学文芸学部文化・歴史学科准教授。京都大学大学院文学研究科博士課程学修退学、修士（文学）京都大学。［専門分野］現代倫理学。［主要業績］「生命・殺生：肉食の倫理、菜食の論理」（鬼頭秀一、福永真弓編著『環境倫理学』第3章、東大出版会、2009年）、「環境プラグマティズムと環境倫理学の新たな使命：「自然の権利」と「里山」の再解釈に向けて」（丸山徳次編『岩波　応用倫理学講義〈2〉環境』岩波書店、2004年）

寺本剛（てらもと　つよし）［第5章、第6章担当］

中央大学理工学部准教授、中央大学大学院文学研究科博士後期課程修了、博士（哲学）中央大学、［専門分野］哲学・倫理学、［主要業績］「放射性廃棄物と世代間倫理」（吉永明弘・福永真弓編著『未来の環境倫理学』第3章、勁草書房、2018年）、「環境価値の二極化とブライアン・ノートンの環境プラグマティズム」（『応用倫理：理論と実践の架橋』vol.2、北海道大学大学院文学研究科応用倫理研究教育センター、2009年）

苫野一徳（とまの　いっとく）［第1章、第3章担当］

熊本大学大学院教育学研究科准教授。早稲田大学大学院教育学研究科博士課程修了、博士（教育学）早稲田大学。［専門分野］哲学・教育学。［主要業績］『「自由」はいかに可能か：社会構想のための哲学』（単著、NHK出版、2014年）、『愛』（単著、講談社、2019年）

藤木篤（ふじき　あつし）［第10章、第11章担当］

神戸市看護大学看護学部人間科学領域准教授。神戸大学大学院人文学研究科博士課程後期課程修了、博士（学術）神戸大学。［専門分野］工学倫理（技術者倫理）・環境倫理学・科学技術社会論。［主要業績］「環境保全と公衆衛生の相反：日本住血吸虫病対策を事例に」（『倫理学研究』第48巻、2018年）,「根絶と脱絶滅：種の選別をめぐる倫理的問題」（『西日本哲学年報』第26号、2018年）

吉永明弘（よしなが　あきひろ）［第8章、第17章担当］

法政大学人間環境学部教授。千葉大学大学院社会文化科学研究科修了、博士（学術）千葉大学。［専門分野］環境倫理学。［主要業績］『都市の環境倫理』（単著、勁草書房、2014年）、『ブックガイド環境倫理』（単著、勁草書房、2017年）

哲学は環境問題に使えるのか
——環境プラグマティズムの挑戦

2019年9月20日　初版第1刷発行

編著者————アンドリュー・ライト／エリック・カッツ
監訳者————岡本裕一朗／田中朋弘
発行者————依田俊之
発行所————慶應義塾大学出版会株式会社
〒108-8346　東京都港区三田2-19-30
TEL〔編集部〕03-3451-0931
〔営業部〕03-3451-3584〈ご注文〉
〔　〃　〕03-3451-6926
FAX（営業部）03-3451-3122
振替　00190-8-155497
http://www.keio-up.co.jp/
装　丁————松田行正
ＤＴＰ————アイランド・コレクション
印刷・製本——中央精版印刷株式会社
カバー印刷——株式会社太平印刷社

Printed in Japan ISBN 978-4-7664-2612-0